工业和信息产业科技与教育专著出版金资助出版教材
高等学校"十二五"公共课计算机规划教材

办公自动化基础与高级应用

庄伟明 严颖敏 主 编

马骄阳 王 文 王 萍 朱弘飞
吴亚馨 宋兰华 高 珏   参编

电子工业出版社
Publishing House of Electronics Industry
北京·BEIJING

内容简介

本书主要包括 Office 操作基础及高级应用两大部分。Office 操作基础主要内容包括：Windows 基本操作，Internet 基本应用，常用工具，文字处理软件 Word、电子表格软件 Excel、演示文稿 PowerPoint 等内容；高级应用主要包括：VBA 程序设计概述，Word 中的域、样式、大纲、目录及宏在 Word 中的应用，Excel 中数据分析工具、宏在 Excel 中的应用，宏在 PowerPoint 中的应用、专业绘图软件 Visio 等。

本书将以案例为导向，将 Windows 操作、Office 与 VBA 应用基础知识恰当地融入案例的分析和制作过程中，使学生在学习过程中不但能掌握独立的知识点，而且具备综合分析问题和解决问题的能力。

本书可作为高等学校各专业学生计算机基础课程的教材，亦可作为计算机成人教育各类进修班与培训班人员学习计算机应用基础知识的教材。

未经许可，不得以任何方式复制或抄袭本书之部分或全部内容。
版权所有，侵权必究。

图书在版编目（CIP）数据

办公自动化基础与高级应用/庄伟明，严颖敏主编. —北京：电子工业出版社，2013.11
高等学校"十二五"公共课计算机规划教材
ISBN 978-7-121-21406-6

Ⅰ. ①办… Ⅱ. ①庄… ②严… Ⅲ. ①办公自动化－应用软件－高等学校－教材 Ⅳ. ①TP317.1

中国版本图书馆 CIP 数据核字（2013）第 210885 号

策划编辑：路　璐
责任编辑：郝黎明
印　　刷：北京盛通商印快线网络科技有限公司
装　　订：北京盛通商印快线网络科技有限公司
出版发行：电子工业出版社
　　　　　北京市海淀区万寿路 173 信箱　邮编　100036
开　　本：787×1092　1/16　印张：23　字数：588.8 千字
版　　次：2013 年 11 月第 1 版
印　　次：2022 年 11 月第 14 次印刷
定　　价：39.50 元

凡所购买电子工业出版社图书有缺损问题，请向购买书店调换。若书店售缺，请与本社发行部联系，联系及邮购电话：（010）88254888，88258888。
质量投诉请发邮件至 zlts@phei.com.cn，盗版侵权举报请发邮件至 dbqq@phei.com.cn。
本书咨询方式：ran@phei.com.cn。

前　言

Windows 和 Office 是使用频率最高、最受欢迎的办公软件。本教材以 Windows 7、Office2010 为软件版本，内容包括 Windows 基本操作与办公自动化的基本应用及高级应用并形成一个较为完整的 Office 软件使用与开发知识体系，以便读者能最大限度地发挥 Office 软件的效率，从而大幅度提高办公效率。

本教材的指导思想是以培养学生实际技能为目的，强调基本原理、基础知识、操作技能三者的有机结合。

本教材将以案例为导向，将 Windows 操作、Office 与 VBA 应用基础知识恰当地融入案例的分析和制作过程中，使学生在学习过程中不但能掌握独立的知识点，而且具备综合分析问题和解决问题的能力。通过对本教材的学习，学生不仅具有较为扎实的 Office 基本操作技能，还具备较高的文字处理能力同时，通过系统地掌握 Office 软件功能，学生能够利用 WORD 软件进行复杂版面的设计与排版，如毕业论文的排版；能够大幅提高 EXCEL 和 PPT 的实际操作能力，特别是数据分析与汇总、重要函数的综合使用、制作专业级图表和演示文稿的能力；能够掌握在 Office 平台上进行专业开发，即通过 VBA 进行编程的能力。

除了理论部分以外，教材中包含上机实践内容，配有习题、电子教案、演示视频、实验录像等，以培养学生实际操作的能力。本教材中涉及的电子教案以及素材文件，请登陆华信教育资源网（http://www.hxedu.com.cn）下载。

参加本教材编写的有宋兰华（第 1 章）、吴亚馨（第 2 章）、严颖敏（第 3 章）、高珏（第 4 章）、王萍（第 5 章）、马骄阳（第 6 章）、王文（第 7 章）、庄伟明（第 8 章）和朱弘飞（第 9 章），全书由庄伟明、严颖敏负责统稿。

由于计算机科学技术的不断发展，计算机学科知识不断更新，加之作者水平有限，书中难免存在疏漏和不足之处，敬请读者批评指正。

编　者
2013 年 8 月于上海

目 录

第1章 操作系统与网络 ··········1
1.1 Windows 系统应用 ··········1
- 1.1.1 认识 Windows 系统 ··········1
- 1.1.2 定制个性化界面 ··········6
- 1.1.3 管理文件和文件夹 ··········15
- 1.1.4 Windows 7 系统维护 ··········22
- 1.1.5 Windows 7 常用工具应用 ··········28

1.2 网络基本应用 ··········34
- 1.2.1 WWW 概述 ··········34
- 1.2.2 FTP 应用 ··········40
- 1.2.3 电子邮件 ··········42
- 1.2.4 网络配置 ··········44
- 1.2.5 网络信息安全 ··········47

习题 ··········49

第2章 文字处理软件 Word 2010 ··········54
2.1 Word 2010 概述 ··········54
- 2.1.1 Word 2010 的启动和退出 ··········54
- 2.1.2 工作界面 ··········55
- 2.1.3 视图 ··········56
- 2.1.4 Word 2010 帮助 ··········57
- 2.1.5 文档的基本操作 ··········58

2.2 文档的编辑 ··········61
- 2.2.1 输入文本 ··········61
- 2.2.2 选择文本 ··········62
- 2.2.3 移动或复制文本 ··········62
- 2.2.4 插入和删除文本 ··········63
- 2.2.5 撤销和恢复文本 ··········65
- 2.2.6 查找和替换 ··········66

2.3 文档的排版 ··········67
- 2.3.1 文字格式化 ··········67
- 2.3.2 段落格式 ··········70
- 2.3.3 边框和底纹 ··········71
- 2.3.4 首字下沉 ··········72
- 2.3.5 项目符号和编号 ··········72

2.4 图形和图片编辑 ... 73
2.4.1 插入自选图形 ... 74
2.4.2 插入文本框 ... 75
2.4.3 插入图片 ... 75
2.4.4 插入艺术字 ... 76
2.4.5 屏幕截图 ... 77
2.4.6 SmartArt 图形 ... 78
2.5 表格应用 ... 78
2.5.1 创建表格 ... 78
2.5.2 编辑表格 ... 79
2.5.3 修改表格 ... 80
2.5.4 表格外观修饰 ... 83
2.5.5 表格数据排序和运算 ... 84
2.6 文档的最后处理 ... 86
2.6.1 添加页眉和页脚 ... 86
2.6.2 编辑页眉和页脚 ... 86
2.6.3 文档信息 ... 88
2.6.4 页面设置 ... 89
2.6.5 打印文档 ... 90
2.7 综合案例 ... 91
习题 ... 94

第 3 章 电子表格软件 Excel 2010 ... 99
3.1 Excel 2010 概述 ... 99
3.1.1 基本概念 ... 99
3.1.2 工作界面 ... 100
3.1.3 基本操作 ... 101
3.2 数据的输入 ... 102
3.2.1 普通输入 ... 102
3.2.2 快速输入 ... 102
3.2.3 批注 ... 104
3.3 公式和函数的使用 ... 104
3.3.1 公式的使用 ... 104
3.3.2 函数的使用 ... 106
3.4 工作表的编辑和美化 ... 109
3.4.1 工作表的编辑 ... 109
3.4.2 工作表的美化 ... 110
3.5 数据的图表化 ... 114
3.5.1 图表 ... 114
3.5.2 迷你图 ... 118

3.6 工作簿管理 ... 118
3.6.1 工作表的管理 ... 118
3.6.2 拆分及冻结窗口 ... 119
3.7 基本数据管理 ... 120
3.7.1 排序 ... 120
3.7.2 筛选 ... 121
3.7.3 分类汇总 ... 122
3.8 打印管理 ... 123
3.8.1 页面设置 ... 123
3.8.2 分页设置 ... 125
3.8.3 打印设置 ... 126
3.9 综合案例 ... 126
习题 ... 137

第4章 文稿演示软件 PowerPoint 2010 ... 143
4.1 PowerPoint 2010 概述 ... 143
4.1.1 工作界面 ... 143
4.1.2 视图 ... 144
4.1.3 基本操作 ... 145
4.2 演示文稿的外观设置 ... 148
4.2.1 版式 ... 148
4.2.2 母版 ... 148
4.2.3 模板 ... 150
4.2.4 主题 ... 150
4.2.5 背景 ... 151
4.3 对象的应用 ... 152
4.3.1 占位符和文本 ... 152
4.3.2 多媒体 ... 152
4.3.3 相册 ... 154
4.4 演示文稿的播放效果 ... 154
4.4.1 切换效果 ... 155
4.4.2 动画效果 ... 155
4.4.3 超链接 ... 157
4.5 演示文稿的放映、打印和分发 ... 158
4.5.1 演示文稿的放映 ... 158
4.5.2 演示文稿的打印 ... 160
4.5.3 演示文稿的发布 ... 161
4.6 综合案例 ... 161
习题 ... 166

第 5 章 Word 高级应用案例 ... 171

5.1 样式 ... 171
5.1.1 样式组与样式窗格 ... 171
5.1.2 自定义样式 ... 171
5.1.3 修改样式 ... 174

5.2 目录 ... 174
5.2.1 创建目录 ... 174
5.2.2 更新目录 ... 176

5.3 题注与交叉引用 ... 176
5.3.1 题注 ... 176
5.3.2 交叉引用 ... 178

5.4 批注与修订 ... 179
5.4.1 批注 ... 179
5.4.2 修订 ... 179

5.5 域的使用 ... 180
5.5.1 域的概念 ... 180
5.5.2 域的使用 ... 180
5.5.3 域的更新 ... 183

5.6 模板 ... 184
5.6.1 使用模板 ... 184
5.6.2 创建模板 ... 186

5.7 长文档编辑-毕业论文 ... 186
5.7.1 页面设置 ... 187
5.7.2 样式定义 ... 187
5.7.3 定义多级列表并与标题链接 ... 188
5.7.4 分节 ... 191
5.7.5 页眉页脚 ... 193
5.7.6 插入目录 ... 195

5.8 Word 宏 ... 196
5.8.1 录制宏 ... 196
5.8.2 将宏按钮添加到功能区 ... 200
5.8.3 运行宏 ... 201
5.8.4 宏安全性设置 ... 201

5.9 邮件合并 ... 202

5.10 Word 控件 ... 205
5.10.1 控件类型 ... 205
5.10.2 制作《电子请假条》 ... 207

5.11 文档安全 ... 212
5.11.1 密码保护 ... 212

		5.11.2 限制编辑	213
	习题		216

第6章 Excel 高级应用案例 ... 220

6.1 可调图形的制作 ... 220
- 6.1.1 可调图形概述 ... 220
- 6.1.2 可调图形应用案例 ... 222

6.2 Excel 中宏的应用 ... 225
- 6.2.1 宏应用案例一 ... 225
- 6.2.2 宏应用案例二 ... 227

6.3 数据高级管理与分析应用 ... 229
- 6.3.1 数据透视表与透视图 ... 229
- 6.3.2 单变量求解 ... 237
- 6.3.3 模拟运算 ... 238
- 6.3.4 规划求解 ... 242
- 6.3.5 方案管理器 ... 247
- 6.3.6 数据分析工具库 ... 249

习题 ... 251

第7章 PowerPoint 高级应用案例 ... 253

7.1 PowerPoint 中宏的应用 ... 253
7.2 PowerPoint 中控件的应用 ... 254
- 7.2.1 控件概述 ... 254
- 7.2.2 应用案例 ... 255

习题 ... 262

第8章 VBA 程序设计概述 ... 265

8.1 宏与 VBA ... 265
8.2 VBA 编辑环境-VBE ... 266
- 8.2.1 打开 VBE 窗口 ... 266
- 8.2.2 VBE 窗口概述 ... 268
- 8.2.3 在 VBE 中编写宏 ... 273

8.3 对象、属性、方法和事件 ... 274
8.4 用户窗体与控件 ... 277
- 8.4.1 用户窗体 ... 277
- 8.4.2 控件 ... 279

8.5 VBA 编程基础 ... 282
- 8.5.1 关键字与标识符 ... 282
- 8.5.2 数据类型 ... 283
- 8.5.3 常量 ... 283
- 8.5.4 变量 ... 284

	8.5.5	运算符	287
	8.5.6	内置函数	288
	8.5.7	表达式	291
8.6	程序基本控制语句		292
	8.6.1	分支结构	292
	8.6.2	循环结构	294
	8.6.3	其他语句	298
8.7	过程与函数		300
	8.7.1	过程	300
	8.7.2	自定义函数	303
	8.7.3	变量的作用范围	304
	8.7.4	调试 VBA 程序	304
习题			306

第 9 章 专业图表制作工具软件 Visio ... 309

9.1	Visio 概述		309
9.2	模板和模具		310
	9.2.1	模板	310
	9.2.2	模具	311
9.3	Visio 的基本操作		311
	9.3.1	Visio 的启动	311
	9.3.2	Visio 中的形状	312
	9.3.3	绘制形状	315
	9.3.4	选择形状	316
	9.3.5	形状的连接	317
9.4	Visio 中的文本编辑		319
	9.4.1	为形状添加说明文本	319
	9.4.2	在页面中添加文本	321
	9.4.3	设置文本格式	321
9.5	Visio 综合应用实例		322
	9.5.1	使用模具设计室内布局图	322
	9.5.2	使用模具设计流程图	326
9.6	Visio 与 Office 软件的协同办公		330
	9.6.1	Visio 图形导入至 Word	330
习题			330

附录 A	实验	332
附录 B	参考答案	356

第 1 章　操作系统与网络

在信息化的时代，计算机和网络越来越强烈地介入了人们的生活，人们利用它们学习、娱乐。为了更好地利用这些资源，熟练的操作计算机和学习基本的网络知识就非常必要。本章主要介绍操作系统和网络的基础应用，旨在帮助用户更好地掌握计算机的基本操作技能，从而为工作和生活带来更多的快乐和希望。

1.1　Windows 系统应用

Windows 操作系统仍然是最常用的 PC 操作系统之一。经过几十年的发展，Windows 系统已经从最初的 DOS 系统发展到现在的 Windows 7 系统，Windows 8 也正在推广中。Windows 7 作为新一代的操作系统，在系统性能和可靠性方面比以前的版本都有了巨大的提升。本章节主要介绍专业版 Windows 7 系统中的各类基本操作与应用。

1.1.1　认识 Windows 系统

1. 桌面

启动 Windows 后，首先出现的就是桌面，如图 1-1 所示。桌面就像工作台面，是用户组织工作和与计算机交互的场所。桌面上排列了很多工具图标，每个图标分别代表一个对象，用户在使用时可以随时查找随时点击。桌面的下方是"开始"菜单按钮和任务栏，使用开始菜单和任务栏可以方便快捷地打开文件、运行程序或对计算机的软、硬件进行设置。

图 1-1　桌面

2. 窗口

计算机中大部分操作都是在各种各样的窗口中完成的。通常，只要是右上方包含了"最大化/还原"、"最小化"和"关闭按钮"的人机交互界面都可以称之为窗口。

窗口一般可分为系统窗口和程序窗口。系统窗口一般指"资源管理器"等有关 Windows 7 操作系统的窗口，主要由标题栏、地址栏、菜单栏、搜索框、工具栏、窗口工作区和窗格等部分组成。程序窗口根据程序功能与系统窗口有所差别，但主要组成部分与系统窗口基本相同。

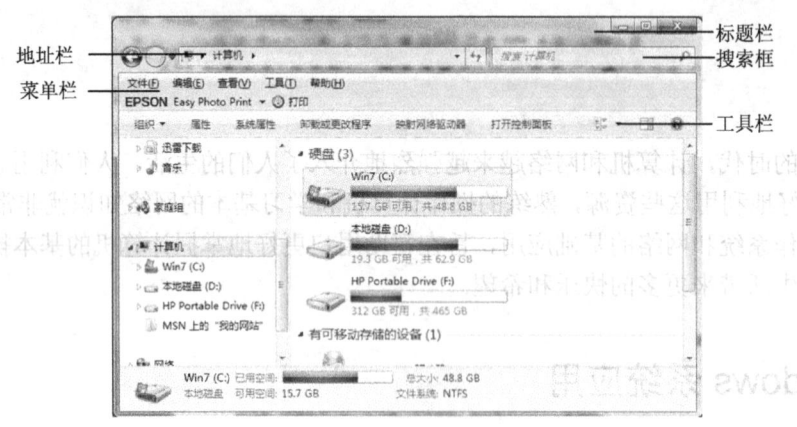

图 1-2 计算机窗口

下面以 Windows 7 的"计算机"窗口为例介绍窗口的主要组成部分及其作用。双击桌面上的"计算机"图标或右击桌面左下角"开始"按钮，选择"打开 Windows 资源管理器"命令，在左侧窗格中选择"计算机"，均可打开"计算机"窗口，如图 1-2 所示。

（1）标题栏

在 Windows 7 的系统窗口中，标题栏里只显示了窗口的"最小化"按钮、"最大化/还原"按钮、"关闭"按钮，单击这些按钮可以对窗口执行相应的操作。

（2）地址栏

地址栏是系统窗口中的重要组成部分，通过它可以清楚地看到当前打开的文件夹的完整路径，例如 计算机 ▶ Win7 (C:) ▶ Program Files ▶ 。每一层路径都有一个右向下拉按钮 ▶，单击该按钮，将会弹出一个子菜单，其中显示了该按钮对应文件夹内的所有子文件夹。

（3）搜索框

搜索框位于地址栏右侧，具有在电脑中搜索各类程序或文件的功能。用户需要搜索文件时，需要事先确定搜索文件所在的位置并打开搜索文件所在的文件夹窗口，然后在搜索框中输入搜索关键字，即可进行搜索。输入关键字时，随着输入关键字越来越完整，符合搜索条件的内容就越来越少，这种方式被称为"动态搜索"功能。如果需要在这个计算机资源中搜索内容，则在地址栏中选中"计算机"即可。

（4）菜单栏

单击"组织"按钮，选择"文件夹和搜索选项"命令，在打开的对话框中选择"查看"选项卡，勾选"始终显示菜单"复选框即可实现在打开窗口时总是显示菜单栏。菜单栏位于地址栏的下方，列出本窗口的可用菜单名。菜单栏提供了对正在访问的大多数应用程序访问的可操作方法，最常见的菜单有"文件"、"编辑"、"查看"、"工具"和"帮助"等。

（5）工具栏

工具栏中组织了一些针对当前窗口或窗口内容的常用工具按钮，通过这些按钮可对当前窗口和其中的内容进行设置或调整。工具栏中显示的按钮会随着打开窗口的不同或选择的对象不同而不同。例如，图1-3所示为"计算机"窗口时的工具栏，而图1-4所示为当前窗口是C盘窗口时的工具栏。若选中某个具体的文件，工具栏则可能会出现"打开"、"打印"等工具按钮。

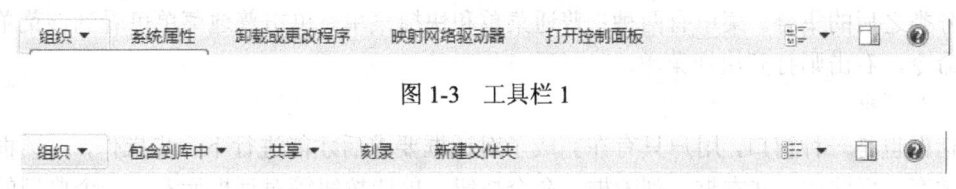

图1-3　工具栏1

图1-4　工具栏2

（6）窗格

Windows 7窗口中有多个窗格类型，在"计算机"窗口中，默认显示导航窗格和细节窗格。单击工具栏上的"组织"按钮，在弹出的快捷菜单中选择"布局"命令，在弹出的子菜单中可看到三种窗格：细节窗格、预览窗格和导航窗格。图1-5为打开所有窗格后的窗口效果。

如图1-5中，最下方的细节窗格用于显示文件大小等目标文件的详细信息；预览窗格用于显示当前文件的大致效果，比如预览图片；左侧的导航窗格用于显示窗口中的文件夹列表，通过该列表可快速切换到需要访问的其他文件夹或文件。

图1-5　窗口与窗格

（7）窗口工作区

图1-5中导航窗格和预览窗格之间的显示区域就是窗口工作区，用于显示当前窗口的所有内容或执行某项操作后的显示内容，若显示内容较多，在下方和右侧将会出现滚动条，通过拖曳滚动条可查看其他未显示的内容。

3. 菜单和对话框

除窗口外，菜单和对话框是Windows中的另外两个重要组成部分。

（1）菜单

大多数程序包含了很多运行命令，很多命令存放在菜单中，因此菜单可看成是多个命令按类别分类之后的集合。菜单有两种：普通菜单和快捷菜单。单击普通菜单可看到该菜单下的所有命令，右击则打开快捷菜单。

（2）对话框

对话框也是一种窗口，用户只有在完成了对话框要求后才能进行下一步操作，对话框的构成通常有：标题栏、文本框、列表框、命令按钮、单选按钮等对话框元素。一个典型的对话框如图1-6所示。

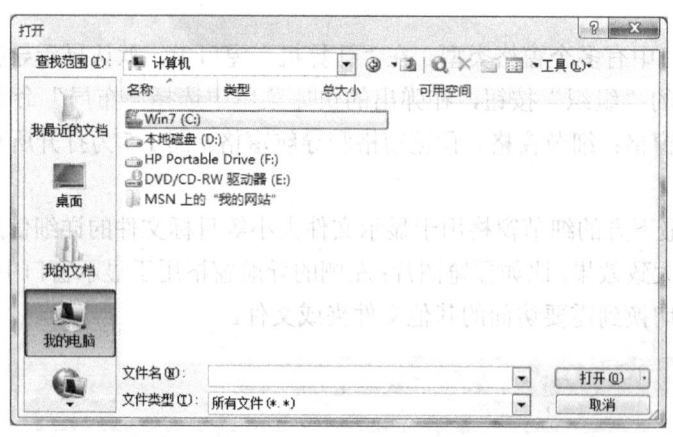

图1-6 "打开"对话框

4. 启动和退出

（1）启动

使用Windows系统，需要启动Windows，登录系统后才能进一步操作。开机启动Windows 7的操作步骤如下：

① 依次打开显示器和主机电源，计算机会自动进行开机自检，初始化硬件设备，画面中将出现计算机内存、显卡等信息。自检完成后出现欢迎界面，显示当前系统所有用户名。

② 单击用户名，如果安装时没有对用户账户进行过设置，单击后将直接登录操作系统；如果安装时对当前用户设置了密码，在用户名下方的文本框中输入密码，单击回车键或右侧的登录按钮，开始加载用户信息，屏幕显示系统桌面，登录完成。

（2）退出

完成所有工作后，可关机退出Windows系统，关机时不可直接关闭电源，必须采取正确的关机步骤，否则可能使文件系统丢失或出现错误。关机退出系统的操作方法如下：

单击工作界面左下角"开始"按钮,弹出"开始"菜单,单击菜单右下角的"关机"按钮,电脑将自动保存设置后退出系统。最后关闭显示器及主机外部电源。

单击"关机"按钮的右侧小按钮,可以看到 Windows 提供了退出当前系统的其他方式,如图 1-7 所示。

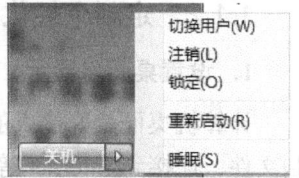

图 1-7　关机选项

- 睡眠:关闭计算机的同时保存打开的文件或其他程序,然后在开机时恢复这些文件和运行程序,此时计算机没有真正关闭,处于低耗能状态。
- 重新启动:某些程序安装时需要重新启动后才能运行,用户单击此按钮让计算机关闭当前系统重新执行一遍开机程序。
- 注销:系统设置了多用户时,通过该按钮可退出当前的用户环境,重新以另外的用户身份登录。
- 锁定:当用户有事需要暂时离开,但是计算机还在工作,用户不希望他人查看或更改自己计算机的用户信息时,可通过该功能按钮锁定计算机。
- 切换用户:该功能按钮能快速退出当前用户,并回到用户登录界面。

5. 使用帮助系统

Windows 7 帮助和支持中心给用户提供了丰富的帮助主题,帮助用户更快、更好地解决使用过程中遇到的问题。在专业版中,选择"开始|所有程序|附件|入门"命令,打开"入门"窗口,单击"帮助|查看帮助"命令,即可打开"Windows 帮助和支持"窗口,如图 1-8 所示。在搜索框中输入关键字,可以搜索到与此关键字相关的所有帮助主题。

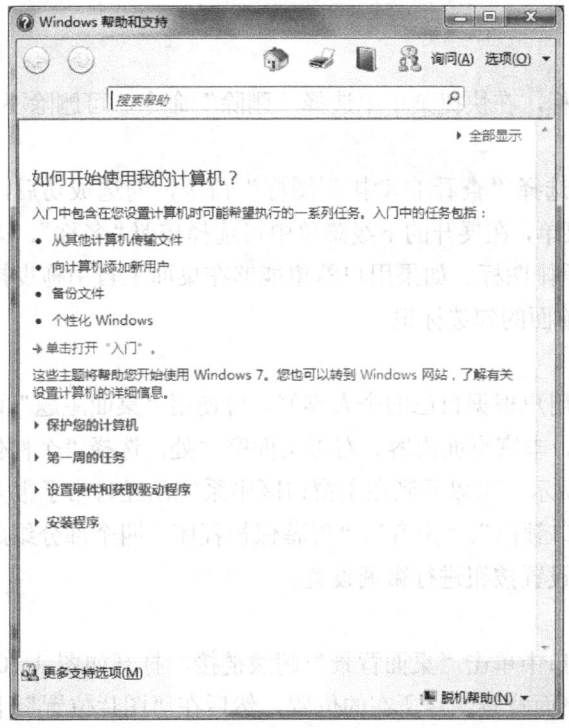

图 1-8　Windows 帮助和支持

另外，显示桌面状态下按 F1 键同样可以打开 Windows 帮助对话框。F1 键通常是获得相关软件的帮助信息的常用按键。

1.1.2 定制个性化界面

1. 设置桌面与显示

计算机桌面就好比人的工作台，用户可以在桌面上完成几乎所有的任务：打开程序、复制文件、连接到 Internet 等。用户也可以根据自己的需要来组织文档和程序，就像自己平常整理文件柜一样。桌面上有很多的文件或文件夹图标便于用户打开和管理程序。

（1）桌面图标设置

桌面图标分两种，一种是系统图标，另一种是快捷图标。系统图标指可与系统进行操作的程序；快捷图标指对象的快捷启动方式，双击快捷图标可以快速打开所指向的对象。

① 添加图标

系统默认状态下，桌面只有一个"回收站"图标，如果需要添加其他的系统图标，在桌面空白处右击，在弹出快捷菜单中选择"个性化"命令，打开"个性化"窗口，在导航窗格中，单击"更改桌面图标"链接，打开"桌面图标设置"对话框，勾选需要添加的系统图标复选框，单击"确定"按钮即可。

快捷方式是 Windows 提供的一种快速启动程序、打开文件或文件夹的方法。用户需要在桌面上添加快捷图标时，可以在"资源管理器"窗口中右击目标对象，在弹出的快捷菜单中选择"发送到"命令，在子菜单中选择"桌面快捷方式"命令，即可将相应的快捷图标添加到桌面。

② 删除图标

右击需要删除的图标，在快捷菜单中选择"删除"命令，可删除不需要的桌面图标。

③ 重排图标

右击桌面空白处，选择"查看|自动排列图标"命令，勾选成功后，重新右击桌面空白处，选择"排序方式"菜单，在展开的下级菜单中可选择按照"名称"、"项目类型"、"大小"、"修改日期"四种方式重排图标。如果用户希望能够在桌面上自由拖曳排列图标，必须去掉"查看|自动排列图标"前面的勾选标记。

（2）桌面主题设置

在 Windows 7 中，用户根据自己的个人喜好，可使用"桌面主题"设置工作背景、声音等内容，美化桌面环境，丰富桌面内容。右击桌面空白处，选择"个性化"命令，打开"个性化窗口"，如图 1-9 所示。可以看到在主窗口区中系统已经自带了很多桌面主题，每个主题由"桌面背景"、"窗口颜色"、"声音"、"屏幕保护程序"四个部分组成。用户选择了相应的主题后，可单击四个设置按钮进行微调设置。

① 设置桌面背景

在"桌面主题"窗口中单击"桌面背景"超级链接，打开如图 1-10 所示的窗口，单击"浏览"按钮，选择做桌面背景图片所在的位置，然后在"图片位置"下拉框中选择合适的图片填充方式，马上就可看到桌面背景效果。

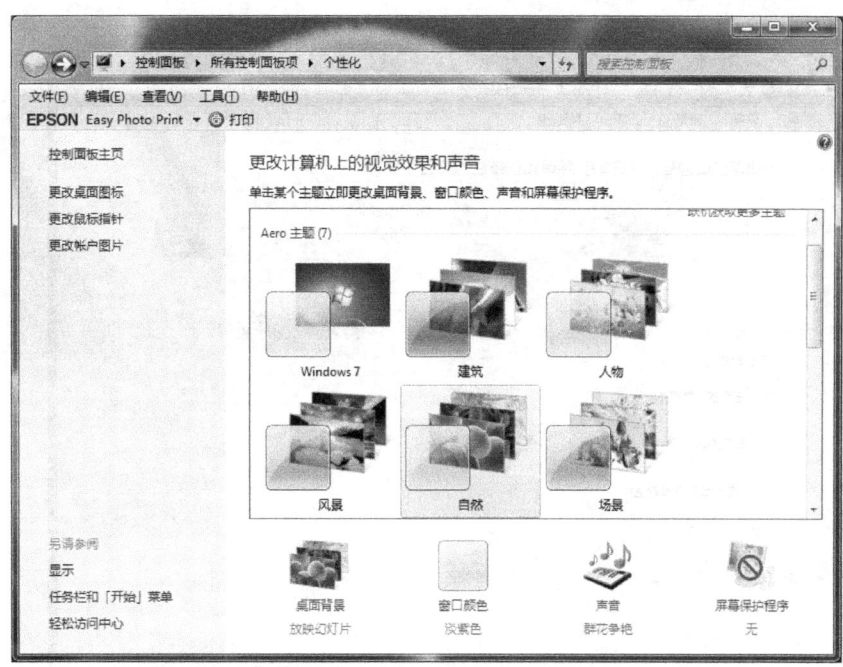

图 1-9　桌面主题

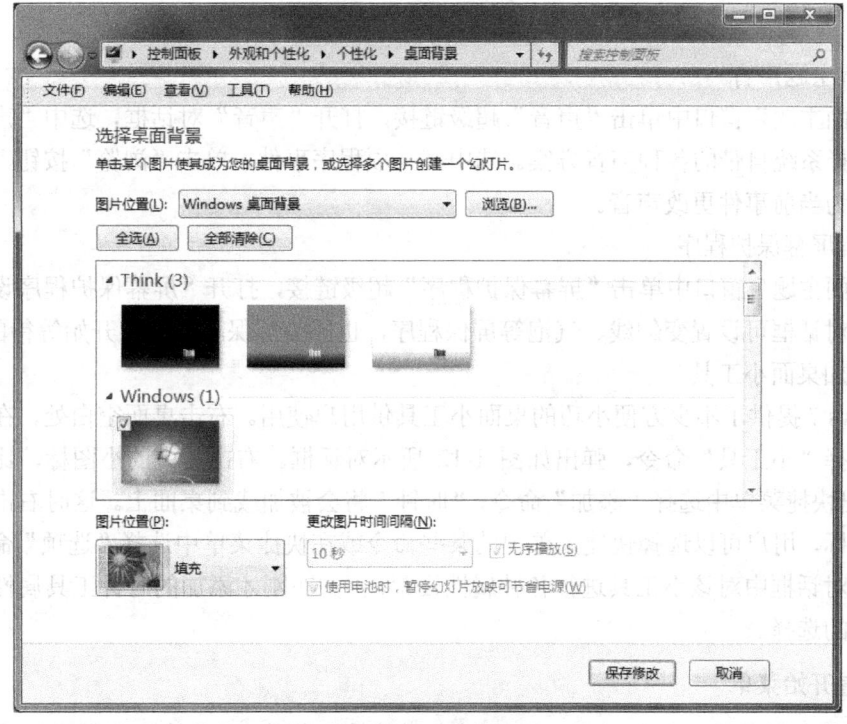

图 1-10　设置桌面背景

② 设置窗口颜色

在"桌面主题"窗口中单击"窗口颜色"超级链接，打开如图 1-11 所示的窗口，可更改窗口边框、开始菜单和任务栏的颜色。

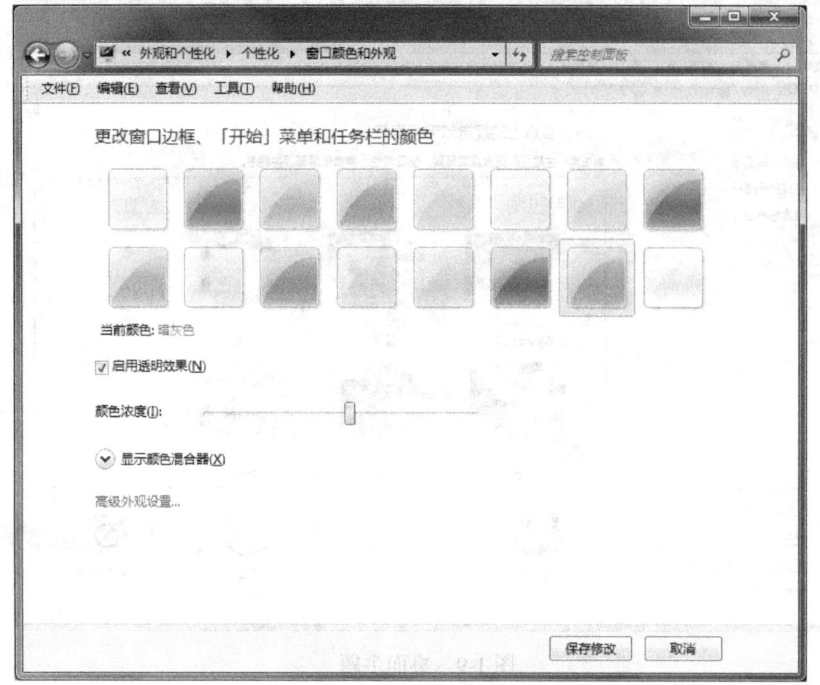

图 1-11　设置窗口颜色

③ 设置主题声音

在"桌面主题"窗口中单击"声音"超级链接，打开"声音"对话框，选中"声音"选项卡，可选择系统自带的各种声音方案。选中某一项程序事件，单击"浏览"按钮，在打开的对话框中为当前事件更改声音。

④ 设置屏幕保护程序

在"桌面主题"窗口中单击"屏幕保护程序"超级链接，打开"屏幕保护程序设置"对话框，在该对话框可设置变幻线、气泡等屏保程序，也能为屏保程序设置开始等待的时间。

（3）添加桌面小工具

Windows 7 提供了不少方便小巧的桌面小工具供用户使用。右击桌面空白处，在弹出快捷菜单中选择"小工具"命令，弹出如图 1-12 所示对话框。右击其中的小图标，比如"时钟"，在弹出快捷菜单中选择"添加"命令，"时钟"将会被加载到桌面上。这时右击桌面上的小工具图标，用户可以选择快捷菜单中的某些命令或在快捷菜单中选择"选项"命令，然后在弹出的对话框中对该小工具进行各种属性设置，例如在刚才添加的时钟工具属性中可进行时钟样式的选择。

2．设置开始菜单

单击桌面左下角"开始"按钮，即可弹出"开始"菜单。"开始"菜单是打开计算机程序、文件夹的主通道，它组织了计算机中的所有已经安装的应用程序列表。"开始"菜单由固定程序列表、常用程序列表、所有程序列表、搜索框、启动菜单和关闭选项区组成，如图 1-13 所示。

第 1 章　操作系统与网络

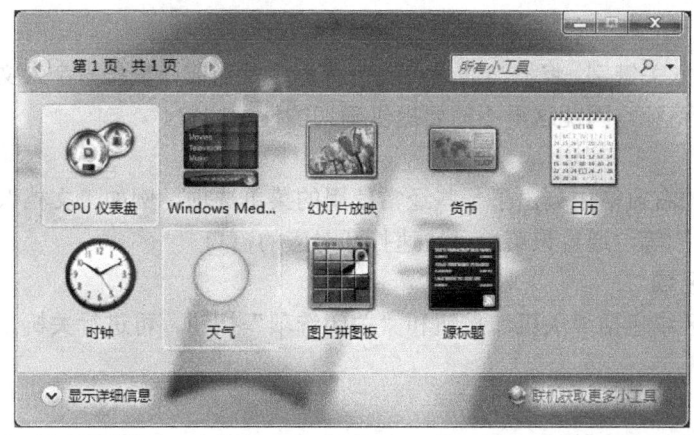

图 1-12　桌面小工具

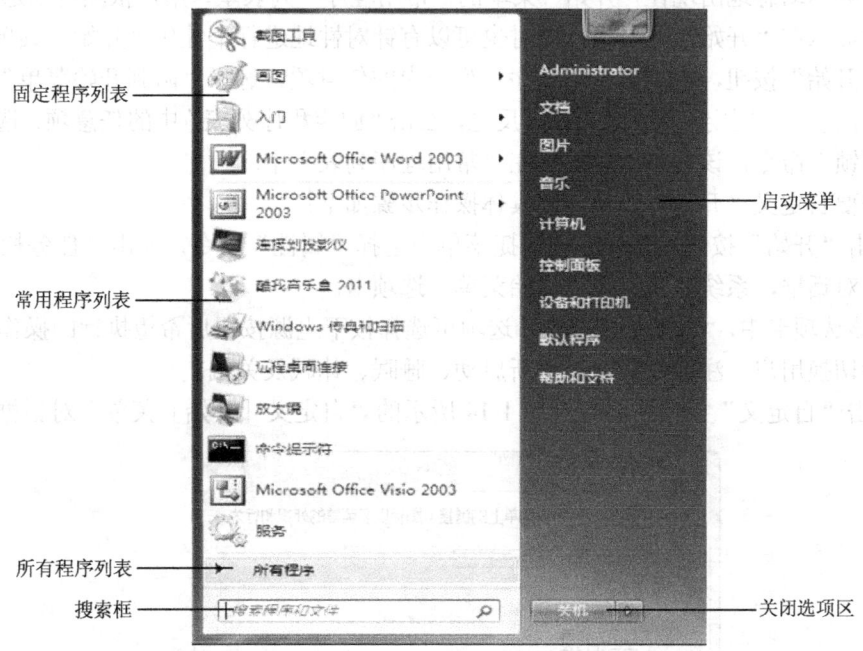

图 1-13　开始菜单

(1)"开始"菜单的组成
① 固定程序列表
该列表中的程序固定地显示在开始菜单中,用户可通过它能够快速打开其中的应用程序。
② 常用程序列表
该列表中默认存放了几个常用的系统程序。随着用户对一些程序的频繁使用,该列表中的程序队列会越来越多,它们会按照使用时间的先后顺序依次顶替。
③ 所有程序列表
该列表中可查到系统中安装的所有程序。单击"所有程序"按钮,显示子菜单后,单击想要使用的程序组,弹出程序组下的应用程序列表,右击应用程序,选择"附到开始菜单"命令,即可将该应用程序链接添加到"固定程序"列表中。

④ 搜索框

在搜索框中输入关键字,将把当前用户的所有程序及当前计算机里个人文件夹中的所有文件当作默认搜索路径,因此这里不需要提供确切的搜索位置。

⑤ 启动菜单

"开始"菜单的右窗格中列出了一些经常使用的菜单选项,例如"文档"、"图片"、"计算机"、"控制面板"等,通过该菜单可快速打开对应的窗口。

⑥ 关闭选项区域

"关闭选项"区域包括"关机"按钮和"关闭选项"按钮,可进行关机、注销、休眠等相关操作。

(2)设置"开始"菜单

Windows 7 提供了很多有关"开始"菜单的选项,虽然针对用户常用的应用程序,系统会根据使用频率动态地出现在"开始"菜单的"常用程序"列表里,用户依然可以选择某些命令让它们显示在"开始"菜单上,同时也可以有针对性地进行个性化"开始"菜单设置。

单击"开始"按钮,右击"常用程序"列表中的任意项,选择"附到开始菜单"命令,该菜单项将出现在"固定程序列表"中,反之,右击"固定程序列表"中的任意项,选择"从开始菜单解锁"命令,该菜单项将出现在"常用程序列表"中。

如果需要自定义"开始"菜单,则具体操作步骤如下:

① 右击"开始"按钮,从弹出的快捷菜单中选择"属性"命令,弹出"任务栏和开始菜单属性"对话框,系统默认选择"开始菜单"选项卡。

② 在该选项卡中,"电源按钮操作"选项可选择按下电源按钮后希望执行的操作,可用的选项包括切换用户、注销、锁定、重新启动、睡眠、休眠及关机。

③ 单击"自定义"按钮,将打开图 1-14 所示的"自定义「开始」菜单"对话框。

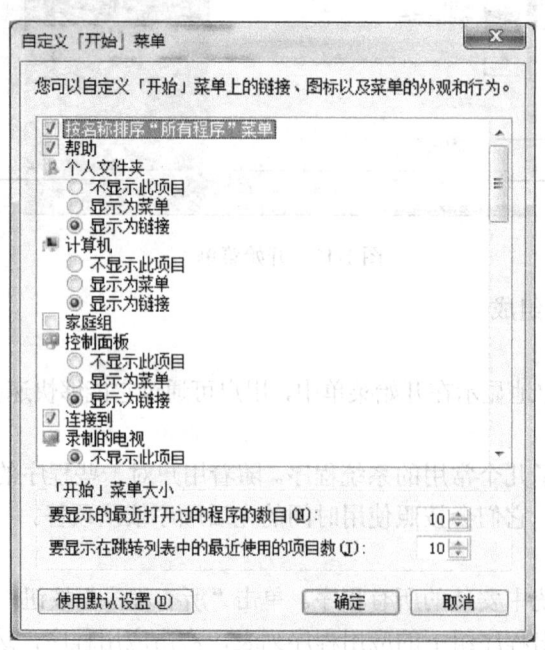

图 1-14 自定义「开始」菜单

④ 使用该对话框中的选项即可控制开始菜单的常规外观。
⑤ 设置完成后，单击"确定"按钮，返回"任务栏和开始菜单属性"对话框，再次单击"确定"按钮即可完成设置。

3．任务栏设置

任务栏位于桌面最下方，包括开始按钮、程序按钮区、语言栏、系统通知区、显示桌面按钮，如图 1-15 所示。用户每天都在使用它访问几乎与操作系统有关的一切内容。

图 1-15　任务栏

（1）任务栏的组成

① 开始按钮

单击"开始"按钮，打开"开始"菜单，该菜单是用户选择菜单运行各类程序的入口点。

② 程序按钮区

用于显示当前打开的应用程序窗口的对应图标，单击这些图标可立即还原窗口到桌面。Windows 7 允许用户将经常使用的程序直接锁定到任务栏。右击"开始"菜单中的任何准备添加到任务栏的内容，选择"锁定到任务栏"命令即可。若要解锁某项目，那么右击该项目在任务栏上的图标，然后选择"将此程序从任务栏解锁"命令。

③ 语言栏

输入文本时，在语言栏中可选择和设置输入法。

④ 系统通知区

用于显示"网络"、"扬声器"、"电源"等各种正在运行的系统程序图标，单击其中的"显示隐藏的图标"按钮，可看到被隐藏的其他活动图标。

⑤ 显示桌面按钮

单击该按钮可以最小化当前所有的程序窗口而仅仅显示桌面，用户能方便地在桌面和应用程序窗口之间进行切换。

（2）设置任务栏

任务栏是桌面的重要内容之一，用户每天都在使用任务栏访问几乎有关操作系统的一切内容。右击"开始"按钮，从弹出的快捷菜单中选择"属性"命令，弹出"任务栏和开始菜单属性"对话框，选中"任务栏"选项卡，如图 1-16 所示，在这里用户可对任务栏进行自定义设置。

① 任务栏外观

有三个可选项：锁定任务栏、自动隐藏任务栏和使用小图标。选中"锁定任务栏"能避免用户不小心将任务栏拖曳到屏幕的左侧或右侧，或不小心拉伸了任务栏宽度，然后不得不艰难调整到原来的状态；选中"自动隐藏任务栏"可使得鼠标不指向任务栏区域时任务栏被隐藏，一旦指向任务栏区域，任务栏又会自动显现；选中"使用小图标"，可把任务栏中的图标变小。

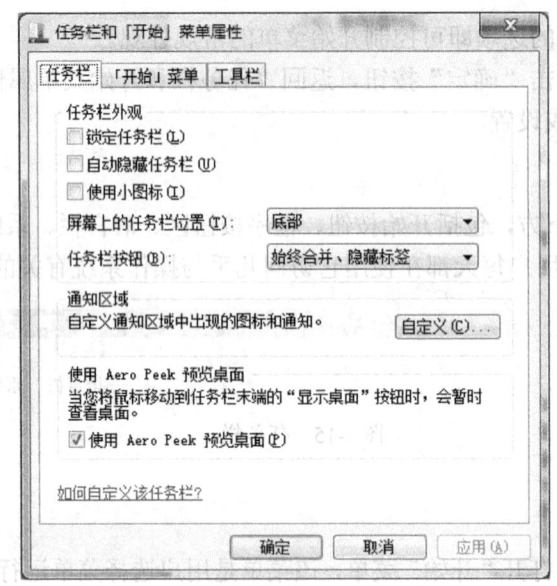

图 1-16　任务栏设置

② 屏幕上的任务栏位置

可选择任务栏在屏幕上出现的位置：底部、左侧、右侧、顶部。

③ 任务栏按钮

在任务栏按钮下拉列表中可自定义任务栏的程序按钮区域中的按钮模式。默认为"始终合并、隐藏标签"方式，如果不喜欢全新的图标按钮，可选择"从不合并"选项。

④ 通知区域

单击"自定义"按钮，打开"选择在任务栏上出现的图标和通知"窗口，列表框中列出了各个图标及其行为，每个图标都有三种行为，选择需要进行设置的选项进行设置即可。

⑤ 使用 Aero Peek 预览桌面

Windows 7 提供了 Aero Peek 预览功能，如果用户电脑硬件支持 Aero 特效，且打开了该特效功能，则使用 Aero Peek 预览功能将得到奇妙的效果。如果选中"使用 Aero Peek 预览桌面"复选框，当用户将鼠标移动到"显示桌面"按钮，所有已经打开的窗口将变透明而暂时显示桌面内容，鼠标离开显示按钮时，窗口恢复原状。当鼠标移动到某个应用程序按钮时，将会显示用该程序正在打开的文件小窗口，这些都是 Aero 的预览功能。

4．字体及输入法设置

字体是一种规范，用来确定 Windows 显示和打印文本的方式。选择"开始|控制面板"命令，以大图标模式预览控制面板项，单击"字体"按钮打开字体查看窗口，如图 1-17 所示。用户可预览、删除或隐藏安装系统时所有自带的字体，通过单击该窗口中导航窗格的超级链接可以进行"字体设置"或"更改字体大小"等操作。若要删除不用的字体，右击该字体按钮，在弹出的快捷菜单中选择"删除"命令即可。

用户将汉字输入到电脑就要使用汉字输入法。系统安装时已经自带了微软拼音中文简体输入法，选择"开始|控制面板"命令，打开控制面板窗口，选择以"类别"方式查看，选择"时钟、语言和区域"命令，单击主窗口中的"区域和语言"超级链接，打开"区域和语

言"对话框,选择"键盘和语言"选项卡,单击"更改键盘"按钮,打开"文本服务和输入语言"对话框,如图 1-18 所示,可以查看系统目前所有已经安装的输入法。选中某个输入法,单击"属性"按钮,可对选中的输入法进行设置。

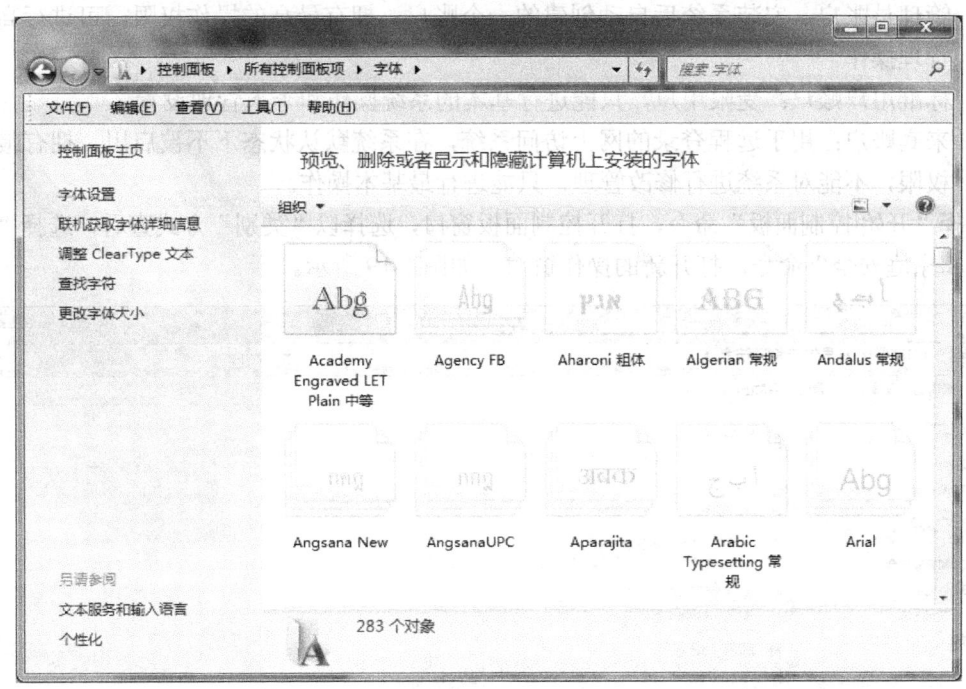

图 1-17　字体窗口

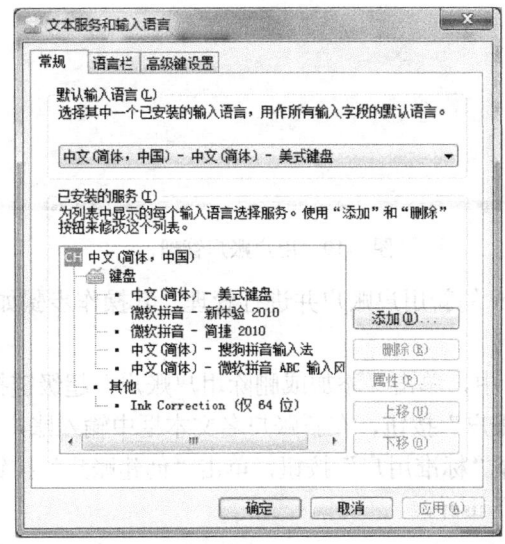

图 1-18　输入法

5．用户管理

用户是操作系统中非常重要的设置部分。计算机通过用户账户识别不同的用户,用户账户包括用户名、密码以及用户的权限等,计算机把使用同一个账户不同操作人员看成是同一个用户。

在 Windows 中有 3 种不同类型的账户类型，包括管理员账户、标准账户和来宾账户。不同的账户类型拥有不同的操作权限。

- 管理员账户：安装系统后自动创建的一个账户，拥有最高的操作权限，可进行高级管理操作。
- 标准用户账户：受限用户，只能进行基本的系统操作和个人管理设置。
- 来宾账户：用于远程登录的网上访问系统，在系统默认状态下不被启用，拥有最低权限，不能对系统进行修改管理，只能进行最基本操作。

选择"开始|控制面板"命令，打开控制面板窗口，选择以"类别"方式查看，选择"用户账户和家庭安全"命令，打开新的操作窗口，如图 1-19 所示。

图 1-19　用户账户管理

【例 1-1】创建名为 user 的新用户账户并进行管理，其操作步骤如下：

（1）创建新用户账户

在图 1-19 所示的窗口中，单击"添加或删除用户账户"超级链接，打开"管理账户"窗口，单击"创建一个新账户"按钮，在新账户名文本框中输入账户名称：user，然后设置 user 账户的类型，这里选择"标准用户"按钮，单击"创建账户"按钮后返回到管理账户窗口，即可看到新创建的账户 user。

（2）更改账户类型

在"管理账户"窗口，单击 user 用户名按钮，打开"更改账户"窗口，单击"更改账户类型"超级链接，可为 user 账户选择新的账户类型。

（3）创建、删除和更改用户密码

如果账户从来没有设置过密码，在 user 账户的"管理账户"窗口中看到的将是"创建密码"超级链接。单击该超级链接可为用户创建密码。如果账户已经创建了密码，则在"管理账户"窗口会看到"更改密码"和"删除密码"超级链接，用户可以在这里进行重新设置或删除密码。

（4）更改头像

在图 1-19 所示的窗口中，单击"更改账户图片"超级链接，可以更改账户的头像。

（5）删除账户

在图 1-19 所示的窗口中，单击"添加或删除用户账户"超级链接，打开"管理账户"窗口，勾选希望删除的账户，单击窗口左侧的"删除用户"超级链接即可。

（6）启用或禁用账户

在管理员账户权限下可以进行启用或禁用其他账户的操作。使用管理员账户登录系统后，可通过"计算机管理"窗口对标准用户账户进行管理。

单击"开始"按钮，弹出开始菜单，右击启动菜单中的"计算机"命令，在弹出的快捷菜单中选择"管理"命令，打开"计算机管理"窗口。展开导航窗格中的"本地用户和组"选项，单击"用户"，窗口工作区将显示所有用户账户。右击 user 用户，在弹出的快捷菜单中选择"属性"命令，如图 1-20 所示。在打开的对话框中，选择"常规"选项卡，勾选"账户已禁用"复选框，即可将 user 账户禁用。如果需要重新启用该账户，取消选中标记即可。

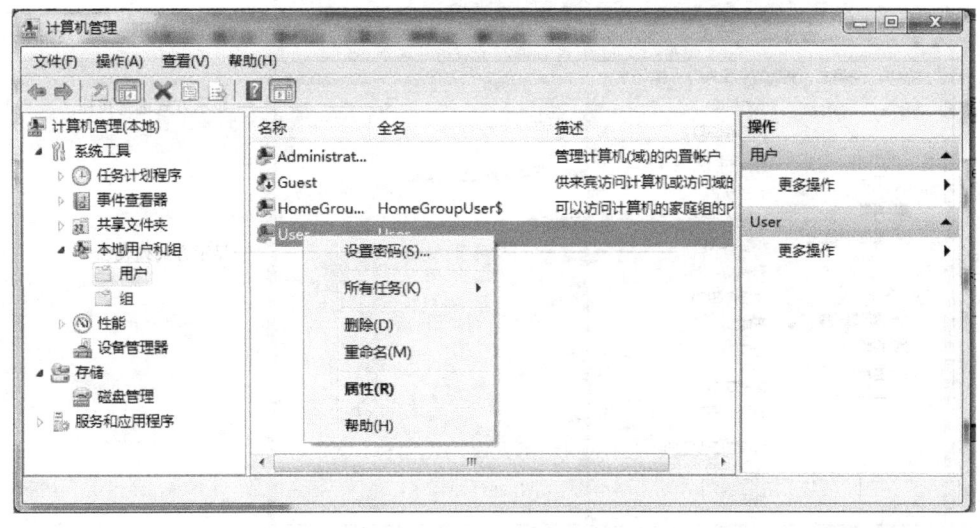

图 1-20 计算机管理窗口

1.1.3 管理文件和文件夹

1. 认识文件和文件夹

计算机中的各种资源都是以文件的形式存储的，文件通常保存在磁盘中的某个文件夹里面。为了更好地管理系统中的文件及文件夹，了解磁盘、文件夹和文件的知识非常必要。

（1）磁盘

磁盘是系统安装时从硬盘划分出的分区，磁盘名称通常用一个英文字母大写的盘符加一个冒号来表示，比如 D：简称为 D 盘。用户可以根据各自的需求在安装时划分不同的分区，按类别存放各类资源。

（2）文件

所有被保存在计算机中的信息和数据、程序都被统称为文件，文件是操作系统信息存储最基本的存储单位。每个文件有个自己的名字，格式是：主文件名.扩展名，主文件名表示文件的名称，扩展名表明文件的类型。例如"a.txt"，表示名称为 a 的一个文本文件。

操作系统通过扩展名识别文件的类型，例如扩展名为 exe 的是可执行文件、扩展名为 jpg 的是图像文件等等。不同类型的文件显示的图标不同，打开它们的程序也不同。

（3）文件夹

文件夹是系统用于存放程序和文件的容器。用户使用文件夹可以方便地对文件进行管理，需要注意的是，同一个文件夹中不能存放相同名称的文件或子文件夹。通常采用路径表示文件在磁盘中存放的位置，例如：C:\Windows\System32\mspaint.exe，表示可执行文件 mspaint 存放于 C 盘 Windows 目录中的 System32 子目录下。

2．设置文件显示方式

打开"资源管理器"窗口，在菜单栏中选择"查看"命令，可以看到 Windows 7 系统提供了图标、列表、详细信息、平铺和内容共五种类型的显示方式。如图 1-21 所示。单击窗口工具栏中的显示方式选择按钮，也可以选用相应的显示方式显示相关内容。

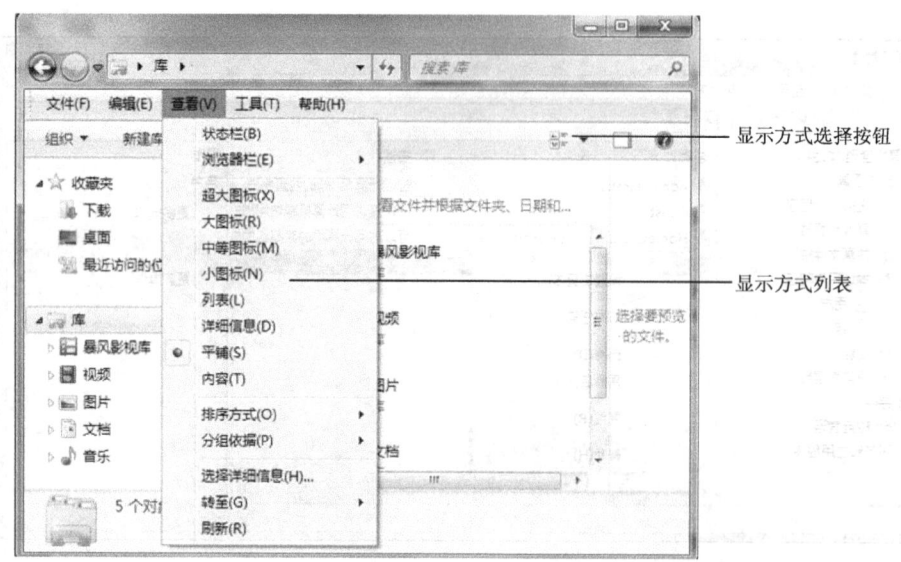

图 1-21　文件显示方式

- 图标显示方式：含超大图标、大图标、中等图标和小图标四种方式，以图标方式显示文件或文件夹，用来快速识别其中的内容。
- 列表显示方式：将文件或文件夹通过"列表"的方式显示内容。
- 详细信息显示方式：除了显示文件夹或文件列表外，还将显示文件或文件夹的详细信息，包括名称、类型、大小、日期等。
- 平铺显示方式：以图标加文件信息的方式显示文件或文件夹。
- 内容显示方式：将文件或文件夹的创建日期或修改日期和大小等信息显示出来。

3．选择文件或文件夹

选择文件和文件夹的方式主要依赖于用户选择的文件夹选项中"打开项目的方式"的选择。在资源管理器中选择"组织|文件夹和搜索选项"命令，打开"文件夹选项"对话框，选中"常规"选项卡，在"打开项目的方式"中若选择"通过双击打开项目"，则在文件和文件夹图标上单击鼠标即可选中，若选择"通过单击打开项目"，只需鼠标指针指向一个文件便选中。

用户也可以选择多个相邻的文件，方法是：选中第一个文件图标，按住 Shift 键后再选中最后一个文件图标，这两个图标之间的所有文件都会被选中。如果要选择多个不相邻的文件，则先选中第一个文件的图标，然后按住 Ctrl 键，再选择其他要选择的文件图标。要对一个文件图标取消选中，同样按住 Ctrl 键，再选一次该图标即可。

用户还可以用键盘选择多个文件。在资源管理器窗口中，按 Tab 键把焦点移到右边的内容区域。然后用方向键把焦点移到要选择的第一个文件图标上。要选择一组相邻图标，按住 Shift 键，并用箭头在列表中移动。使用键盘选择一组不相邻的图标，先选中第一个文件，然后按住 Ctrl 键，用箭头在列表中移动，在每个要选择的文件上按空格键即可。

要想迅速选中一个文件夹中的所有文件，在资源管理器窗口中，选择"编辑｜全选"命令（或按 Ctrl+A 组合键）。要取消当前的所有选择，在空白处单击或在文件夹区域中选择其他对象即可。

4．新建文件或文件夹

创建新的文件夹，可以按照以下步骤操作：

（1）在"资源管理器"中选中需要创建文件夹的父对象。

（2）右击窗口区域的空白处，在弹出的快捷菜单中选择"新建|文件夹"命令，或从菜单栏中选择"文件|新建|文件夹"命令，或者在工具栏中单击"新建文件夹"按钮，都可以创建一个新的文件夹。此时，窗口中新建文件夹的名称处于可编辑状态，用户按照需求输入文件夹名称，按回车确认即可。

如果要创建新的文件，右击窗口区域的空白处，在弹出的快捷菜单中选择"新建"命令，在弹出的子菜单中选中新建文件类型对应的命令即可。

5．设置文件或文件夹

（1）查看文件或文件夹属性

在资源管理器窗口中，右击磁盘上某一个文件，在弹出的快捷菜单中选择"属性"命令，可以看到该文件或文件夹的基本情况。图 1-22 所示是记事本程序"notepad.exe"的文件属性，从中可以了解到该文件的目录位置、文件名称、文件大小、文件在磁盘上所占用的空间、文件的创建时间、最后一次修改时间、最近一次的访问时间和文件属性等信息，其中，文件名字和文件属性可以修改。根据文件类型的不同，属性窗口中除"常规"选项卡外还可能有其他的选项卡，如应用程序有"快捷方式"选项卡、文件夹属性窗口有"共享"选项卡供用户选择修改。

如果选中某个文件夹，右击打开该文件夹的属性窗口，显示的信息与文件属性窗口类似，其中文件夹属性中的大小是指该文件夹下所有子文件夹及文件的全部大小。

（2）设置文件夹个性化图标

管理计算机资源时，可以对文件夹图标进行个性化设置。例如为 C:\Windows\System 文件夹设置个性化图标，右击该文件夹，在弹出的快捷菜单中选择"属性"命令，打开如图 1-23 所示的文件夹属性对话框，选中"自定义"选项卡，单击"更改图标"按钮，打开"更改图标"对话框，从列表中选择一个图标，单击"确定"按钮即可。

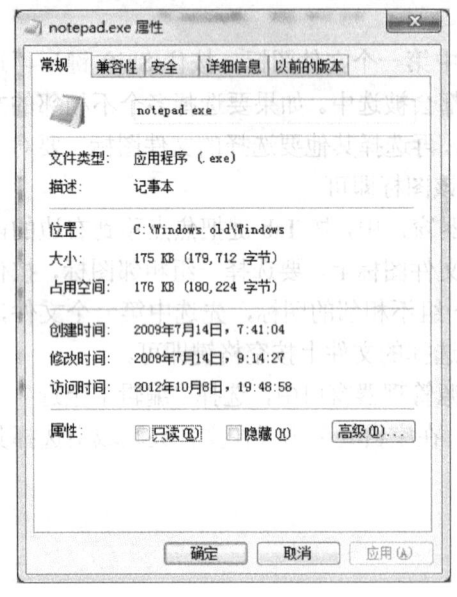

图 1-22　文件属性

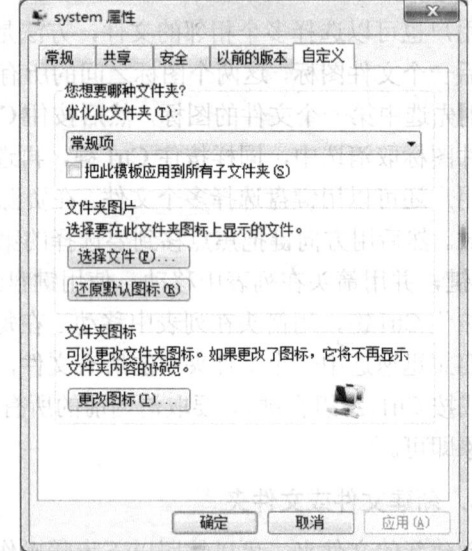

图 1-23　文件夹属性

6．重命名文件或文件夹

为了方便文件管理或者更好地体现文件夹中的内容，用户有时需要更改文件或文件夹的名称，其操作步骤是：打开资源管理器，在资源管理器的窗口中，右击需要重命名的文件或文件夹，在弹出的快捷菜单中选择"重命名"命令，输入一个新名字，按回车键即完成操作。

7．复制或移动文件或文件夹

用户在查看和管理文件或文件夹过程中，常常需要分门别类地存储和管理不同的文件，因此用户经常需要做一些复制或移动之类的操作。

不管复制还是移动，总有一个从甲位置到乙位置的过程，甲位置称为源，乙位置则称为目标。

复制操作是指对原来的文件或文件夹不作任何改变，只是在目标位置生成一个完全相同的文件或文件夹。移动操作是指在目标位置上生成一个与原来位置上完全相同的文件或文件夹，再将原来位置上的文件或文件夹删除。复制和移动操作都需要借助剪贴板完成，剪贴板是各种应用程序之间数据共享和交换的工具。

复制与移动的操作步骤通常如下：

（1）打开资源管理器窗口，选择源位置，选中要被复制的一个或多个文件或文件夹。

（2）若是复制，则选择菜单"编辑|复制"命令；或者右击选中对象，在弹出的快捷菜单中选择"复制"命令；或者按快捷键 Ctrl+C。若是移动，选择菜单同上，但把"复制"改

为"剪切",快捷键改为 Ctrl+X,此时被复制或移动对象的信息被粘贴到剪贴板上。

(3)打开要复制的目标位置。

(4)选择"编辑|粘贴"命令;或者右击窗口空白处,在弹出的快捷菜单中选择"粘贴"命令;或者按快捷键 Ctrl+V,剪贴板上的信息被粘贴到目标位置。

【例1-2】复制文件"C:\Windows\System32\Attrib.exe"到"D:\",其操作步骤如下:

(1)双击桌面上"计算机"图标,或右击"开始"按钮,选择"打开 Windows 资源管理器"命令,打开"计算机"窗口。

(2)在导航格中层层选择"C:\Windows\System32",主窗口将显示该文件夹下的所有文件。

(3)在文件夹列表下找到并右击"Attrib.exe",在弹出的快捷菜单中选择"复制"命令。

(4)在导航格中重新选中 D 盘。

(5)按键盘 Ctrl+V 快捷键,文件复制完成。

如果在第(3)步选择"剪切"命令,则是将文件 Attrib.exe 移动到了 D 盘。

8. 查找文件或文件夹

当忘记了文件的保存位置或记不清文件或文件夹全名时,使用操作系统的搜索功能可以快速地查找到所需的文件或文件夹。通常只要在资源管理器的搜索框中输入搜索关键字即可达到目的。

【例1-3】查找 C 盘中所有文件扩展名为 exe 的文件,其操作步骤如下:

(1)双击桌面上的"计算机"图标,打开计算机窗口。

(2)在导航格中选中 C 盘,主窗口区将显示 C 盘下的所有文件和文件夹列表。

(3)在地址栏右侧的搜索框中输入*.exe,系统自动进行搜索,搜索完成后,主窗口区将显示 C 盘中所有的扩展名为 exe 的文件。

这里的"*"叫做通配符,表示匹配任意个任意字符。另外一个通配符"?"表示匹配任意一个字符,如输入"??t*d.exe"表示在当前文件夹下查找文件主名的第三个字符为 t、最后一个字符为 d、扩展名为 exe 的文件。

9. 删除与恢复文件或文件夹

当磁盘中存在重复或不需要的文件或文件夹时,可以删除它们。具体操作方法有:

(1)选中需要删除的文件或文件夹,按键盘上 Delete 键。

(2)右击需要删除的文件或文件夹,在弹出的快捷菜单中选择"删除"命令。

(3)选中需要删除的文件或文件夹,选择"组织|删除"命令。

(4)选中需要删除的文件或文件夹,按住鼠标左键不放,拖曳图标至桌面上的"回收站"图标上,再释放鼠标。

执行上述操作后,将会打开"删除文件"对话框提醒用户是否确实需要将文件删除,单击"是"按钮即可。

默认情况下,这些删除方法并没有将文件或文件夹彻底删除,只是将其放到了回收站中,回收站中的资源一样需要占用磁盘空间,在回收站中彻底删除文件或文件夹释放磁盘空间的操作方法如下:

(1)双击桌面上的"回收站"图标,打开"回收站"窗口。

(2)选择需要彻底删除的文件或文件夹,按 Delete 键,或右击,在弹出的快捷菜单中选择"删除"命令。

（3）在打开的"删除文件"或"删除文件夹"对话框中，将询问是否永久性删除此文件或文件夹，单击"是（Y）"按钮，即可彻底删除。

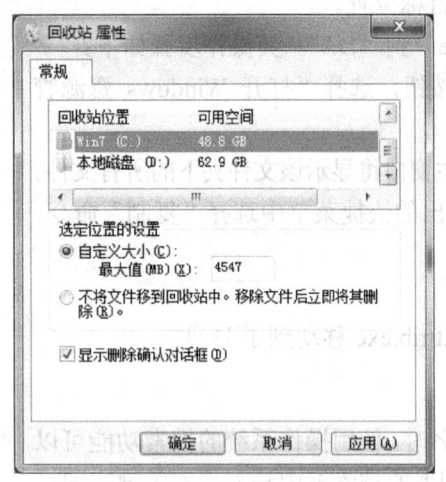

如果需要将回收站的文件或文件夹还原到原来的保存位置，那么只需要在回收站中选中需要还原的文件或文件夹，然后单击工具栏上的"还原此项目"按钮，或者右击在弹出的快捷菜单中选择"还原"命令。

回收站其实是在每个磁盘分区预留了一定的空间而实现的，回收站的存放文件空间也很有限。用户如果需要重新设置回收站的大小，可通过设置回收站属性实现。右击桌面上的"回收站"图标，在弹出的快捷菜单中选择"属性"命令，打开如图 1-24 所示的属性窗口，在该窗口中可选中不同的磁盘分区，在"自定义大小"文本框中输入自定义该分区的回收站容量，同时可以看到有一个选项按钮"不将文件移到回收站，移除文件后立即将其删除"，如果选中该按钮，再删除文件时，文件将不进回收站，被立即彻底删除，另外，

图 1-24　回收站属性

在删除文件时，如果按组合键 Shift+Delete，也可彻底删除文件。

10．压缩文件或文件夹

对一些较大的文件或文件夹进行压缩，可以有效地节约空间，方便携带和传送。

Windows 7 系统自带了压缩文件程序，用户无需安装第三方压缩软件，如 WinRAR，也可以对文件进行压缩和解压缩，经过此类压缩程序压缩过的文件，在 Windows XP 系统下也是可解压的。

利用系统自带的压缩软件程序创建压缩文件夹的操作步骤如下：

（1）右击要压缩的文件或文件夹，在弹出的快捷菜单中选择"发送到|压缩（zipped）文件夹"命令。如图 1-25 所示。

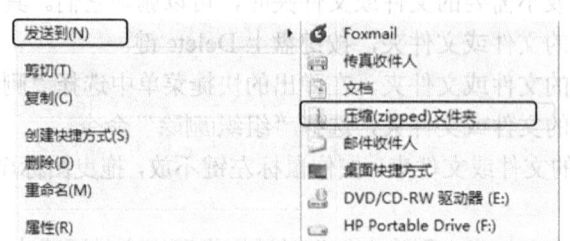

图 1-25　压缩文件

（2）打开"正在压缩"对话框，开始对所选文件或文件夹进行压缩。

（3）正在压缩对话框关闭后，在当前窗口下将出现一个对应的压缩文件，名称处于可编辑状态，用户输入新名称即可。

如果要对这种压缩方式下产生的压缩文件解压，右击该压缩文件夹，在弹出的快捷菜单中选择相应的解压缩命令，完成文件的释放。

11．隐藏与显示文件或文件夹

默认情况下，在"计算机"窗口中并不能查看到计算机中所有的文件，一些受系统保护的文件或文件夹是隐藏起来的。如果用户有一些自己的文件不想被别人看到，可以通过文件或文件夹的隐藏属性将其隐藏。

右击需要隐藏的文件或文件夹，在弹出的快捷菜单中选择"属性"命令，打开类似图1-22所示的对话框，选中"常规"选项卡，勾选属性组合框中的"隐藏"复选框，单击"确定"按钮即可。

默认情况下，被隐藏的文件是看不到的，要想将其显示出来，需要在文件夹选项对话框中进行设置，具体操作如下：

（1）打开资源管理器，选择"工具|文件夹选项"命令，打开"文件夹选项"对话框。

（2）选中"查看"选项卡，如图1-26所示。在"高级设置"列表框中选中"显示隐藏的文件、文件夹和驱动器"单选按钮，然后单击"确定"按钮。

（3）返回到资源管理器中，可看到原先隐藏的文件或文件夹图标以半透明的形式被显示出来。若要正常显示，只需要打开该文件或文件夹属性对话框，撤销"常规"选项卡下的"隐藏"属性的选择。

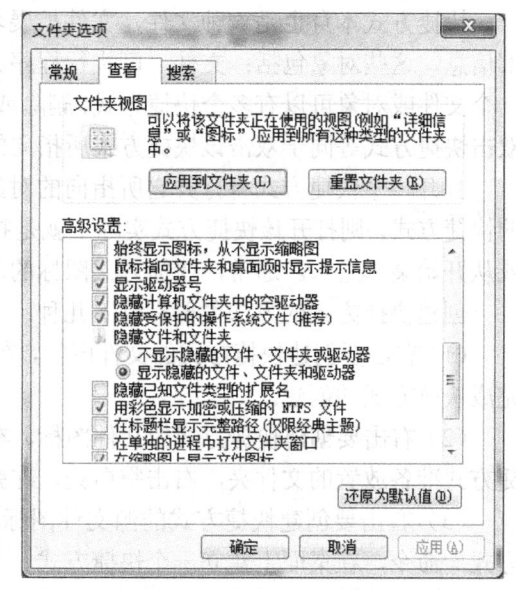

图 1-26　文件夹选项

12．加密与解密文件或文件夹

Windows 系列操作系统的专业版和商业版提供了一项信息加密功能（EFS），方便用户将信息以加密格式存放到以 NTFS 格式分区的磁盘上，保护自己的隐私。如果用户加密了一些数据，那么用户对这些数据的访问将是完全允许的，不会受到任何限制，而其他非授权用户若试图访问加密过的数据时，就会收到"访问拒绝"的错误提示。加密或解密文件或文件夹的方法如下：

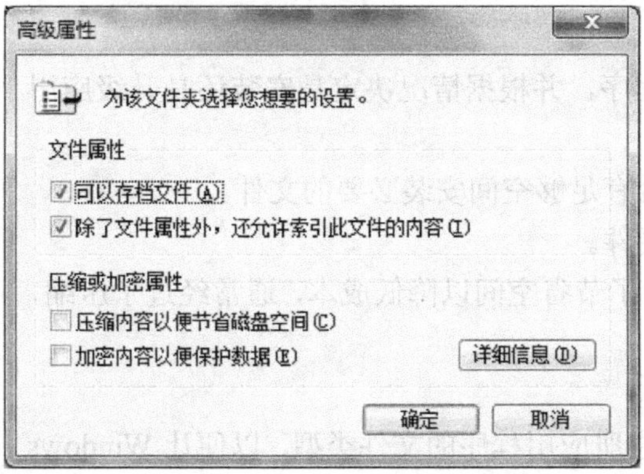

右击要加密的文件或文件夹，在弹出的快捷菜单中选择"属性"命令，打开如图 1-23 或图 1-22 所示的属性对话框，单击"高级"按钮，弹出"高级属性"对话框，如图1-27所示。勾选"加密内容以便保护数据"复选框，单击"确定"按钮，返回"文件夹属性"对话框，继续单击"确定"按钮，应用此属性进行加密。

应用此加密功能加密文件或文件夹后，可用上述同样的方法打开文件夹的"高级属性"对话框，取消"加密内容以便保护数据"的选择即可解密文件或文件夹。

图 1-27　文件夹高级属性

特别需要注意的是，使用 EFS 加密后只有进行加密操作时的用户正常登录系统后才能访问加密文件。重新安装系统后，即使设置成加密时的用户名登录系统，先前被加密的文件也将不被识别，所以加密后需要对加密系统账号对应的加密证书和密钥进行备份，具体操作读者可自行深入研究。

13. 建立快捷方式

快捷方式本身也是一种文件，文件扩展名为 lnk。这个文件包含了打开对象所需要的全部信息，这些对象包括：文件、可执行程序、网络文件夹、控制面板工具、磁盘驱动器等。一个文件或对象可以有多个快捷方式，删除或移动任一个快捷方式，对原始文件都没有影响。双击快捷方式等同于双击该快捷方式所指向的文件或对象。

打开一个快捷方式将打开它所指向的对象。例如，如果在桌面上创建一个"计算机管理"的快捷方式，则打开该快捷方式实际上就是打开计算机管理窗口，而不必每次都从控制面板或从开始菜单进入。通常，快捷方式图标的左下角有一个较小的跳转箭头。

创建快捷方式的方法主要有以下几种：

（1）右击要创建快捷方式的文件图标，在弹出的快捷菜单中选择"创建快捷方式"命令，完成快捷方式的创建。

（2）右击要创建快捷方式的文件图标，在弹出的快捷菜单中选择"复制"命令，打开快捷方式准备放置的文件夹，右击空白处，在弹出的快捷菜单中选择"粘贴快捷方式"命令。

（3）右击要创建快捷方式的源文件图标，在弹出的快捷菜单中选择"发送到|桌面快捷方式"命令，在桌面上建立一个快捷方式。

（4）打开快捷方式准备放置的文件夹，右击空白处，在弹出的快捷菜单中选择"新建|快捷方式"命令，再按向导提示操作为源程序建立快捷方式。

1.1.4 Windows 7 系统维护

1. 安装和卸载应用软件

（1）安装应用软件

应用程序是辅助用户利用计算机完成日常工作的各种各样的可执行程序。大部分应用程序需要进行安装，其安装程序运行过程中一般会执行以下部分或全部步骤：

① 收集计算机信息，以确定安装路径等。

② 查找计算机中是否已经安装当前的应用程序，并根据情况决定是安装还是升级应用程序。

③ 确定计算机中硬盘的剩余空间，判断是否有足够空间安装必要的文件。

④ 检查系统是否有此应用程序所需的专门硬件。

⑤ 创建目录并复制文件。安装盘中的文件为了节省空间以降低成本，通常经过了压缩，复制过程中安装程序要把这些文件解压缩。

⑥ 更新 Windows 配置文件、系统注册表等。

⑦ 把应用程序作为 OLE 服务器进行注册。注册应用程序的文件类型，以便让 Windows 能够根据文件的扩展名，识别出该应用程序使用的文档文件或数据文件。当双击这些文档文件或数据文件时，Windows 会自动运行相应的应用程序来打开这些文件。

⑧ 在开始菜单或桌面上创建应用程序的快捷方式。
⑨ 添加支持应用程序的 Windows 成分，安装各种字体。
⑩ 根据用户的决定对系统进行特殊配置。

安装应用程序需要运行应用程序产品中自带的安装程序文件，该文件通常以 Setup.exe 或 Install.exe 来命名。安装程序可以是光盘资源，也可以是网络资源，首先用户找到该安装程序，双击该安装程序，程序开始运行，出现安装向导，按照向导指引，用户一步一步确认，在此过程中程序将会处理安装过程中的所有细节，包括创建文件夹、复制文件、在 Windows 系统中注册等操作。

（2）卸载或更改应用软件

一些应用软件除了提供安装程序外，在安装成功后还提供了自卸载功能。单击"开始"按钮，打开"开始"菜单中的"所有程序"项，在应用程序组的下拉菜单中经常能看到自卸载命令，用户想卸载该软件时，只需要在这里选择卸载命令。

更多的软件没有提供自卸载功能，软件在使用的过程中某些文件可能发生了问题，部分程序被损坏，此时可以卸载并重新安装该软件，或者通过控制面板中的"程序和功能"超级链接中的卸载或更改程序对软件进行卸载或修复。操作步骤如下：

① 选择"开始|控制面板"命令，打开"控制面板"窗口。
② 在"类别"查看方式下，单击"卸载程序"超级链接，打开"程序和功能"窗口，如图 1-28 所示。

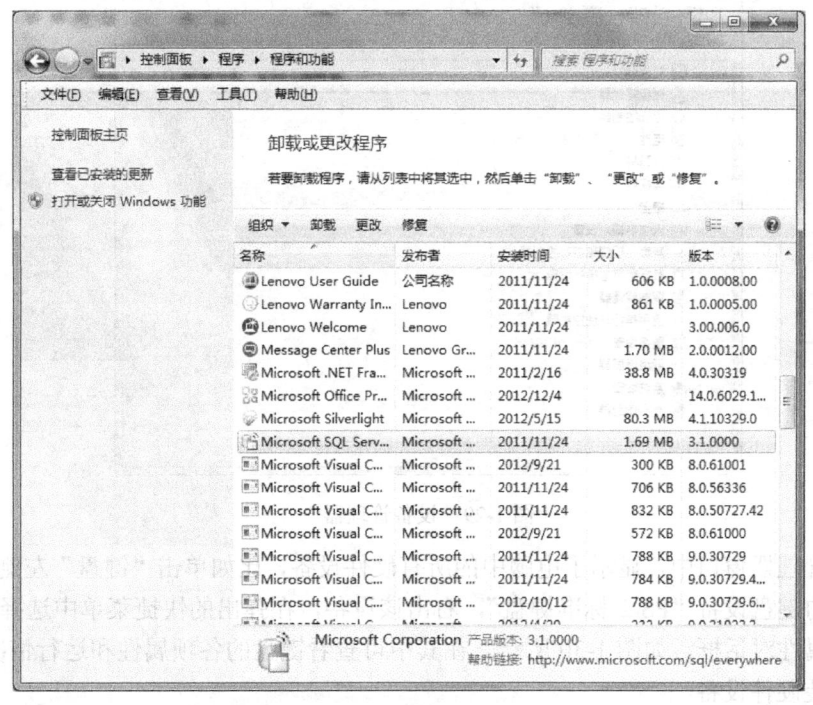

图 1-28 卸载和更改程序

③ 在列表框中选择要卸载或更改的程序名称，在上面的工具栏中单击"卸载"或"修复"或"更改"按钮进行相应的操作。

需要说明的是，系统根据当前安装的不同程序的不同状态，会动态地出现"卸载"、"修复"、"更改"三个按钮的组合，不是所有程序都会同时出现这三个按钮。

2．安装和卸载硬件

组成计算机的各种部件称之为硬件，比如显示器、鼠标、键盘、显卡、内存条等。为了使计算机实现更多的功能，还需要安装实用的外部硬件设备，比如打印机、扫描仪等。

硬件又分为即插即用型硬件和非即插即用型硬件。即插即用型硬件如U盘和移动硬盘等不需要人工安装驱动程序，系统可以自动识别、自动运行。非即插即用型硬件指连接到计算机上后需要用户手工安装驱动程序的硬件，如打印机、扫描仪等。

（1）设备管理器

设备管理器是Windows 7中查看和管理硬件设备的工具。通过设备管理器，不仅能查看计算机中的一些基本信息，还可以查看计算机中的已经安装的硬件设备及它们的运转状态。可以通过以下两种方式打开设备管理器：

① 右击桌面上"计算机"图标，在弹出的快捷菜单中选择"属性"命令，打开控制面板的"系统"窗口，在导航格中双击"设备管理器"超级链接。

② 选择"开始|控制面板"命令，在类别查看方式下单击"硬件和声音"超级链接，打开"硬件和声音"窗口，在"设备和打印机"列表下单击"设备管理器"超级链接。

打开的"设备管理器"窗口如图1-29所示。

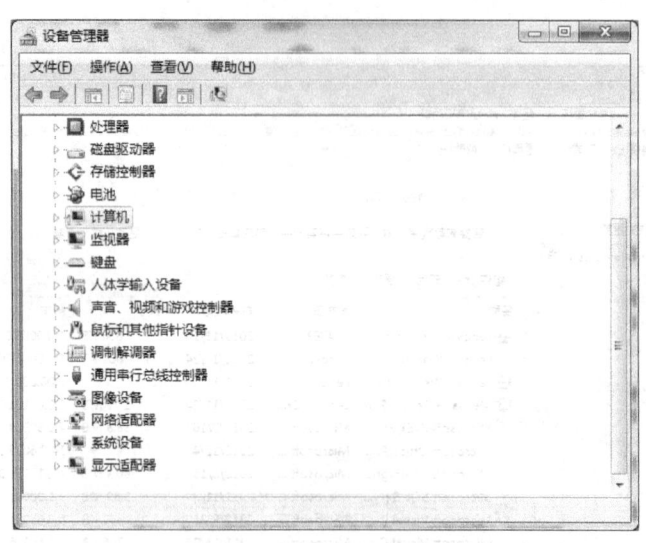

图1-29　设备管理器

在设备管理器窗口中，显示了电脑中的所有硬件设备，比如单击"键盘"左侧按钮，展开了本机上的键盘设备"PS/2标准键盘"，右击该设备，在弹出的快捷菜单中选择"属性"命令，打开属性对话框，如图1-30所示。在其中可查看键盘的各项属性和运行情况。

（2）安装硬件设备

即插即用型设备直接连接到主机上后，系统将自动安装驱动程序，并在任务栏通知区域中显示设备安装成功通知。

非即插即用型设备连到计算机上后需要手动安装配套的驱动程序后才能正确使用。驱动程序是一种软件，在安装之后会自动运行，用户除了能将其卸载外，无法对它进行管理和控制。在使用某个硬件时，驱动程序的作用是将硬件本身的功能传递给操作系统，由驱动程序完成硬件设备电子信号与操作系统即软件的高级编程语言之间的相互翻译。

一般的非即插即用型设备会自带驱动程序，有些常用设备可由系统提供驱动程序，下面以"安装打印机"为例说明非即插即用型设备安装的方法步骤。

【例 1-4】安装"HP LaserJet M3035 mfp PCL6"打印机，其操作步骤如下：

① 将数据线分别连接到计算机和打印机的相应接口，接通打印机电源。

② 选择"开始|设备和打印机"命令，打开"设备和打印机"窗口。该窗口中列出了当前计算机中已经安装的打印机和设备。

③ 单击"添加打印机"按钮，打开窗口询问安装何种类型的打印机，如图 1-31 所示。单击"添加本地打印机"选项。

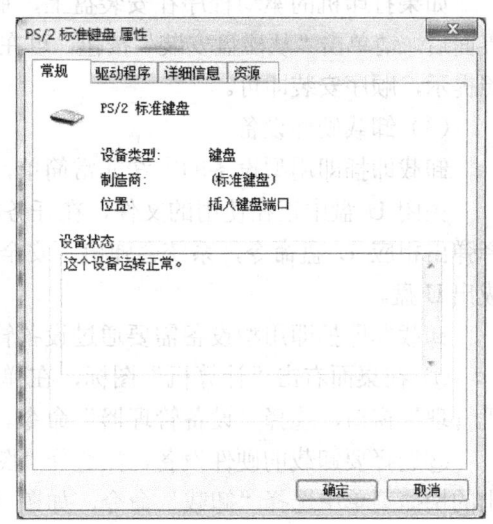

图 1-30　键盘属性对话框

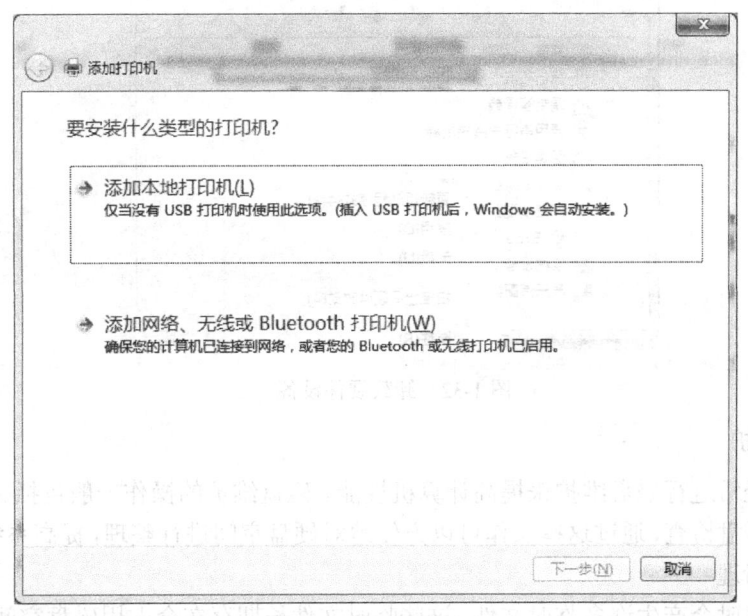

图 1-31　添加打印机

④ 在选择打印机端口界面中选择默认的 LPT1 端口，单击"下一步"，进入"安装打印机驱动程序"界面，选择所使用打印机的厂商和型号，比如选厂商为 HP、型号为"HP LaserJet M3035 mfp PCL6"，的打印机。继续单击"下一步"，打开"键入打印机名称"界面，为新安装的打印机取名。再一次单击"下一步"按钮，系统开始安装打印机的驱动程序。

⑤ 驱动程序安装完成后，将打开"打印机共享"界面，选择打印机是否需要共享，单

• 25 •

击"下一步",完成安装。

如果打印机的驱动程序在安装盘上,那么在刚才的步骤中进入"安装打印机驱动程序"界面后,请单击"从磁盘安装"按钮,可在打开的对话框中选择驱动程序所在的目录然后按照提示,顺序安装即可。

(3) 卸载硬件设备

卸载即插即用型设备的方法非常简单,比如需要卸载 U 盘,操作方法如下:

关闭 U 盘中正在使用的文件,在任务栏通知区域单击图标 ,在弹出的快捷菜单中选择弹出相应 U 盘命令,系统会弹出"安全移除硬件"提示框,关闭该提示,即可从机箱上拔出 U 盘。

卸载非即插即用型设备需要通过设备管理器来进行。操作方法如下:

① 在桌面右击"计算机"图标,在弹出的快捷菜单中选择"管理"命令,打开"计算机管理"窗口,选择"设备管理器"命令。

②选择要卸载的硬件设备,如选择"图像设备"目录下的"摄像头"选项,右击,在弹出的快捷菜单中选择"卸载"命令,如图 1-32 所示。打开"确认设备卸载"对话框,选中"删除此设备的驱动程序软件"复选框,单击"确定"按钮,完成硬件(摄像头)卸载。

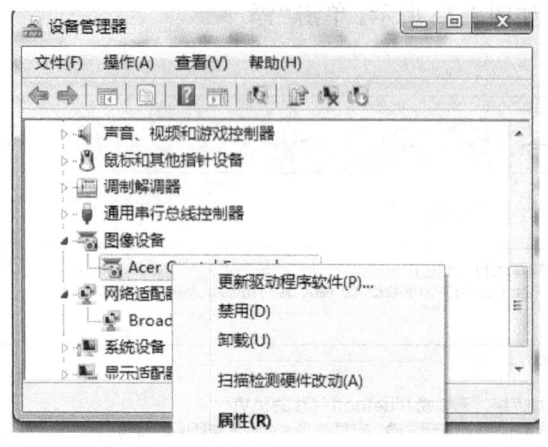

图 1-32　卸载硬件设备

3．磁盘维护

用户需要经常进行磁盘维护来提高计算机性能。磁盘维护的操作一般包括磁盘清理、磁盘碎片整理和磁盘检查,通过这些操作可以方便地对硬盘空间进行整理,提高系统运行速度。

(1) 磁盘清理

使用计算机时会产生许多临时文件,这些临时文件长期存在会占用磁盘空间影响系统运行,使用"磁盘清理"程序能将多余临时文件删除。下面以 C 盘为例说明如何使用磁盘清理程序:

选择"开始|所有程序|附件|系统工具|磁盘清理"命令,打开如图 1-33 左边所示的对话框,在驱动器下拉列表中选择 C 盘,单击"确定"按钮,程序开始计算清理后能释放的磁盘空间,打开图 1-33 右边所示对话框。计算完成后,将会弹出一个对话框,列出所有"要删除的文件",用户选中列表框中需要删除的文件,确定后程序将自动开始删除临时文件。

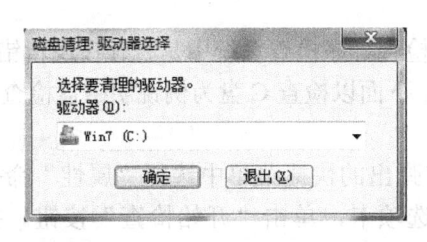

图 1-33　磁盘清理

（2）磁盘碎片整理

磁盘中存储文件的最小单位是簇，就像是一个个小方格被均匀地分布在磁盘上，而文件被分散放置在不同的簇里。磁盘碎片整理的功能就是尽可能将原来存放在不同簇中的文件集中存放，从而提高系统访问文件的速度，改进文件系统性能。

选择"开始|所有程序|附件|系统工具|磁盘碎片整理程序"命令，可打开图 1-34 所示的"磁盘碎片整理程序"对话框。

单击"配置计划"按钮可以为磁盘碎片整理程序设置自动运行时间，让计算机定期进行碎片整理，从而改善文件系统功能。

"当前状态"列表中列出了当前计算机上所有磁盘及曾经进行碎片整理的时间，用户可选中列表中的一个或多个磁盘，单击"分析磁盘"按钮，程序将开始分析磁盘中的文件碎片程度，并在"上一次运行时间"项下显示磁盘碎片程度信息。单击"磁盘碎片整理"按钮，系统即开始对选中磁盘进行碎片整理。

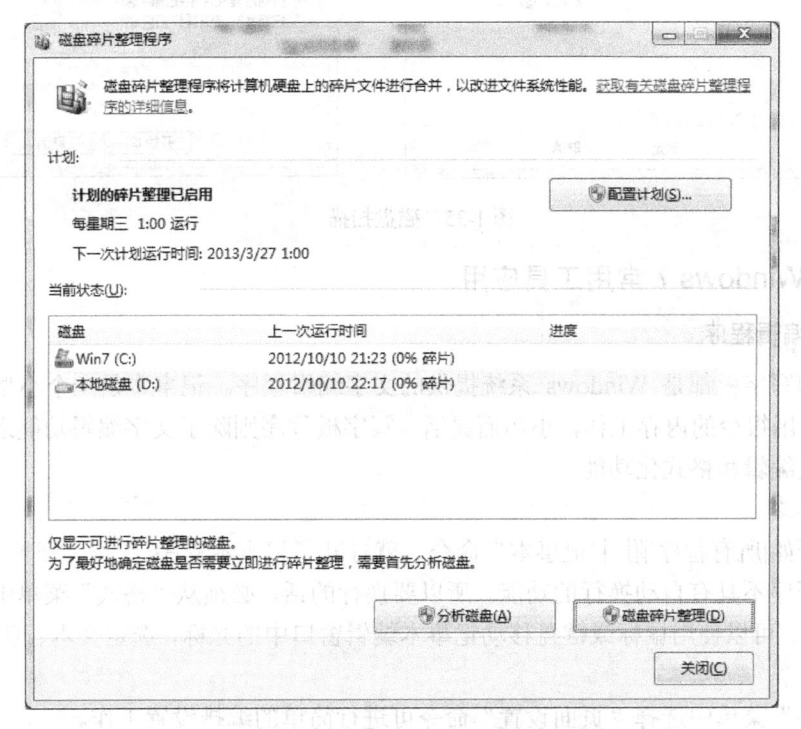

图 1-34　磁盘碎片整理

（3）磁盘检查

当计算机系统运行速度明显变慢或出现死机、蓝屏等现象时，可能是因为磁盘上出现了逻辑错误，这时可以使用 Windows 7 自带的磁盘检查程序检查系统中是否存在逻辑错误，当检测到错误时，也可以用此程序对错误进行修复。下面以检查 C 盘为例说明磁盘检查程序的操作方法：

打开"计算机"窗口，右击 C 盘图标，在弹出的快捷菜单中选择"属性"命令，打开如图 1-35 左边所示对话框。选择"工具"选项卡，单击"开始检查"按钮。打开如图 1-35 右边所示对话框，勾选"自动修复文件系统错误"和"扫描并尝试恢复坏扇区"复选框，单击"开始"，程序将自动检查磁盘逻辑错误，检查完成后弹出提示框提示用户扫描完毕。

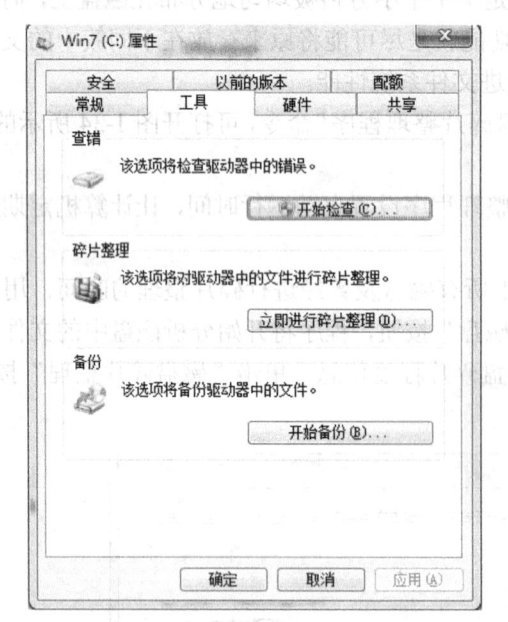

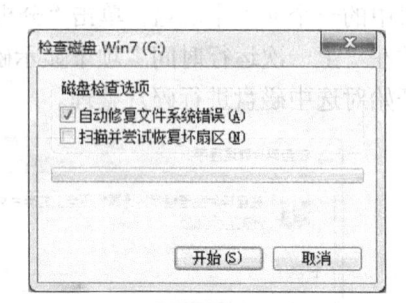

图 1-35　磁盘扫描

1.1.5　Windows 7 常用工具应用

1．文字编辑程序

记事本和写字板都是 Windows 系统提供的文字编辑程序。记事本是一个小型纯文本编辑程序，它占用很少的内存工作，小巧而灵活。写字板程序则除了文字编辑功能之外，还提供了一些高级编辑和格式化功能。

（1）记事本

选择"开始|所有程序|附件|记事本"命令，就打开了记事本程序。

记事本程序不具有自动换行的功能，所以要换行的话，必须从"格式"菜单中选择"自动换行"命令。可以使用鼠标或键盘移动记事本编辑窗口中的光标，选定文本、复制、剪切、粘贴等操作。

从"文件"菜单中选择"页面设置"命令可进行简单的编排设置工作。

选择"格式"菜单下的"字体"命令可对文字的字形、字体和大小做简单的设置。

（2）写字板

选择"开始|所有程序|附件|写字板"命令，可启动写字板程序。打开的窗口如图 1-36 所

示。该窗口由快速访问工具栏、标题栏、写字板按钮、选项卡、功能选项组、标尺、文档编辑区和缩放工具等部分组成，结构与一般窗口基本一致。"写字板按钮"提供了对文档所能执行的"新建"、"保存"、"打印"等命令。

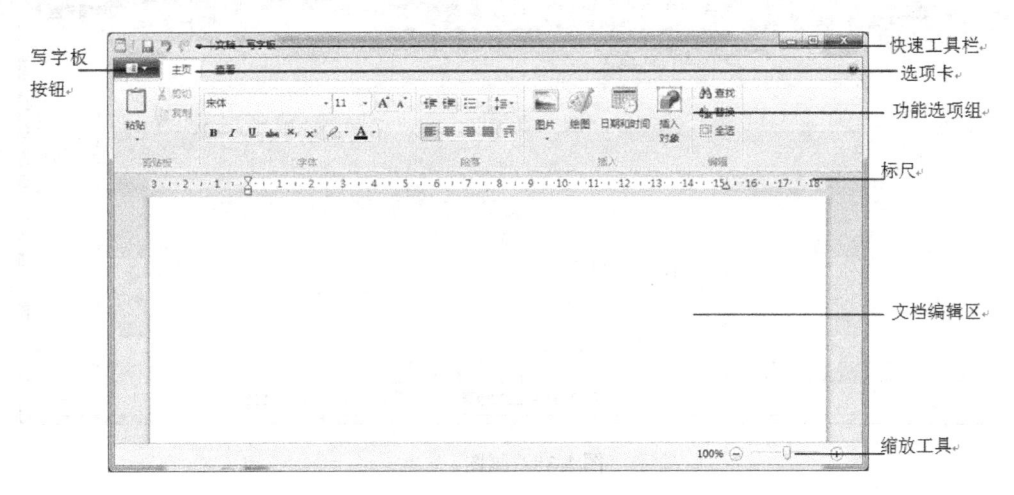

图 1-36 写字板

默认窗口是"主页"选项卡下的窗口，"主页"选项卡下有五个功能选项组：

- 剪贴板：用于选中文档中的某段文字，然后进行复制、剪切、粘贴操作。
- 字体：用于对文档中的选中文字进行字体、字号和颜色等设置。
- 段落：对文档进行简单段落设置，比如设置对齐格式、缩进格式、行距等。
- 插入：在文档中插入图片、日期时间等对象。
- 编辑：在编辑的文档中查找或替换特定的字符。

单击"查看"选项卡，将会出现不同的功能选项组如图 1-37 所示，分别是："缩放"、"显示或隐藏"、"设置"，用于对当前文档进行显示方面的设置。

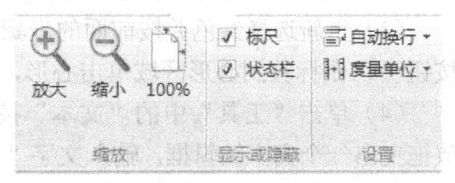

图 1-37 "写字板"查看功能选项组

2．画图

画图工具是一款图形处理及绘制软件，利用该程序可以手工绘制图像，也可以对来自相机或扫描仪的图片进行简单处理，并在处理结束后以不同的图形文件格式保存。

选择"开始|所有程序|附件|画图"命令，打开画图窗口，出现如图 1-38 所示的默认窗口。默认窗口由标题栏、快速工具栏、菜单栏、菜单选项卡和功能选项组、图形编辑工作区、状态栏等组成。

默认窗口是"主页"选项卡下的窗口，在该窗口中可任意选择作图元素进行作图，然后进行颜色的选取及图像的选择、裁剪、着色、翻转等操作。"主页"选项卡下有五个功能选项组："剪贴板"、"图像"、"工具"、"形状"和"颜色"。单击"查看"选项卡，将会出现不同的功能选项组，分别是："缩放"、"显示或隐藏"、"显示"，如图 1-39 所示，用于对当前图形进行显示方面的设置。下面以一个简单的例子说明如何使用画图工具。

· 29 ·

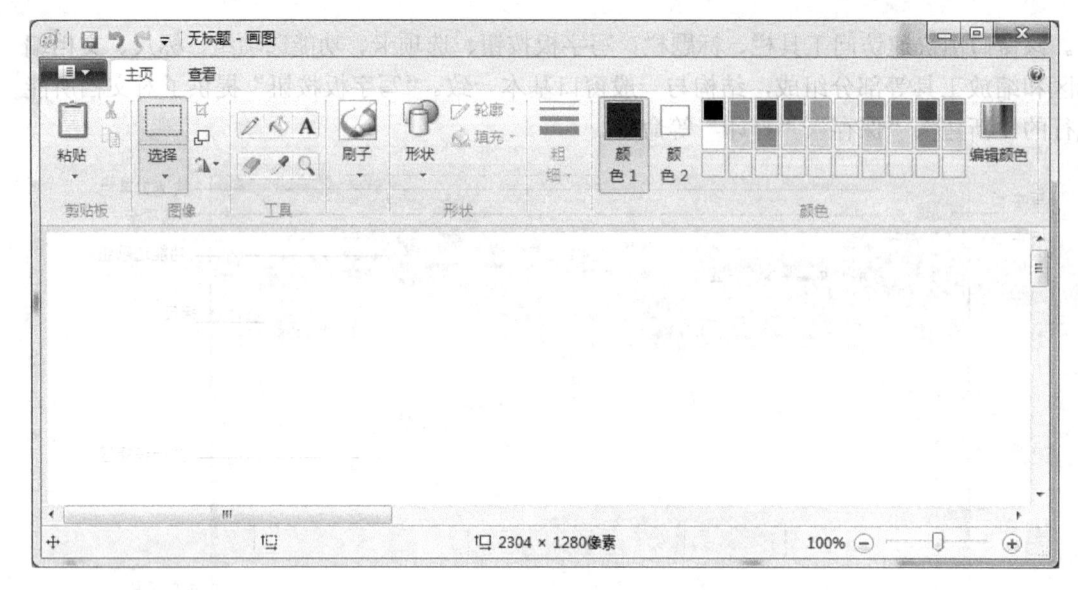

图 1-38 画图

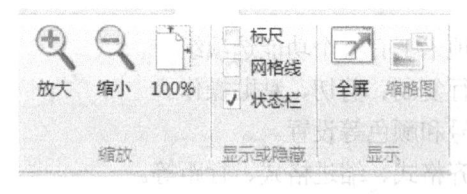

图 1-39 "画图"查看功能选项组

【例 1-5】用画图工具画两颗红心，并进行编辑，其操作步骤如下：

（1）在"主页"选项卡的"颜色"组中单击红色按钮。单击"形状"组中的"形状"按钮，在下拉列表中选中"心形"，在编辑窗口中绘制一个心形。

（2）单击"工具"组中的"刷子"下拉按钮，选中"蜡笔"刷，然后拖曳鼠标在心形中不断涂抹，可画出第一颗红心。这种情况往往容易超出边界，涂色也不够均匀。

（3）重新选择红色并按前面的步骤画第二个心形，单击"工具"组中的"用颜色填充"按钮，鼠标移到心形区域单击心形，第二颗红色的心就画好了。

（4）单击"工具"中的"文本"按钮，鼠标移动到绘图空白区域，按住鼠标左键不放拖曳出一个文本编辑框，输入文字"一颗红心，两种准备"。工具栏新出现"文本"动态选项卡。下面的功能选项组也发生了变化，增加了"字体"和"背景"功能组，可对刚刚输入的文字进行字体字形字号设置。

（5）在编辑区空白处单击鼠标，取消文本编辑状态。在"主页"选项卡的"图像"组中，单击"选择|选择形状|矩形选择"按钮，移动鼠标至第一颗红心处，拖曳鼠标选中红心，按键盘上 Delete 键，可删除所选图形。

（6）单击"颜色"组的黑色，然后单击工具组中的"用颜色填充"按钮，鼠标移动到心形区域单击，红心变成了黑心。

（7）继续选中黑心，单击"图像"组中的"调整大小和扭曲"按钮，在打开的对话框中执行水平倾斜 30 度的命令，可以看到黑心发生了变形。

（8）单击保存按钮，取名 Ex1-1.png，保存文件。在这里也可选择 bmp 等后缀名将文件保存成位图等类型的文件。

用户可以继续练习充分了解画图工具的其他应用。

3．截图工具

截图工具是 Windows 7 新带的实用性很强的工具之一，用户可以利用该工具抓取当前界面中的任何图片。选择"开始|所有程序|附件|截图工具"命令，打开截图工具窗口，如图 1-40 所示。此时桌面上的其他窗口进入半透明不活动状态，拖曳鼠标截取所需的图片区域，被截取的图片将会自动进入截图工具主窗口，用户可以对其进行编辑，如画图备注等等。截图工具中的编辑工具与画图程序类似。选择"文件|另存为"命令，打开保存文件对话框，选择保存路径并给文件取名，即可保存截图文件。

如果需要将截取到的图片插入到其他文件或窗口，可选择"编辑|复制"命令，在需要插入图片的窗口右击弹出快捷菜单，选择"粘贴"命令即可。

上述是截图工具默认的"矩形截图"方式，在打开图 1-40 所示的窗口后，单击"新建"按钮右侧的下拉按钮，弹出的列表中显示除了"矩形截图"方式外，还有"任意格式截图"、"窗口截图"、"全屏幕截图"三种方式。

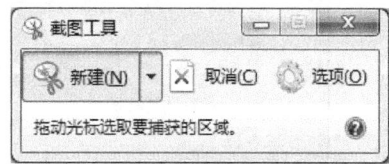

图 1-40　截图工具

选中"任意格式截图"，用户在当前桌面进入半透明状态时，可按住并任意不规则拖曳鼠标选取所需图片区域，然后单击确定截图。选中"窗口截图"，此时当前窗口周围将出现红色边框，表示该窗口为截图窗口，单击确定截图。选中"全屏幕截图"，程序会理解将选中那一刻的窗口信息放入截图编辑窗口。

用户通过按住键盘上的 Print Screen 键也可完成截取全屏操作，或者同时按住键盘上的 Alt 和 Print Screen 键可完成当前窗口截取工作。此时不打开截图窗口，被截信息自动存放于剪贴板中。

4．制作光盘工具：DVD Maker

DVD Maker 是 Windows 7 自带的一款专用 DVD 刻录软件，它具有简洁的界面及强大的 DVD 制作功能。使用 DVD Maker，用户计算机上的视频卡必须支持 DirectX 9 或更高版本，另外用户的计算机上应该装有 DVD 刻录机。

选择"开始|所有程序|Windows DVD Maker"命令可启动 Windows DVD Maker，界面所图 1-41 示，由标题栏、工具栏、项目窗格、状态栏四部分组成。

标题栏显示了软件名称、当前界面名称、返回上一页按钮，最小化按钮，最大化按钮和关闭按钮。

工具栏列出了各种常用工具按钮，主要包括文件按钮 文件、添加项目按钮 添加项目、移除项目按钮 移除项目、"上移"按钮、"下移"按钮、"返回视频"按钮和"DVD 刻录机"下拉列表。各按钮功能如下：

（1）单击"文件"按钮，在打开的下拉列表中可对 Windows DVD Maker 的项目文件进行新建、打开、保存、另存为及退出操作。

（2）单击"添加项目"按钮，可以向 Windows DVD Maker 项目文件中添加各类供刻录的图片或视频等文件。

（3）单击"移除项目"按钮即可移除当前所选的项目。

（4）在项目窗格中选择需要调整位置的项目，单击上移按钮、下移按钮可以将所选项目向上或向下移动一个位置。

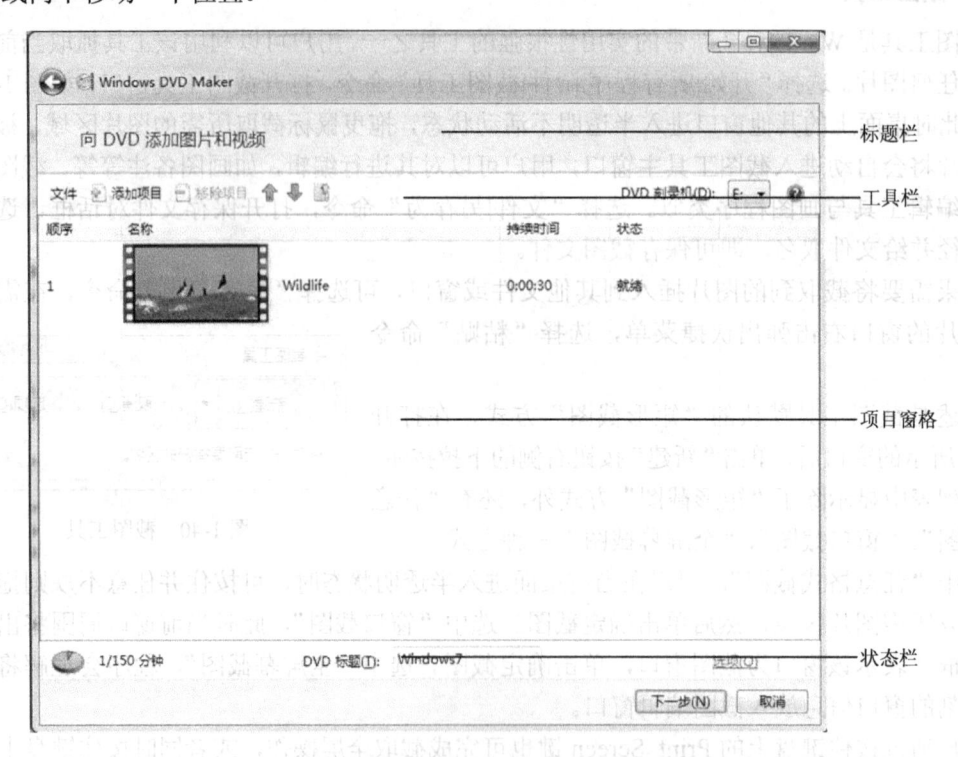

图 1-41　向 DVD 添加图片和视频

项目窗格用于显示添加到当前项目文件中的所有将要被刻录的图片和视频等文件。

状态栏用于显示项目的播放时间、光盘标题和"选项"超链接。单击状态栏中的"选项"超级链接，弹出"DVD 选项"对话框，在其中可对 DVD 视频属性和兼容性进行设置。

在工具栏中单击"添加项目"按钮，在弹出的对话框中选择要制作成 DVD 的所有文件。假设用户已经添加成功所有用来制作 DVD 的项目文件，单击"下一步"按钮，进入"准备刻录 DVD"界面，如图 1-42 所示。工具栏上有五个按钮，菜单文本按钮用于帮助用户更改菜单文本，自定义菜单按钮用于帮助用户设置字体样式、前景视频、背景视频、菜单视频及场景按钮样式。放映幻灯片按钮用于帮助用户将制作的 DVD 光盘中的图片以幻灯片的方式播放并且能修改幻灯片的播放效果。右边的"菜单样式"窗格提供了即将制作的 DVD 播放时的菜单样式选项。

单击"文件"按钮，选择"保存"命令，在弹出的对话框中输入文件名，并确定保存路径，可将当前项目保存成文件以备日后使用。最后，单击"刻录"按钮就可以将当前项目刻录成 DVD 光盘了。

5．媒体播放器：Windows Media Player12

Windows Media Player 是 Windows 操作系统自带的媒体播放器，下面介绍 Windows Media Player12 的使用方法。

选择"开始|所有程序|Windows Media Player"命令，打开播放器，界面如图 1-43 所示。播放器由地址栏、导航窗格、细节窗格、列表窗格、播放控件构成。右击地址栏的空

白区域，在弹出的快捷菜单中选择"显示菜单栏"命令，在地址栏上方将会出现菜单栏文件(F) 查看(V) 播放(P) 工具(T) 帮助(H)。

图 1-42　准备刻录 DVD

在导航窗格中，用户可以选择将要在细节窗格中查看的内容，如音乐图片视频等内容。在细节窗格中选择要添加到列表窗格中的项目，将其拖曳到列表窗格中，创建播放列表。

Windows Media Player12 可以播放音乐、视频、图片和电视等多媒体文件。播放某个特定的文件时，只需要选择"文件｜打开"命令，打开"打开"对话框，选择要打开的文件，单击"打开"按钮，Player 立即开始播放。

如果需要创建播放列表来播放媒体文件，那么需要事先在"媒体库"中添加媒体文件所在的文件夹，然后建立播放列表。

【例 1-6】将 D:\mp3 下的音乐文件创建成播放音乐列表，其操作步骤如下：

（1）选择"文件|管理媒体库|音乐"命令，打开"音乐库位置"对话框，"库位置"列表框中显示了库中包含的音乐媒体文件的默认保存位置。

（2）单击"添加"按钮，打开"将文件夹包括在音乐中"对话框，选中用户用来创建播放列表的所有文件所在的目录 D:\mp3，单击"包括文件夹"按钮，返回上一层，可看到在"音乐库位置"对话框的库位置列表中新增了 D:\mp3 文件夹。

（3）选择"文件|创建播放列表"命令，在导航窗格的"播放列表"栏下将会出现名为"无标题的播放列表"栏，呈可编辑状态，例如命名为"List1"，一个列表就建成了。

（4）单击地址栏上的"媒体库"，双击细节窗格中的"音乐"按钮，细节窗格中将会出现分类项目，在细节窗格中双击"文件夹"。在细节窗格中选中音乐库中的文件夹 D:\mp3，按住鼠标左键不放，拖曳 D:\mp3 至窗口中左边的导航窗格中的 List1 上，List1 上会出现一

• 33 •

个"+"号，释放鼠标，List1 音乐播放列表创建成功。

（5）双击 List1，在"列表窗格"中显示 List1 中的所有歌曲，而 Player 也开始按照顺序播放列表中的所有歌曲。

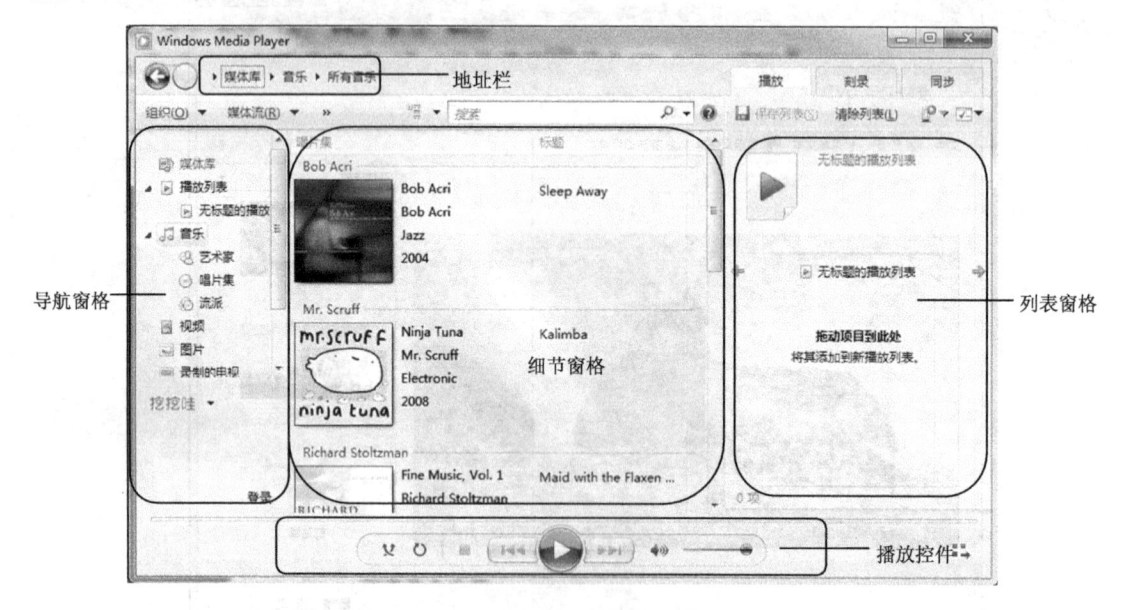

图 1-43 Windows Media Player

假设电脑中已经安装了刻录光驱，此时选中"地址栏"行右侧的"刻录"选项卡，将"细节窗格"中的某些音乐文件选中并拖曳到右侧的"列表窗格"，单击上方的"开始刻录"按钮，系统会弹出 CD 驱动器，提示您插入空白光盘，然后会自动将选中的文件刻制成光盘，只有当前电脑中的驱动器支持刻录功能才能做这项操作。

1.2 网络基本应用

Internet 这样一个世界上最大最流行的计算机网络，被人们称为全球开放的信息资源网。经过近几十年的发展，Internet 的应用已从军事领域扩展至科研、教育、商业等各个领域，进入每一个普通百姓家庭，深入到社会生活的每一个角落，人们的工作和生活方式、社会分工、人际关系都因为有了网络发生着巨大变化。

1.2.1 WWW 概述

1. WWW 的基本概念

万维网（World Wide Web）简称 WWW，是 Internet 提供的一种信息服务，是一个固定的网站的集合，用户可以在这些网站上获取信息。随着 Internet 网站的不断增加和对它们信息的访问能力的增强，WWW 也在不断地变化。了解一些 WWW 的基本概念和技术有助于帮助用户了解 WWW 的工作方式。

（1）浏览器（Browser）

要访问 WWW，需要在计算机上运行一个 WWW 浏览器。浏览器是一个应用程序，知道如何解释和显示在 WWW 上找到的文档。WWW 上的文档是超文本文档，它不仅包含标记，还可以通过条目将文本结构化，使浏览器以最佳的方式显示各种文本。

除了可以友好地显示格式化文本之外，浏览器还提供了访问其他媒体文档的能力。例如，WWW 文档中还可包括图像和动画，如果电脑上具有声卡，或者具有 PC 喇叭的驱动程序（控制某种硬件的程序），就可以听到包含在 WWW 动画文档中的声音。

用户不仅可以访问 WWW 文档中的不同媒体，还可以对一些浏览器进行设置，以调用合适的应用程序来显示特殊类型的文档。例如，如果一个 WWW 文档中包含对 Word 格式文档的引用，就可以对浏览器进行设置，使其在取到此文档时自动启动 Word 来显示此文档。

（2）超文本标记语言（HTML）

HTML（Hyper Text Markup Language）是专门用来书写通过 WWW 进行传播的文档的语言。它是一个简单的标记集合，用来描述文档是如何组织的。它允许用户定义文档的各个部分。用 HTML 写成的文档称为超文本文档，如果还包含有图形、声音甚至动画等多媒体信息，这种文档也称为超媒体文档。

（3）超级链接（Hyper Link）

超文本文档显著的特点之一就是超级链接。链接是在编写超文本时插入的，是对其他文档或自身的简单引用。用户通过鼠标指向并单击激活超级链接，使浏览器打开其链接的文档。

绝大多数的 WWW 文档都是超文本文档。除了文档描述标记以外，HTML 还包括允许进行内部链接的标记。许多 WWW 文档都是超媒体文档，因此除了文档链接外，还包括图像、声音和动画文档的链接。

一个超文本链接有两个部分。第一部分是对相关项（可以是文档、图像、声音和动画）的引用。在 WWW 中，被引用的项可以在当前的文档之中，也可以是在 Internet 上任何地方的文档。第二部分是"锚"。文档的作者可以将锚定义成为一个单词、一组单词、一幅图片，或者是显示的任何区域，用户可以将鼠标指向它，并单击（对于基于图形的浏览器而言），或者通过键盘的方向键进行选择，并按回车键（基于文本的浏览器）来激活锚。

锚根据用户使用的显示类型以不同的方式显示。当激活锚时，浏览器将此锚的引用项打开。这可能涉及到从本地读取文档，或者到 Internet 上请求将该文件从远距离的计算机上发送过来。引用指示了要获取项的类型（HTML 文档、声音或图像文件），而浏览器则尽量以合适的格式将信息展现给用户。

如果计算机上没有安装打开相应文件的应用程序，比如某些特殊的图形格式、声音格式文件需要的专门软件支持，虽然此时该文件已经传送到了本地，但是浏览器仍然会在打开相应文件时显示出错信息。

（4）超文本传输协议（HTTP）

WWW 的一个主要目的是使文档易于获取，而不管它们位于什么地方。当决定使用超文本作为 WWW 文档的标准格式后，人们开发了可以快速获取这些超文本文档的协议。这个协议就是 HTTP（Hyper Text Transfer Protocol，超文本传输协议）。HTTP 是一种相当简单的通信协议，它所获取的文档中包含了用户将来可能访问的链接信息。

（5）统一资源定位符（URL）

WWW 的目的之一就是建立一种标准方式来引用各种文件，而不用考虑该文件的类型。为达到此目的，人们定义了 URL（Uniform Resource Locator）。URL 是文件的完整描述，包含该文件所处的位置。文件可以是本地磁盘文件，也可以是 Internet 网站上的文件。

URL 引用可以设置成绝对的或相对的。绝对引用包含引用文件的完整地址，包括主机名和域名（或主机 IP 地址）、路径和文件名。而相对引用则不指定主机名和域名、路径，默认使用当前的 WWW 位置，它只指示引用文件名（也可以是相对子目录名加文件名）。

一个典型的 URL 地址如下：

http://www.shu.edu.cn/web/index.htm

这个例子中的 URL 告诉 WWW 浏览器使用 HTTP 协议，从 Internet 主机 www.shu.edu.cn 的 web 目录下获取 index.htm 文件并显示。URL 的标准格式如下：

Protocol://host:port/path/filename

其中：

① "Protocol://"：指定采用何种协议来进行信息传送。最常用的包括：

"http://"：使用超文本传输协议来浏览 WWW 网页（WWW 文档）。

"ftp://"：使用文件传输协议来传送文件。

"file:///"：引用本地文件，后面可以跟盘符（注意，如 "C:" 盘应表示为 "C|"，因为冒号在 URL 中有特殊意义）和路径（路径以 "/" 分隔，而不是 "\"）以及文件名。

② "host"：指定想获取的信息所在的主机名和域名（或主机 IP 地址）。

③ "port"：端口号。是可选的，只有在特别情况下使用，一般采用默认值（如 Gopher 使用的端口号是 70，HTTP 使用的是 80）。

④ "path"：指定了从主机上获取信息的路径，以 "/" 分隔不同级别的子目录。

⑤ "filename"：指定获取的文件名。很多时候可以省略文件名，系统会自动提供默认的文件名。

（6）主页（Home Page）和网页（Web Page）

网页是 Internet 服务器上 HTML 文档的别称。主页是链接一个网站中所有相关网页的网页，其中包含了转到其他网页的超级链接。所有的 WWW 网站都有自己的主页，在其中设置与之经常使用的一些链接。主页可以为一组使用同样资源的用户组开发。例如，一个工程可能需要建立一个主页，以给出所有存在的与工程相关项目的链接。

2. 用 IE10.0 浏览万维网

WWW（World Wide Web，万维网；又称 3W）是 Internet 服务之一。它将文本、声音、图形甚至动画综合在一起使文档成为一种新的形式——超文本（Hyper Text）。WWW 文档中的超级链接可以将用户迅速带到其他相关的文档，让用户可以像访问本地的 WWW 文档一样轻易地访问位于世界各地的 WWW 文档。WWW 提供了 Internet 建立以来最具综合性的、友好的用户界面。

浏览器是访问 WWW 的必备工具，它就是一个应用程序，知道如何解释和显示在 WWW 上找到的超文本文档。当前最被广泛应用的浏览器是 Microsoft 公司的 Internet Explore（简称 IE）。本节将以 IE10.0 为例介绍如何利用 IE 浏览器浏览万维网并得到用户所需要的资源信息。IE10 必须在 Windows 7 或以上的系统上才能支持。

选择"开始|所有程序|Internet Explorer"命令，或直接双击桌面上的 IE 图标可打开 IE 主窗口。初次打开 IE，看到的只是由窗口控制按钮、地址栏和前进/后退按钮浏览区组成的空白界面，右击浏览器顶端任意空白处，在弹出的快捷菜单中选中"菜单栏"、"收藏夹栏"、"命令栏"和"状态栏"，IE 浏览器窗口将会变得丰富，如图 1-44 所示。

图 1-44　Internet Explorer 10.0 浏览器

各组成部分作用如下：
- 前进/后退按钮：方便用户在浏览过的网页之间快速进行切换。
- 地址栏：用于输入网站网址，打开网页时显示当前网页的网址。
- 选项卡区：用于显示用户已经打开的所有网页，支持在同一浏览器窗口打开多个网页，每打开一个网页相应增加一个选项卡标签，单击这些选项卡标签可在打开的网页间进行切换。
- 命令按钮：显示了三个常用命令按钮，"主页"、"查看收藏夹或历史记录"和"工具"。
- 命令栏：提供了常用的工具按钮，如"主页"、"打印"、"安全"等。
- 菜单栏：按类别组织浏览器中所有供用户使用的各项菜单命令。
- 收藏夹栏：用于收藏常用或喜欢的网站，收藏过的网站都会作为超级链接出现在这里。
- 浏览区：浏览网页的主要区域，用于显示当前网页的各项内容。
- 状态栏：位于浏览器底部，用于显示网页的打开进度以及当前网页的相关信息、显示百分比等。

用户除了用 IE 进行网上浏览，还经常需要做如下一些操作：

（1）保存网页和图片

IE 启动后，将打开用户在 IE 中设置的默认主页，如果没有设置主页，将显示空白页，这时在浏览器中输入网址并按回车键后，浏览器会打开对应网页并在网页浏览区中显示该网页的内容，网页中含有众多超级链接条目，用户可以单击各个超级链接浏览内容。

在浏览过程中，如果对某些网页很感兴趣，觉得有存档的必要，希望下次还能查看，那么可以将网页保存下来。使用 IE 浏览器保存网页的功能就能完整地保存网页，操作方法如下：

① 打开需要保存的网页，单击浏览器"命令栏"上的"页面"按钮，在打开的下拉菜单中选择"另存为"命令，打开"保存网页"对话框。

② 在"文件名"文本框中输入文件名称，并在"保存类型"下拉列表选择保存网页的类型，同时在对话框左上侧窗格选择保存路径，单击"保存"按钮即可。

如果希望单独保存网页上的图片，则应在浏览网页时，直接右击图片，在弹出的快捷菜单中选择"图片另存为"命令，同样打开"保存图片"对话框，命名并保存。

(2) 下载和存储信息

除文字和图片外，有时还需要保存一些文件资料，比如视频、游戏等应用软件。这些文件不能像在磁盘中一样复制粘贴，而需要通过网络将其复制到本地电脑，这种通过网络复制远程服务器上文件的行为称为"下载"。

有些网站专门提供文件的下载服务，比如大名鼎鼎的华军软件园网站。在这样的情况下，可以直接单击要下载文件的链接目标，将打开"另存为"对话框，单击"保存"按钮，立即开始下载文件，但在这种情况下，如果网络速度过慢，容易出现超时错误，因此出现了很多专门的下载工具如迅雷、QQ旋风等，这些工具支持断点续传功能，若文件不能一次完全下载，下次可以从断点处继续，不需要再从头开始。

(3) 收藏常用网址

浏览网页时，假如需要经常打开某个网站或对某个网站的内容特别感兴趣，用户可以将网站收藏起来，以便随时查看。

收藏网站的方法很简单，启动 IE，在地址栏中输入想收藏的网站地址，打开主页，单击"收藏夹"栏中的"添加到收藏夹栏"按钮，以网站标题命名的按钮立即出现在收藏夹栏中，以后只单击此按钮即可打开网站。或者选择菜单"收藏夹|添加到收藏夹"，打开"添加收藏"对话框，输入网站名称、选择收藏位置，也可将网站进行收藏。

(4) 设置 Internet 选项

为了更方便友好地浏览网页，用户可以根据自己的喜好定制 IE 浏览器实现个性化操作，比如设置开启窗口进入的主页、如何清除历史记录等操作。

单击 IE 窗口右上角的命令按钮"工具"按钮，在弹出的下拉菜单中选择"Internet 选项"命令，打开"Internet 选项"对话框，如图 1-45 所示。可以看到有 7 个选项卡。

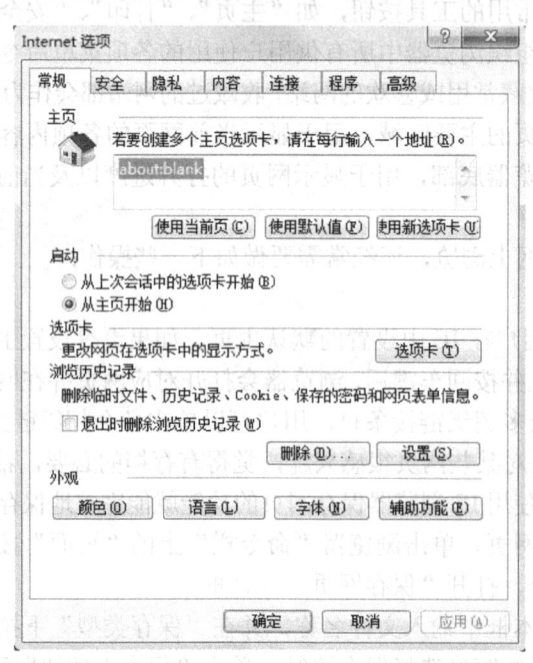

图 1-45 "Internet 选项"对话框

- "常规"选项卡：用户可以通过该选项卡设置启动浏览器后的主页，或进行删除浏览历史记录等操作，也可对浏览器外观进行设置。
- "安全"选项卡：用户可以通过该选项卡设置所访问 Internet 站点及不同区域的 Web 内容的安全级别。
- "隐私"选项卡：用户可以通过该选项卡调整 Cookies 隐私安全级别。Cookies 就是当你浏览某网站时，由 Web 服务器置于用户本地硬盘上的一个非常小的文本文件，它可以记录用户 ID、密码、浏览过的网页、停留时间等信息。用户为了安全起见可以调高级别阻止某些 Cookies 访问。
- "内容"选项卡：用户可以启用分级检查机制，控制访问不合适的 Internet 内容；也可以启用安全证书机制确保访问 Internet 更安全。
- "连接"选项卡：若用户的网络不直接连网，而是通过代理服务器上网，用户可以通过该选项卡可以设置代理服务器的地址。
- "程序"选项卡：用户通过该选项卡可以指定 Windows 自动用于每个 Internet 服务的程序，如网页编辑软件、电子邮件应用软件等。
- "高级"选项卡：与浏览、安全、多媒体等相关的一些高级选项配置均包含在该选项卡中，例如在网页下载的过程中，一般图片、动画等多媒体信息传送较慢，可以在"多媒体"一栏里取消"显示图片"等多媒体信息的选中状态，将系统设置为只显示文字，以加快传输速度。

3．搜索网上信息

随着 Internet 的不断发展，网上信息以爆炸性的速度不断丰富和扩展。然而这些信息散布在无数的服务器上，你无法全部收集，甚至有时无法发现它们。那么如何在上千万的网站中快速有效地寻找到想要的信息呢？

搜索引擎（Search Engine）为用户解决了网络信息查询的问题。搜索引擎就像是在茫茫信息海洋中的导航灯，指引你想要去的地方。通过搜索引擎返回的查询结果，用户就能准确、快速地找到所需要的信息。

搜索引擎是 Internet 上的一个网站，它的主要任务就是在 Internet 上主动搜索网络服务器信息并将其自动索引，其索引的内容存储于可供查询的大型数据库中。当用户输入查询的关键字时，该网站会告诉用户包含该关键字信息的所有网站地址，并提供该网站的链接。

一般搜索引擎的工作过程包括三个方面：

（1）使用网页搜索程序搜索网上的所有信息。

（2）将收集的信息进行分类整理，保存到大型查询数据库中。

（3）通过 WWW 服务器为用户提供可浏览的界面进行信息查询。

搜索引擎一般通过输入关键词来完成搜索过程，即用户输入一些简单的关键词来查找包含此关键词的网页或网站。这是使用搜索引擎最简单的查询方法，但是如果要进行多个关键词的查询，必须组织好这多个关键词，否则无法得到令人满意的结果，因此了解搜索关键词的基本语法和规则是很有用的，对于大多数搜索引擎来说，它们都支持一些逻辑操作符的操作，进行多个关键词的查询：

① 使用空格、逗号（,）、加号（+）和&表示"且"的关系。用于查询时同时匹配多个

关键词的内容。

② 使用减号（-）表示"非"的关系。用于查询某个关键词的匹配内容，但又不包含其中的某部分内容。例如想查询"彩票"，但不包含"体育彩票"，则输入"彩票-体育彩票"。

③ 使用字符"|"表示"或"的关系。例如想查询关于乒乓球或网球方面的网页，则输入关键词"乒乓球|网球"。

④ 使用括号"()"表示表达式是一个整体引用。例如想查找计算机方面的网页，但不包含"软件"与"硬件"，输入关键词"计算机-（软件 硬件）"。

如今各类搜索引擎网站如雨后春笋般成长起来，比较著名的有谷歌（http://www.google.com）、百度（http://www.baidu.com）等网站，它们不仅仅有针对网页的搜索，还能进行分类搜索，如按照图片、音乐等类别进行内容查找，甚至附带了地图、翻译等功能，极大地方便了人们的生活。绝大多数搜索网站主页界面上都提供了"帮助"链接，打开该帮助链接，可以看到该搜索引擎提供的搜索帮助信息。

1.2.2 FTP 应用

1．FTP 概述

FTP（File Transfer Protocol，文件传输协议）服务像许多早期的 Internet 服务一样，是由计算机科学家开发并提供给计算机科学家使用的。那时的计算机还非常原始，大部分都没有现在计算机所具备的图形功能。因此早期的 FTP 服务都是采用 DOS 状态下的命令行形式输入 FTP 命令建立与服务器的连接。

如今虽然可以使用 HTTP（Hyper Text Transfer Protocol，超文本传输协议）和 E-mail 来传送文件，但 FTP 仍然是高效、安全、快速（相对来说）文件传输的最佳选择，它可以传送文本文件和二进制文件（程序、图像等）。同时许多具有新的图形界面的 FTP 应用程序已经出现，使用户更容易操作。

用户通过 FTP 向远程计算机（服务器）请求服务，而该服务器允许合法用户使用 FTP 上传或下载文件。这就是网络系统中的 FTP 服务。

用户可以匿名登录 FTP 服务器，也可以以用户名加密码方式登录 FTP 服务器。匿名登录 FTP 服务器时，不需要在这台服务器上有账号，它使用一个特殊的用户名"anonymous"，同时需要电子邮件的地址作为口令，有些匿名 FTP 服务器不需要任何口令登录。匿名登录时用户的访问权限相应比较低。如果不是匿名登录 FTP 服务器，则需要相应的用户名和口令，这种情况下需要 FTP 服务器管理员在服务器中事先设置好相应的账号和密码，访问权限也一并设置。

用户一旦登录成功就可以下载 FTP 服务器上的文件，也可以上传文件到 FTP 服务器上以便实现文件共享或长期保存。

2．FTP 基本操作

由于 FTP 最早是应用在 UNIX 系统上的，而且现在许多 Internet 服务器都采用 UNIX 平台，因此 FTP 的许多命令直接借鉴 UNIX 命令的形式。而且文件和网络路径命名的方式等都保留 UNIX 系统的特征。有两种方式应用 FTP 服务：

（1）DOS 系统状态下应用 FTP 命令

进入 FTP 应用程序方法为：选择"开始|所有程序|附件|运行"命令，打开"运行"对

话框，在"打开"文本框中输入"ftp"，单击"确定"按钮即可。这时将会出现 Windows 下的 DOS 窗口，其中出现"ftp>"提示符，表示已经进入了 FTP 状态，等待输入 FTP 命令。用户可以按"Alt+Enter"组合键切换到全屏幕 DOS 状态。这里输入命令的方法同 DOS 下的方法一样，即输入命令（命令不区分大小写，文件名和目录名大小写有区别）后按回车确定。

在 FTP 的 DOS 窗口下键入"？"命令，可以列出所有的 FTP 命令，如用 OPEN 命令登录服务器，用 DISCONNECT 命令与服务器断开连接等等。关于 FTP 命令的具体用法，有兴趣的读者可参考相关书籍。

（2）图形界面的客户端 FTP 应用

如今有许多图形界面的客户端 FTP 应用程序，使得应用 FTP 传输文件非常方便。FileZilla 就是比较出色的一个图形界面的 FTP 应用程序。下面以 FileZilla 软件为例说明 ftp 工具的用法，如果用户机器上已经安装了 FileZilla 工具，通过开始菜单可打开界面如图 1-46 所示。

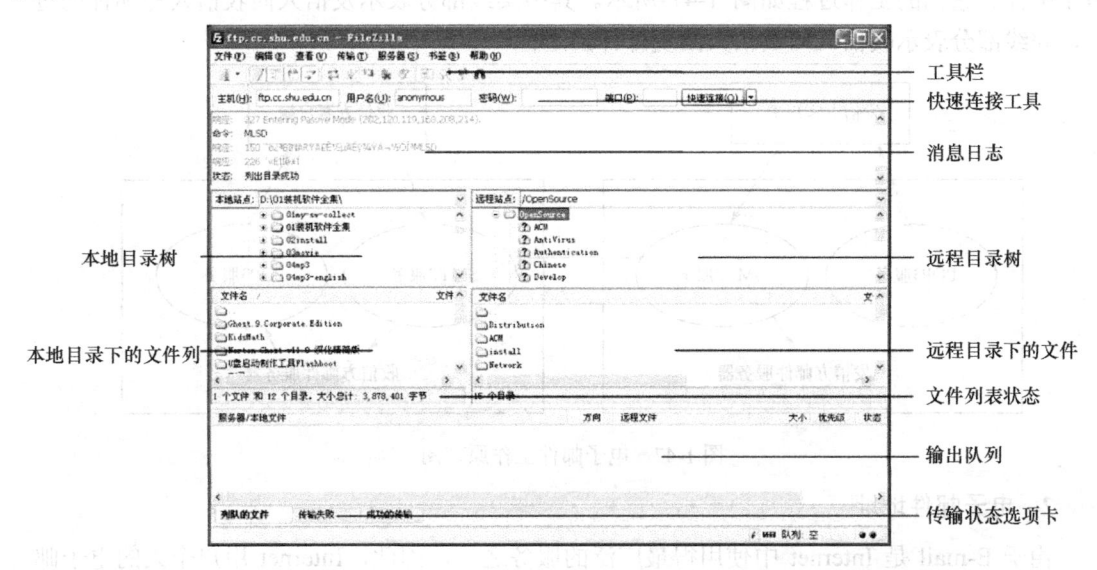

图 1-46 FileZilla 窗口

用户在"快速连接工具栏"中依次输入 ftp 服务器名称、用户名、密码及端口号单击"快速连接"按钮，"消息日志"窗格中会显示当前连接状态是否成功及响应时间等信息。

连接服务器成功后，用户可在本地目录树中选择即将要上传文件所在的磁盘或下载文件目标目录，打开目录，在下方的"本地目录树"下可列出当前本地目录下的所有文件。

在"远程目录树"下选择即将要下载的文件目录或上传文件的目标目录，打开目录，在下方的远程文件列表框中可列出当前远程目录下的所有文件。

如果要上传某文件或目录到远程服务器站点，在"本地目录下的文件列表"框中选中要传输的文件或目录拖曳到远程目录列表窗口，反之若要下载远程服务器上的文件，则只要选中要下载的文件或目录拖曳到"本地目录文件列表"窗口中即可。"输出队列"中会列表显示正在上传或下载的文件队列。类似的 FTP 软件还有很多，如 CuteFTP、WS-FTP 等，功能大同小异，读者可自行研究。

1.2.3 电子邮件

电子邮件（E-mail）是 Internet 上使用最广泛的一种通信工具。它容易发送、阅读、答复和管理，并且速度快，使用方便。本节简单介绍电子邮件的基本工作原理、格式和使用方式。

1．电子邮件工作原理

电子邮件的工作过程遵循客户－服务器模式。每份电子邮件的发送都要涉及发信方与收信方。发信人注明收件人的姓名与地址（即电子邮件地址），将编辑好的邮件通过邮件客户端程序向发信方邮件服务器发送，发信方服务器再把邮件传送给收信方服务器，收信方服务器将邮件发送到收件人的电子邮箱中，并通知收信人有新邮件到来，收信人通过邮件客户端程序连接到服务器后，就能看到邮件通知进而打开邮箱查收邮件。

在邮件的发送和接收过程中双方必须遵循 SMTP、POP3 等协议，这些协议确保了邮件在不同系统之间的传输。其中，SMTP 协议负责电子邮件的发送，而 POP3 协议则负责接收电子邮件。它们的工作过程如图 1-47 所示。其中实线部分表示发信人向收信人写邮件的过程，虚线部分表示收信人向发信人回复邮件的过程。

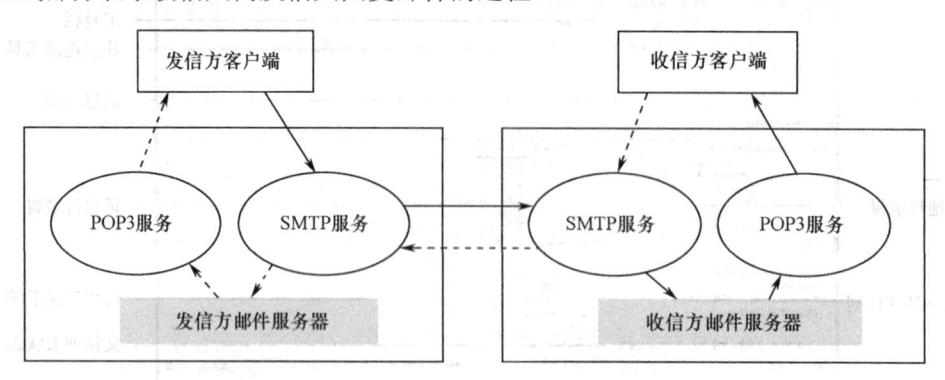

图 1-47　电子邮件工作原理图

2．电子邮件地址

由于 E-mail 是 Internet 中使用得最广泛的服务之一，因此，Internet 用户个人的电子邮件地址是人们在 Internet 上用得最多的地址之一。它具有统一的标准格式：

用户名@主机域名

例如：Alex@yahoo.com 就是一个用户的 E-mail 地址，表示 Yahoo 公司提供给用户以 Alex 命名的 E-mail 地址。

3．收发电子邮件

要使用电子邮件给别人写信，首先需要注册一个电子信箱。很多门户网站都提供免费邮箱的申请业务，如网易、新浪等门户网站都有这样的业务。打开 IE 浏览器，在地址栏中输入网址：www.163.com，打开网易首页，单击顶部的"注册免费邮箱"链接，立刻打开注册免费邮箱的网页，如图 1-48 所示。网易提供了三种免费邮箱供用户选择，选中其中一种，然后按照要求输入合法的用户名、两遍密码和验证码，单击"立即注册"按钮，打开"注册成功"主页。一个电子邮箱就申请完成了。

图 1-48 注册免费电子邮箱

拥有了自己的电子邮箱，便可使用它收发电子邮件。再次打开网易首页，单击上部"登录"按钮，在打开的对话框中输入用户名和密码，即可打开登录邮箱页面。如图 1-49 所示。

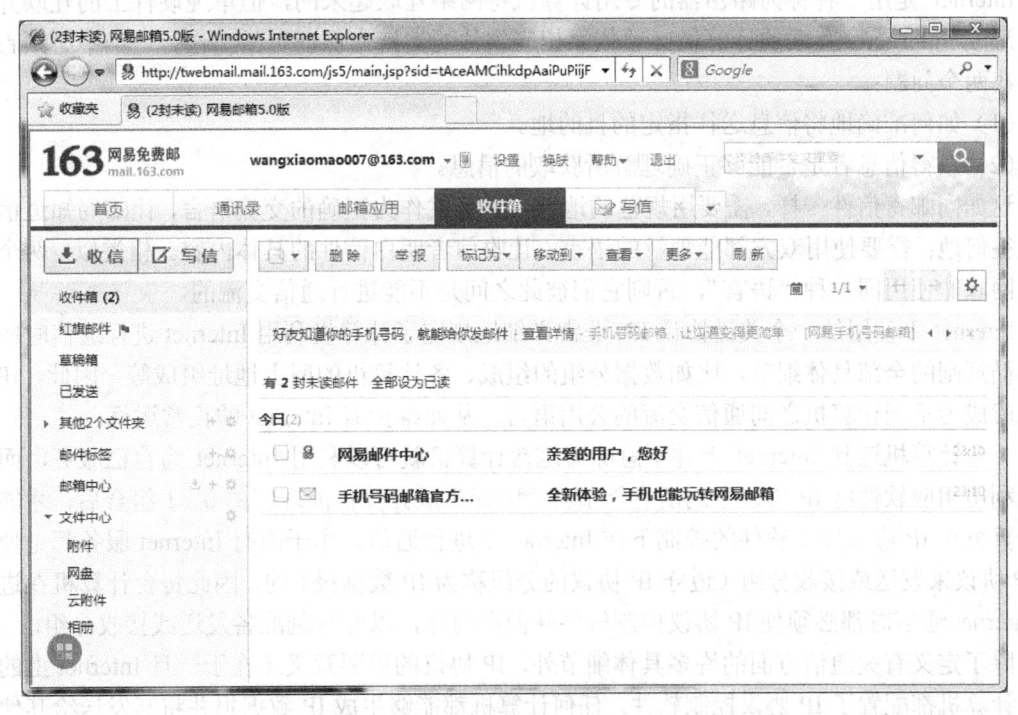

图 1-49 网易邮箱登录界面

单击"收件箱"链接，可在收件箱中查看到所有的邮件，未读邮件标题会以加粗形式排在前面，单击标题可阅读邮件内容。单击上方"回复"按钮，可输入回复内容完成对该邮件的回复。

单击"写信"按钮，进入写信页面，填写收件人的邮箱地址和邮件内容后，单击"发送"按钮发送邮件。如果需要向收件人附加发送文件，在发送前单击"添加附件"按钮，可在邮件中加入要发送给对方的文件，随邮件一起发送。

当收件箱中邮件太多需要删除一些释放邮箱空间，可在收件箱中勾选需要删除的邮件，单击"删除"按钮即可。

以上采用的是基于 Web 方式的收发电子邮件途径，在日常应用中，为了更方便快捷地收发及管理电子邮件，一些邮件客户端应用工具被人们所青睐，如 Microsoft Office 套件之一 Outlook 以及广泛应用的 Foxmail，它们都是非常优秀的电子邮件客户端软件，不仅仅能收发邮件，还有着强劲的管理功能。

1.2.4 网络配置

网络已经成为人们生活和工作中不可缺少的一部分，通过它人们实现了资源共享、及时通信，工作和生活得到了极大的方便。用户可以通过组建或加入局域网的方式来体验网络生活。要使用局域网的功能，首先要将需连入网络的电脑通过连接电缆和所需要的硬件设备连在一起，再正确配置局域网，并正确配置 TCP/IP 协议才能实现。

1. TCP/IP 协议

Internet 是用一种称为路由器的专用计算机将网络互联起来的，但单纯硬件上的互联并不能形成 Internet，互联的计算机必须依靠相应软件的支持来保证正常工作。这当中必须首先解决两个问题：

（1）如何准确地将信息送往指定的目的地。
（2）获得信息者是否能够正确理解所获取的信息。

这如同邮寄信件一样，需要用规范的地址表示形式作为正确的交流语言，让邮局知道信件发往何地；需要使用双方都能理解的语言，让收信者明白信件的具体内容。相类似，两个局域网除非使用同一种"语言"，否则它们彼此之间是不能进行通信交流的。

Internet 中使用的一个关键协议 IP，非常详细地规定了计算机利用 Internet 进行通信时应该遵循规则的全部具体细节，比如数据分组的组成、各计算机的网上地址组成等，因此，IP 协议就成为不同计算机之间通信交流的公用语言，从而维护着 Internet 的正常运行。

一台计算机连到 Internet 上并不意味着这台计算机就可以利用 Internet 为自己服务，而必须利用相应软件将 IP 协议中的所有细节都"翻译"成计算机能理解的 0、1 组合后，才能让计算机在 IP 协议控制软件的控制下在 Internet 上进行通信。由于所有 Internet 服务都是使用 IP 协议来发送或接收分组（遵守 IP 协议的分组称为 IP 数据报）的，因此每台计算机在进行 Internet 通信时都必须使 IP 协议控制软件驻留在内存，以便时刻准备发送或接收分组。

除了定义有关通信方面的许多具体细节外，IP 协议的重要意义还在于一旦 Internet 上的每台计算机都配置了 IP 协议控制软件，任何计算机都能够生成 IP 数据报并将其发送给其他计算机。因此，IP 协议将许多网络和路由器编织成一个天衣无缝的通信系统，使 Internet 从表面看上去像一个单一的、巨大的网络在运行，而实际上只是一个真正意义上的虚拟网络。

对于 Internet 来说，尽管 IP 协议控制软件能够使计算机发送和接收数据报，但 IP 协议并未解决数据包在传输过程中所有可能出现的问题，因此使用 Internet 的计算机还需要 TCP 协议控制软件来提供可靠的、无差错的通信服务。

TCP 协议的主要功能是：

（1）确保在 Internet 中传送信息时不丢失数据或被人修改。

（2）确保在信息没能正确到达目的地时，重新传送该信息。

（3）需要时将一条长信息分成若干条短信息，并按照存贮转发方式通过不同路径将这些短信息传送到同一目的地，然后重新按正确的顺序将其组装成原来的长信息。

尽管 TCP 协议和 IP 协议是分开使用的，但由于它们是作为一个系统的整体来设计的，并且在功能实现上也是互相配合、互相补充的，因此，TCP 协议与 IP 协议被公认为 Internet 上提供可靠数据传输方法的最基本协议标准。它们所组成的 TCP/IP 协议集已成为 Internet 正常运行和提供服务的关键所在。

2．IP 地址

在 Internet 中，为了保证正式加入 Internet 的每台计算机在通信时能相互识别，每台计算机都必须用一个唯一的地址来标识，这就是 IP 地址。

目前 Internet 中广泛使用的是 IPv4 协议，IPv4 协议下的 IP 地址由 32 位二进制数组成，分成四段，段与段之间用圆点相隔，每段八位（一个字节），用一个小于 256 的十进制数表示。

IPv4 地址包含两部分内容：一部分为网络地址；另一部分为主机地址。为适应不同网络规模的要求，IP 地址通常分为 A、B、C 三类。每类地址规定了网络地址和主机地址分别占有的长度。图 1-50 是 A、B、C 三类 IP 地址的具体构成。Internet 整个 IP 地址空间的情况可参见表 1-1。

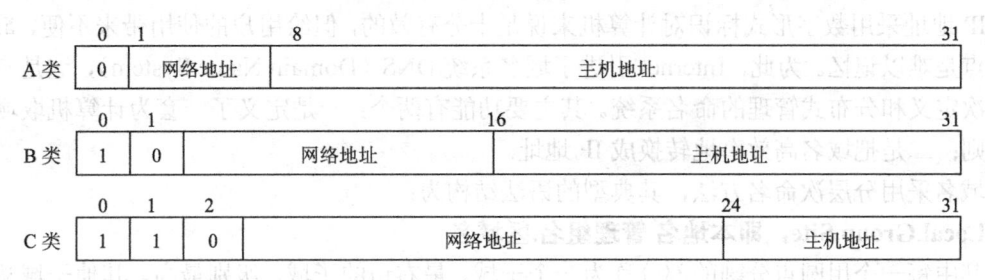

图 1-50　Internet 的三类网络地址示意图

表 1-1　Internet 的 IPv4 地址空间容量

	第一个字节	网络地址数		网络主机数		主机总数
A 类网络	0～127	128	$2^{(8-1)}$	16,777,214	$2^{24}-2$	2,147,483,392
B 类网络	128～191	16,384	$2^{(16-2)}$	65,534	$2^{16}-2$	1,073,709,056
C 类网络	192～223	2,097,152	$2^{(24-3)}$	254	$2^{8}-2$	532,676,608
总计		2,113,664		16,843,002		3,753,869,056

A 类 IP 地址第一个字节的第一位为 0，第一个字节的后七位为网络地址，后三个字节共 24 位为主机地址。Internet 中，网络地址 0 表示本地网络，网络地址 127 保留作测试用。因此，A 类 IP 地址中网络地址的有效范围为 0～127，每个 A 类 IP 地址的主机数为 16,777,214。

这类地址通常分配给具有大量主机的大型网络使用。

B 类 IP 地址第一个字节的第一位为 1，第二位为 0，其余六位和第二个字节的八位共 14 位为网络地址，后两个字节共 16 位为主机地址。所以，B 类 IP 地址中网络地址的有效范围为 128～191，每个 B 类 IP 地址的主机数为 65,534。这类地址通常分配给中等规模的网络使用。

C 类 IP 地址第一个字节的前三位为 110，其余五位和第二个字节的八位、第三个字节的八位共 21 位为网络地址，最后一个字节的八位为主机地址。所以，C 类 IP 地址中网络地址的有效范围为 192～223，每个 C 类 IP 地址的主机数为 254。这类地址通常分配给小型局域网络使用。

由此可以看出，A、B、C 三类 IP 地址所能表示的范围分别是：

A 类： 0. 0. 0. 0 ～ 127.255.255.255
B 类： 128. 0. 0. 0 ～ 191.255.255.255
C 类： 192. 0. 0. 0 ～ 223.255.255.255

随着 Internet 技术的迅猛发展和规模的不断扩大，IPv4 已经暴露出了许多问题，而其中最重要的一个问题就是 IP 地址资源的短缺。为了解决 IPv4 存在的问题，IETF(Internet Engineering Task Force，互联网功能任务组) 从 1995 年开始就着手研究开发下一代 IP 协议，即 IPv6。IPv6 具有长达 128 位的地址空间，可以彻底解决 IPv4 地址不足的问题，除此之外，IPv6 还采用了分级地址模式、高效 IP 包头、服务质量、主机地址自动配置、认证和加密等许多技术。

IPv6 的地址格式与 IPv4 不同。一个 IPv6 的 IP 地址由 8 个地址节组成，每节包含 16 个地址位，以 4 个十六进制数书写，节与节之间用冒号分隔，其书写格式为 x:x:x:x:x:x:x:x，其中每一个 x 代表四位十六进制数。目前常用的还是 IPv4。

3．域名

IP 地址采用数字形式标识对计算机来说是十分有效的，但给用户的使用带来不便，最大的缺点是难以记忆。为此，Internet 引进了域名系统 DNS（Domain Name System），这是一个分层次定义和分布式管理的命名系统。其主要功能有两个：一是定义了一套为计算机取域名的规则；二是把域名高效率地转换成 IP 地址。

域名采用分层次命名方法，其典型的语法结构为：

Local.Group.Site，即本地名.管理组名.区域名

其中每一个用圆点分割的部分称为一个子域。最右边的子域，级别最高，其他子域从右至左依次为其右边域的子域。例如：www.shu.edu.cn，该域名表示的就是在最高区域名中国（cn）的子域教育机构（edu）中有管理组名为上海大学（shu）的一台本地主机（www）。

区域名由两部分组成：一部分是组织区域名，由三个字母组成，是按组织类型建立的；另一部分是地理区域名，由两个字母组成，以实际地理区域命名，例如 HK 表示香港，CN 表示中国等等。

4．配置 TCP/IP 协议

用户在将电脑已经加入到局域网的前提下，还要在 Windows 7 系统中正确设置 IP 地址，才能使电脑正常上网。操作步骤如下：

（1）选择"开始|控制面板"命令，打开"控制面板"窗口，并以"类别"方式查看。

（2）单击"网络和 Internet"下的"查看网络状态和任务"超级链接，打开"网络和共享中心"窗口。

（3）单击"网络和共享中心"窗口中左边窗格的"更改适配器设置"超级链接，打开"网络连接"窗口。

（4）双击"本地连接"图标，打开"本地连接状态"对话框。单击"属性"按钮，打开"本地连接属性"对话框。

（5）在"本地连接属性"对话框中选中"此连接使用下列项目"列表框中的"Internet 协议版本 4(TCP/IPv4)"选项，单击"属性"按钮，打开"Internet 协议版本 4(TCP/IPv4)属性"对话框，如图 1-51 所示。

（6）在对话框中选中"使用下面的 IP 地址"单选按钮，下面的输入框会被激活，输入已经申请到的正确的 IP 地址、子网掩码、默认网关。

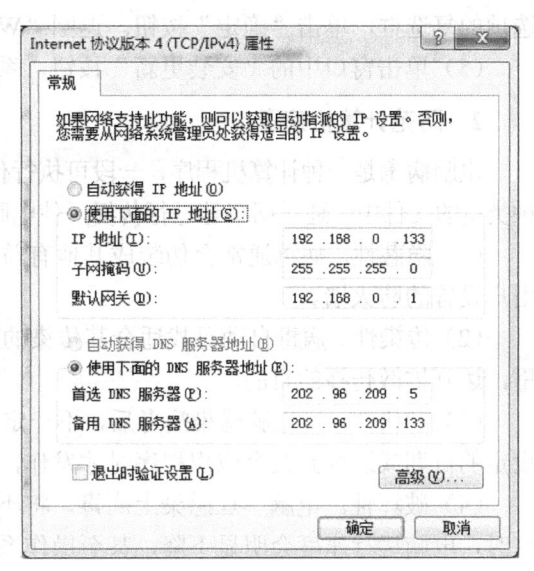

图 1-51　配置 TCP/IP 协议

选中"使用下面的 DNS 服务器地址"单选按钮，输入正确的 DNS 服务器地址，单击"确定"按钮完成"连接 TCP/IP 属性"的配置。

由于无线上网大多采用默认的"自动获得 IP 地址"的方式，因此采用无线上网方式时很少需要进行 IP 地址配置。如果采用无线上网又需要配置 IP 地址，那么在"网络连接"窗口中可双击"无线网络连接"图标，打开"无线网络连接属性"对话框进行配置。

1.2.5　网络信息安全

虽然 Internet 的应用给广大用户带来足不出户多姿多彩的生活，但是它也给病毒的传播提供了更加方便的渠道,给用户的信息传输带来了不安全因素。随着信息化水平的不断提高，网络信息安全的重要性日益增强，虽然系统已经自带了一些安全方面的服务，用户自身也务必警惕和防范各类电脑病毒和黑客的入侵，保证自己的信息安全。

1．检查和安装更新

任何操作系统软件都会存在一些漏洞和缺陷，随着系统时间的使用时间变长，这些漏洞和缺陷就会被暴露出来，一些不良居心的技术高手就会利用这些漏洞攻击他人的系统。Windows 提供的 Windows Update 自动更新功能可检索发现漏洞并将其修复，因此用户可通过该功能经常检查是否有新的更新并安装更新程序。操作方法如下：

（1）选择"开始|控制面板"命令，以类别查看方式打开的"控制面板"窗口，单击"系统和安全"超级链接。打开"系统和安全"窗口，单击"Windows Update"超级链接。

（2）打开"Windows Update"窗口，单击导航窗格中的"更改设置"超级链接，打开"更改设置"窗口。在该窗口中可设置更新类型、更新时间及选择可使用更新的用户等内容。

（3）返回 Windows Update 窗口，单击导航窗格中的"检查更新"超级链接，系统将开始检查更新，完成后返回 Windows Update 窗口，窗口中将显示检查更新之后的内容。

（4）单击窗口右侧可用更新，打开"选择希望安装的更新"窗口，勾选列表中希望下载选项的复选框,单击"确定"按钮。返回"Windows Update"窗口。

(5)单击窗口中的"安装更新"按钮,系统自动开始下载并安装。

2. 防范计算机病毒

电脑病毒是一种计算机程序,一段可执行代码,拥有独特的可复制能力。它们能依附在各种类型的文件中,通过网络等进行传播,使电脑无法正常工作。电脑病毒通常具备以下特点:

(1)隐蔽性。病毒通常会伪装成其他有益软件,或其他软件的某一部分代码,从而欺骗用户设置的防火墙。

(2)传染性。病毒自动寻找适合其传染的对象作为保护壳,并将自己的信息复制到对象里,达到扩散传播的目的。

(3)潜伏性。当电脑感染病毒后,不一定会马上发作。有些会隐藏在电脑中,根据程序设定的日期或运行到某个应用程序时才发作,使电脑遭到突然攻击。

(4)破坏性。电脑一旦感染上病毒,将不能正常运行,并且文件数据可能会遭到破坏。这时,电脑运行速度会明显下降,甚至操作系统可能瘫痪。

因为病毒的肆虐,杀毒软件应运而生,目前常用的杀毒软件有卡巴斯基、诺顿、金山毒霸、瑞星杀毒、360安全卫士等。用户安装好操作系统后,务必安装杀毒软件防范病毒入侵电脑。

3. 设置防火墙

Windows 7 自带有针对个人计算机用户安全的防火墙软件,通常安装 Windows 7 后会默认启动防火墙,如果发现因为某些原因防火墙被关闭了或者需要对防火墙进行高级设置,可重新通过以下步骤启用防火墙:

(1)选择"开始|控制面板"命令,以类别查看方式打开的"控制面板"窗口,单击"系统和安全"超级链接。

(2)打开"系统和安全"窗口,单击"Windows 防火墙"超级链接,打开"Windows 防火墙"窗口,如图 1-52 所示。

图 1-52　Windows 防火墙

（3）在左边导航格中单击"打开或关闭 Windows 防火墙"，进入"自定义设置"窗口，在这里可开启或关闭防火墙。

Windows 防火墙内置了许多日常使用中可能会用到的访问规则，如需增加或删除新的访问规则，在"Windows 防火墙"窗口中单击"允许程序或功能通过 Windows 防火墙"超级链接按钮，在新的打开窗口中可勾选或去掉允许访问的程序或功能选项进行自定义设置。

在"Windows 防火墙"窗口的导航窗格中单击"高级设置"按钮，可打开"高级安全 Windows 防火墙"窗口，用户在这里可进行安全配置文件设置。

习　　题

一、单选题

1. 在 Windows 环境中，整个显示屏幕称为_____。
   A．桌面　　　　　B．窗口　　　　　C．资源管理器　　　D．图标
2. 以下_____不属于 Windows 窗口的组成部分。
   A．标题栏　　　　B．状态栏　　　　C．菜单栏　　　　　D．对话框
3. 在 Windows 中，不能对任务栏进行的操作是_____。
   A．改变尺寸大小　B．移动位置　　　C．删除　　　　　　D．隐藏
4. 以下有关 Windows 删除操作的说法，不正确的是_____。
   A．从网络位置删除的项目不能恢复
   B．从移动磁盘上删除的项目不能恢复
   C．超过回收站存储容量的项目不能恢复
   D．直接用鼠标拖入回收站的项目不能恢复
5. 关闭窗口可通过单击_____。
   A．标题栏　　　　B．控制菜单图标　C．状态栏　　　　　D．工具栏
6. Windows 中，如果任务栏没有锁定，下列关于"任务栏"的操作，正确的是_____。
   A．只能改变位置不能改变大小　　　　B．只能改变大小不能改变位置
   C．既能改变位置也能改变大小　　　　D．既不能改变位置也不能改变大小
7. 在 Windows 中，欲对图形做裁剪或修改时，通常可在附件中的工具_____中进行。
   A．写字板　　　　B．画图　　　　　C．记事本　　　　　D．剪贴板
8. Windows 中的剪贴板是_____。
   A．"画图"的辅助工具
   B．存储图形或数据的物理空间
   C．"写字板"的重要工具
   D．各种应用程序之间数据共享和交换的工具
9. 在 Windows 中移动窗口时，鼠标指针要停留在_____处拖曳。
   A．菜单栏　　　　B．标题栏　　　　C．边框　　　　　　D．状态栏
10. 在 Windows 7 中，除了能用截图工具复制当前活动窗口，还可以用下列组合键_____执行。

A. Ctrl+S　　　B. PrintScreen　　　C. Alt+PrintScreen　　　D. Ctrl+V

11. 在 Windows 中，用户可以同时启动多个应用程序，在启动了多个应用程序之后，用户可以按组合键_____在各个应用程序之间进行切换。

　　A. Alt+Tab　　　B. Alt+Shift　　　C. Ctrl+Alt　　　D. Ctrl+Tab

12. 在 Windows 7 系统中，打开资源管理器窗口时需要按_____键才能显示出菜单栏。

　　A. Shift　　　B. Ctrl　　　C. Alt　　　D. Tab

13. 在中文版 Windows 中，用_____快捷键切换中、英文输入法。

　　A. Ctrl+空格　　　B. Alt+Shift　　　C. Shift+空格　　　D. Ctrl+Tab

14. 快捷方式是 Windows 所独创的一种快速、简捷的操作方法，在通常情况下，用户可以通过_____，在屏幕上弹出一个快捷菜单来进行创建。

　　A. 左击　　　B. 右击　　　C. 双击鼠标左键　　　D. 双击鼠标右键

15. 在 Windows 中，若系统长时间不响应用户的请求，为了结束该任务，需要启动任务管理器，所使用的组合键是_____。

　　A. Ctrl+Shift+Alt　　　　　　B. Ctrl+Alt+Delete
　　C. Ctrl+Shift+Delete　　　　 D. Shift+Alt+Delete

16. Windows 中，"回收站"是_____。

　　A. 内存中的一块区域　　　　B. 硬盘上的一块区域
　　C. 软盘上的一块区域　　　　D. 高速缓存中的一块区域

17. 在 Windows 中，为获得相关软件的帮助信息一般按的键是_____。

　　A. F1　　　B. F2　　　C. F3　　　D. F4

18. 资源管理器中的文件夹图标前有"+"表示此文件夹_____。

　　A. 含有子文件夹　　　　　　B. 不含有子文件夹
　　C. 是桌面上的应用程序图标　D. 含有文件

19. 在资源管理器中，选择"编辑|复制"命令，完成的功能是_____。

　　A. 将文件或文件夹从一个文件夹拷贝到另一个文件夹
　　B. 将文件或文件夹从一个文件夹移到另一个文件夹
　　C. 将文件或文件夹从一个磁盘拷贝到另一个磁盘
　　D. 将文件或文件夹拷贝到剪贴板

20. 在 Windows 中，用户新建文件的默认属性是_____。

　　A. 隐藏　　　B. 只读　　　C. 系统　　　D. 存档

21. 把一个文件设置为"隐藏"属性后，在资源管理器窗口中该文件一般不显示。若想让该文件再显示出来的操作是_____。

　　A. 选择"文件"菜单的"属性"命令
　　B. 选择"工具|文件夹选项"命令，通过"查看"选项卡就可进行适当的设置
　　C. 选择"查看|刷新"命令
　　D. 选择"查看|详细信息"命令

22. D 盘根目录中文件夹"DATA"里的位图文件"TEST"的完整文件名为_____。

　　A. D:\DATA\TEST　　　　　B. D:\DATA\TEST.BMPC
　　C. D:\DATA\TEST.PNG　　　D. D:\DATA\TEST.BMP

23. _____不是进行磁盘维护的操作工具。
    A．磁盘清理　　　B．磁盘碎片整理　　C．磁盘检查　　　D．磁盘管理
24. _____协议是专门用来进行传输文件的协议。
    A．http　　　　　B．ftp　　　　　　C．www　　　　　D．tcp/ip
25. 主要用于查看 WWW 信息的软件是_____。
    A．Microsoft Word　　　　　　　　B．FielZilla
    C．Foxmail　　　　　　　　　　　D．Internet Explorer

二、多选题

1. 以下关于窗口的说法正确的是_____。
    A．窗口可以改变大小
    B．窗口位置不能移动
    C．窗口都有标题栏
    D．我们可以在打开的多个窗口之间进行切换
2. 在资源管理器窗口中包含的窗格有_____。
    A．导航窗格　　　B．预览窗格　　　C．细节窗格　　　D．状态窗格
3. 单击"开始"按钮，在开始菜单中单击"关机"按钮的右侧小按钮，可以看到 Windows 提供的几种退出当前系统的方式有_____。
    A．锁定　　　　　B．睡眠　　　　　C．注销　　　　　D．切换用户
4. 在桌面上排列图标的方式有_____。
    A．名称　　　　　B．项目类型　　　C．大小　　　　　D．创建日期
5. 以下启动应用程序的方法中，能正确启动的有_____。
    A．从"开始"菜单往下选择相应的应用程序
    B．在开始菜单中使用运行命令
    C．在文件夹窗口双击相应的应用程序图标
    D．右击相应的图标
6. 以下对于开始菜单的描述中，说法正确的有_____。
    A．固定程序列表中的菜单项是常常变化的
    B．常用程序列表中的菜单项是常常变化的
    C．开始菜单中也提供了搜索功能
    D．固定程序列表中的菜单项和常用程序列表中的菜单项可以相互交换位置
7. 迅速选中一个文件夹中的所有文件的方法有_____。
    A．按下 Ctrl+A 组合键
    B．按下 Ctrl+Z 组合键
    C．选择"资源管理器"的"编辑|全选"命令
    D．选择"资源管理器"的"编辑|选择"命令
8. 对于写字板工具，下面叙述正确的是_____。
    A．可以输入、编辑文本　　　　　　B．可以设置文本的字体、字形、字号
    C．可以进行段落排版　　　　　　　D．不可以插入对象、如图像等

9．在邮件的发送和接收过程中双方必须遵循的协议有_____。
　　A．ARP　　　　　B．SMTP　　　　　C．POP　　　　　D．POP3
10．以下关于搜索引擎的描述说法正确是_____。
　　A．它是一种网络协议
　　B．它是 Internet 上的一个网站
　　C．它能将收集的信息进行分类整理，保存到大型查询数据库中
　　D．它支持多个关键词查询

三、填空题

1．"计算机"窗口中，_____窗格用于显示文件大小等目标文件的详细信息。

2．菜单看成是多个命令按类别分类之后的集合。菜单有两种：普通菜单和_____。

3．_____是桌面的重要内容之一，用户每天都在使用它访问几乎有关操作系统的一切内容。

4．在 Windows 7 中，当鼠标移动到某个应用程序按钮时，将会显示用该程序正在打开的文件小窗口，这些都是_____的预览功能。

5．计算机能识别和执行的一组命令被称之为_____。

6．文件是操作系统信息存储最基本的存储单位。每个文件有个自己的名字，格式是：主文件名._____。

7．如果用户有一些自己的文件不想被别人看到，可以通过文件或文件夹的_____属性将其隐藏。

8．有一种文件本身没有包含任何有意义的数据和文本内容，而仅仅是一个指针，指向用户计算机或网络上任何一个可链接对象，这种文件被称作快捷方式，它的扩展名是_____。

9．安装应用程序需要运行应用程序产品中自带的安装程序文件，该文件通常以 Setup.exe 或_____来命名。

10．计算机中的硬件按照是否需要人工安装驱动程序，可分为即插即用型硬件和_____。

11．_____是 Windows 7 中查看和管理硬件设备的工具。

12．Windows 系统提供的文字编辑程序是记事本和_____。

13．Windows 7 的截图工具的四种截图方式是："矩形截图"、"任意格式截图"、"窗口截图"和"_____"。

14．超文本标记语言是用来专门书写通过 WWW 来进行传播的文档，它的缩写是_____。

15．_____是访问 WWW 的必备工具，它就是一个应用程序，知道如何解释和显示在 WWW 上找到的超文本文档。

16．_____是 Internet 上的一个网站，它的主要任务就是在 Internet 上主动搜索网络服务器信息并将其自动索引，其索引的内容存储于可供查询的大型数据库中。

17．Email 地址所具有的统一标准格式是用户名@_____。

18．IPv4 协议下的 IP 地址由 32 位二进制数组成，分成_____段，段与段之间用圆点

相隔，每段八位（一个字节），可用一小于 256 的十进制数表示。

19．Internet 引进了域名系统，简称_____，它能把域名高效率地转换成 IP 地址。

20．电脑病毒通常具备以下四种特性：隐蔽性、传染性、潜伏性和_____。

四、简答题

1．请简述如何为用户桌面设置个性化主题？

2．请简述如何在 Windows 7 系统中创建一个新用户，为新用户设置密码并启用新用户账户？

3．如果要在 C:\ 下查找以 a 开头、文件扩展名为 dll 的所有文件，请简要写出其操作步骤。

4．当用户无法在资源管理器中查看具有隐藏属性的文件或文件夹时该如何操作让隐藏文件显示出来？

5．请简要描述安装一台打印机的操作步骤。

6．请写出一个典型的 URL 地址定义的标准格式，并简要描述每一部分的含义。

7．请描述 IPv4 协议下 ABC 三类 IP 地址的表示范围。

· 53 ·

第 2 章　文字处理软件 Word 2010

Word 是微软公司设计开发的 Microsoft Office 系列软件中一款功能强大且操作简单的文字处理软件，可以用来实现文本的编辑、排版、审阅和打印等功能。

2.1　Word 2010 概述

最新版本的 Word 2010 在继承 Word 以前版本优点的基础上又做了许多改进，使得操作界面更加友好，新增功能更加丰富，通过插入图形、图像、声音、动画以及其他软件制作的对象，使用户能够创造出极具感染力的图文并茂的电子文档。

2.1.1　Word 2010 的启动和退出

1．启动 Word 2010

Microsoft Office 2010 成功安装后，可以在 Windows"开始"菜单中找到 Office 文件夹。单击其中的"Microsoft Word 2010"程序图标，即可启动 Word 2010 应用程序。

2．退出 Word 2010

（1）使用"关闭"按钮：单击 Word 窗口上"标题栏"最右侧的"关闭"按钮 ，可以退出 Word 2010。

（2）使用"文件"选项卡：在"文件"选项卡上单击"关闭"按钮，即可退出 Word 2010。

（3）使用控制菜单图标：单击窗口左上角的控制菜单图标或右击文档标题栏，在图 2-1 所示的控制菜单中，单击"关闭"按钮。

（4）直接按下 Alt+F4 组合键关闭文档。

如果在退出之前没有保存修改过的文档，在退出文档时 Word 2010 系统会弹出一个信息提示对话框，如图 2-2 所示。

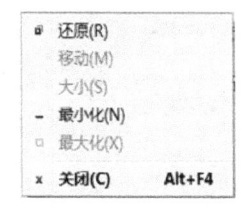

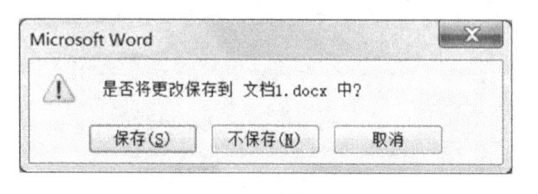

图 2-1　控制菜单　　　　图 2-2　未保存文档退出时的对话框

单击"保存"按钮,Word 2010 将修改过的文档保存并退出;单击"不保存"按钮,Word 2010 不保存修改过的文档直接退出;单击"取消"按钮,Word 2010 取消这次操作,返回之前的编辑窗口。

2.1.2 工作界面

启动 Word 2010 应用程序,其工作界面如图 2-3 所示。Word 2010 的工作界面由标题栏、快速访问工具栏、功能区、文档编辑区和状态栏等组成。

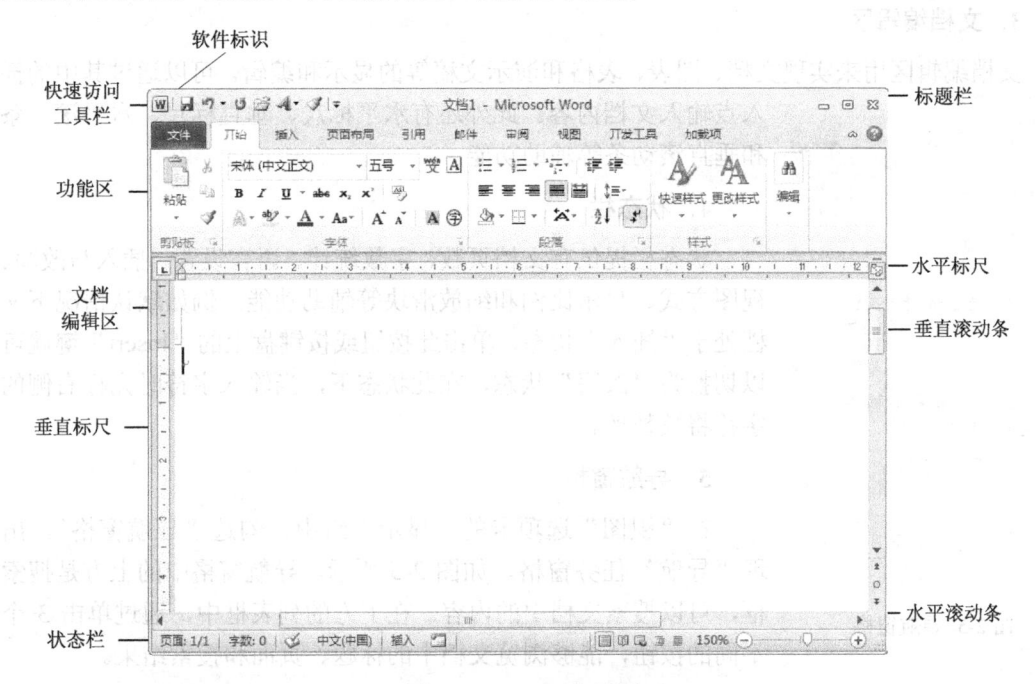

图 2-3 Word 工作界面

1. 标题栏、快速访问工具栏

位于 Word 2010 工作界面的最顶端,由以下部分组成:

(1) 软件标识:标题栏的最左端为控制菜单图标 W,单击它可以打开控制菜单。

(2) 快速访问工具栏:紧邻"软件标识"的是"快速访问工具栏",默认状态下包括"保存"、"撤销"和"恢复"按钮。根据需要可以对该工具栏中的按钮进行添加和删除,单击"自定义快速访问工具栏"按钮,在打开的下拉列表框中选择需在快速访问工具栏中显示的命令。如图 2-4 所示,可以在快速访问工具栏添加新的按钮。

(3) 文件名:标题栏中间显示的是当前打开的文档的名称、类型、软件名称。

(4) 窗口控制按钮:标题栏的最右端,为用户提供了 3 个窗口控制按钮,分别为"最小化"按钮、"最大化"(或向下还

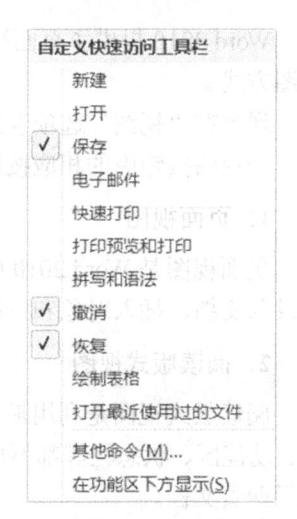

图 2-4 自定义快速访问工具栏

原）按钮、"关闭"按钮。

2．功能区

功能区将控件对象分为多个选项卡，在选项卡中将控件细化为不同的组，选项卡分为固定选项卡和动态选项卡，动态选项卡随着编辑对象不同而动态的出现或隐藏。功能区几乎涵盖所有的按钮、组和选项卡。可以单击功能区右上角的"功能区最小化"按钮（或使用Ctrl+F1），使功能区仅显示选项卡名称，增大编辑区的空间。

3．文档编辑区

文档编辑区用来实现文档、图表、表格和演示文稿等的显示和编辑。可以通过其中的插入点输入文档内容。此外还有水平标尺、垂直标尺、水平滚动条和垂直滚动条等辅助功能。

4．状态栏

状态栏提供有文档页数、字数统计、语言设置、插入与改写、视图方式、显示比例和缩放滑块等辅助功能。例如默认情况下文档处于"插入"状态，单击此按钮或按键盘上的"Insert"键就可以切换为"改写"状态，在此状态下，当输入字符时光标右侧的字符将被替换。

5．导航窗格

在"视图"选项卡的"显示"组中，勾选"导航窗格"，出现"导航"任务窗格，如图 2-5 所示。导航窗格中的上方是搜索框，可以搜索文档中的内容。在下方的列表框中，通过单击 3 个不同的按钮，能够浏览文档中的标题、页面和搜索结果。

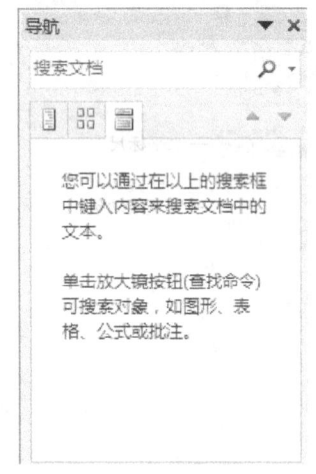

图 2-5 导航窗格

2.1.3 视图

Word 2010 提供了页面视图、阅读版式视图、Web 版式视图、大纲视图和草稿视图 5 种视图方式。

通过在"视图"选项卡的"文档视图"组中，单击相应的按钮，或者单击图 2-3 右下方的 5 个视图按钮中的相应按钮，就可以在各种视图方式之间进行切换。

1．页面视图

页面视图是 Word 2010 的默认视图模式，按照文档的打印效果显示文档，在此模式下通过录入文档、插入对象和进行排版等完成文档的绝大部分编辑工作。

2．阅读版式视图

阅读版式视图是利用最大的空间来阅读或批注文档，切换到阅读版式视图模式后，标题栏、功能区、状态栏等都不再显示，仅在窗口上方显示阅读版式工具栏，默认状态为全屏幕显示两页文档。

阅读版式视图的右上方是"视图选项"按钮和"关闭"按钮，单击"视图选项"按钮可以设置在阅读版式视图模式下的字体大小、显示的页数、是否可以录入文档等简单的文本编辑功能。单击"关闭"按钮或按键盘上的"Esc"键就可以退出阅读版式视图模式了。

3．Web 版式视图

Web 版式视图主要用于查看网页形式的文档外观。Word 文档用 IE 浏览器显示的网页样式显示，使得编辑窗口更大，并自动换行以适应窗口。Web 版式还可以创建网页、发送电子邮件。

4．大纲视图

大纲视图主要用于设置和显示 Word 文档标题的层次结构，让文档的框架一目了然。大纲视图将所有的标题分级显示出来并可以方便地折叠和展开，适合较多层次的文档，在"大纲"功能选项卡，可以利用大纲标题快速阅读、移动和重组长文档。

5．草稿视图

草稿视图主要用于查看草稿形式的文档。切换到草稿视图模式后，为了便于快速编辑，文本的页面边距、分栏、页眉页脚和图片等文档元素将不再显示，仅显示标题和正文。对于多页文档，页和页之间的分页符将用虚线来表示。

2.1.4　Word 2010 帮助

编辑文档时，按键盘上的 F1 键或者单击窗口右上角的"帮助"按钮，可以打开"Word 帮助"对话框。在左上角顶端的一排按钮中，单击"显示目录"按钮，"Word 帮助"窗口将分成两部分，左侧是目录区，在这里选择需要查找的内容，窗口右侧将显示相应的帮助信息，如图 2-6 所示。

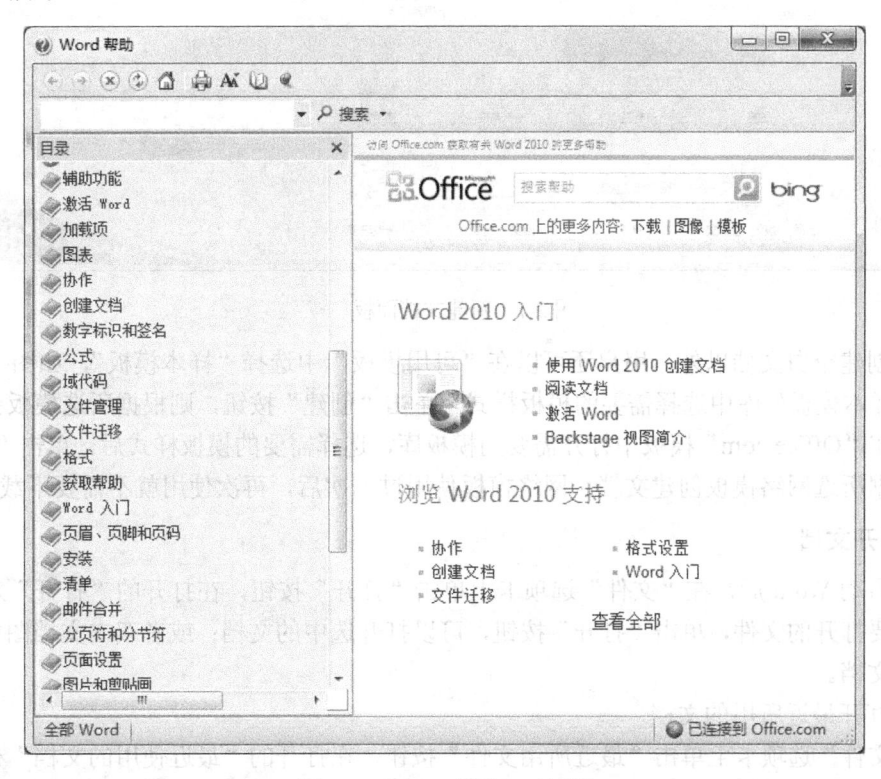

图 2-6　"Word 帮助"对话框

2.1.5 文档的基本操作

1．创建新文档

创建新文档最基本的方法是直接启动 Word 2010，启动后 Word 会自动创建一个默认名称为"文档1"的空白文档。也可以使用以下几种方法创建新文档。

（1）在桌面的空白处右击，在弹出的快捷菜单中，单击"新建|Microsoft Word 文档"按钮，创建新文档。

（2）按下 Ctrl+N 组合键，创建一个新文档。

（3）在"文件"选项卡上单击"新建"按钮，在打开的"可用模板"列表框中选择"空白文档"选项，如图 2-7 所示，单击"创建"按钮，完成空白文档的创建。

图 2-7　新建文档面板

除了创建空白文档以外，用户还可以在"可用模板"中选择"样本模板"，如图 2-7 所示，从"样本模板"库中选择需要的模板样式，单击"创建"按钮，则根据所选模板创建文档。或者在"Office.com"模板中打开需要的模板库，选择需要的模板样式后，单击"下载"按钮，根据所选网络模板创建文档。网络模板使用过一次后，再次使用就不需要下载了。

2．打开文档

（1）启动 Word 后，在"文件"选项卡上单击"打开"按钮，在打开的"打开"对话框中，选择要打开的文件，单击"打开"按钮，可以打开选中的文档；或者双击文档图标，也可以打开文档。

（2）打开最近所用的文档

在"文件"选项卡上单击"最近所用文件"按钮，在打开的"最近使用的文档"列表框中，选择最近打开过的文档，快速打开文档。文档列出的个数，可以通过在"文件"选项卡单击"选项"按钮进行设置。对于以后要经常使用的文档,可以将其固定在"最近使用的文档"列表里。

3. 保存文档

保存文档是非常重要的。在 Word 2010 中,所建立的文档是以临时文件保存在电脑中的,只要退出 Word 2010,工作成果就会丢失,所以在文档的操作过程中要养成随时保存文档的习惯,这样就可以避免因为误操作、断电等原因,造成不必要的损失,同时在需要的时候可以不断地重复使用。

(1) 保存新文档

创建文档后,若是第一次保存文档,可以单击标题栏"快速访问工具栏"中的"保存"按钮,或者在"文件"选项卡上单击"保存"按钮,这时将打开"另存为"对话框,如图 2-8 所示。

图 2-8 "另存为"对话框

选择文档要保存的位置,在"文件名"下拉列表框中输入要保存的文档文件名;在"保存类型"下拉列表框中选择"Word 文档(*.docx)"(默认的保存类型)。如果需要将 Word 2010 文档在低版本的 Word 中使用,可在保存文档时,选择兼容性更高些的"Word 97-2003 文档(*.doc)"类型。

由于系统会自动设置扩展名,所以在"文件名"下拉列表框中只需输入文档的名称即可,无须在文件名后添加文件扩展名。

(2) 保存已有文档

根据保存的位置不同,对保存过的文档分下列情况进行处理:

① 将文档保存在原有位置。

文档在编辑时,应随时保存,单击标题栏"快速访问工具栏"中的"保存"按钮,或按下组合键 Ctrl+S，或在"文件"选项卡上单击"保存"按钮都可以完成文档的随时保存。

因为保存在原有位置，将不再弹出"另存为"对话框，只在当前文档状态下覆盖原有的文档，状态栏上会出现一闪而过的保存进度条。

② 将文档保存在其他位置。

要想将已有的文档保存在其他位置，不更改或删除原有的文档，或要更改文档类型等，在"文件"选项卡上单击"另存为"按钮，在打开的"另存为"对话框中，给出需要的文件名称、路径和类型。

(3) 自动保存文档

为了防止意外事件的发生，保证文档的安全，Word 默认有自动保存功能。在"文件"选项卡上单击"选项"按钮，打开"Word 选项"对话框，如图 2-9 所示。选择"保存"选项卡，勾选"保存自动恢复信息时间间隔"并设置间隔时间，勾选"如果我没保存就关闭，请保留上次自动保留的版本"，单击"确定"按钮。

图 2-9 "Word 选项"对话框

当文档因为意外原因被强行关闭而再次打开时，窗口左侧会出现"文档恢复"任务窗格，窗格内列出的都是自动保存的文档，选择最近时间的文档，可以恢复大部分内容。

4．关闭文档

要关闭文档，而不退出 word 2010，可以在"文件"选项卡上单击"退出"按钮；也可以按下组合键 Ctrl+F4。

5．多窗口操作

在 Word 2010 中可以同时打开多个文档并在多个文档之间进行操作，在"视图"选项卡的"窗口"组中，包含"新建窗口"、"全部重排"、"拆分"、"并排查看"、"同步滚动"、"切换窗口"等一系列按钮，如图 2-10 所示，极大方便了多文档编辑。

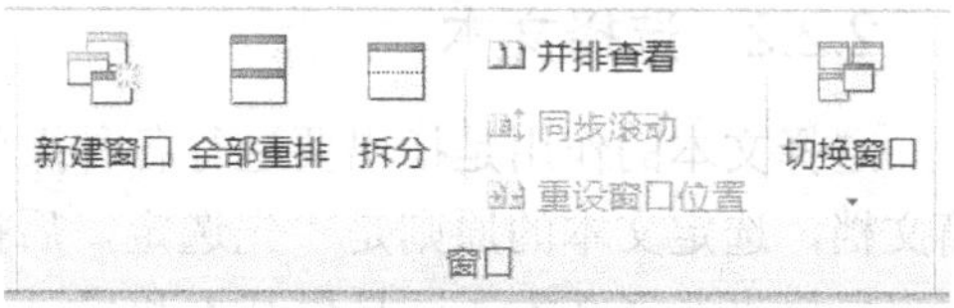

（1）在多个文档间切换

打开多个文档，在当前窗口上，在"视图"选项卡的"窗口"组中，单击"切换窗口"按钮，在打开的下拉列表中选择文档名称，即可将该文档激活。

图 2-10 "窗口组"

（2）将同一个文档的内容显示在多个窗口中

在编辑文档时需要对文档的不同部分进行操作，可以采用新建窗口的方法，将同一个文档的内容显示在两个或多个窗口中。在"视图"选项卡的"窗口"组中，单击"新建窗口"按钮，Word 默认把当前窗口的文档内容复制到新窗口中，并将新窗口设置为当前窗口，新建窗口用":1、:2、:3…."的编号来区别，标题栏也将显示新的标题名。

（3）横向平铺文档

打开多个文档，不需要设置的文档可以先最小化，在"视图"选项卡的"窗口"组中，单击"全部重排"按钮，实现文档横向平铺。

多窗口操作的方法还有很多，这里就不一一说明了。

2.2 文档的编辑

文档的编辑包括对文本的输入、移动或复制、插入和删除、查找和替换等。

2.2.1 输入文本

文本是文字、符号、特殊字符和图形等内容的总称。Word 可以通过键盘直接输入英文、汉字、阿拉伯数字等文本。单击 Windows 任务栏中的图，在弹出的快捷菜单中选择一种输入法，如图 2-11 所示。

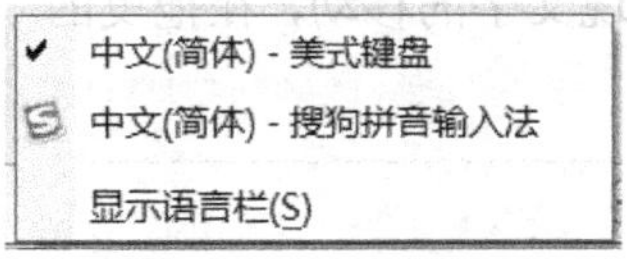

按下 Ctrl+空格组合键可以在中/英文输入法之间进行切换，按下 Ctrl+Shift 组合键可以在各种输入法之间进行切换，按下 Shift+空格组合键可以进行全/半角切换。

图 2-11 输入法菜单

在默认情况下，Word 文档有"即点即输"的功能。即点即输是指鼠标指针指向需要编辑的文字位置，单击鼠标即可进行文字输入（如果在空白处，要双击鼠标才有效）。

在"文件"选项卡上单击"选项"按钮，打开"Word 选项"对话框，选择"高级"选项卡，勾选"启用'即点即输'"，单击"确定"按钮即可完成"即点即输"设置。

当输入的文本满一行时，输入的文本将自动跳转到下一行，即具有自动换行的功能。按下"Enter"键就形成一个段落，产生一个段落标记"↵"；如果按 Shift+Enter 组合键产生一个换行标记"↓"，此时并不会形成一个段落，只是换行输入而已。

2.2.2 选择文本

选择文本的作用是指出要进行各种操作的文本内容,既可以是单个的字符,也可以是整篇文档,选定文本的原则是"先选定,后操作"。选择文本有许多方法,通常情况下,需要拖曳鼠标来选择文本,这是最基本和最灵活选取文本的方法,将光标定位在需选文本的第1个字符前,按住鼠标左键直接拖曳到所需文字的最后一个字符,选中的文本就会以高光的形式显示,再次单击,可取消文本选择。以下是另外几种选择方法:

(1)要选择一行文本,将鼠标移至文本左侧的文本选定区,当鼠标变成斜向空白箭头时,单击即可。

(2)若要选择一段文本,将鼠标移至该段左侧隐含的文本选定区,当鼠标变成斜向空白箭头时,双击;或者将鼠标移至该段上,连续三次单击,此段均将被选中。

(3)若要选择整篇文档,使用 Ctrl+A 组合键,或在"开始"选项卡的"编辑"组中,单击"选择"下拉列表框中的"全选"按钮。

(4)选择不连续的文本时,按住 Ctrl 键不放,拖曳鼠标到要选择的位置即可。

2.2.3 移动或复制文本

移动文本使用剪切操作,要使文本重复使用就要使用复制操作,无论是剪切还是复制操作,最后都要配合粘贴操作才能达到移动或复制文本的目的。

1. 使用快捷键

使用快捷键可以快速完成文本的移动或复制。

用鼠标选中要复制或移动的文字,按下 Ctrl+C 组合键,将光标移到需要粘贴的位置,按下 Ctrl+V 组合键,完成文本的复制,若重复复制可多次按下 Ctrl+V 组合键;选中文本后按下 Ctrl+X 组合键,将光标移到需要粘贴的位置,按下 Ctrl+V 组合键,实现文本的移动。

2. 使用鼠标

使用鼠标可以实现文本的移动或复制。

用鼠标选中要复制或移动的文字,拖曳鼠标到需要的位置,实现文字的移动,在拖曳的过程中,按下 Ctrl 键完成文本的复制。

3. 使用剪贴板

Office 剪贴板的作用是暂时存放需要粘贴或者剪切的内容,可以在编辑文档的过程中,把复制或者剪切了的文档存储在剪贴板中,多次粘贴。

(1)文本的复制

选中文本,在"开始"选项卡的"剪贴板"组中,单击"复制"按钮;或者右击,在弹出的快捷菜单中选择"复制"命令。然后将光标定位到目标位置,选择"粘贴"命令即可。

(2)文本的移动(剪切)

选中文本,在"开始"选项卡的"剪贴板"组中,单击"剪切"按钮;或者右击,在弹出的快捷菜单中选择"剪切"命令。然后在目标位置定位光标,选择"粘贴"命令即可。

(3)文本的粘贴

在"开始"选项卡的"剪贴板"组中,单击"粘贴"下拉列表框中的相应按钮。如图 2-12 所示。

通过选择"保留源格式"、"合并格式"或"只保留文本"完成需要的操作。还可以通过在"开始"选项卡的"剪贴板"组中,选择"粘贴|设置默认粘贴"命令,打开"word 选项"对话框修改默认设置。

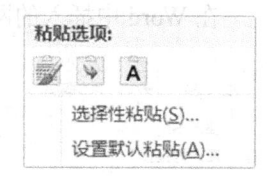

图 2-12 粘贴选项

（4）选择性粘贴

如果复制网页上的内容,需要变换或保留格式,或者把复制的文本以图片的形式粘贴到文档中等,这时就需要用到选择性粘贴。

在"开始"选项卡的"剪贴板"组中,选择"粘贴|选择性粘贴"命令,打开"选择性粘贴"对话框,如图 2-13 所示,在"形式"列表框中选择需要粘贴的形式。"形式"列表框中的内容不是固定的,如果在文档中已复制了一些文本则"形式"列表框中的内容就会较多,反之则较少。

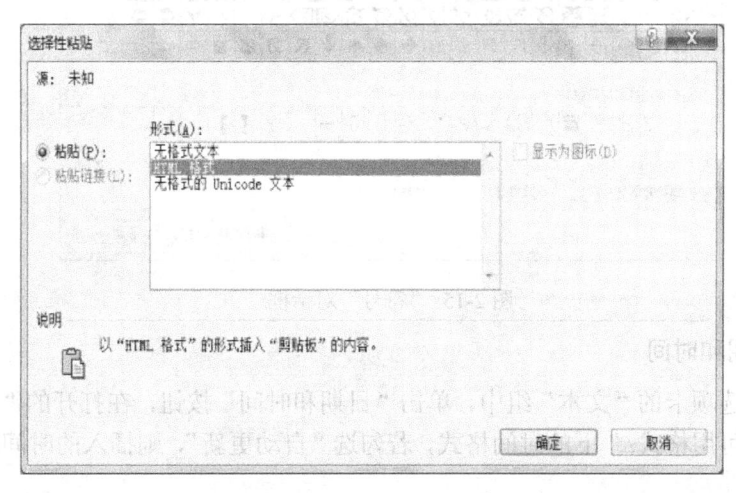

图 2-13 "选择性粘贴"对话框

2.2.4 插入和删除文本

1．插入文本

在编辑文档过程中经常要插入文本。如需添加新内容,移动光标到需添加内容的位置直接输入文本,在"插入"状态下,已有文本将会向后移动实现插入功能；在"改写"状态下,输入的文本将替换原有的内容实现改写功能。

Word 提供的插入文本功能,还可以在文档中插入一个完整的 Word 文件、网页文件或记事本文件。

在"插入"选项卡的"文本"组中,单击"对象|文件中的文字"按钮,在打开的"插入文件"对话框中设置"文件类型"为"所有文件",选择要插入的文件,单击"插入"按钮,完成文件的插入。

如果希望插入链接,选择"插入"下拉列表框中的"插入为链接"命令,如图 2-14 所示。此时插入的文件将与当前文档建立链接关系,当链接的文档修改并保存后,当前文档中插入的内容也会自动进行更新。

在 Word 中插入的网页可以利用导航窗格选择打开，查看起来较方便。

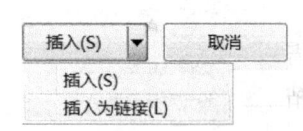

2．插入符号

对于不能直接通过键盘输入的符号，可通过插入符号的方式解决。

图 2-14 "插入为链接"选项

在"插入"选项卡的"符号"组中，在"符号"下拉列表框中选择所需符号。如果没有要添加的符号，可以单击"符号|其他符号"按钮，打开"符号"对话框，如图 2-15 所示，选择所需符号，单击"插入"按钮。

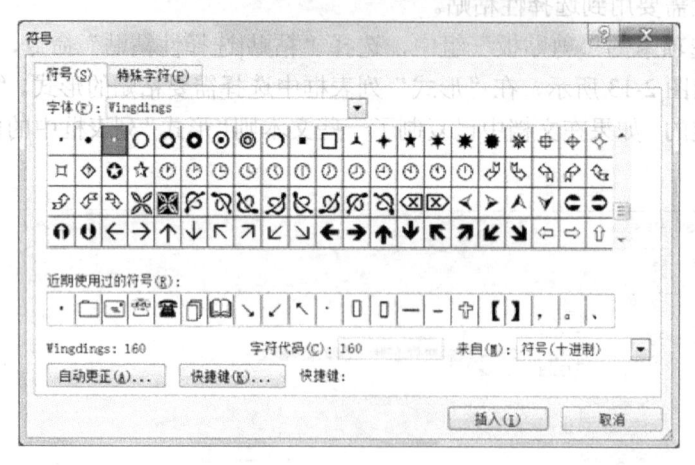

图 2-15 "符号"对话框

3．插入日期和时间

在"插入"选项卡的"文本"组中，单击"日期和时间"按钮，在打开的"日期和时间"对话框中选择"可用格式:"下的时间格式，若勾选"自动更新"，则插入的时间将每日更新，如图 2-16 所示。

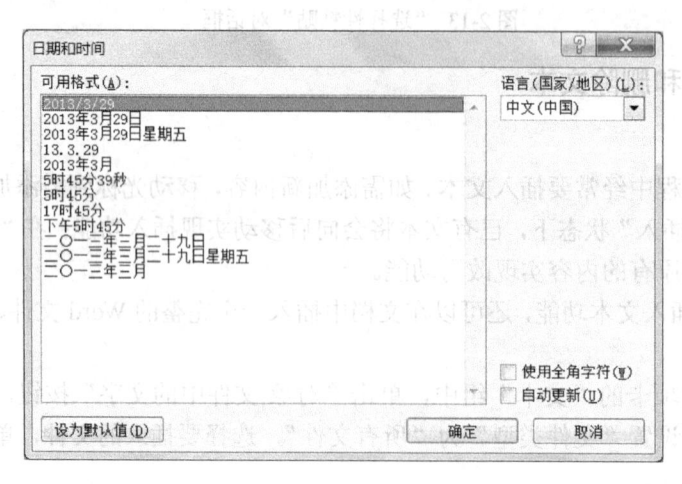

图 2-16 "日期和时间"对话框

4．插入公式

在"插入"选项卡的"符号"组中，打开"公式"下拉列表框，如图 2-17 所示。

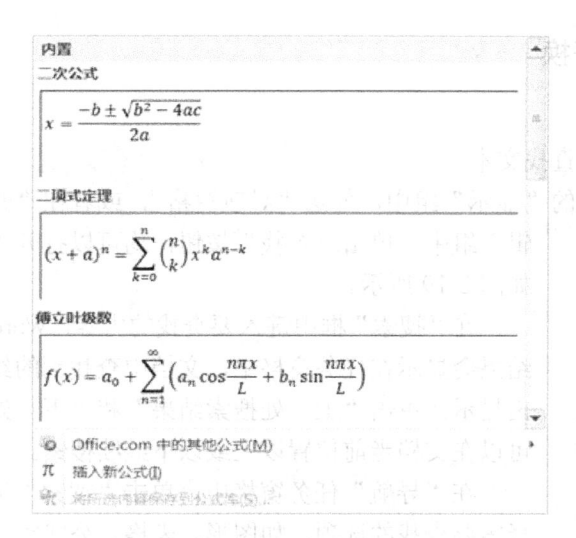

图 2-17 公式下拉列表框

可以选择其中列出的内置公式，若选择"插入新公式"，则在插入点处将出现一个空白的公式框，在"公式工具|设计"动态选项卡中，提供一系列的工具模版按钮以及符号等。如图 2-18 所示。

图 2-18 "公式工具|设计"动态选项卡

在"符号"组中，单击"其他"按钮，可以选择更多的符号类型，在"结构"组中，可以选择各种数学运算符和函数。使用键盘和鼠标，在公式框中添加"符号"和"结构"组中的符号、运算符和函数，完成后在公式框外单击，实现插入新公式。

单击已完成的公式，就进入公式编辑状态，在此状态下可以修改公式；选中公式后公式就成为一个整体，可以对公式进行复制、粘贴和删除等操作。用鼠标拖曳被选中的公式周围的小方框，可以改变公式的长度、宽度和大小。

5．删除文本

删除一个字符将光标移至该字符前按 Del 键，或将光标移至该字符后按 Backspace 键；选中一段文本按 Del 键则整段文本被删除。

2.2.5 撤销和恢复文本

撤销和恢复是为防止用户误操作而设置的功能，撤销可以取消前一步（或几步）的操作，而恢复则必须在删除文本后立即选择取消刚做的操作，中间不能执行任何其他的操作。

单击"快速访问工具栏"中的"撤销"按钮或"恢复"按钮，可以实现撤销或恢复操作，使用 Ctrl+Z 组合键也可以恢复被删除的文本。

2.2.6 查找和替换

1．查找

（1）使用任务窗格查找文本

在"视图"选项卡的"显示"组中，勾选"导航窗格"，或者在"开始"选项卡的"编辑"组中，单击"查找"按钮，均可以打开"导航"任务窗格，如图2-19所示。

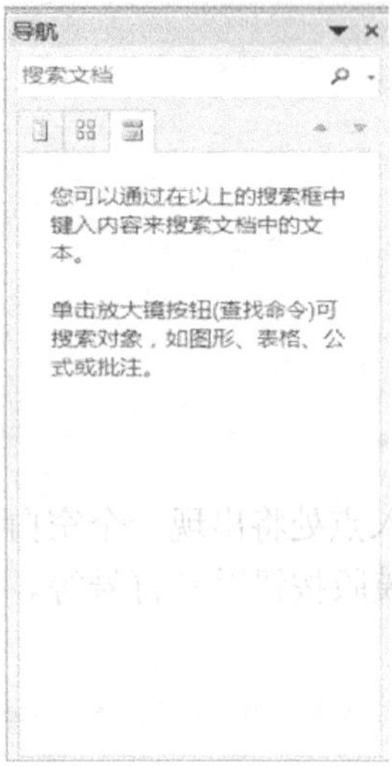

在"搜索"框中键入要查找的内容，Word会自动搜索，搜索结果会显示在任务窗格中，文档中查找到的结果会自动设置为突出显示。单击"上一处搜索结果"和"下一处 搜索结果"按钮，可以在文档当前位置以上或以下继续搜索。

在"导航"任务窗格中，单击"搜索"框中的下拉列表，选择需要查找的选项，如图形、表格、公式等。

（2）使用对话框查找文本

在"开始"选项卡的"编辑"组中，单击"查找|高级查找"按钮，打开"查找和替换"对话框。选择"查找"选项卡，在"查找内容"框内输入要查找的内容，单击"更多"按钮，对话框将显示更多的内容，如可以勾选"区分大小写"，还可以设置"格式"等。

单击"查找下一处"按钮开始查找，直至全部查找，弹出"Word已完成对文档的搜索"提示框。

图2-19 "导航"任务窗图格

2．替换

替换是指将查找到的文档中多处的文本或格式等替换成其他内容，即可以更改查找到的文本或批量修改相同的内容。以下以一个案例说明替换的使用。

【例2-1】打开Ex2-1.docx，将全文中的"的"替换为"红色、加粗、加着重号"。其操作步骤如下：

① 将光标置于文本正文第一行行首，在"开始"选项卡的"编辑"组中，单击"替换"按钮，打开"查找和替换"对话框，在"查找内容"文本框中输入"的"。

② 在"替换为"文本框中输入"的"，在"搜索"下拉列表框中选择"向下"。

③ 选中"替换为"文本框中的"的"，单击"更多"按钮，展开更多选项，单击"格式"按钮，在打开的下拉框中，单击"字体"按钮，打开"替换字体"对话框，将"字体颜色"设为"红色"；"字形"设为"加粗"；"着重号"设为"."，如图2-20所示。单击"确定"按钮，回到"查找和替换"对话框。

④ 单击"全部替换"按钮，Word自动替换整个文档，完成后会出现一个显示完成几次替换的对话框，单击"确定"按钮，完成替换操作。

如设置了格式，要取消格式限制时，可单击"不限定格式"按钮；如在"搜索"下拉列表框中选择"向上"（或"向下"），这时Word将要替换光标所在位置上方（下方）所有的文本。当光标在文档的开始或结尾，选择"向上"或"向下"搜索，将出现一个提示框如图2-21所示，单击"否"按钮，结束并退出。

图 2-20 "替换字体"对话框

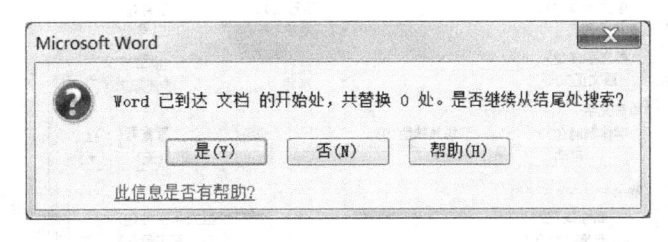

图 2-21 提示框

2.3 文档的排版

为使文档独具特色、层次分明以达到更好的视觉效果,需要对文档进行排版。

2.3.1 文字格式化

文字格式化包括对各种字符的大小、字体、字形、颜色和字间距进行设定。

1. 文字格式

(1)使用选项卡

在"开始"选项卡的"字体"组中,单击"字体"下拉列表框中所需字体选项按钮,完成字体设置;单击"字号"下拉列表框中所需字号选项按钮,实现文本字号设置。也可以直接在"字号"框中输入字号,字号值在1磅到1638磅之间,如超出此范围 Word 将弹出警告框如图 2-22 所示。

在"开始"选项卡的"字体"组中,还可以设置文字

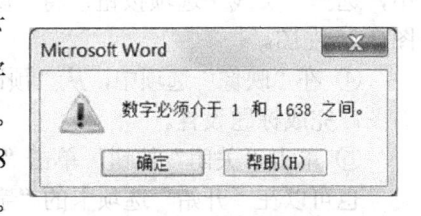

图 2-22 警告框

的加粗、倾斜、下划线（包括双下划线、粗线、点式下划线、虚下划线等）；可以设置文本效果、突出显示、字体颜色、字符底纹、带圈字符、拼音等效果。

（2）使用对话框

通过以下案例使用对话框设置字体。

【例 2-2】打开 Ex2-1.docx 将"云计算将全面进入应用时代"设置为：华文彩云、二号；文字效果为"水绿色，强调文字颜色 5，深色 50%"文本边框；"半映像，4pt 偏移量"映像。最终效果如图 2-23 所示。

图 2-23　效果图

① 选中标题文字，在"开始"选项卡的"字体"组中，单击对话框启动器按钮，打开"字体"对话框，选择"字体"选项卡，如图 2-24 所示。

图 2-24　"字体"对话框

② 将"中文字体"设为"华文彩云"；将"字号"设为"二号"，其余使用默认。

③ 单击"文字效果"按钮，打开"设置文本效果格式"对话框，在"文本边框"选项中，选择"实线"选项按钮，将"颜色"设为"水绿色，强调文字颜色 5，深色 50%"，如图 2-25 左图。

④ 在"映像"选项中，从"预设"下拉列表框中选择"半映像，4pt 偏移量"，如图 2-25 右图。完成标题设置。

⑤ 单击"关闭"按钮，单击"确定"按钮。

也可以在"开始"选项卡的"字体"组中，单击"文本效果"按钮，在打开的列表框中选择样式以及"轮廓"、"阴影"、"映像"、"发光"等。

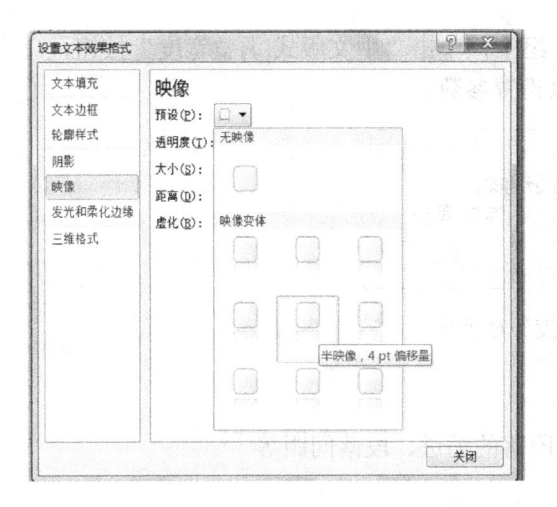

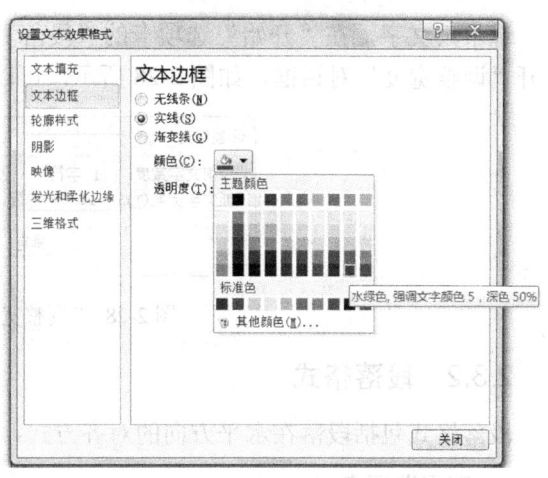

图 2-25 "设置文本效果格式"对话框

"字体"组中的"清除格式"按钮,提供了清除所选文本、段落上的格式等功能,清除格式后将留下纯文本。

(3) 使用浮动工具栏

在文字上方会出现一个浮动的字体格式工具栏,如图 2-26 所示,单击所需的按钮可以完成字体设置;选中文本后,右击,也可以显示这个浮动的字体工具栏。

图 2-26 字体格式使用浮动工具栏

2. 设置字符间距

在"开始"选项卡的"段落"组中,单击"中文版式|字符缩放"下拉列表框中所需选项按钮,完成缩放功能;选择"其他"命令,打开"字体"对话框的"高级"选项卡,如图 2-27 所示,设置"缩放"、"间距"、"位置"等参数,"间距"和"位置"都有 3 种选择,除"标准"状态,其他状态可以设置磅值。

图 2-27 "高级"选项卡

选中某文字，在"开始"选项卡的"段落"组中，单击"中文版式|调整宽度"按钮，打开"调整宽度"对话框，如图 2-28 所示，可以设置参数。

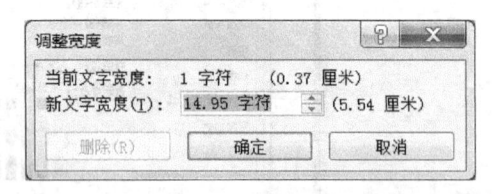

图 2-28 "调整宽度"对话框

2.3.2 段落格式

段落格式包括段落在水平方向的对齐方式，段落的缩进、段落间距等。

1．使用选项卡

选中文本，或者将光标定位在段落中，在"开始"选项卡的"段落"组中，包括居中、文本左对齐、文本右对齐、两端对齐、分散对齐 5 种对齐方式，如图 2-29 所示，单击需要的对齐按钮，完成段落对齐方式设置；在"段落"组中，单击"行和段落间距"按钮，可以更改文本的行间距，还可以自定义段前和段后添加的间距量；单击"减少/增加缩进量"按钮可以减少/增加段落的缩进量。

图 2-29 对齐按钮

2．使用对话框

选中文本，或者将光标定位在段落中，在"开始"选项卡的"段落"组中，单击对话框启动器按钮，打开"段落"对话框，如图 2-30 所示，选择"缩进和间距"选项卡，设置对齐方式、缩进、段前、段后间距、行距及特殊格式（如首行缩进、悬挂缩进）。

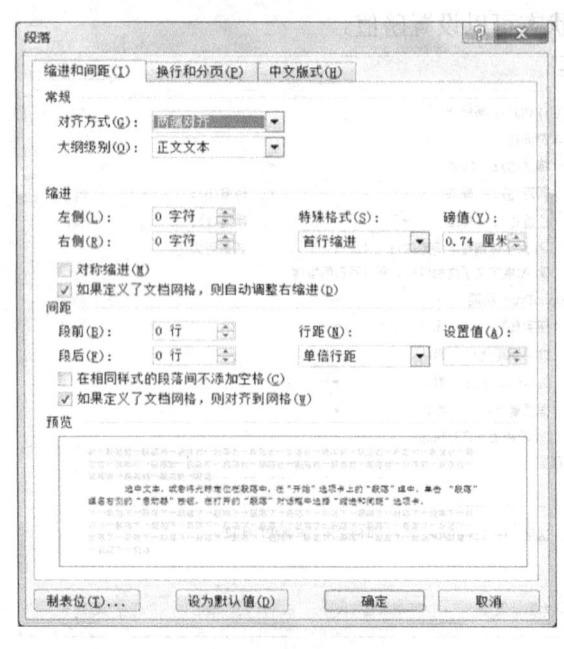

图 2-30 "段落"对话框

3．使用格式刷

Word 2010 还提供了快速复制段落格式的功能，可以将一个段落的排版格式迅速复制到另一个段落中。选择要复制格式的一个段落，在"开始"选项卡的"剪贴板"组中，单击"格式刷"按钮，文档中的鼠标指针将变为 ，移动鼠标指针到要改变段落格式的段落的任意位置，单击该段文字，完成该段落格式的设置。

如果想多次使用格式刷，改变多个段落的格式，在选中复制格式的原文档的一个段落后，双击"格式刷"按钮，就可以达到目的。

2.3.3 边框和底纹

1．设置边框

（1）选中需要设置边框的段落，在"开始"选项卡的"段落"组中，单击"下框线"下拉列表框中的相应边框按钮（下框线按钮的样式和名称随上一次的操作而改变）如图 2-31 所示。

（2）若要添加其他形状的边框，在"开始"选项卡的"段落"组中，单击"下框线|边框和底纹"按钮，打开"边框和底纹"对话框，如图 2-32 所示。选择"边框"选项卡，先将"应用于"选项设置为"段落"，再依次对"设置"、"样式"、"颜色"、"宽度"选项进行设置，在"预览"区段落的四周，单击添加边框，也可单击"预览"区左侧和下方的按钮来添加边框。

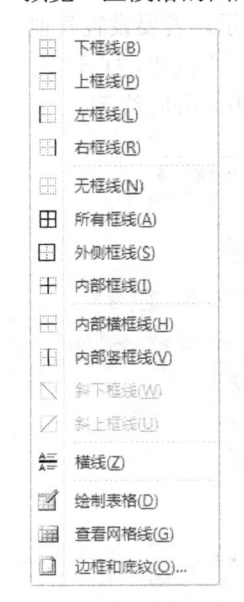

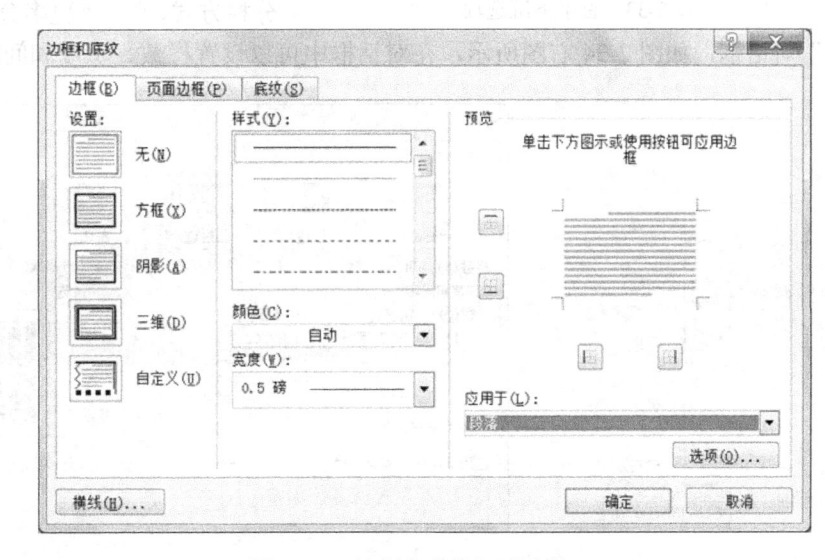

图 2-31　按钮名称选项　　　　　图 2-32　"边框和底纹"对话框

2．设置底纹

（1）为文字添加底纹

选中需要设置底纹颜色的文本，在"开始"选项卡的"段落"组中，单击"底纹"下拉列表框中所需颜色按钮，为所选文字添加底纹。

（2）为段落添加底纹

若要给整个段落添加底纹颜色或底纹图案，可打开"边框和底纹"对话框，如图 2-32。选择"底纹"选项卡，在这里，依次设置"应用于"、"填充颜色"、"图案样式"和"图案颜色"，单击"确定"按钮，为段落设置底纹。

2.3.4 首字下沉

1. 首字下沉

首字下沉就是在段落开头设置一个大号字符，段落的其他部分保持原样。

将光标定位在要设置首字下沉的段落中，或者选中此段段首需要下沉的文本（比如一串数字、一个英文单词，或一个汉字）。

在"插入"选项卡的"文本"组中，单击"首字下沉"下拉列表框中所需按钮，如图2-33左图所示，其中的"下沉"或"悬挂"默认都是3行，若要改变"下沉"或"悬挂"行数，可单击"首字下沉选项"按钮，打开"首字下沉"对话框，如图2-33右图所示，选中"下沉"或"悬挂"后，设置字体、下沉行数和距正文距离即可。

2. 分栏

分栏是将文字拆分成2栏或更多栏。

在"页面布局"选项卡的"页面设置"组中，单击"分栏"下拉列表框中所需分栏按钮，如图2-34左图所示。若要设置其他分栏方式，单击"更多分栏"按钮，打开"分栏"对话框，如图2-34右图所示，在对话框中可以设置栏数、宽度和间距、分隔线等。

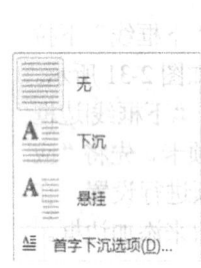

图2-33 首字下沉选项

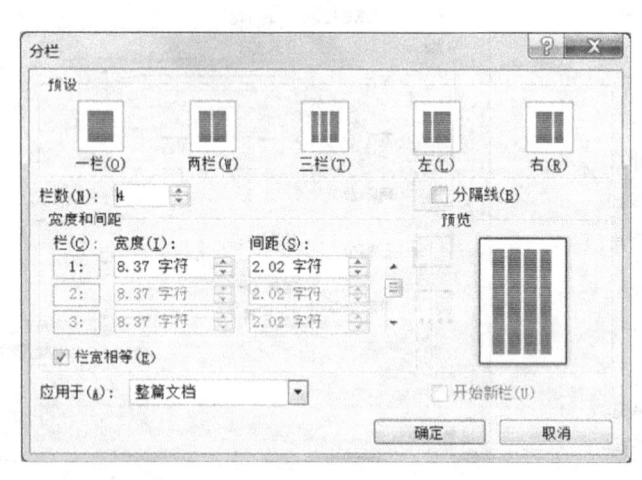

图2-34 "分栏"对话框

需要特别注意的是，为文档最后一段分栏时，不要选中段落最后的"段落标记"符。

2.3.5 项目符号和编号

项目符号和编号可以在已有的文本上添加，也可以在空白位置先设好，再编辑内容。

1. 设置项目符号

（1）内置项目符号

在"开始"选项卡的"段落"组中，单击"项目符号"下拉列表框中所需的项目符号按钮。

（2）自定义项目符号

在"开始"选项卡的"段落"组中，单击"项目符号|定义新项目符号"按钮。打开"定义新项目符号"对话框，如图 2-35 所示，在该对话框中，设置"项目符号字符"、"对齐方式"等，单击"确定"按钮即可。

（3）项目符号的级别

文档中若需要不同级别的文本，单击"项目符号|更改列表级别"按钮，从下拉列表框中选择所需级别，或者在"段落"组中，单击"增加缩进量"或"减少缩进量"按钮，更改项目符号级别。

2．设置编号

（1）内置编号

在"开始"选项卡的"段落"组中，单击"编号"下拉列表框中所需的编号按钮即可。

（2）自定义编号

图 2-35 "定义新项目符号"对话框

在"开始"选项卡的"段落"组中，单击"编号｜定义新编号格式"按钮，打开"定义新编号格式"对话框，如图 2-36 所示，设置"编号样式"、"编号格式"等。

（3）起始编号设置

有时不需要从头开始设置标号，可单击"编号｜设置编号值"按钮，打开"起始编号"对话框，如图 2-37 所示，设置起始数值即可。

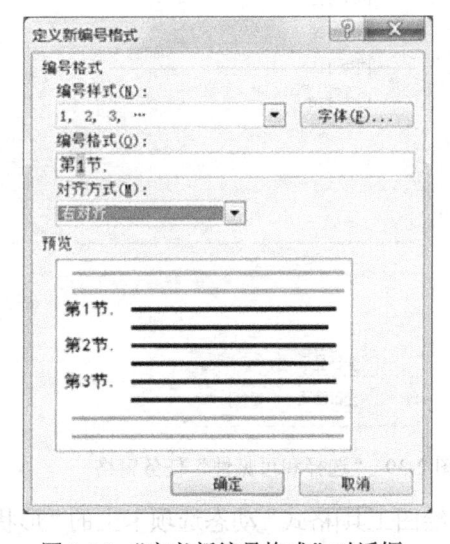

图 2-36 "定义新编号格式"对话框　　　图 2-37 "起始编号"对话框

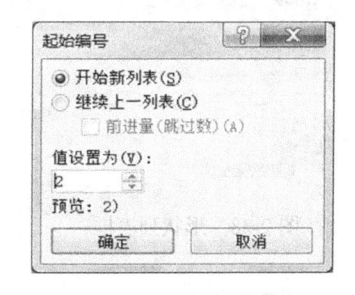

2.4 图形和图片编辑

在 Word 2010 中，创建、编辑表格和图表，插入图形、图片和艺术字可以实现文档的图文混排达到图文并茂的效果。

2.4.1 插入自选图形

自选图形可以选择现成的形状，如矩形和圆、箭头、线条、流程图、符号和标注等。

在"插入"选项卡的"插图"组中，单击"形状"下拉列表框中所需插入的图形按钮，如图 2-38 所示。将光标移到编辑区，当鼠标变成"十"字形时，按下鼠标左键不放并拖曳鼠标到适当位置，松开鼠标即可插入所选的图形。

插入图形后，Word 自动弹出"绘图工具|格式"动态选项卡（ ），通过动态选项卡可以进行图形大小的修改、形状的改变、旋转、移动、删除、添加文本及对添加文本的编辑等操作。

插入多个图形后，可以设置层次、对齐、组合等。在"绘图工具|格式"动态选项卡上的"排列"组中，单击"对齐"下拉列表框中的相应按钮设置对齐方式；也可以同时选中多个图形，单击"组合|组合"按钮，将多个图形作为单个对象处理；单击"排列"组中的"上移一层"或"下移一层"按钮，使所选对象上或下移，使其不被或被前面的对象遮挡；单击"选择窗格"按钮，打开"选择和可见性"任务窗格，如图 2-39 所示。在窗格中可以选择单个对象、更改顺序、显示和隐藏等。

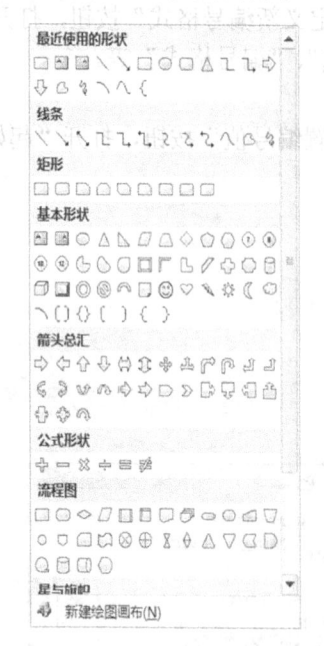

图 2-38　形状列表框

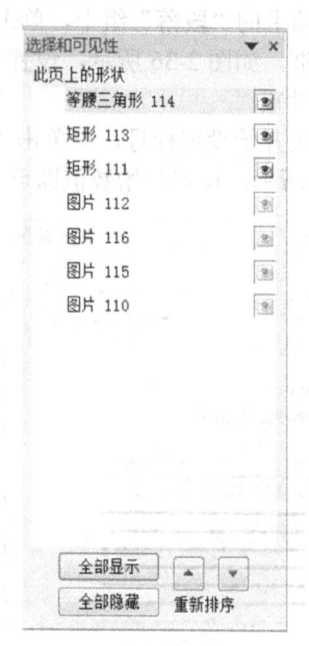

图 2-39　"选择和可见性"任务窗格

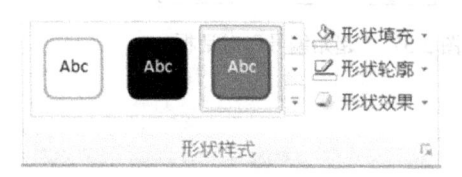

图 2-40　"形状样式"组

在"绘图工具|格式"动态选项卡上的"形状样式"组中，可以设置"形状填充"、"形状轮廓"和"形状效果"选项，图 2-40 所示。

也可以直接使用 Word 内置的形状样式。在"形状样式"组中，单击"其他"按钮，在打开的列表中选择内置的样式即可。

2.4.2 插入文本框

Word 2010 提供预设格式的文本框。通过以下方式可以插入：

（1）在"插入"选项卡的"文本"组中，单击"文本框"按钮，打开内置的文本框列表，从中选择一种，输入文本即可。

（2）在打开的内置文本框列表中，单击"绘制文本框"或"绘制竖排文本框"按钮。

（3）在"插入"选项卡上的"插图"组中，单击"形状|基本形状|文本框"或"形状|基本形状|垂直文本框"按钮。

插入文本框后，Word 自动弹出"绘图工具|格式"动态选项卡，通过动态选项卡结合"开始"选项卡可以设置文本框内文字的格式、文本框版式、样式等。

2.4.3 插入图片

1．插入图片

（1）插入外部图片

可以将电脑中通过各种方式保存的图片插入到文档中，Word 2010 支持的文件格式相当丰富，其中较常用的有 jpg、bmp、png、gif 等多种格式的图片文件。

将光标定位到合适位置，在"插入"选项卡的"插图"组中，单击"图片"按钮，打开"插入图片"对话框，选择图片文件，单击右下角"插入"按钮即可。

（2）插入剪贴画

Word 2010 提供了大量的剪贴画，在插入到文档前需要先进行搜索，找到合适的图片再插入。

在"插入"选项卡的"插图"组中，单击"剪贴画"按钮，将自动打开"剪贴画"任务窗格，在"搜索文字"文本框中输入需要插入的剪贴画的内容，在"结果类型"下拉框中勾选"插图"复选框，如图 2-41 所示。

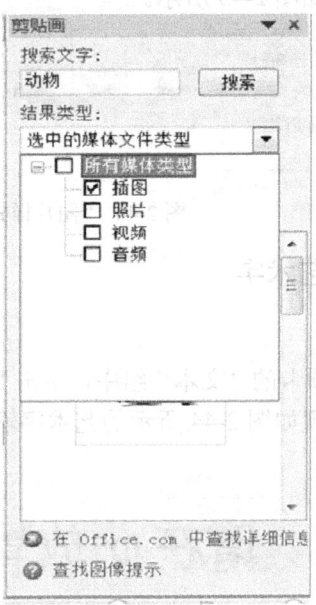

图 2-41 "剪贴画"任务窗格

在"剪贴画"任务窗格中,单击搜索到的剪贴画,则图片插到光标所在的位置;在"剪贴画"任务窗格中,单击剪贴画右侧的箭头,在出现的列表中单击"插入"命令,也可以在光标所在位置插入剪贴画。

若要在文档中的多处位置插入同一张剪贴画,单击剪贴画右侧的箭头,在出现的列表中单击"复制"按钮,到文档中的合适位置多次"粘贴"实现剪贴画的插入。

2. 编辑图片

(1)环绕方式,

将图片插入到文档中之后,还需要设置环绕方式。默认的图片方式是嵌入型,图片不能移动,需要设置成可以移动的浮动型,才能达到图文混排的效果,操作方法如下:

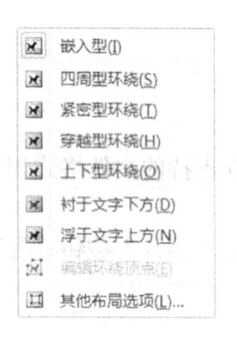

选中图片,在"图片工具|格式"动态选项卡的"排列"组中,单击"自动换行"下拉列表框中的所需环绕方式按钮,如图2-42所示,除了嵌入型,其他都是浮动型。

设置了浮动型的环绕方式后,可以用鼠标拖曳方式来移动图片,也可以在"图片工具|格式"动态选项卡的"排列"组中,单击"位置"下拉列表框中所需的位置按钮。

(2)裁剪

选中图片,在"图片工具|格式"动态选项卡的"大小"组中,单击"裁剪|裁剪"按钮,这时图片四周将出现裁剪控制柄,拖曳鼠标即可将不需要的部分裁剪掉。

图2-42 "自动换行"下拉列表

(3)图片样式

选中图片,在"图片工具|格式"动态选项卡的"图片样式"组中设置图片的边框、效果,或者直接在样式列表中套用一种适合的图片样式;在"调整"组中也可以设置图片的艺术效果、颜色等,如图2-43所示。

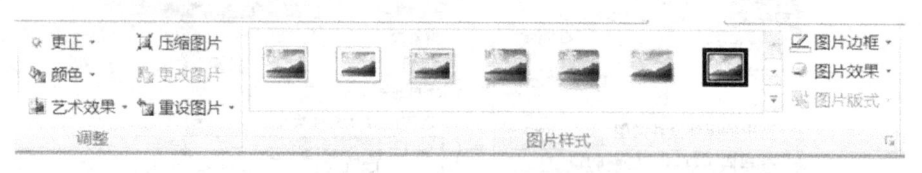

图2-43 "图片样式"和"调整"组

2.4.4 插入艺术字

1. 插入艺术字

在"插入"选项卡的"文本"组中,单击"艺术字"下拉列表框中所需样式按钮,此时,在光标位置,将出现如图2-44所示的艺术字输入框,直接输入文本即可。

图2-44 艺术字输入框

2. 编辑艺术字

（1）艺术字格式

插入艺术字后，若要修改艺术字的样式，选中艺术字，在"绘图工具|格式"动态选项卡的"艺术字样式"组中改变其样式即可，如图 2-45 所示。

（2）艺术字框的轮廓样式

选中艺术字，在"绘图工具 | 格式"动态选项卡的"形状样式"组中，可通过"形状样式"按钮、"形状填充"按钮、"形状轮廓"按钮和"形状效果"按钮头，设置"艺术字"框的轮廓样式。

图 2-45 "艺术字样式"组

2.4.5 屏幕截图

Word 2010 新增屏幕截图功能，可以将任何未最小化到任务栏的已打开程序的窗口的内容截成图片插入文档，也可以将屏幕任何部分截成图片插入文档。

1. 截取整个窗口中的内容

（1）如果要截取多个已打开程序窗口的图片，将需要截图的窗口最大化或保持默认大小，将其余窗口最小化到任务栏。

（2）在"插入"选项卡的"插图"组中，单击"屏幕截图"按钮，弹出"可用视窗"对话框，对话框中会列出所有打开的未最小化到任务栏的程序的窗口，如图 2-46 所示。

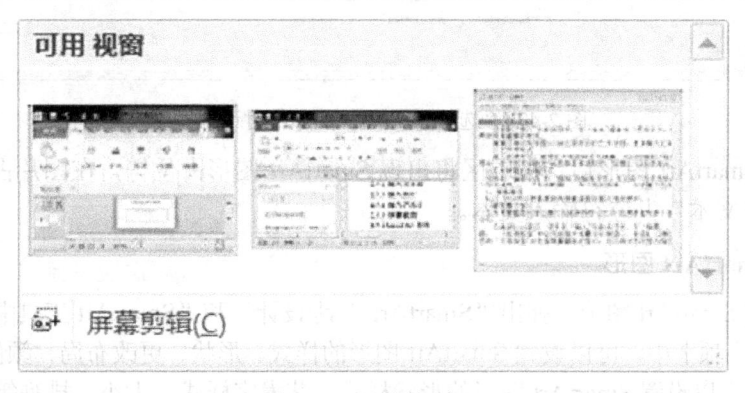

图 2-46 "可用视窗"

（3）在"可用视窗"中单击要截取的窗口，则可在文档中插入该窗口图片。

2. 截取窗口中部分内容

（1）如果要截取一个已打开程序窗口中的部分内容的图片，将需要截图的窗口最大化或保持默认大小，将其余窗口最小化到任务栏；或所有打开的程序都最小化到任务栏，此时截取屏幕上的任何部分的内容。

（2）在"插入"选项卡的"插图"组中，单击"屏幕截图|屏幕剪辑"按钮。

（3）这时 Word 窗口最小化，要截取的窗口被激活，屏幕呈灰色，拖曳鼠标选择要截取的内容，松开鼠标时，相应的图片将被插入到文档中。

2.4.6 SmartArt 图形

通过插入 SmartArt 图形，能够以直观的、有层次的方式交流信息。SmartArt 图形包括图形列表、流程图以及更为复杂的图形，例如维恩图和组织结构图。插入方法如下：

1．插入 SmartArt 图形

（1）在"插入"选项卡的"插图"组中，单击"SmartArt"按钮，打开"选择 SmartArt 图形"对话框，如图 2-47 所示，对话框左侧是图形类型，选中类型后，再在"列表"中选择所需选项，此时在对话框右侧就会显示选中的 SmartArt 图形的预览和说明。根据需要插入 SmartArt 图形。

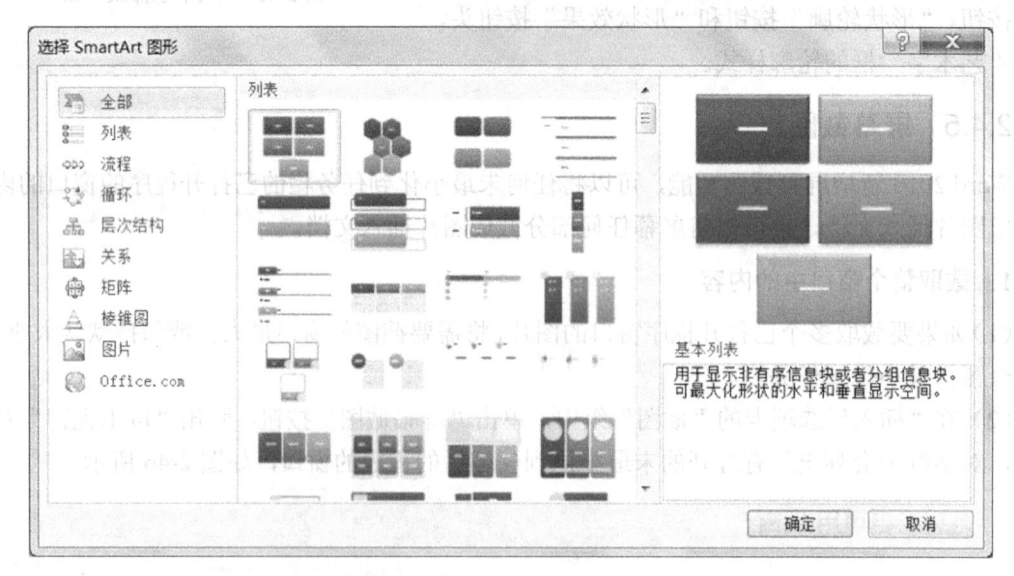

图 2-47 "选择 SmartArt 图形"对话框

（2）插入 SmartArt 图形后，编辑区将出现 SmartArt 图形占位符，在图片占位符插入需要的图片，在"文本"占位符输入文本。

2．编辑 SmartArt 图形

选中插入的 SmartArt 图形，弹出"SmartArt 工具|设计"和"SmartArt 工具|格式"动态选项卡。在"设计"项卡中，可以设置 SmartArt 图形的样式、形状、更改布局、颜色等；在"格式"选项卡中，可以设置 SmartArt 图形的形状样式、艺术字样式、大小、排列等格式。

2.5 表格应用

Word 2010 提供了强大的表格功能，可以创建简单表格，也可以使用各种表格样式和公式创建复杂表格，还可以将文本转换为表格以及通过内置的表格样式快速创建表格等。

2.5.1 创建表格

在 Word 2010 文档中可以插入或绘制表格，首先需要将光标定位到要插入或绘制表格的位置。有 3 种方法生成表格：

（1）在"插入"选项卡上的"表格"组中，单击"表格"按钮，在打开的"插入表格"对话框上部的格子中移动鼠标选择至需要的行数和列数，单击即可生成表格。这种方法最多能生成 8 行、10 列的表格，如图 2-48 所示。

（2）当需要的表格是多行多列时，可以在"插入"选项卡的"表格"组中，选择"表格|插入表格"命令，打开"插入表格"对话框，如图 2-49 所示。在"列数"、"行数"处添加数值及其他参数，如果勾选"为新表格记忆此尺寸"，表示这一次设置的"行数"、"列数"数值将在再次打开这个对话框时默认显示。单击"确定"按钮，即可在文档中生成一个空白的表格，生成的表格行数不限，列数最多 63 列，如果超出这个数字，Word 将弹出警告对话框，提示用户"数字必须介于 1 和 63 之间"。

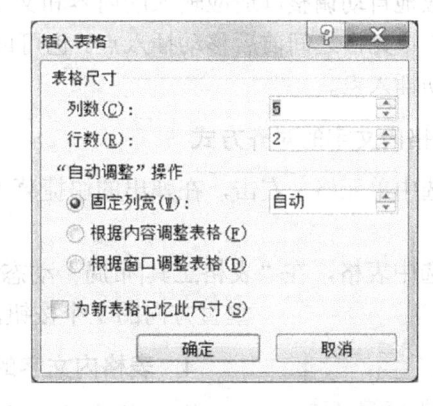

图 2-48 "表格"下拉框　　　　图 2-49 "插入表格"对话框

（3）在"插入"选项卡的"表格"组中，单击"表格|绘制表格"按钮，可以用手工绘制表格，这时鼠标变成铅笔形状。拖曳鼠标，画出表格，拖曳时鼠标经过处为虚线，如图 2-50 所示。可以看见画线的位置长短等，释放鼠标后，虚线变成实线。

绘制表格时，Word 会自动弹出"表格工具|设计"和"表格工具|格式"动态选项卡，在"表格工具|设计"动态选项卡的"绘图边框"组中，单击"绘制表格"按钮，铅笔形状变回鼠标，取消手工绘制表格功能。

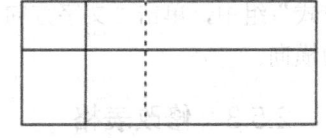

图 2-50 "绘制表格"

2.5.2　编辑表格

1．选定表格

（1）使用选项卡

将光标放置在需要选中的表格的单元格内，在"表格工具|布局"动态选项卡的"表"组中，单击"选择"下拉列表框中所需选项即可。

（2）使用鼠标

使用鼠标最简单的方法是按住左键在需要的单元格中拖曳，若选一行（列），按住左键从此行（列）最左（上）边的单元格，拖曳到最右（下）边的单元格；若选一个区域，按住左键从此区域左上角的单元格，拖曳到右下角的单元格。也可以用以下方法选定表格。

- 选择一个单元格：将鼠标移到单元格的左边框上，当鼠标变成↗时，单击即可。
- 选择一行单元格：将鼠标移到本行左边框外，当鼠标变成右向空心箭头时，单击即可。
- 选择一列单元格：将鼠标移至某列的上边框处，当鼠标变成↓时，单击即可。
- 选择整个表格：将鼠标移至表格上，当表格的左上角出现十字形移动按钮时单击即可。

2．输入表格内容

选定单元格，将光标定位到单元格中，这时可以把该单元格看作一个独立的文档输入区，所有的 Word 编辑命令处理一个表格单元格同处理文档中其余部分完全一样，可以用相同的方法输入、编辑和排版表单元格中的文本，所不同的只是表中的文本包含在表的单元格之中。

在表格的单元格中，当输入数据到单元格的右边框时，输入的文本将自动换行，行的高度也会相应地自动调整以适应输入的内容和文本的字号。可以分别使用 Tab 或 Shift+Tab 组合键在表格单元格之间前后移动插入点。也可以使用键盘上的上下左右方向键，在表格中前后左右移动插入点。

3．表格内文字的对齐方式

（1）选中单元格，右击，在弹出的快捷菜单中选择"单元格对齐方式"下的相应命令，即可。

（2）选中表格，在"表格工具|布局"动态选项卡的"对齐方式"组中，有代表水平和垂直方向的 9 个按钮，如图 2-51 所示，选择一种方式即可。

图 2-51 "对齐方式"组

4．表格内文字的方向

（1）选中需要设置文字方向的单元格，右击，在弹出的快捷菜单中，选择"文字方向"命令，从打开的对话框中选择一种文字方向。

（2）选中单元格，在"表格工具|布局"动态选项卡的"对齐方式"组中，单击"文字方向"按钮，可以将单元格内的文字由横向转为纵向，或由纵向转为横向。

2.5.3 修改表格

1．合并拆分

（1）合并单元格

选中需要合并的多个单元格，在"表格工具|布局"动态选项卡的"合并"组中，单击"合并单元格"按钮；或者右击，在弹出的快捷菜单中选择"合并单元格"命令，所选的多个单元格就合并成一个单元格。

（2）拆分单元格

选中要拆分的单元格（可以是一个或多个单元格），在"表格工具|布局"动态选项卡的"合并"组中，单击"拆分单元格"按钮，打开"拆分单元格"对话框，如图 2-52 所示，输入"列数"、"行数"，并勾选"拆分前合并单元格"，单击"确定"按钮后，所选的单元格将

被拆分成多个单元格。如不勾选"拆分前合并单元格"，Word将只对列进行拆分。

右击某单元格，在弹出的快捷菜单中选择"拆分单元格"命令，也可以完成对单元格的拆分。

（3）拆分表格

将一个表格拆分为两个表格，将光标定位到拆分后第二个表格的首行，在"表格工具|布局"动态选项卡的"合并"组中，单击"拆分表格"按钮，完成表格的拆分，此时选中的行将成

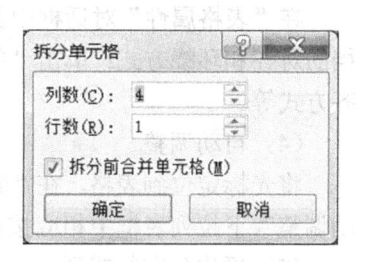

图 2-52 "拆分单元格"对话框

为新表格的首行。也可以将光标定位到拆分后第二个表格的首行所在表格外的段落标记处，按 Ctrl+Shift+Enter 组合键，实现表格的拆分。

2．调整表格大小

对表中单元格的行高、列宽以及整个表的大小进行调整，有以下方法：

（1）手工拖曳表格

选中表格，表格右下角出现调节大小按钮，当鼠标变成双向箭头时，拖曳鼠标到相应位置，完成手工调节表格的大小。

（2）选项卡调整单元格

将光标定位到要调整大小的单元格中，在"表格工具|布局"动态选项卡的"单元格大小"组中，更改"高度"、"宽度"值。

（3）使用表格属性

将光标定位到表格，在"表格工具|布局"动态选项卡的"表"组中，单击"属性"按钮，打开"表格属性"对话框；或者右击表格，在弹出的快捷菜单中选择"表格属性"命令，打开"表格属性"对话框，如图 2-53 所示。在"行"、"列"选项卡，设置"指定高度"、"指定宽度"选项的内容，若要在页末允许表格跨页，在"行"选项卡勾选"允许跨页断行"。

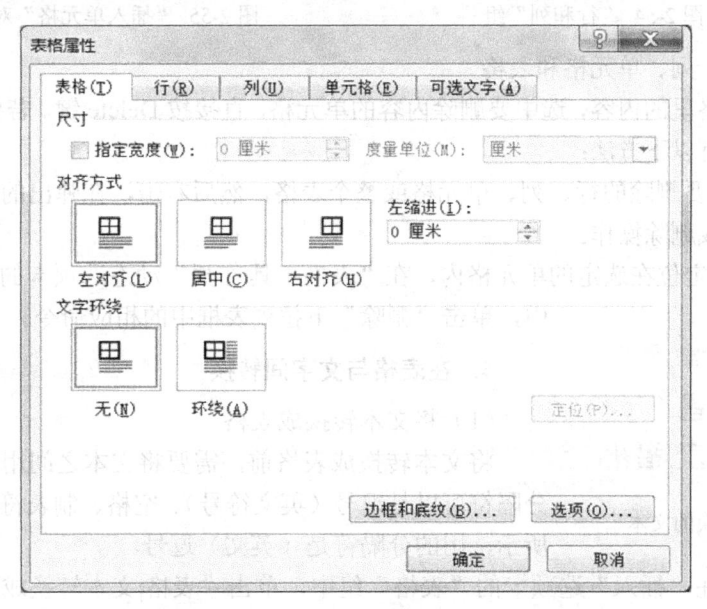

图 2-53 "表格属性"对话框

在"表格属性"对话框中,单击"表格"选项卡,可以设置表格的大小、表格相对于文档的对齐和环绕方式;单击"单元格"选项卡,可以设置单元格的宽度、文字垂直方向的对齐方式等。

(4) 自动调整

将光标定位到表格,在"表格工具|布局"动态选项卡的"单元格大小"组中,单击"自动调整"下拉列表框中相应按钮自动调整列宽。

(5) 平均分布行或列

将光标定位到表格,在"表格工具|布局"动态选项卡的"单元格大小"组中,单击"分布行"或"分布列"按钮,则在所选行之间平均分布高度,或在所选列之间平均分布宽度。

3. 行、列的插入和删除

(1) 插入行、列、单元格

方法一:将光标定位在单元格内,右击,在弹出的快捷菜单中,选择"插入"下拉列表框中相应命令。

方法二:将光标定位在表格内,在"表格工具|布局"动态选项卡的"行和列"组中依次有插入行、列的 4 个按钮,如图 2-54 所示。

如果要插入单元格,可以在"行和列"组中,单击对话框启动器按钮,在打开的"插入单元格"对话框中设置需要的内容,如图 2-55 所示,完成操作。

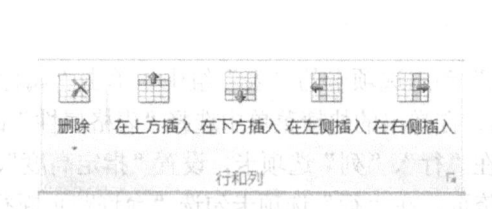

图 2-54 "行和列"组

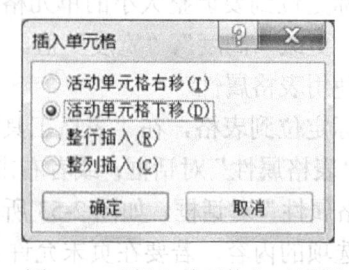

图 2-55 "插入单元格"对话框

(2) 删除行、列、单元格和表格

若要删除表格里的内容,选中要删除内容的单元格,直接按 Delete 键。若要删除行、列、单元格和表格,有以下方法:

① 先选中需要删除的行、列、单元格或整个表格,然后右击,在弹出的快捷菜单中选择相应命令,完成删除操作。

② 先将光标定位在选定的单元格内,在"表格工具|布局"动态选项卡的"行和列"组中,单击"删除"下拉列表框中的相应命令。

图 2-56 要转换的文本

4. 在表格与文字间转换

(1) 将文本转换成表格

将文本转换成表格前,需要将文本之间用分隔符分隔,分隔符可以是逗号(英文符号)、空格、制表符等。如图 2-56 所示,用的分隔符是(英文)逗号。

选中文本,在"插入"选项卡的"表格"组中,单击"表格|文本转换成表格"按钮,在打开的对话框中,设置列数,Word 根据所选择的文本默认设置行数,分隔符选为"逗号",

单击"确定"按钮，完成文本转换为表格，如图2-57左图所示。

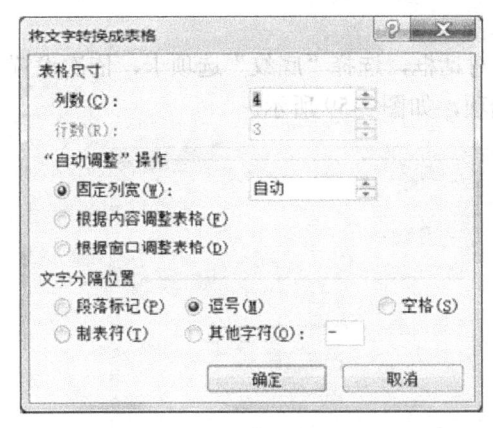

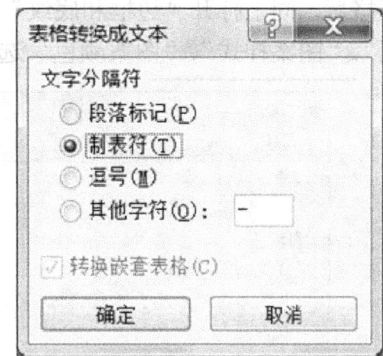

图2-57 文字与表格之间转换

（2）将表格转换成文本

选中表格，在"表格工具|布局"动态选项卡的"数据"组中，单击"转换为文本"按钮，在打开的"表格转换成文本"对话框中选择文本分隔符，单击"确定"按钮完成转换，如图2-57右图所示。

5．插入题注

题注是对象下方显示的一行文字，用于描述该对象。其插入方法如下：

（1）将光标定位在表格内，在"引用"选项卡的"题注"组中，单击"插入题注"按钮，打开"插入题注"对话框，如图2-58所示。

（2）从"标签"下拉列表中选择所需标签，或单击"新建标签"按钮，设置题注内容；单击"编号"按钮，设置题注编号；从"位置"下拉列表中选择题注位置，单击"确定"按钮完成题注插入。

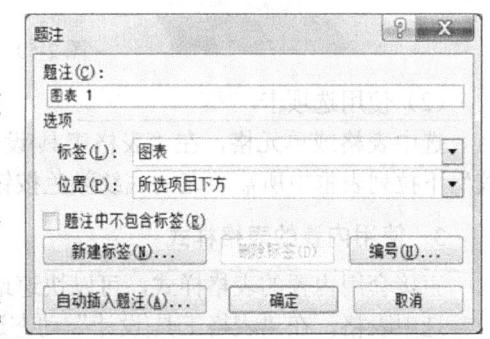

图2-58 "题注"对话框

题注不仅适用于表格，也可以为图片、图表等其他对象插入题注。

2.5.4 表格外观修饰

1．设置表格边框

选中表格或单元格，在"表格工具|设计"动态选项卡的"表格样式"组中，单击"边框|边框和底纹"按钮；或者选中表格后，右击，在弹出的快捷菜单中选择"边框和底纹"命令，打开"边框和底纹"对话框，如图2-32所示。

在"边框"选项卡中，在"应用于"下拉列表中选择"表格"选项，再依次设置"设置"、"样式"、"颜色"和"宽度"，并在预览区添加要设置的边框。

同样，选中表格，在"表格工具|设计"动态选项卡的"绘制边框"组中，单击对话框中的启动器按钮，也可以打开"边框和底纹"对话框进行设置。

2．设置表格底纹

（1）使用对话框

选中表格后，同上打开"边框和底纹"对话框，选择"底纹"选项卡，依次设置"应用于"、"填充"、"图案样式"、"图案颜色"选项，如图 2-59 所示。

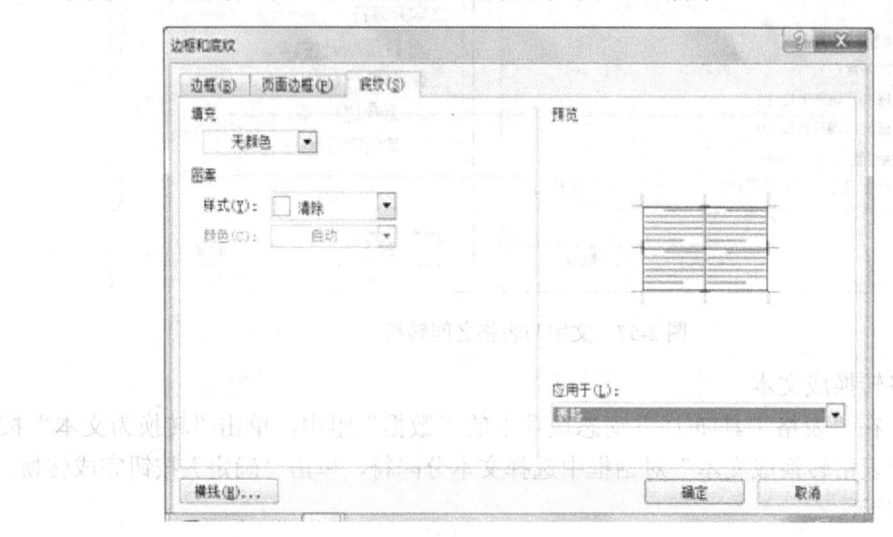

图 2-59 "底纹"选项卡

（2）使用选项卡

选中表格或单元格，在"表格工具|设计"动态选项卡的"表格样式"组中，单击"底纹"下拉列表框中所需填充的底纹颜色按钮即可。

3．使用内置的表格样式

直接套用内置的表格样式，可以快速地设置表格的边框和底纹。

选中表格，在"表格工具|设计"动态选项卡的"表格样式"组中，单击"其他"按钮，在打开的列表中选择内置的样式。在"表格工具|设计"动态选项卡中，选择"表格样式选项"组中的复选项可以进一步修饰表格，如图 2-60 所示。

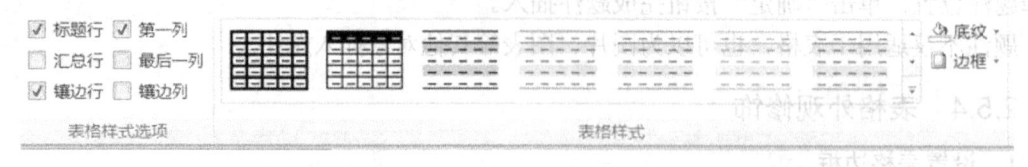

图 2-60 "表格样式选项"和"表格样式"功能选项卡

2.5.5 表格数据排序和运算

在 Word 中，可以按照字母顺序排列所选文字或对数值数据排序。排序使表格发生变化，因此，排序前最好对文档进行保存。

【例 2-3】打开素材文件 Ex2-1.docx，将其中的表格根据要求进行数据排序和运算。

1．数据排序

① 在表格范例中依次按数学、语文、英语升序排序。先选中需要参加排序的单元格，

即选中表格的前 4 行单元格，"总分"行不选。

姓　　名	数　　学	语　　文	英　　语	物　　理	合　　计
王英	78	86	66	76	
张力	73	68	75	66	
李嘉伟	78	75	84	87	
总分					

② 在"表格工具|布局"动态选项卡的"数据"组中，单击"排序"按钮，打开"排序"对话框。

③ 在"排序"对话框中，如图 2-61 所示进行设置，单击"确定"按钮，完成排序。

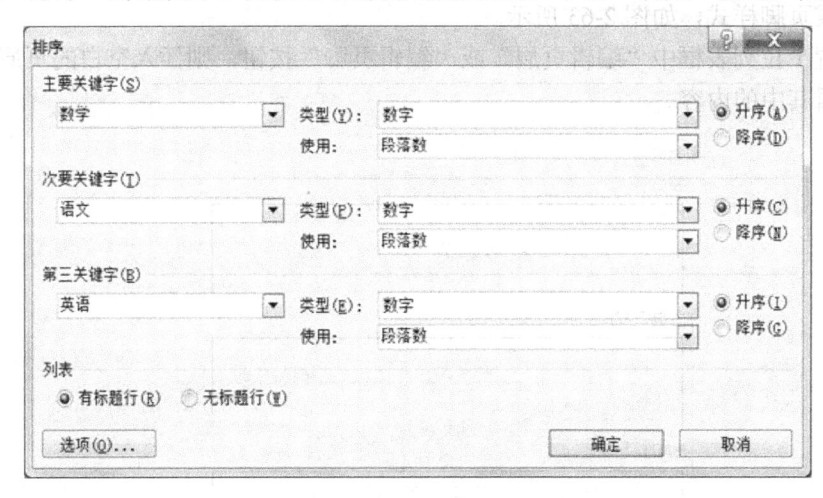

图 2-61　"排序"对话框

2．数据计算

在 Word 表格中，可以在单元格中添加一个公式，用于执行简单的计算。以下用求和函数 SUM 进行计算。

① 将光标放置在要进行运算的单元格内（本例在数学总分单元格或在王英合计单元格），在"表格工具|布局"动态选项卡的"数据"组中，单击"公式"按钮，打开"公式"对话框，如图 2-62 所示。

② 在打开的对话框中，在"公式"文本框中输入公式的内容，公式的格式为"=函数名称（引用范围）"。

函数名称可以在"粘贴函数"的下拉列表中进行选择或直接写入，引用范围可以是引用光标上方、左侧、右侧、下方的数据单元格（ABOVE、LEFT、RIGHT、BELOW），在此例中，当光标定位在数学总分单元格时为"=SUM（ABOVE）"，当光标定位在王英合计单元格时为"=SUM（LEFT）"。

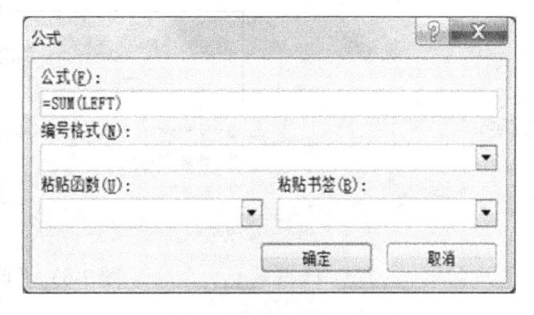

图 2-62　"公式"对话框

③ 单击"确定"按钮，完成选定单元格的计算。不断重复以上步骤，完成其他单元格

的计算。

2.6 文档的最后处理

为文档添加页眉页脚，编辑文档信息，设置文档页面，为打印机输出文本进行设置（如，选择打印机的型号、打印纸张的大小、打印的份数、打印的方向等）。

2.6.1 添加页眉和页脚

在"插入"选项卡的"页眉和页脚"组中，单击"页眉"或"页脚"下拉列表框，打开内置的页眉或页脚样式，如图 2-63 所示。

单击内置下拉列表框中"编辑页眉"或"编辑页脚"按钮，则插入空白的页眉或页脚，可以自行编辑其中的内容。

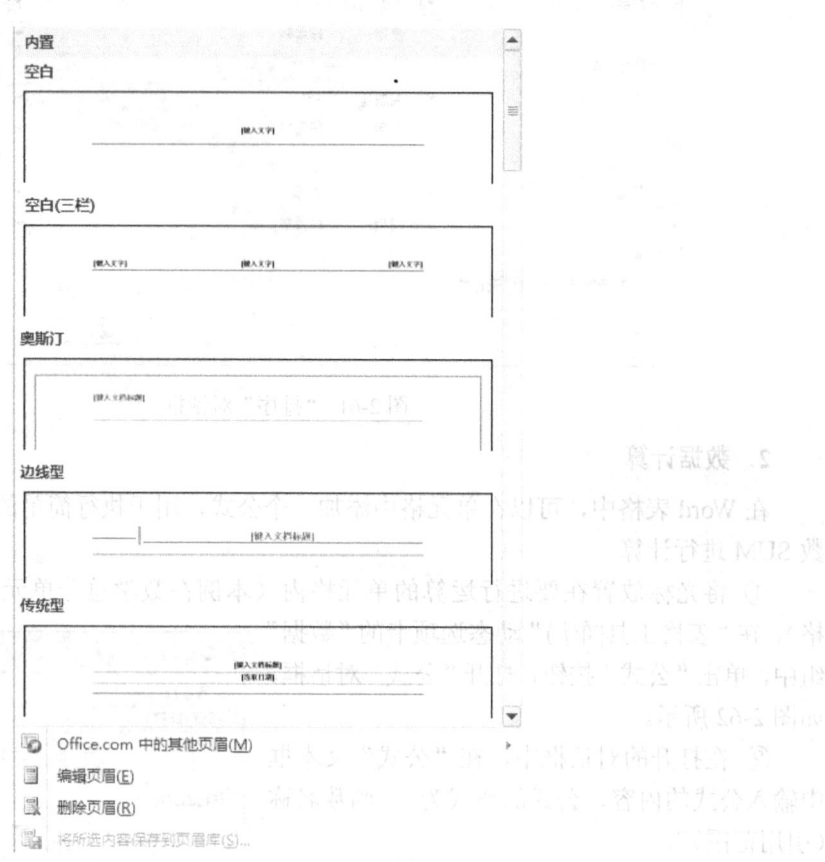

图 2-63 "页眉"列表框

2.6.2 编辑页眉和页脚

1．页眉和页脚的切换和退出

插入页眉和页脚后，就进入到页眉和页脚的编辑状态，Word 会自动弹出"页眉和页脚工具|设计"动态选项卡，如图 2-64 所示。此时光标位于页眉/页脚中，正文文字呈现为不可

编辑的灰色状态。

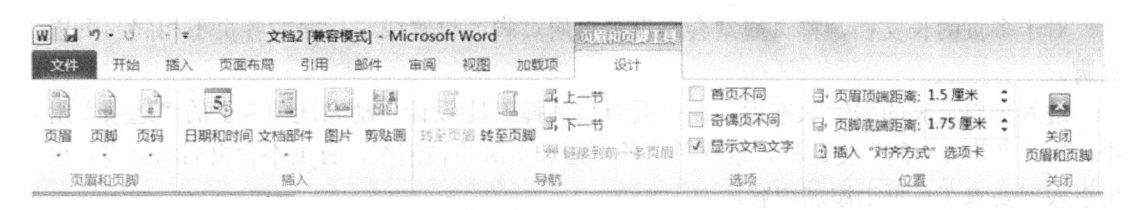

图 2-64 "页眉和页脚工具 | 设计"动态选项卡

在"页眉和页脚工具|设计"动态选项卡上的"导航"组中，单击"转至页眉"和"转至页脚"按钮，可以实现光标在页眉页脚间切换，或者直接拖曳垂直滚动条，也可以实现切换。

在页眉/页脚中可以进行输入文本，插入日期和时间、页码、图片和剪贴画等编辑工作。完成工作后，在"页眉和页脚工具|设计"动态选项卡的"关闭"组中，单击"关闭页眉和页脚"按钮，退出页眉/页脚的编辑状态；也可以在正文空白位置双击回到页面正文，或者单击状态栏中的"页面视图"按钮，返回页面正文状态。

2．插入页码

在"页眉和页脚工具|设计"动态选项卡的"页眉和页脚"组中，单击"页码"按钮，打开下拉列表框，如图 2-65 所示。

（1）设置页码样式：单击"页码顶端"或"页面底端"等按钮，在弹出的列表中选择所需样式。

（2）设置页码格式：单击"设置页码格式"按钮，在打开的"页码格式"对话框中，设置"起始页码"、"编号格式"等参数，如图 2-66 所示。

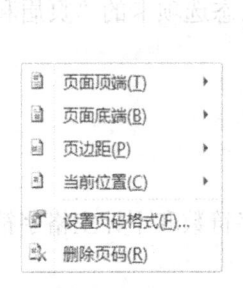

图 2-65 "页码"下拉框   图 2-66 "页码格式"对话框

单击"页码"下拉框中的"删除页码"按钮，可以将插入的页码删除。

插入页码后，会把原来页码位置上的内容覆盖，可以将光标重新定位，再次插入其他内容。

3．页眉和页脚在页边距中的位置

在"页眉和页脚工具|设计"动态选项卡上的"位置"组中，调整"页眉顶端位置"或"页脚底端位置"上的数值，可以确定页眉和页脚内容距页面上下边的位置。

4. 首页不同的页眉和页脚

对于多页的长文档，首页通常会不设置页眉页脚或设置成与后面的各页不相同的页眉页脚。

进入页眉页脚的编辑状态后，在"页眉和页脚工具|设计"动态选项卡上的"选项"组中，勾选"首页不同"复选框，这样首页的页眉和页脚将被清空，首页不含页眉和页脚，也可以根据要求在首页上添加内容。

5. 奇偶页不同的页眉和页脚

许多书籍会将奇数页和偶页的页眉和页脚设计成不同的形式，在编排这类文档时，首先进入页眉页脚的编辑状态，在"页眉和页脚工具|设计"动态选项卡上的"选项"组中，勾选"奇偶页不同"复选框。先在奇数页中，设置其页眉和页脚，然后再切换到偶数页进行页眉和页脚设置。

6. 在页眉中添加页眉线

通常在插入页眉后，页眉处会自动出现一条横线，称为页眉线，可以对页眉线进行添加、删除或修改等编辑。

进入到页眉的编辑状态，在"页面布局"选项卡的"页面背景"组中，单击"页面边框"按钮，打开"边框和底纹"对话框，切换到"边框"选项卡，将"应用于"设为"段落"，在"设置"中选择"自定义"，并在预览区添加下框线完成页眉线设置，或在"设置"中选择"无"，将页眉线删除，其他按要求设置即可，用同样的方法设置页脚。

利用"开始"选项卡的"段落"组也可以打开"边框和底纹"对话框，并在"边框"选项卡中设置。

7. 删除页眉和页脚

在"插入"选项卡的"页眉和页脚"组中，单击"页眉|删除页眉"或"页脚|删除页脚"按钮，完成清空页眉和页脚内容的操作。

在页眉和页脚编辑状态下，在"页眉和页脚工具|设计"动态选项卡的"页眉和页脚"组也可以分别删除页眉和页脚。

2.6.3 文档信息

1. 统计信息

统计信息显示文档的页数、段落数、行数、字数、计空格字符数和不计空格字符数等信息。

在"文件"选项卡上单击"信息"按钮，在右窗格中的"属性"下拉列表框中，选择"高级属性"选项，打开"属性"对话框，单击"统计"选项卡，如图 2-67 所示。

2. 摘要信息

摘要信息包括标题、主题、作者、单位、类别、关键词、备注等。

在"属性"对话框中，单击"摘要"选项卡，如图 2-68 所示。在各个编辑框中输入信息，单击"确定"按钮，完成摘要信息。

图 2-67 "统计"选项卡   图 2-68 "摘要"选项卡

2.6.4 页面设置

1．纸张大小

Word 2010 默认使用 A4 纸张（21 厘米×29.7 厘米）打印，可以根据文档需要，设置为不同纸型。

在"页面布局"选项卡的"页面设置"组中，单击"纸张大小"下拉列表框中所需内置纸张命令，还可单击列表框中的"其他页面大小"按钮，打开"页面设置"对话框，如图 2-69 所示，设置内置纸型以外的纸型。

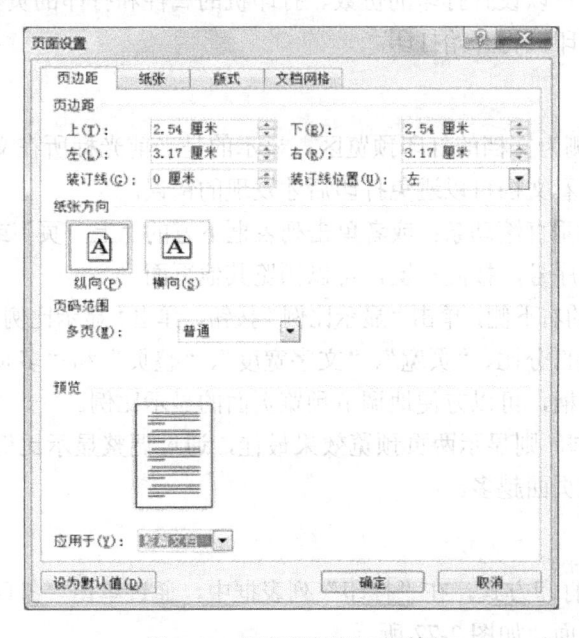

图 2-69 "页面设置"对话框

在"纸张"选项卡中可以设置纸型的高度、宽度;在"应用于"下拉列表框中的选项根据选择的对象不同而不同。

若选中文档的某段文字,"应用于"下拉列表框中包含"整篇文档"或"所选文字"项;若将光标定位在文档(不选文字),"应用于"下拉列表框中包含"整篇文档"和"插入点之后"两个选项,若选择"插入点之后",再选择其他纸张,这时可以将同一文档设置使用不同纸型。

2．纸张方向

在"页面布局"选项卡的"页面设置"组中,单击"纸张方向"下拉列表框中的"横向"或"纵向"按钮,设置打印方向;也可以单击对话启动器按钮,打开"页面设置"对话框,在"页边距"选项卡中设置纸张方向。

3．页边距

在"页面布局"选项卡的"页面设置"组中,单击"页边距"下拉列表框中的所需按钮设置页边距;还可以单击"页边距|自定义页边距"按钮,打开"页面设置"对话框的"页边距"选项卡,另行设置其中的选项。

2.6.5 打印文档

文档编辑结束后就可以开始打印文档了。

在"文件"选项卡上,单击"打印"按钮,打开"打印"列表框;也可以单击"自定义快速访问工具栏|打印预览和打印"按钮,将"打印预览和打印"按钮添加到"快速访问工具栏"中,单击此按钮,进入到"打印"列表框,如图 2-70 所示;还可以使用 Ctrl+F2 组合键,快速进入"打印"列表框。

在打印列表框中,可以设置打印的份数、打印机的属性和打印的页数等,设置完成后,单击"打印"按钮,打印机将开始打印。

1．打印预览

"打印"列表框右侧为文档的打印预览区,显示的是当前光标所在文档页面的打印预览效果,通过打印预览查看文档可以避免打印后才发现的错误。

拖曳列表框右侧的垂直滚动条;或者单击列表框下方的"上一页"或"下一页"箭头按钮;或者直接输入页面序号,按回车键,可以预览其他页面。

在"打印"列表框的右下侧,单击"显示比例"按钮,弹出"显示比例"对话框,如图 2-71 所示,可以设置显示的百分比、"页宽"、"文字宽度"、"整页"和"多页"等。拖曳打印预览区右下侧的显示比例柄,可以方便地调节预览页面的显示比例。

如果查看页眉/页脚,则显示两页预览效果最佳,通过调整显示比例柄可以直接完成。显示比例越小,预览的页面越多。

2．打印文档

在 Word 中有多种打印方式,在"打印"列表框中,通过单击"打印所有页"列表框中的相应按钮设置打印页面,如图 2-72 所示。

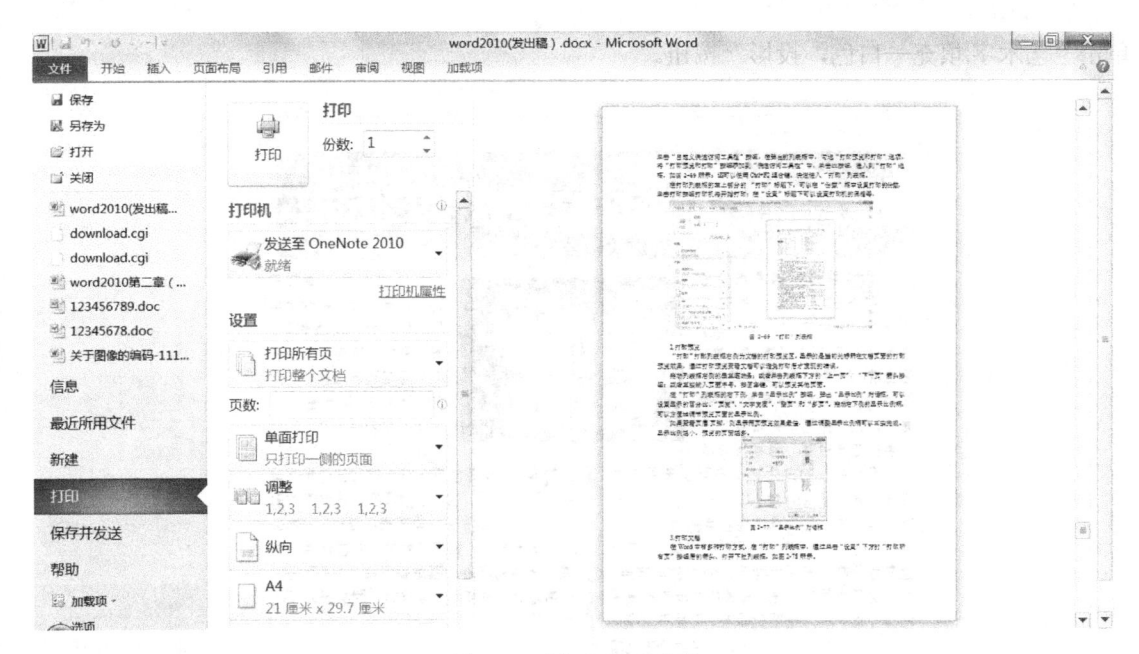

第 2 章 文字处理软件 Word 2010

图 2-70 "打印"列表框

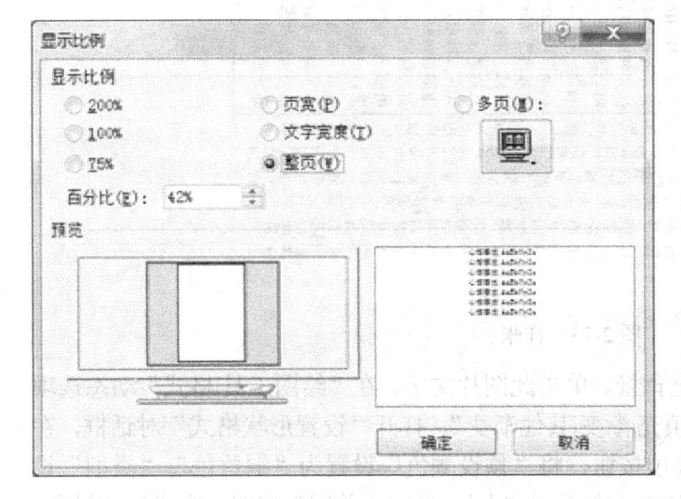

图 2-71 "显示比例"对话框

图 2-72 下拉列表框

若要打印整个文档，选择"打印所有页"按钮；若要打印光标所在页，单击"打印当前页面"按钮；选中一段内容（可以不是一整页），单击"打印所选内容"按钮，完成部分文档打印；若要打印指定页面，选择"打印自定义范围"按钮，弹出"页数"文本框，输入页码，或在图 2-70 所示的"页数"文本框中直接输入页码（如 2，5-6，9）。

2.7 综合案例

【例 2-4】打开素材文件 Ex2-2.docx，将文档编辑成如图 2-73 所示的结果。
（1）设置标题
① 设置标题为白色填充投影艺术字。选中标题文字，在插入选项卡的"文本"组中，

• 91 •

单击"艺术字|填充—白色，投影"按钮。

图 2-73 样张

② 设置线性对角铜黄色渐变填充背景。单击此图片文字，在"绘图工具|格式"动态选项卡的"形状样式"组中，单击"形状填充|渐变|其他渐变"，打开"设置形状格式"对话框，在"填充"选项中，选择"渐变填充"选项按钮，将"预设颜色"设置为"铜黄色"；"类型"设置为"线性"；"方向"设置为"线性对角—右下到左上"。单击"关闭"按钮，完成标题设置。

（2）将全文中的"的"替换为"灰色-25%突出显示、红色双下划线"。

① 将光标定位在第 1 段开始处。

② 在"开始"选项卡的"字体组"中，单击"突出显示 | 灰色-25%"按钮。

② 在"编辑"组中，单击"替换"按钮，打开"查找和替换"对话框，分别在"查找内容"和"替换为"文本框内输入"的"。

③ 单击"更多"按钮，展开更多选项。将"搜索"选项设为"向下"，选中"替换为"文本框中的"的"，单击"格式|突出显示"按钮，再单击"格式|字体"按钮，打开"替换字体"对话框，将"下划线类型"设为"双线型"，"下划线颜色"设为"红色"。单击"确定"按钮，回到"查找和替换"对话框，单击"全部替换"按钮，完成替换。

（3）设置段落

① 为 1、2、3 段设置为：首行缩进 2 字符，段前、段后 0 行，单倍行距。选中 1、2、

3段文字,在"开始"选项卡的"段落"组中,单击对话框启动器按钮,打开"段落"对话框,将"特殊格式"设为"首行缩进";将"磅值"设为"2字符";将"段前"和"段后"设为"0行";将"行距"设为"单倍行距"。单击"确定"按钮,完成设置。

② 为第1段设置首字下沉2行。将光标置于第1段起始位置,在"插入"选项卡的"文本"组中,单击"首字下沉|首字下沉选项"按钮,打开"首字下沉"对话框,单击"下沉"按钮,将"下沉行数"设为"2",单击"确定"按钮,完成首字下沉。

③ 将第1段首字底纹设为:"白色,背景1,深色15%"。右击下沉的首字的边框,在弹出的快捷菜单中选择"边框和底纹"命令,打开"边框和底纹"对话框,单击"底纹"选项卡,将"填充"设为"白色,背景1,深色15%",将"应用于"设为"文字",单击"确定"按钮,完成首字底纹设置。

④ 插入名为黄果树瀑布.png图片,并将图片设置为:四周型环绕。在"插入"选项卡的"插图"组中,单击"图片"按钮,打开"插入图片"对话框,选中所需图片,单击"插入"按钮,完成图片的插入。在"图片工具|格式"动态选项卡的"排列"组中,单击"自动换行|四周型环绕"按钮。

(4) 分栏

① 将第2段文字分为等宽两栏。选中第2段文字,在"页面布局"选项卡的"页面设置"组中,单击"分栏|两栏"按钮,完成分栏。

② 插入分隔线。在"插入"选项卡的"插图"组中,单击"剪贴画"按钮,打开剪贴画任务窗格,在"搜索文字"文本框输入"分隔线",从"结果类型"下拉列表框中勾选"插图"复选框,单击"搜索"按钮,拖曳预览窗口右侧的滚动条,找到如样张所示的分隔线,单击此分隔线,插入到文档中。

③ 分隔线设置。选中分隔线,在"绘图工具|格式"动态选项卡的"排列"组中,单击"自动换行|浮于文字上方"按钮;单击"旋转|向右旋转90°",将分割线拖至两栏的中间,并调整大小。

(5) 转换文字并竖排文字

① 将第3段文字转换为繁体。选中第3段文字,在"审阅"选项卡的"中文简繁转换"组中,单击"简转繁"按钮,完成转换文字。

② 竖排文字。在"插入"选项卡的"文本"组中,单击"文本框|绘制竖排文本框"按钮,将文本竖排,调整文本框的大小,排版效果如样张所示。

(6) 为最后2段文字设置项目符号。

① 添加项目符号。选中最后两段文字,在"开始"选项卡的"段落"组中,单击"项目符号|定义新项目符号"按钮,打开"定义新项目符号"对话框,单击"符号"按钮,打开"符号"对话框,在"字体"下拉列表框中选择"Wingdings",拖曳预览窗口右侧的滚动条,选择如样张所示的符号。单击"确定"按钮。回到"定义新项目符号"对话框。

② 设置项目符号。在"定义新项目符号"对话框中,单击"字体"按钮,打开"字体"对话框,设置"字号"为"五号","字体颜色"为"红色",单击"确定"按钮,回到"定义新项目符号"对话框,设置"对齐方式"为"居中",单击"确定"按钮。完成设置项目符号。

(7) 插入页眉及水印并移动水印到合适位置

① 插入页眉。在"插入"选项卡的"页眉和页脚"组中,单击"页眉|编辑页眉"按

钮，在页眉的左端输入学号，中间部分输入姓名，在"页眉和页脚工具|设计"动态选项卡的"插入"组中，单击"日期和时间"按钮，打开"日期和时间"对话框，选择如图所示的时间格式，单击"确定"按钮，插入日期和时间。单击"关闭页眉和页脚"按钮，完成页眉页脚设置。

② 插入水印。在"页面布局"选项卡的"页面背景"组中，单击"水印|自定义水印"，按钮，打开"水印"对话框，选择"文字水印"选项按钮，在"文字"框内输入文字"XXX制作"，其中XXX是自己的姓名；设置"字号"为"自动"；设置"颜色"为"红色"；选择"斜式"选项按钮；勾选"半透明"复选框；单击"确定"按钮，完成水印。

③ 编辑水印。右击页眉线，在弹出的快捷菜单中选择"页眉编辑"命令，进入页眉编辑状态，选中水印文字，移动到如样张所示的位置，单击"关闭页眉和页脚"按钮，完成水印移动。

习 题

一、单选题

1. Office 2010 文件夹中的每一个软件都具有帮助功能，按_____可以获取关于使用 Office 2010 的帮助。
   A．F1　　　　　　B．F2　　　　　　C．F10　　　　　　D．F8
2. 启动 Word 2010 时，系统自动建立一个名为_____的空白文档。
   A．文档1　　　　B．文本1　　　　C．文件1　　　　D．文稿1
3. Word 2010 提供了_____种视图方式。
   A．2　　　　　　B．3　　　　　　C．4　　　　　　D．5
4. 在 Word 2010 中按_____组合键能使功能区最小化。
   A．Alt+F1　　　B．Ctrl+F1　　　C．Shift+F1　　　D．以上都不是
5. 文档因意外原因被强行关闭而再次打开时，窗口上会出现_____。
   A．导航任务窗格　　　　　　　　B．剪贴画任务窗格
   C．文档恢复任务窗格　　　　　　D．剪贴板任务窗格
6. 按下_____组合键可以在中/英文输入法之间进行切换。
   A．Ctrl+空格　　B．Alt+Shift　　C．Shift+Alt　　D．Alt+Ctrl
7. 按下_____组合键可以在各种汉字输入法之间进行切换。
   A．Ctrl+空格　　B．Ctrl+Shift　　C．Shift+Alt　　D．Alt+Ctrl
8. 按下_____组合键可以进行全/半角切换。
   A．Alt+空格　　B．Shift+Alt　　C．Shift+空格　　D．Alt+Ctrl
9. 选择不连续的文本时，按住_____键不放，拖曳鼠标到要选择的位置。
   A．Alt　　　　　B．Ctrl　　　　　C．Shift　　　　　D．Alt+Ctrl
10. 以下不属于文本粘贴选项的是_____。
    A．保留源格式　　B．合并格式　　C．只保留文本　　D．只保留内容
11. Word 2010 创建文档后，若第一次保存文档，默认的保存类型是_____。
    A．Word 文档（*.docx）　　　　　B．Word 模板（*.dotx）

C．纯文本（*.txt） D．Word 97-2003 文档（*.doc）
12．"首字下沉"对话框中，默认的情况是_____。
    A．"下沉"3 行、"悬挂"3 行　　　B．"下沉"2 行、"悬挂"3 行
    C．"下沉"3 行、"悬挂"2 行　　　D．"下沉"2 行、"悬挂"2 行
13．编辑 SmartArt 图形时，将弹出"SmartArt 工具"动态选项卡，其中包括_____。
    A．布局选项卡　　　　　　　　　B．设计和布局选项卡
    C．设计和格式选项卡　　　　　　D．格式、设计、布局选项卡
14．在 Word 2010 中，要显示文本的分栏结果则必须在_____视图下。
    A．大纲　　　B．页面　　　C．普通　　　D．Web 版式
15．在 Word 2010 中，如果要使文档既能保存 Word 格式，又不带宏病毒，应在另存为对话框的保存类型中选择_____。
    A．Word 文档　　B．RTF 格式　　C．文档模板　　D．纯文本
16．Word 2010 有"即点即输"功能，可以在文档的任意空白位置_____将光标定位在那里，插入点的位置就是文本输入的位置。
    A．单击　　　B．双击　　　C．拖曳　　　D．右击
17．将图片插入到文档后，还需要设置环绕方式，默认的方式是_____。
    A．四周型环绕　　B．紧密型环绕　　C．穿越型环绕　　D．嵌入型
18．将图片插入到文档后，需要将环绕方式设置成浮动型才能移动，以下不是浮动型的环绕方式是_____。
    A．四周型环绕　　B．穿越型环绕　　C．嵌入型　　D．紧密型环绕
19．关于分栏，以下说法正确的是_____。
    A．分栏时，必须选中所要分栏的段落
    B．分栏时，不能选中所要分栏的段落
    C．为文档最后一段分栏时，不要选中"段落标记"
    D．为文档最后一段分栏时，要选中"段落标记"
20．默认状态下文档处于"插入"状态，可以通过在"Word 选项"对话框设置用_____键控制插入/改写模式。
    A．Delete　　　B．Insert　　　C．Pause　　　D．PrtSc
21．在 Word 中，执行"粘贴"操作后_____。
    A．剪贴板中的内容被清空　　　　B．剪贴板中的内容不变
    C．选择的对象被粘贴到剪贴板　　D．选择的对象被录入到剪贴板
22．"插入题注"在_____的"题注"组中。
    A．"开始"选项卡　　　　　　　　B．"页面布局"选项卡
    C．"引用"选项卡　　　　　　　　D．"审阅"选项卡
23．"插入"选项卡不能插入_____。
    A．图片　　　B．引文　　　C．表格　　　D．剪贴画
24．在_____中可以对中文文字进行"简繁转换"。
    A．"视图"选项卡　　　　　　　　B．"引用"选项卡
    C．"开始"选项卡　　　　　　　　D．"审阅"选项卡

25. 以下不属于 Word 2010 文档视图的是_____。
    A．阅读版式视图　　B．WEB 版式视图　　C．浏览视图　　D．大纲视图
26. 在 Word 2010 中不可以对窗口进行_____操作。
    A．全部重排　　B．合并　　C．拆分　　D．切换
27. _____不是 Word 2010 中的符号字体。
    A．Wingdings　　B．Wingdings 1　　C．Wingdings 2　　D．Wingdings 3
28. Word 2010 中的超链接不能链接的是_____。
    A．网页　　B．程序　　C．图片　　D．数据库
29. _____不是 Word 2010 内置的水印。
    A．机密　　B．紧急　　C．绝密　　D．免责声明
30. 若要插入屏幕任何部分的图片，可以使用_____命令。
    A．屏幕截图　　B．屏幕剪辑　　C．插入剪贴画　　D．插入图片
31. 若要插入未最小化到任务栏的程序的图片，可以使用_____命令。
    A．屏幕截图　　B．屏幕剪辑　　C．插入剪贴画　　D．插入图片
32. 在"排序文字"对话框中可以设置_____。
    A．第一关键字、第二关键字、第三关键字
    B．主要关键字、第二关键字、第三关键字
    C．主要关键字、次要关键字、末位关键字
    D．主要关键字、次要关键字、第三关键字
33. _____不是"导航"任务窗格中的选项卡。
    A．浏览文档中的标题　　　　　　B．浏览文档中的图片
    C．浏览当前搜索的结果　　　　　D．浏览文档中的页面
34. 插入多个图形后，若要多个图形一起移动需要对图形进行_____操作。
    A．对齐　　B．排列　　C．换行　　D．组合
35. Word 2010 中，对选定的形状可以填充_____。
    A．纯色、渐变、纹理、图片　　　B．阴影、渐变、纹理、图片
    C．纯色、彩色、纹理、图片　　　D．纯色、渐变、彩色、图片
36. 以下不属于映像变体的是_____。
    A．紧密映像　　B．半映像　　C．全映像　　D．半紧密映像
37. Word 2010 中，若选取的文本块中包含多种字号的汉字，则"字号"框中显示_____。
    A．尾字的字号　　　　　　　　　B．首字的字号
    C．空白　　　　　　　　　　　　D．文本块中某一汉字的字号
38. 在 Word 2010 中，表格内文字的对齐方式有_____种。
    A．6　　B．4　　C．9　　D．3
39. 利用"开始"选项卡的_____组，可以打开"边框和底纹"对话框，并在"边框"选项卡中进行设置，完成页眉线的添加或删除。
    A．剪贴板　　B．样式　　C．字体　　D．段落
40. Word 文档中，按下 Delete 键，可删除_____。
    A．插入点前面的一个字符　　　　B．插入点前面的所有字符

C．插入点后面的一个字符　　　　　D．插入点后面的所有字符

41．Word 2010 状态栏不包括_____。
　　A．"页面"按钮　　　　　　　　　B．"字数统计"按钮
　　C．"语言"按钮　　　　　　　　　D．"打印"按钮

42．Word 2010 中单击_____按钮，可以直接使页面宽度与窗口宽度一致。
　　A．单页　　　　B．双页　　　　C．缩放级别　　　　D．页宽

43．Word 2010 草稿视图中可以显示_____。
　　A．文字　　　　B．页眉页脚　　　C．剪贴画　　　　D．SmartArt 图形

44．在"word 选项"对话框的左侧列表区选择"高级"选项，在右侧列表区的_____区域，可以更改"最近使用文档"列表中显示的文档数量。
　　A．编辑选项　　B．显示文档内容　C．显示　　　　　D．常规

45．在信息列表框中单击_____按钮，可以打开"Microsoft Word 兼容性检查器"对话框。
　　A．转换　　　　B．检查问题　　　C．保护文档　　　D．管理版本

46．在"另存为"对话框，不能保存的文件类型为_____。
　　A．模版（*.dotx）　B．纯文本（*.txt）　C．网页（*.html）　D．图形（*.dwg）

47．"限制格式和编辑"任务窗格，可以完成_____。
　　A．格式设置限制　B．编辑限制　　　C．启动强制保护　D．以上都是

48．在"审阅"选项卡的_____组中，单击相应按钮，可以更改用户名。
　　A．校对　　　　B．语言　　　　　C．修订　　　　　D．更改

49．在"字数统计"对话框中，通过勾选复选框增加_____中的统计信息。
　　A．文本框　　　B．脚注　　　　　C．尾注　　　　　D．以上都是

二、多选题

1．Word 2010 中可以用特殊的方式打开文档，例如_____。
　　A．以只读方式打开　　　　　　　B．以副本方式打开
　　C．在受保护的视图中打开　　　　D．打开并修复

2．Word 2010 中选中文本后，文字上方会出现一个浮动的字体格式工具栏，其中可以设置_____。
　　A．字体　　　　B．字号　　　　　C．字间距　　　　D．带圈字符

3．Word 2010 中，段落的对齐方式有_____。
　　A．文本左对齐　B．中心对齐　　　C．两端对齐　　　D．居中

4．以下属于 Word 2010 状态栏组成部分的是_____。
　　A．页面　　　　B．字数　　　　　C．语言设置按钮　D．调整时间按钮

5．可在页眉页脚中插入_____。
　　A．日期和时间　B．页码　　　　　C．图片　　　　　D．剪贴画

6．有关 Word 2010 中表格排序正确的是_____。
　　A．可按笔划数排序　　　　　　　B．可按日期排序
　　C．可按行排序　　　　　　　　　D．最多可设置三个排序条件

7．"插入"选项卡含有以下功能_____。
   A．插入"页"　　　　　　　　　　B．插入"目录"
   C．插入"表格"　　　　　　　　　D．插入"页眉页脚"
8．"开始"选项卡含有以下功能_____。
   A．字体设置　　　　　　　　　　B．样式设置
   C．页面设置　　　　　　　　　　D．段落对齐方式设置
9．在修改图形的大小时，若想保持其长宽比例不变，应该_____。
   A．用鼠标拖曳四角上的控制点
   B．按住 Shift 键，同时用鼠标拖曳四角上的控制点
   C．按住 Ctrl 键，同时用鼠标拖曳四角上的控制点
   D．在"布局"对话框中锁定纵横比
10．在 Word 2010 中，可以打印_____。
   A．当前页面　　B．选定内容　　C．所有页面　　D．自定义范围
11．在 Word 2010 中，可以更改主题的_____。
   A．页面　　　　B．颜色　　　　C．字体　　　　D．效果
12．在 Word 2010 中，将文字转换成表格，可以使用_____作为分隔符。
   A．空格　　　　　　　　　　　　B．段落标记
   C．逗号（英文符号）　　　　　　D．制表符
13．Word 2010 大纲视图中可以显示_____。
   A．文字　　　　B．页眉页脚　　C．表格　　　　D．SmartArt 图形
14．Word 2010 的信息列表框可以查看当前文档的_____。
   A．文字　　　　B．大小　　　　C．页数　　　　D．字数

三、填空题

1．Word 2010 默认的视图模式是_____，在这种视图下，可以录入文档、插入对象和进行排版等。

2．Word 2010 段落对齐方式指的是_____方向的对齐。

3．为文档最后一段分栏时，不要选中_____。

4．在 Word 2010 表格中，打开"公式"对话框，在"公式"文本框中输入公式的格式为"=_____"。

5．将文本转换为表格，文本之间要有_____，可以是逗号（英文符号）、空格、制表符等。

6．在 Word 2010 中插入表格生成的表格行数不限，列数最多_____列。

7．在"插入表格"对话框中，"_____"表示这一次设置的数值将在再次打开这个对话框时默认显示。

四、简答题

1．Word 2010 中怎样把需要的内容截成图片插入到文档中？
2．简述插入 SmartArt 图形的方法。
3．在"表格属性"对话框中通过表格选项卡可以设置哪些内容？

第 3 章　电子表格软件 Excel 2010

Excel 2010 是 Microsoft 公司开发的一款简单易用、功能强大的电子表格软件，它是 Office 2010 办公软件包中的重要组成部分之一，它不仅具有强大的数据处理、数据分析管理、图表和迷你图制作功能，而且还具有帮助用户通过网络与其他用户协同工作、方便地交换信息的功能。

3.1　Excel 2010 概述

Excel 是一款功能强大的电子表格处理软件，其基本信息元素主要包括：工作簿、工作表、单元格等，其主要功能包括：数据记录和整理、数据运算、高效的数据分析、图表和迷你图制作、信息的传递和共享等。

3.1.1　基本概念

1．工作簿

工作簿是处理和存储数据的文件。

每一个工作簿可以拥有许多的工作表，默认情况下有 3 张工作表，分别为 Sheet1、Sheet2、Sheet3。在 Excel 2010 中，工作簿可以容纳的最大工作表数目与可用内存有关。

工作簿有多种类型，包括 Excel 工作簿（*.xlsx）、Excel 启用宏的工作簿（*.xlsm）、Excel 二进制工作簿（*.xlsb）和 Excel 97-2003 工作簿（*.xls）等类型。其中，*.xlsx 是 Excel 2010 默认的保存类型。

2．工作表

工作表由排列成行和列的单元格组成，每张工作表包含 1048576 行和 16384 列。工作表由工作表标签来标识。单击工作表标签可以使该工作表成为当前工作表。

3．列标和行号

列标用英文字母表示，如 A、B 等；行号用阿拉伯数字来标识，如 1、2 等。

4．单元格

工作表中由行和列分隔成的最小空间为单元格。单元格中可以输入文本、数值、公式等。当前接受从键盘输入的数据或公式的单元格称为活动单元格，活动单元格也称当前单元格。

在默认情况下，Excel 使用列标和行号组合表示单元格地址，如 B3 表示第 3 行第 B 列单元格。

5．区域

区域是指由多个单元格所构成的单元格群组。构成区域的多个单元格之间可以是相互连续的，它们所构成的区域就是连续区域（矩形区域），通常用组成区域的左上角单元格地址及右下角单元格地址来表示连续区域。如 C3：D4 表示由单元格 C3、D3、C4、D4 组成的矩形区域。构成区域的多个单元格之间可以是相互独立不连续的，它们所构成的区域就是不连续区域。

3.1.2 工作界面

启动 Excel 后，工作界面如图 3-1 所示。主要包括快速访问工具栏、功能区、编辑栏、状态栏等。Excel 的工作界面与之前介绍的 Word 的工作界面有相似部分，下面主要介绍其不同的部分。

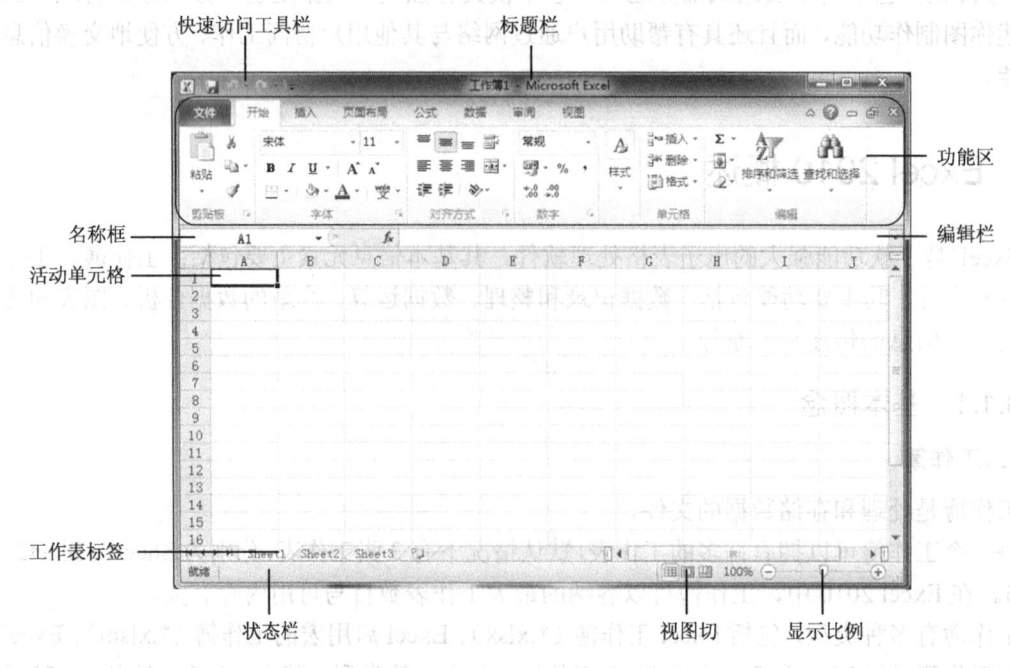

图 3-1 工作界面

1．编辑栏

编辑栏由名称框、按钮区和编辑框组成。在"视图"选项卡的"显示"组中，勾选或取消勾选"编辑栏"复选框，可显示或隐藏编辑栏。

（1）名称框

选中单元格时，名称框中显示当前单元格地址；选中区域时，如果该区域已定义过名称，则名称框中显示该区域名，否则显示区域左上角单元格地址；当输入公式时，名称框中显示函数名称。

（2）按钮区

通常情况下，按钮区只有一个插入函数按钮。当向当前单元格中输入数据或编辑数据时，按钮区显示三个按钮。

取消按钮：用于取消数据的输入或编辑。

输入按钮：用于结束数据的输入或编辑，并将数据保存在当前单元格中。

插入函数按钮：用于插入函数，单击此按钮，打开"插入函数"对话框，可从列表中选择所需函数。

（3）编辑框

编辑框位于插入函数按钮右侧，在编辑框中可以输入或编辑数据，数据也同时显示在当前单元格中。

2．工作表标签

工作表标签显示工作表的名称。单击工作表标签可实现工作表之间的切换。

3.1.3 基本操作

要利用 Excel 制作数据表，首先必须熟练掌握 Excel 的基本操作，主要包括工作簿的创建、保存等操作。

1．工作簿的创建

在 Excel 中，创建工作簿的方法有多种。

（1）创建空白工作簿

启动 Excel 时，自动创建一个名为"工作簿1"的空白工作簿；或者，在"文件"选项卡上单击"新建"按钮，在打开的"可用模板"列表框中默认选择了"空白工作簿"，单击"创建"按钮，创建一个空白工作簿。

（2）使用样本模板创建工作簿

样本模板是 Microsoft 公司根据办公需要设计的一种基于内容的模板。使用样本模板，可快速创建应用于财务、统计方面的工作簿。

在"文件"选项卡上单击"新建"按钮，在打开的"可用模板"列表框中，选择"样本模板"，在"样本模板"列表中选择所需模板类型，单击"创建"按钮。

（3）使用 Office.com 模板

提供 Office.com 连接，允许用户通过网络获取不断更新的模板。

在"文件"选项卡上单击"新建"按钮，在"Office.com 模板"中选择模板分类，此时，会自动连接 Office.com 网站，获取模板列表，选择某一模板，单击"下载"按钮，将其下载到本地计算机中使用。

2．工作簿的保存

对于新创建的工作簿，用户可在"文件"选项卡上单击"保存"按钮，在打开的"另存为"对话框中，指定保存位置、文件名和保存类型，单击"保存"按钮。

对于已保存过的工作簿，如果要以新的文件名保存或改变保存位置，用户可在"文件"选项卡上单击"另存为"按钮，在打开的"另存为"对话框中，指定保存位置、文件名，单击"保存"按钮。

3．工作簿的打开

打开现有工作簿的方法有多种。

（1）直接通过文件打开

如果知道工作簿文件所保存的确切位置，可以利用资源管理器找到文件，直接双击文件图标即可打开。

（2）使用"打开"对话框

如果已启动了 Excel 程序，可在"文件"选项卡上单击"打开"按钮，在打开的"打开"对话框中选择所需打开的工作簿，单击"打开"按钮。

（3）通过历史记录

如果需要打开最近曾经操作过的工作簿文件,可以通过历史记录快速打开。用户可在"文件"选项卡上单击"最近所用文件"按钮，在"最近使用的工作簿"列表中，单击文件名即可打开相应工作簿文件。

3.2 数据的输入

在 Excel 中，常用的数据类型有数值和文本。数值是指所有代表有数量的数字形式，如考试成绩、工资等。数值可以是正数，也可以是负数，并可用于进行数值计算。文本通常是指非数值性的文字、符号等，如姓名、部门名称等。除此之外，许多不代表数量的、不需要进行数值计算的的数字也可以保存为文本形式，如身份证号码、电话号码等。文本不能用于数值计算，但能比较大小。

3.2.1 普通输入

1．输入文本数据

输入数据时，选中要输入数据的单元格，输入文本，输入结束后，可按 Tab 键、Enter 键或单击编辑栏中的确认按钮结束输入。文本数据缺省对齐方式为左对齐。

特别指出：在输入数据时，以单引号作为前导开始输入数据，或者以等号作为前导并将数据用双引号括起，系统会将输入的内容自动识别为文本数据，并以文本形式在单元格中保存和显示。例如键入'66133305，或者键入=" 66133305 "，则 66133305 是文本数据。

2．输入数值数据

数值数据的输入与文本数据输入类似，但数值数据的缺省对齐方式是右对齐。在一般情况下，如果输入的数据长度超过了 11 位，则以科学计数法显示数据。

3.2.2 快速输入

1．使用填充柄快速输入

如果在若干个连续的单元格（同一行或同一列）中输入的数据是有一定规律的，比如等差数列，可以拖曳填充柄快速输入。当前单元格右下角的黑色小方块就是填充柄。

例如在 A1：G1 区域中输入 2、4、6、8、10、12、14，只要输入前面两个数，然后拖曳填充柄完成输入。又如在 A2：G2 区域中输入星期日、星期一……星期六，则只要输入星期日，然后拖曳填充柄完成输入。如图 3-2 所示。

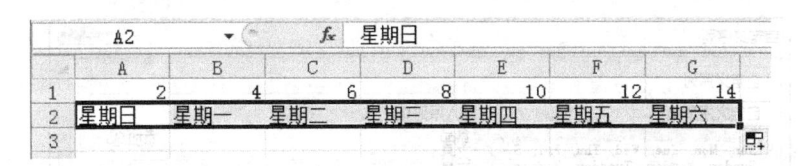

图 3-2　输入序列数据

2．使用"序列"对话框填充数据

如果输入的数据成等比数列或其他更复杂的填充，可以在"开始"选项卡的"编辑"组中，单击"填充｜系列"按钮，打开"序列"对话框，如图 3-3 所示。在此对话框中，用户可以选择序列填充的方向和类型，设置步长值等，设置完成后，单击"确定"按钮，完成序列数据的输入。

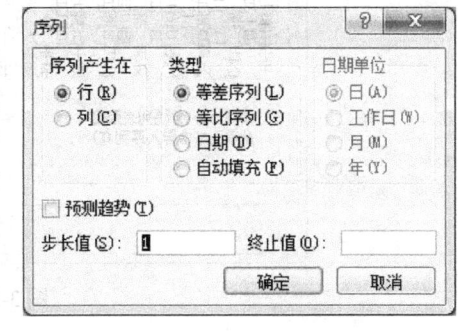

3．自定义序列

图 3-3　"序列"对话框

序列数据通常有两类，一类是纯数字序列，另一类是文本或文本加数字的序列，例如甲、乙、丙……1 月、2 月、3 月……只要输入序列的第一项，然后拖曳填充柄输入序列数据，这个自动生成的序列必须是 Excel 的"自定义序列"中已定义的。

如果用填充柄输入的文字序列不是 Excel 预定义的，用户可以自定义序列。

【例 3-1】要求建立一个自定义文字序列：食品、文具、玩具、服装。其操作步骤如下：

（1）在"文件"选项卡上单击"选项"按钮，打开"Excel 选项"对话框，选择"高级"选项卡，单击"常规"区域中的"编辑自定义列表"按钮，打开"自定义序列"对话框。在"自定义序列"列表框中列出了 Excel 中预置的序列，如图 3-4 所示。

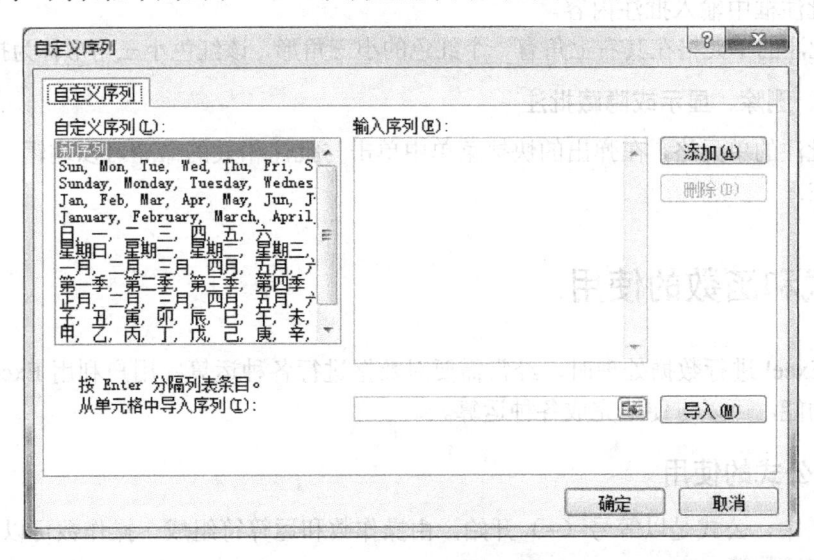

图 3-4　"自定义序列"对话框

（2）在"自定义序列"列表框中选择"新序列"。在"输入序列"列表框中如图 3-5 所示输入新的文字序列。

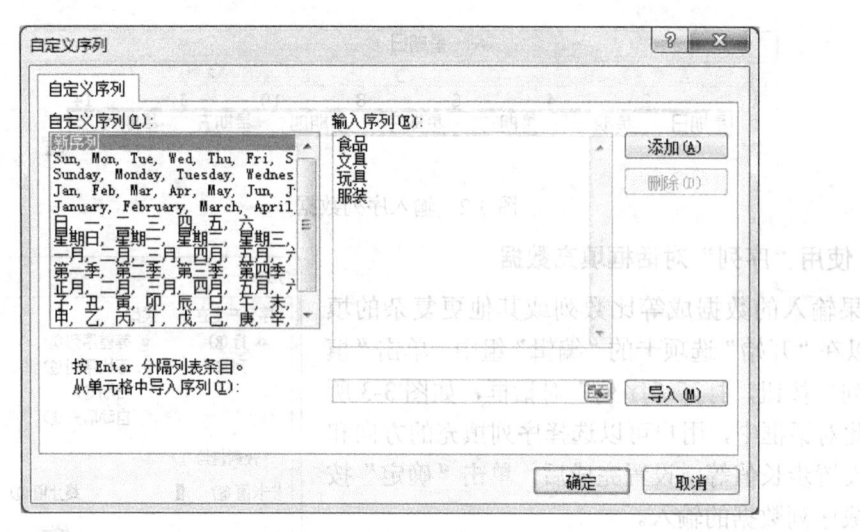

图 3-5　定义新的序列

（3）单击"添加"按钮，单击"确定"按钮。
（4）单击"确定"按钮，

3.2.3　批注

1．为单元格添加批注

给单元格添加批注就是为选定的单元格增加一个文字说明。给单元格添加批注的步骤如下：

（1）选中要添加批注的单元格。
（2）在"审阅"选项卡的"批注"组中，单击"新建批注"按钮，弹出批注框。
（3）在批注框中输入批注内容。

添加了批注的单元格在其右上角有一个红色的小三角形，该红色小三角形称为批注标记。

2．编辑、删除、显示或隐藏批注

右击有批注的单元格，在弹出的快捷菜单中单击与批注相关的命令可以编辑、删除、显示或隐藏批注。

3.3　公式和函数的使用

在使用 Excel 进行数据处理时，经常需要对数据进行各种运算。用户利用 Excel 提供的强大的运算功能，可以方便地完成各种运算。

3.3.1　公式的使用

在 Excel 中，公式是以等号（=）开始，由操作数和运算符组成。操作数可以是常量、单元格地址和函数等。

1．运算符

Excel 包含以下四种类型的运算符：

(1) 算术运算符：+（加）、-（减）、*（乘）、/（除），%（百分比）和^（乘方）。
(2) 比较运算符：>（大于）、=（等于）、<（小于）、>=（大于等于）、<=（小于等于）和<>（不等于）。
(3) 文本运算符：&（将两个文本值连接或串起来产生一串文本）。
(4) 引用运算符：:（冒号）、,（逗号）和空格。
:（冒号）：区域运算符，产生对包含在两个引用之间的所有单元格的引用。
,（逗号）：联合运算符，将多个引用合并为一个引用。
空格：交叉运算符产生对两个引用共有的单元格的引用。
各运算符的优先级如表 3-1 所示（表中的优先级从左到右、从上到下是由高到低排列的）

表 3-1 各运算符的优先级

运算符	说明	运算符	说明
:	引用运算符	^	乘方
,		* /	乘/除
空格		+ -	加/减
-	负号	&	连接两个文本字符串
%	百分比	= < > <= >= <>	比较运算符

2．常量

常量是指在运算过程中恒定不会改变的值。常用的常量有数值常量、文本常量、逻辑常量。

(1) 数值常量

数值常量是最基本的常量，如 100、3.14 都是数值常量。

(2) 文本常量

文本常量也是一种常用的常量，如 A、★等都是文本常量。

(3) 逻辑常量

在 Excel 中，逻辑常量有 TRUE 和 FALSE 两种，通过比较运算符计算出的结果是逻辑结果值。

3．单元格引用

在公式中，通过单元格地址来引用单元格中的数据，这称为单元格引用。公式中对单元格的引用分为相对引用、绝对引用和混合引用。

(1) 相对引用

当公式复制到一个新的位置后，公式所引用的单元格的位置发生相对改变。例如：计算陈晨的总分，在 G3 单元格中输入"=B3+C3+D3+E3+F3"。将 G3 单元格复制到 G4 单元格后，G4 中的公式变为"=B4+C4+D4+E4+F4"。如图 3-6 所示。

(2) 绝对引用

当公式复制到一个新的位置后，公式所引用的单元格的位置不会改变。此时在列标和行号前分别加上"$"符号。如$A$2，表示对单元格 A2 的绝对引用。

(3) 混合引用

混合引用是相对引用和绝对引用的综合，此时在列标和行号前，一个有"$"符号，另一个没有"$"符号。

	A	B	C	D	E	F	G
						G4	=B4+C4+D4+E4+F4
1							
2	姓名	语文	数学	英语	物理	化学	总分
3	陈晨	79	93	72	72	80	396
4	金鸣儒	77	90	83.5	80	87	417.5
5	胡治权	66	57	79.5	84	68	
6	黄冰熠	67	80	77.5	85	73	
7	吕申康	71	76	79	66	58	
8	季晨昊	67	79	76	64	50	

图 3-6　单元格相对引用

4. 区域名的引用

如果区域是由工作表中相连的单元格组成的矩形域，通常用区域左上角单元格地址及右下角单元格地址表示一个区域。例如：C3:D4 是由单元格 C3、C4、D3、D4 组成。

用户可以为区域定义一个名称，以标识区域，并可在公式中引用区域名。

例 3-2，为 B3：F8 定义区域名为 mark。其操作步骤如下：

（1）选取区域 B3：F8。

（2）在"公式"选项卡的"定义的名称"组中，单击"定义名称"按钮，打开"新建名称"对话框。

（3）在"名称"文本框中输入 mark。如图 3-7 所示。

（4）单击"确定"按钮。

其实，选取区域后，在编辑栏的名称框中直接输入名称后，按 Enter 键即可快速创建名称。如果要查找某一名称的区域包括哪些单元格，也可以直接在名称框中输入名称，如输入 mark 后，按 Enter 键，即会选中 mark 所包含的单元格。

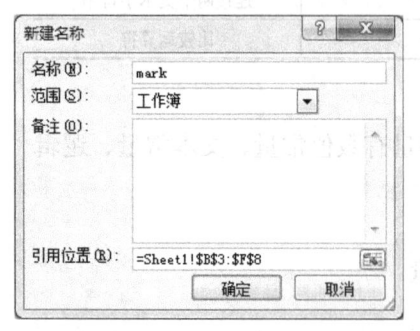

图 3-7　"新建名称"对话框

3.3.2　函数的使用

Excel 函数是预先定义并按照特定的顺序、结构来执行计算、分析等数据处理任务的功能模块。Excel 提供了很多可以供用户直接使用的函数，如常用函数、财务函数、查找与引用函数等。

Excel 函数的一般形式为：

函数名（参数 1，参数 2，…）

其中函数名指明要执行的运算，参数指定使用该函数所需的数据。数值、文本、单元格地址或区域、函数本身或另一个函数都可以作为参数。

1. 常用函数介绍

（1）求和函数 SUM（ ）

格式：SUM(number1,number2,…)

功能：返回参数或者由参数给出的单元格区域（连续或不连续）的和。

（2）求平均值函数 AVERAGE（ ）

格式：AVERAGE(number1,number2,…)

功能：返回参数或者由参数给出的单元格区域（连续或不连续）的平均值。
（3）求最大值函数 MAX（）
格式：MAX(number1,number2, …)
功能：返回一组值中的最大值。
（4）求最小值函数 MIN（）
格式：MIN(number1,number2, …)
功能：返回一组值中的最小值。
（5）统计单元格的个数函数 COUNT（）
格式：COUNT(value1,value2, …)
功能：返回包含数字的单元格的数量。
（6）逻辑与函数 AND（）
格式：AND(logical1,logical2, …)
功能：所有参数的逻辑值为真时，返回 TRUE；只要有一个参数的逻辑值为假，即返回 FALSE。
（7）逻辑或函数 OR（）
格式：OR(logical1,logical2, …)
功能：只要有一个参数的逻辑值为 TRUE，即返回 TRUE；而只有当所有参数逻辑值为 FALSE 时，才返回 FALSE。
（8）求余函数 MOD()
格式：MOD(number,divisor)。
功能：返回两数相除的余数。
（9）求行号函数 ROW()
格式：ROW(reference)。
功能：返回一个引用的行号。参数可省略。
（10）求列号函数 COLUMN()
格式：COLUMN(reference)
功能：返回一个引用的列号。参数可省略。
（11）统计区域中满足给定条件的单元格个数函数 COUNTIF()
格式：COUNTIF(range,criteria)
功能：返回区域中满足给定条件的单元格数目。
说明：range 指定要进行计数的单元格区域，criteria 用于定义给定条件。
（12）条件函数 IF()
格式：IF(logical_test,value_if_true,value_if_false)
功能：对逻辑测试条件进行真假判断，根据逻辑计算的真假值，返回不同的结果。
说明：logical_test 为测试条件，值为 TRUE 或 FALSE；value_if_true 为当测试条件取值为 TRUE 时的返回值；value_if_false 为当测试条件取值为 FALSE 时的返回值。

2．函数的使用方法

（1）使用"自动求和"按钮输入函数

许多用户都是从"自动求和"功能开始接触使用 Excel 函数的。在"开始"选项卡的"编辑"组中和"公式"选项卡的"函数库"组中都包含Σ按钮，该按钮包含求和、平均值、计数、最大值、最小值和其他函数 6 个选项。

"自动求和"按钮主要用于对连续的行或列中的所有数值进行求和、求平均值等简单计算，默认情况下单击该按钮插入求和函数。

（2）使用"插入函数"对话框输入函数

打开"插入函数"对话框的方法有多种，比较常用的是单击"编辑栏"中的"插入函数"按钮或者按 Shift+F3 组合键，打开如图 3-8 所示的"插入函数"对话框。

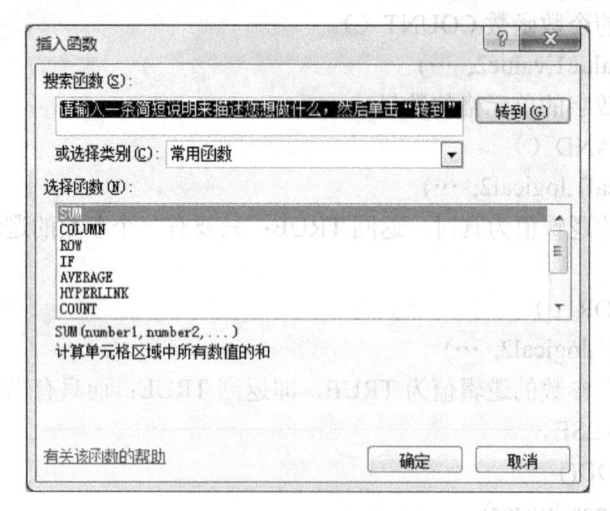

图 3-8 "插入函数"对话框

选择所需函数后（如选择 SUM 函数），单击"确定"按钮，打开"函数参数"对话框，如图 3-9 所示。

图 3-9 "函数参数"对话框

用户可以直接在参数编辑框中输入参数值或单击其右侧折叠按钮，以选取单元格区域，设置完成后单击"确定"按钮，即可将函数插入，完成数据运算。

（3）手工输入函数

可以直接在编辑栏或单元格中手工输入函数，这种方法对用户要求较高，要求用户必须了解函数的名称以及书写格式。Excel 可以在用户输入公式时出现备选的函数和已定义的名称列表等，帮助用户完成输入。

3.4 工作表的编辑和美化

创建工作表后，可以对工作表进行编辑以及各种格式设置，使工作表更加实用美观。

3.4.1 工作表的编辑

1. 单元格的编辑

（1）单元格中数据的编辑

最简单的方法就是重新输入数据。选取单元格后，直接输入新数据，按 Enter 键确认输入有效。

如果只想修改单元格中的部分数据，则可以双击需修改数据的单元格，进入编辑状态，然后定位插入点，修改单元格中的数据。

（2）插入单元格

要插入单元格，首先选取单元格，然后在"开始"选项卡的"单元格"组中，单击"插入|插入单元格"按钮，打开"插入"对话框，如图 3-10 所示。在"活动单元格右移"和"活动单元格下移"选项按钮中选择一个，单击"确定"按钮，完成单元格的插入。

（3）删除单元格

要删除单元格，首先选定要删除的单元格，然后在"开始"选项卡的"单元格"组中，单击"删除|删除单元格"按钮，打开"删除"对话框，如图 3-11 所示。在"右侧单元格左移"和"下方单元格上移"选项按钮中选择一个，单击"确定"按钮，完成单元格的删除。

图 3-10 "插入"对话框　　图 3-11 "删除"对话框

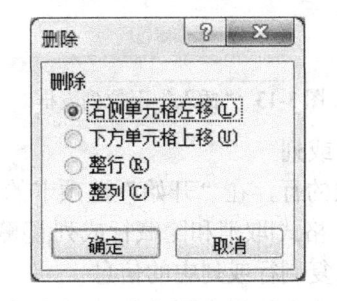

（4）清除单元格中存储的信息

单元格中不仅存储内容，还存储格式和批注等信息。在"开始"选项卡的"编辑"组中，单击"清除"下拉列表框中的相应按钮，即可清除单元格中所有存储的信息或只清除内容、格式或批注等信息。

（5）复制单元格中存储的信息

在"开始"选项卡的"剪贴板"组中，单击"复制"和"粘贴"按钮，可以将单元格中的全部信息复制到目标单元格。但有时仅需复制部分信息，则可以单击"粘贴|选择性粘贴"按钮，打开"选择性粘贴"对话框，如图 3-12 所示。选择要粘贴的信息。

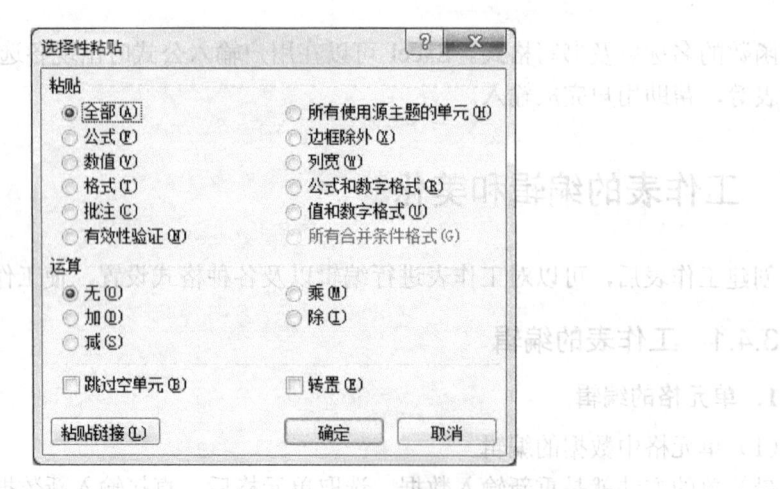

图 3-12 "选择性粘贴"对话框

2．行、列的编辑

（1）插入行或列

选定插入位置后，然后在"开始"选项卡的"单元格"组中，单击"插入|插入工作表行"或"插入|插入工作表列"按钮，插入行或列。如图 3-13 所示。

（2）删除行或列

选定要删除的行或列或行列所在的单元格后，然后在"开始"选项卡的"单元格"组中，单击"删除|删除工作表行"或"删除|删除工作表列"按钮，即可删除行或列。如图 3-14 所示。

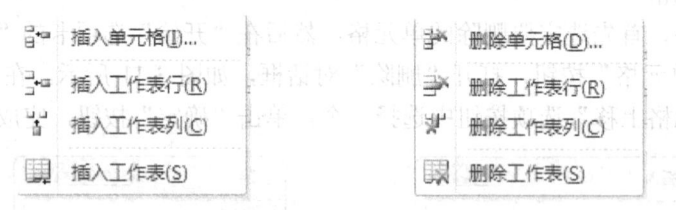

图 3-13 "插入"下拉列表框　　　　图 3-14 "删除"下拉列表

（3）隐藏行或列

选择要隐藏的行，在"开始"选项卡的"单元格"组中，单击"格式|取消和隐藏行或列|隐藏行"或"格式|取消和隐藏行或列|隐藏列"按钮即可将选择的行或列隐藏。

（4）移动、复制行或列中的信息

用鼠标拖曳选定的行或列是移动行或列中的信息最简便的方法。而按 Ctrl 键的同时拖曳选定的行或列，就可以复制行或列中的信息。

3.4.2 工作表的美化

为了使得工作表的版面清晰美观和更具可读性，就必须对工作表进行美化。包括数据的对齐方式、字体、字号等设置，行高及列宽的调整，边框及底纹的设置等。

1．数据格式设置

（1）数据的字体格式设置

选择需要设置的单元格后，在"开始"选项卡的"字体"组中，单击相应按钮即可设置数据字体格式。如果"字体"组中没有所需的格式设置，可以单击对话框启动器按钮，打开"设置单元格格式"对话框，在"字体"选项卡中进行设置。

（2）数据的对齐方式设置

选择需要设置的单元格后，在"开始"选项卡的"对齐方式"组中，单击相应按钮即可设置数据对齐方式。如果"对齐方式"组中没有所需的对齐方式，可以在"设置单元格格式"对话框的"对齐"选项卡中进行设置。

设置标题居中有两种方法，其一是跨列居中，其二是合并后居中。跨列居中是使一个单元格中的数据横跨在若干列的中间，合并后居中是将与标题相邻的若干个单元格合并成一个单元格并居中。表面看两种方法都使标题居中，其实有着本质的区别。前者没有合并单元格，而后者合并了单元格。

（3）数据的数字格式设置

输入的数字默认按常规格式显示，但可以根据需要设置"货币"、"会计专用"、"百分比"和"自定义"等格式。

选择需要设置的单元格后，在"开始"选项卡的"数字"组中，单击相应按钮即可设置数字格式。如果"数字"组中没有所需的格式，可以在"设置单元格格式"对话框的"数字"选项卡中进行设置。如果是自定义数字格式，则选择"分类"列表框中的"自定义"选项，在"类型"文本框中设置自定义数字格式。如图3-15所示。

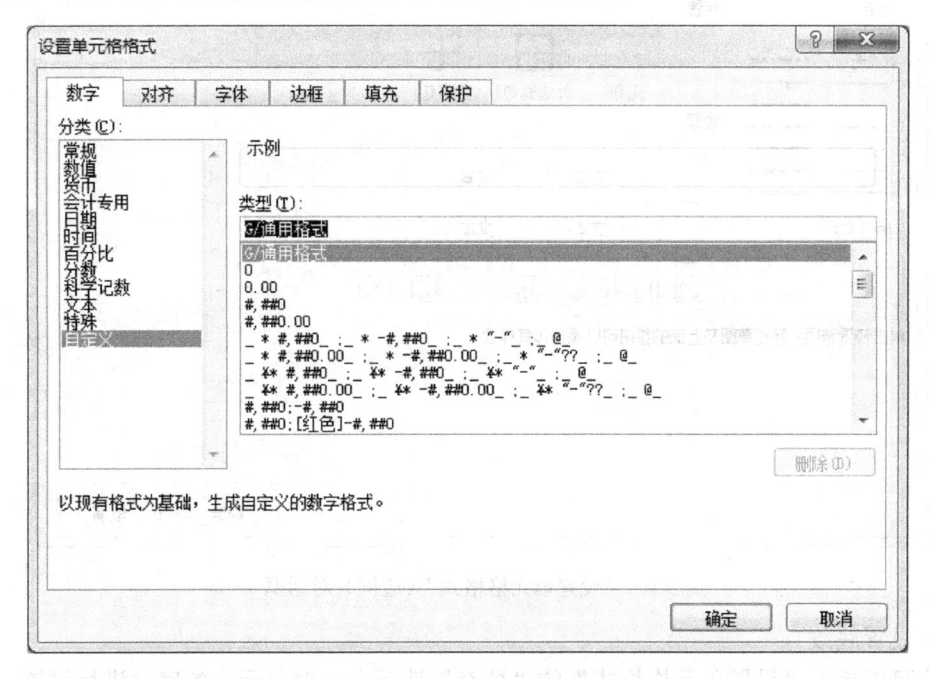

图3-15 "设置单元格格式"对话框（自定义）

常用的数字格式代码有：

"#"：只显示有意义的数字而不显示无意义的零。

"0"：如果数字位数小于格式中零的个数，则0将显示无意义的零。

"?"：在小数点两边为无意义的零添加空格，实现小数点对齐；还可对具有不等长数字的分数使用?，实现除号对齐。

2．行高和列宽的调整

在"开始"选项卡的"单元格"组中，单击"格式"下拉列表框中的相应选项，可以设置行高和列宽。

如果不是精确设置行高和列宽的话，可以直接拖曳行的下分隔线或列的右分隔线就可以调整行高和列宽。

3．边框与底纹的设置

默认情况下工作表是没有边框和底纹的，但可以通过边框和底纹的设置以增强视觉效果，使数据的显示更加直观和清晰。

（1）边框设置

选择要设置边框的单元格区域后，右击选定的区域，在弹出的快捷菜单中选择"设置单元格格式"命令，打开"设置单元格格式"对话框，选择"边框"选项卡，如图3-16所示。先选择所需线型和线条颜色，再选择线条应用的位置。在设置过程中可观察预览区的显示效果是否满意，如果满意，单击"确定"按钮完成设置。

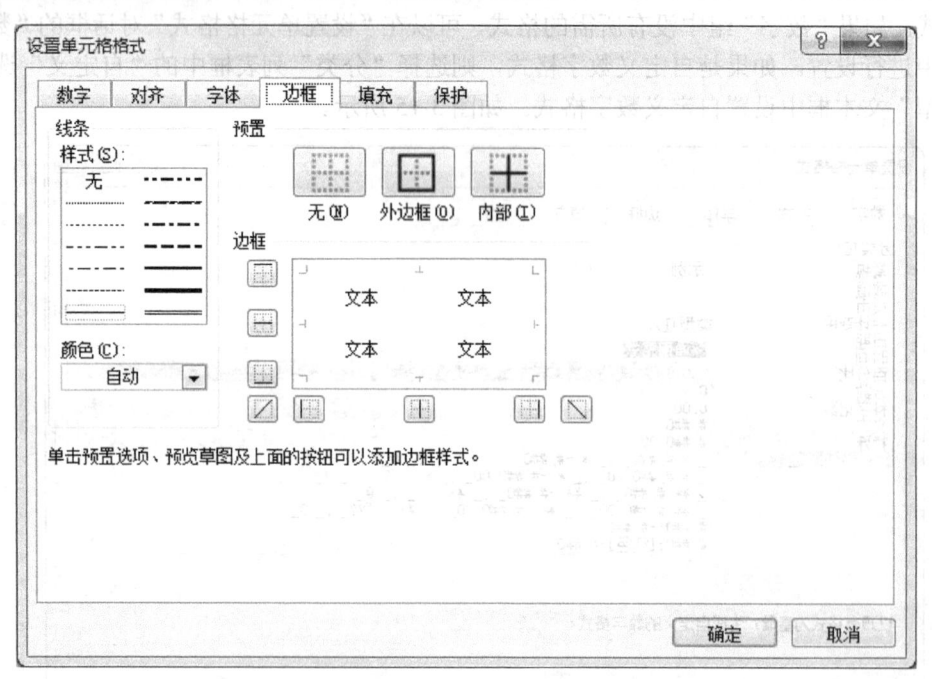

图3-16 "设置单元格格式"（边框）对话框

（2）设置底纹

用户可以通过"设置单元格格式"的"填充"选项卡，对单元格的底纹进行设置。

用户可以在"背景色"区域中选择填充颜色，单击"填充效果"按钮设置渐变色。除此之外，还可以在"图案颜色"下拉列表框中选择填充图案的颜色，在"图案样式"下拉列表框中选择图案。

4．条件格式

使用条件格式功能，用户可以实现数据的突出显示，并且可以使用"数据条"、"色阶"

和"图标集"3种内置的单元格图形效果样式。

要设置条件格式,可以在"开始"选项卡的"样式"组中,单击"条件格式"下拉列表框中的相应按钮。

(1) 突出显示单元格规则

Excel 内置 7 种突出显示规则,包括"大于"、"小于"、"介于"、"等于"、"文本包含"、"发生日期"和"重复值"。

(2) 项目选取规则

Excel 内置了 6 种项目选取规则,包括"值最大的 10 项"、"值最大的 10%项"、"值最小的 10 项"、"值最小的 10%项"、"高于平均值"和"低于平均值"。

(3) 数据条

数据条分为"渐变填充"和"实心填充"两类,每类各有六种颜色的数据条供选择。数据条的长短反映了数据值的大小。允许在条件格式规则中设置最大值和最小值来控制数据条的显示。

(4) 色阶

色阶是通过颜色的深浅表现单元格中的数据,包括"三色刻度"和"二色刻度"的 12 种外观供选择。

(5) 图标集

图标集允许用户在单元格中呈现不同的图标来区分数据的大小。分为"方向"、"形状"、"标记"和"等级"4 大类,共计 20 种图标样式。

(6) 新建规则

用户可以通过自定义规则和显示效果创建满足自己需要的条件格式。自定义条件格式步骤如下:

① 选择要突出显示的区域,在"开始"选项卡的"样式"组中,单击"条件格式|新建规则"按钮,打开"新建格式规则"对话框。如图 3-17 所示。

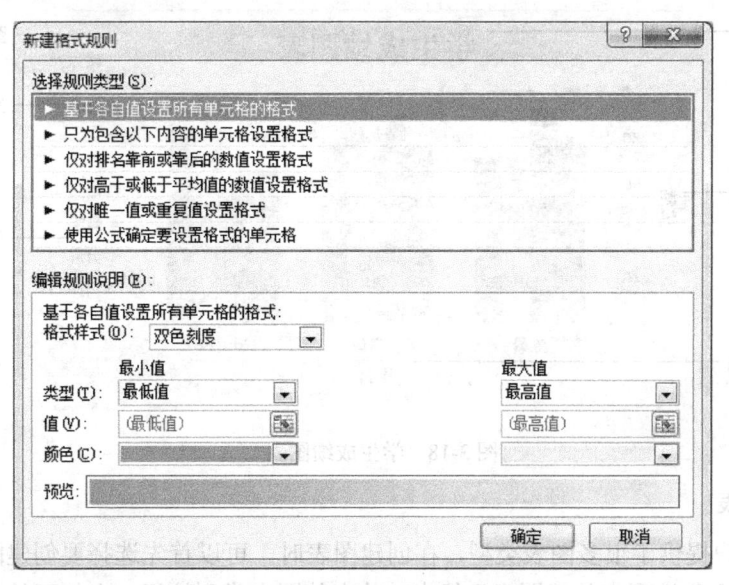

图 3-17 "新建格式规则"对话框

② 如果是将单元格中的值作为格式条件，可以选择"只为包含以下内容的单元格设置格式"等选项，然后设置条件；如果是将公式作为格式条件，选择"使用公式确定要设置格式的单元格"选项，然后输入公式（必须以等号开始）。

③ 单击"格式"按钮，打开"设置单元格格式"对话框，根据要求进行字体、字号、颜色等格式设置。设置完成后单击"确定"按钮。

④ 单击"确定"按钮。

5．套用表格格式

Excel 套用表格格式功能提供了 60 种表格格式，用户可以使用它快速对表格进行格式化操作。套用表格格式的步骤如下：

① 选中需格式化的单元格，在"开始"选项卡的"样式"组中，单击"套用表格格式"下拉列表框中的相应按钮，打开"套用表格格式"对话框，根据实际情况确定是否勾选"表包含标题"复选框，单击"确定"按钮。

② 在"表格工具|设计"动态选项卡的"工具"组中，单击"转换为区域"按钮，在打开的对话框中单击"是"按钮。将表格转换为普通数据表，但表格格式被保留。

3.5 数据的图表化

在 Excel 中，为更直观、清晰地反映数据间的关系，可以创建图表和迷你图。

3.5.1 图表

图表是一种常用的数据分析工具和统计工具，它以图形化的方式表示工作表中的数据，更直观、形象地说明问题，具有更好的视觉效果。

图表主要由图表区、绘图区、标题、数据系列、图例和坐标轴等构成。如图 3-18 所示。

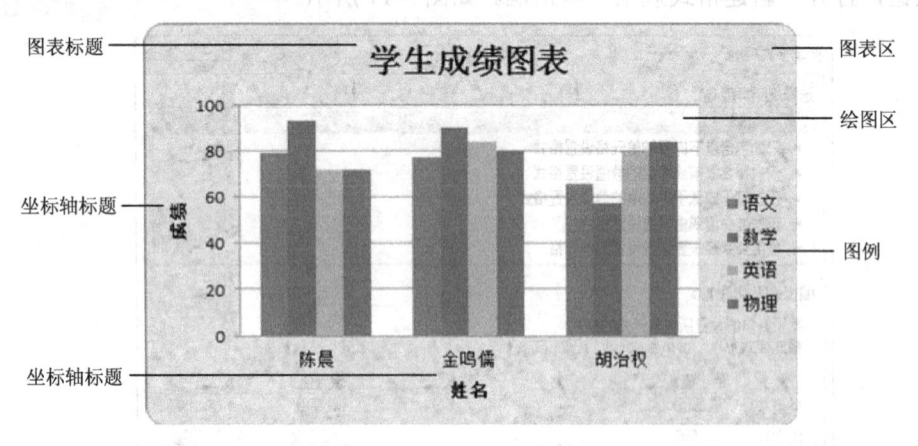

图 3-18 学生成绩图表

1．创建图表

Excel 为用户提供了很多图表类型，在创建图表时，可以首先选择要创建图表的数据区域，然后在"插入"选项卡的"图表"组中，单击某图表类型按钮，在打开的下拉列表框中选择任一子图表类型，即可方便、快捷地创建图表。

2．编辑图表

图表创建后，可以对其进行编辑，例如移动图表位置、向图表添加数据、设置图表选项、美化图表等。

（1）移动图表位置

默认情况下，图表是以对象方式嵌入在当前工作表中，称为嵌入图表。如果要在当前工作表中移动图表位置，可以直接用鼠标拖曳；如果要将图表移动至新工作表中，即图表与数据源不在同一个工作表中，则可以通过以下操作步骤实现：

① 选择已创建的嵌入图表。

② 在"图表工具|设计"动态选项卡的"位置"组中，单击"移动图表"按钮，打开"移动图表"对话框，选择"新工作表"选项按钮，如图 3-19 所示。

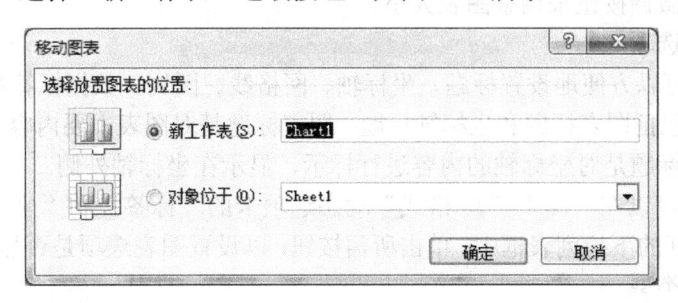

图 3-19 "移动图表"对话框

③ 单击"确定"按钮完成操作。

（2）添加数据

向图表添加数据的步骤如下：

① 选择已创建的图表。

② 在"图表工具|设计"动态选项卡的"数据"组中，单击"选择数据"按钮，打开"选择数据源"对话框，如图 3-20 所示。

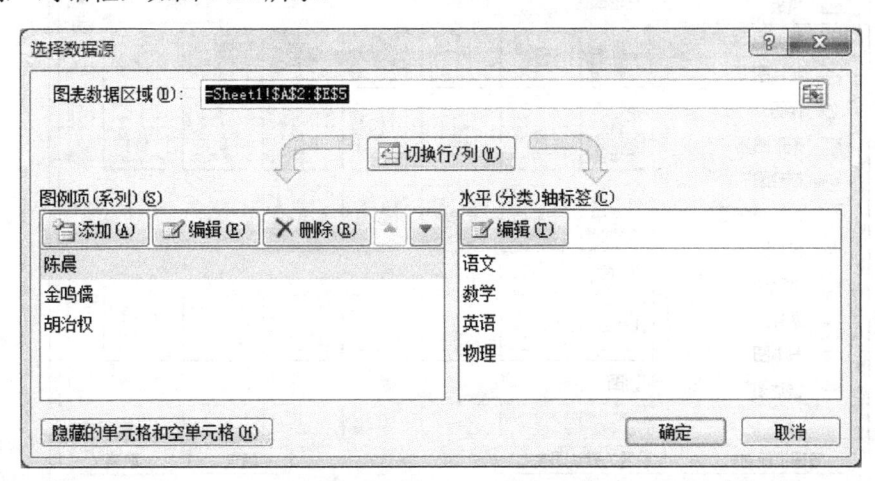

图 3-20 "选择数据源"对话框

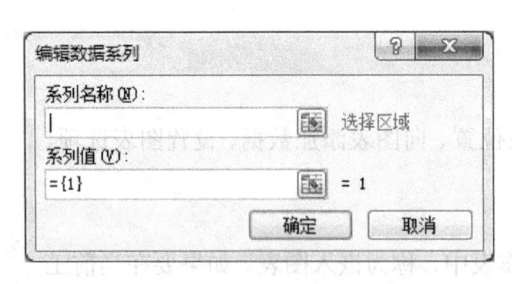

图 3-21 "编辑数据系列"对话框

③ 单击"添加"按钮,打开"编辑数据系列"对话框。如图 3-21 所示。

④ 可以通过单击折叠按钮,选择所需数据来添加系列名称和系列值,单击"确定"按钮。

(3) 改变图表大小

选择图表后,把鼠标移至图表的边框上,当鼠标变成双向箭头时拖曳鼠标即可调整大小,这是改变图表大小的最简单、常用的方法。

如果要精确设置图表大小,可以在"图表工具|格式"动态选项卡的"大小"组中,在高度和宽度文本框中输入数值。也可以右击图表,在弹出的快捷菜单中选择"设置图表区域格式"命令,打开"设置图表区格式"对话框,单击"大小"选项卡,在高度和宽度文本框中输入数值或调节微调按钮来调整图表大小。

(4) 设置图表选项

在 Excel 中,可以方便地设置标题、坐标轴、网格线、图例、数据标签和模拟运算表图表选项。其中标题包括图表标题和坐标轴标题。图表标题是对图表主要内容的说明,显示在图表上方。坐标轴标题是对坐标轴的内容进行标示,显示在坐标轴外侧。

选择图表后,可以在"图表工具|格式"动态选项卡的"标签"和"坐标轴"组中,单击相应按钮,在打开的下拉列表框中,单击所需按钮,以设置图表选项是否显示及如何显示。

(5) 改变图表类型

Excel 提供了多种图表类型,用户可以根据需要改变已创建的图表的类型。改变图表类型的步骤如下:

① 选择图表。

② 在"图表工具|设计"动态选项卡的"类型"组中,单击"更改图表类型"按钮,打开"更改图表类型"对话框,如图 3-22 所示。

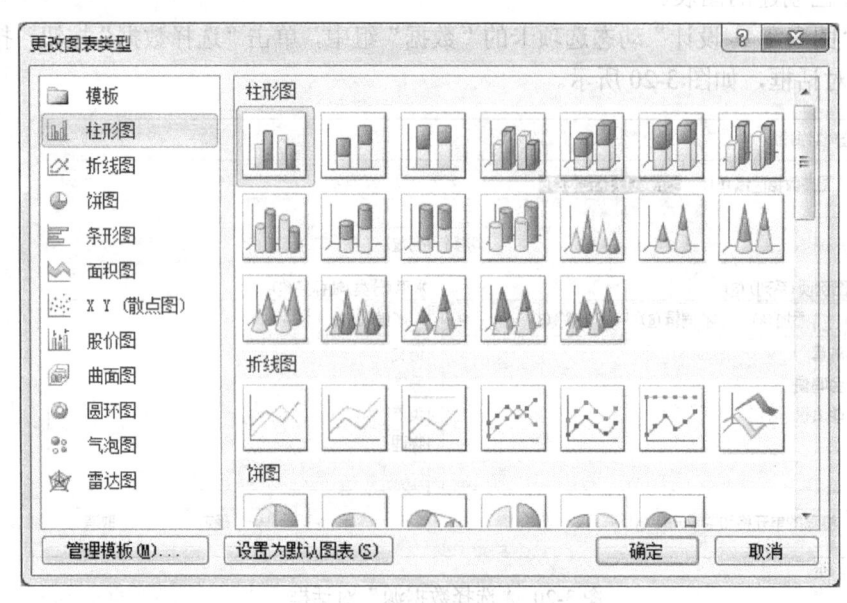

图 3-22 "更改图表类型"对话框

③ 选择要使用的图表类型后，单击"确定"按钮。即把所有系列的图表类型都改为另一种图表类型了。

如果只是把图表中的某一个系列的图表类型改为另一类型，则应选择某一个数据系列，然后按前述步骤②和③进行操作。

3．美化图表

可以对图表的外观、标题的格式、坐标轴的刻度等进行格式化，使图表更美观。

（1）使用形状样式美化图表

形状样式主要是指图表元素的边框、填充、文本的组合样式。

选择要美化的图表元素，在"图表工具|格式"动态选项卡的"形状样式"组中，单击某样式按钮，即可对选择的图表元素应用此样式。形状样式组中的按钮如图 3-23 所示。

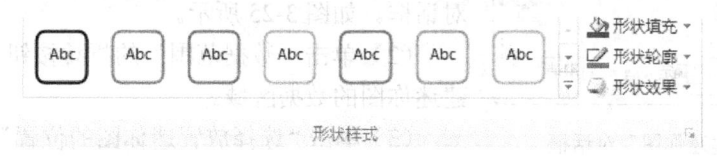

图 3-23 形状样式

（2）使用对话框美化图表

选择要美化的图表元素，在"图表工具|布局"动态选项卡的"当前所选内容"组中，单击"设置所选内容格式"按钮，打开选择的图表元素对话框，如图 3-24 是选择图表区后打开的格式对话框。在该对话框中可以对填充、边框颜色等进行设置。如"填充"选项卡用于设置填充效果。

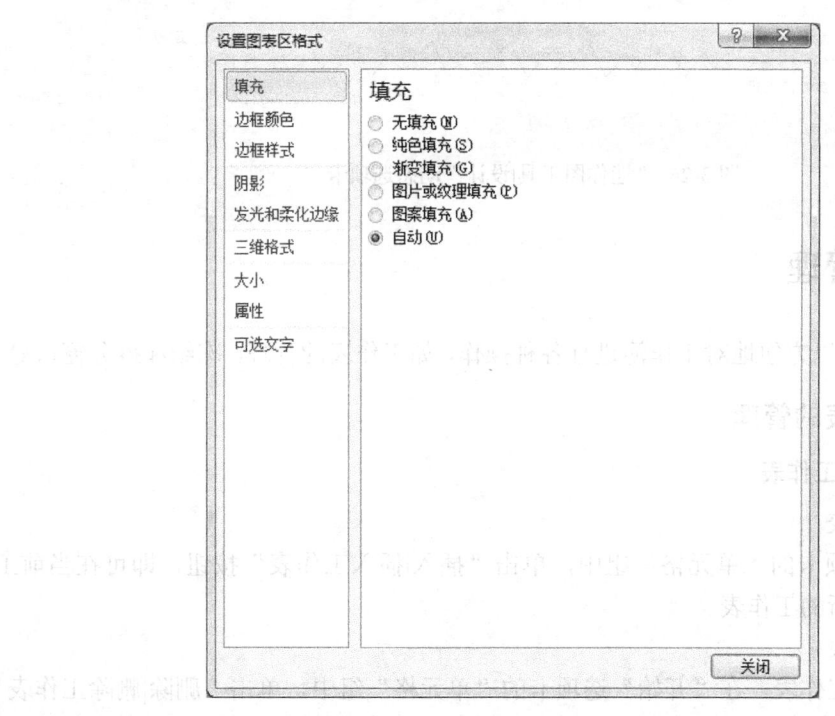

图 3-24 "设置图表区格式"对话框

在"设置图表区格式"对话框或其他格式对话框打开时,单击其他图表元素即可快速打开相应的格式设置对话框,如单击数据系列,即打开"设置数据系列格式"对话框。

3.5.2 迷你图

迷你图是工作表单元格中的一个微型图表,可提供数据的直观表示。迷你图仅提供3种常见图表类型:折线图、柱形图和盈亏图。

1. 创建迷你图

插入迷你图的步骤如下:

(1)在"插入"选项卡的"迷你图"组中,单击某按钮,如单击"柱形图"按钮打开"创建迷你图"对话框。如图3-25所示。

(2)单击"数据范围"的折叠按钮,选择要创建迷你图的数据区域。

(3)单击"选择放置迷你图的位置"折叠按钮,选择迷你图存放位置。

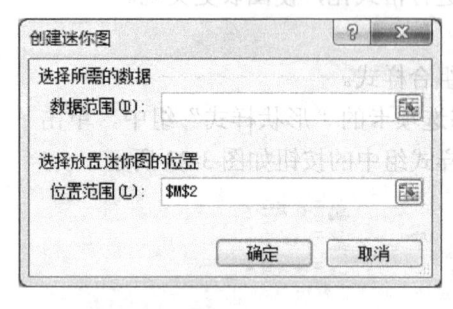

图3-25 "创建迷你图"对话框

(4)单击"确定"按钮,完成迷你图的创建。

如果要为包含迷你图的相邻单元格创建迷你图,可以直接拖曳填充柄创建。

2. 编辑迷你图

选择已创建的迷你图,在"迷你图工具|设计"动态选项卡中,如图3-26所示。单击相应按钮进行设置。如要突出显示最大值,可以勾选"显示"组中"高点"复选框。

图3-26 "迷你图工具|设计"动态选项卡

3.6 工作簿管理

在Excel中,可以方便地对工作簿进行各种操作,如工作表的管理,冻结和拆分窗口等。

3.6.1 工作表的管理

1. 插入和删除工作表

(1)插入工作表

在"开始"选项卡的"单元格"组中,单击"插入|插入工作表"按钮,即可在当前工作表之前插入一张新的工作表。

(2)删除工作表

选取要删除的工作表,在"开始"选项卡的"单元格"组中,单击"删除|删除工作表"按钮,即可删除工作表。

2. 移动和复制工作表

单击工作表标签，直接拖曳则移动工作表。按 Ctrl 键的同时拖曳则复制工作表。如对 Sheet1 工作表复制，复制的工作表名自动取为 Sheet1（2）。

3. 重命名工作表

双击要重新命名的工作表标签，输入新的工作表名称。

4. 显示和隐藏工作表

选中要隐藏的工作表，在"开始"选项卡的"单元格"组中，单击"格式|隐藏和取消隐藏|隐藏工作表"按钮，即可将工作表隐藏。

在"开始"选项卡的"单元格"组中，单击"格式|隐藏和取消隐藏|取消隐藏工作表"按钮，打开"取消隐藏"对话框，选择要取消隐藏的工作表，单击"确定"按钮，被隐藏的工作表就重新显示出来了。

5. 保护工作表

对工作表进行保护，可以避免工作表中的数据受到破坏。保护工作表的步骤如下：

（1）单击要保护的工作表标签使之成为当前工作表。

（2）在"开始"选项卡的"单元格"组中，单击"格式|保护工作表"按钮，打开"保护工作表"对话框。如图 3-27 所示。

（3）在"取消工作表保护时使用的密码"文本框中输入密码。并在"允许此工作表的所有用户进行"下拉列表框中选择相应的选项。

（4）单击"确定"按钮。

工作表设置为保护后，其中的数据就不能更改，如果要修改数据，则必须撤销对工作表的保护。撤销对工作表的保护的步骤如下：

（1）单击被保护的工作表标签使之成为当前工作表。

图 3-27 "保护工作表"对话框

（2）在"开始"选项卡的"单元格"组中，单击"格式 | 撤销工作表保护"按钮即可。如果保护时设置了密码，则打开"撤销工作表保护"对话框，在"密码"文本框中输入口令，单击"确定"按钮，即可撤销对工作表的保护。

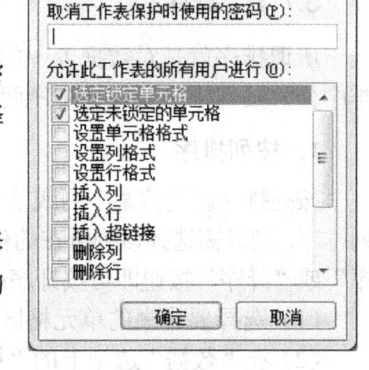

3.6.2 拆分及冻结窗口

1. 冻结窗格

如果工作表的数据超过一屏或更多时，可以使用滚动条查看数据，向下滚动时将出现表头看不到的情况，这样就搞不清这个数据到底表示什么。冻结窗口功能可冻结标题行（或标题列），使得在滚动时标题行（或标题列）始终在屏幕上显示。冻结窗口的步骤如下：

（1）选择要作为冻结点的单元格。

（2）在"视图"选项卡的"窗口"组中，单击"冻结窗格|冻结拆分窗格"按钮即可。

设置冻结窗口后，在沿着水平方向滚动工作表时，冻结点左边内容保持不变，始终显示在屏幕上。而当沿着垂直方向滚动工作表时，冻结点上面的内容保持不变，始终显示在屏幕上。

如果要取消冻结窗格，只需在"视图"选项卡的"窗口"组中，单击"冻结窗格｜取消冻结窗格"按钮。

2．拆分窗格

如果要在比较大的工作表中对不同位置的数据进行比较，就要通过拆分窗格来实现。拆分窗格的步骤如下：

（1）选择要作为拆分点的单元格。

（2）在"视图"选项卡的"窗口"组中，单击"拆分"按钮即可。此时，屏幕上出现两条互相垂直的粗直线，将屏幕分成四个窗格。每个窗格都可以进行滚动查看，这样就可以对不同位置的数据进行比较了。

如果要取消拆分，只需在"视图"选项卡的"窗口"组中，再次单击"拆分"按钮。

3.7 基本数据管理

在 Excel 中，可以方便地对数据表中的数据进行分析管理。不仅可以对数据进行排序、筛选，还可以利用分类汇总等对数据进行统计分析。

3.7.1 排序

所谓排序就是对数据表中的数据调整行或列次序，按某种顺序显示数据。按排序方向，排序分为按列排序和按行排序两种。

1．按列排序

按列排序就是按某一列或某几列的数据，对数据表中的行调整位置。如果要按其中的某一列排序，则只需选择该列所在的任一单元格，在"数据"选项卡的"排序和筛选"组中单击"升序"或"降序"按钮即可按升序或降序排列。如果要按多个关键字排序，主要步骤如下：

（1）选择要排序的单元格区域。

（2）在"数据"选项卡的"排序和筛选"组中单击"排序"按钮，打开"排序"对话框。如图 3-28 所示。

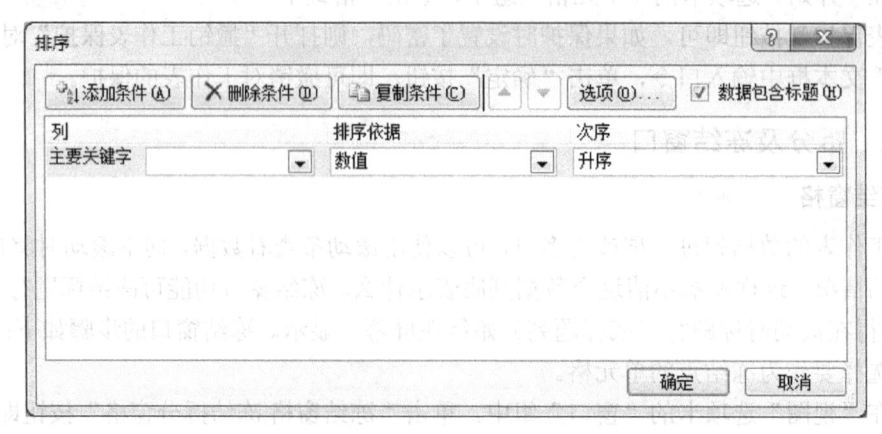

图 3-28 "排序"对话框

（3）在"主要关键字"下拉列表框中选择要排序的字段，并设置排序依据和排序次序，通常将"排序依据"设为数值，如果还有其他排序字段，则可单击"添加条件"按钮，在"次要关键字"中选择需要的排序字段，设置排序依据和排序次序。可以多次单击"添加条件"按钮，设置多个次要关键字。

（4）单击"确定"按钮。

2．按行排序

按行排序就是按某一行或某几行的数据，对数据表中的列调整位置。主要操作步骤如下：

（1）选择要排序的单元格区域。

（2）在"数据"选项卡的"排序和筛选"组中单击"排序"按钮，打开"排序"对话框。

（3）单击"选项"按钮，打开"排序选项"对话框，如图3-29所示。

（4）在"方向"区域中，选择"按行排序"单选按钮，单击"确定"按钮，返回"排序"对话框。

（5）在"主要关键字"下拉列表框中选择要排序的行，并设置排序依据和排序次序。

（6）单击"确定"按钮。

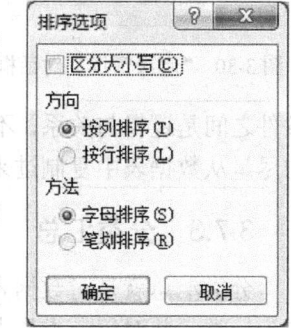

图 3-29 "排序选项"按钮

3．根据自定义序列排序

在 Excel 中，通常是根据普通（即数字和字母）作为升序和降序排序的依据，其实，还可以根据系统已定义的序列或自己定义的序列作为升序和降序排序的依据。操作步骤如下：

（1）建立自定义序列

（2）按自定义序列排序

① 选择要排序的单元格区域。

② 在"数据"选项卡的"排序和筛选"组中单击"排序"按钮，打开"排序"对话框。

③ 在"主要关键字"下拉列表框中选择要排序的字段，并设置排序依据为"数值"，排序次序为"自定义序列"，在打开的"自定义序列"对话框中选择刚才定义的序列，单击"确定"按钮。返回"排序"对话框。

④ 单击"确定"按钮。

3.7.2 筛选

筛选就是从数据表中找出满足条件的记录，筛选并不是删除，只是将不满足条件的记录隐藏了起来。Excel 提供自动筛选和高级筛选两种筛选方法。

1．自动筛选

自动筛选适用于简单条件，操作步骤如下：

（1）单击数据表区域中任一单元格。

（2）在"数据"选项卡的"排序和筛选"组中单击"筛选"按钮，进入自动筛选状态，此时数据表的每个字段名（表头）的右侧多了一个下拉箭头。单击该箭头就会打开下拉菜单。

根据需要设置筛选。

再次单击"筛选"按钮，可退出自动筛选状态。

2．高级筛选

高级筛选适用于复杂条件，高级筛选的主要步骤如下：

（1）首先建立条件区域。条件区域必须与数据表至少相隔一行或一列。

（2）在"数据"选项卡的"排序和筛选"组中单击"高级"按钮，打开"高级筛选"对话框，如图3-30所示。

（3）在该对话框中对各项进行设置后，单击"确定"按钮。

图 3-30 "高级筛选"对话框

条件区域的正确与否是高级筛选的关键所在，同一行的条件之间是逻辑与关系，不同行的条件之间是逻辑或关系。另外，建立条件区域时，能复制的尽量从数据表中复制过来。

3.7.3 分类汇总

分类汇总就是对数据表中的数据按某字段中的值进行分类，把该字段值相同的连续记录作为一类，并对每一类作求和、计数、平均值等统计，并显示统计结果。

1．建立分类汇总表

在进行分类汇总之前，必须先对分类字段进行排序，目的是将字段值相同的记录放在一起。操作步骤如下：

（1）选择要排序的数据区域，对分类字段进行排序。如果以班级作为分类字段，则必须按班级进行排序。

（2）选择要进行分类汇总的数据区域，在"数据"选项卡的"分级显示"组中单击"分类汇总"按钮，打开"分类汇总"对话框，如图3-31所示。

（3）选定所需的分类字段、汇总方式和汇总项。

（4）单击"确定"按钮。

一次分类汇总只能有一种汇总方式，而汇总项可以是多个。如果有多种汇总方式，则要进行多次分类汇总，并且第2次及以后的分类汇总都必须取消对"分类汇总"对话框中的"替换当前分类汇总"复选框的选择。

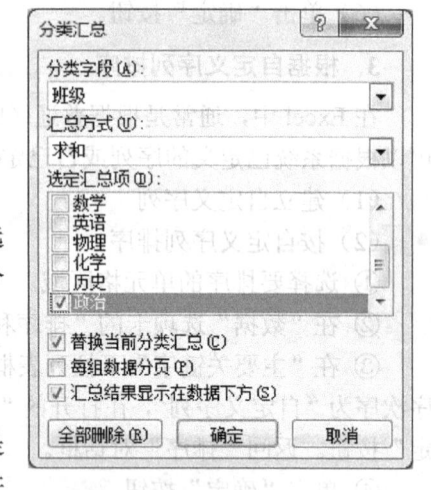

图 3-31 "分类汇总"对话框

2．浏览分类汇总表

分类汇总表具有三级分级显示功能，单击汇总表左上方的"1"、"2"、"3"显示或隐藏相应级别的明细数据。单击"+"展开分级显示，显示明细数据，单击"-"折叠分级显示，隐藏明细数据。

3．删除分类汇总表

可以删除分类汇总表，还原数据表。操作步骤如下：

（1）单击前面建立的分类汇总表中的任一单元格。

（2）在"数据"选项卡的"分级显示"组中单击"分类汇总"按钮，打开"分类汇总"对话框。

（3）单击"全部删除"按钮。即把建立的分类汇总删除了，恢复原数据表。

3.8 打印管理

尽管无纸化办公越来越成为一种趋势，但在许多时候，依旧要打印输出各种表格。为能有较佳的打印效果，需要做一些页面设置、打印设置等。

3.8.1 页面设置

用户可以对打印的页面进行打印方向、纸张大小、页眉页脚等设置。这些设置可以通过"页面设置"对话框完成。

在"页面布局"选项卡的"页面设置"组中，单击对话框启动器按钮，打开"页面设置"对话框。如图 3-32 所示。

1．设置页面

在"页面设置"对话框中，选择"页面"选项卡，可以设置页面方向、缩放、纸张大小、打印质量和起始页等。

（1）方向

打印方向包括横向和纵向两种，默认打印方向为纵向。对某些列数比较多的表格，也许使用横向打印效果更理想。

（2）缩放

可以调整打印时的缩放比例。默认设置为无缩放，即 100%正常尺寸。

图 3-32 "页面设置"对话框

（3）纸张大小

可以选择纸张大小，可供选择的纸张大小与当前使用的打印机有关。

（4）打印质量

可以选择打印的精度，对于包含图片的文档等可以选择较高的打印质量，而对于显示文字的文档等可以选择较低的打印质量。

（5）起始页码

默认设置为自动，即页码以 1 开始，但用户也可以以其他数字作为起始页码。

2．设置页边距

在"页面设置"对话框中，选择"页边距"选项卡，如图 3-33 所示。可设置上、下、左、右、页眉和页脚的边距，以及页面的居中方式。

3．设置页眉和页脚

在"页面设置"对话框中，选择"页眉/页脚"选项卡，如图 3-34 所示。可以设置页眉和页脚，还可以通过任意勾选其中的复选框来设置页眉页脚显示格式。

（1）使用内置页眉页脚

在"页眉"和"页脚"下拉列表框中选择一种内置的页眉和页脚类型。

（2）自定义页眉页脚

单击"自定义页眉"按钮，打开"页眉"对话框，如图3-35所示。

在"页眉"对话框中，用户可在左、中、右三个位置设定页眉的样式，相应的内容会显示在页面顶部的左端、中间和右端。

同样，单击"自定义页脚"按钮，打开"页脚"对话框，在该对话框中设置页脚。

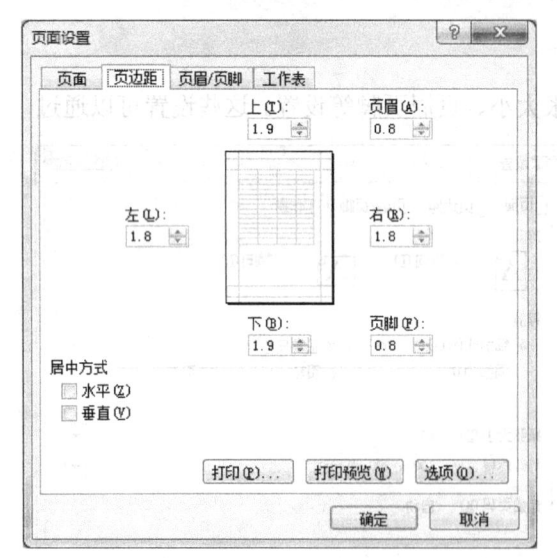

图3-33 "页面设置"对话框（页边距）   图3-34 "页面设置"对话框（页眉/页脚）

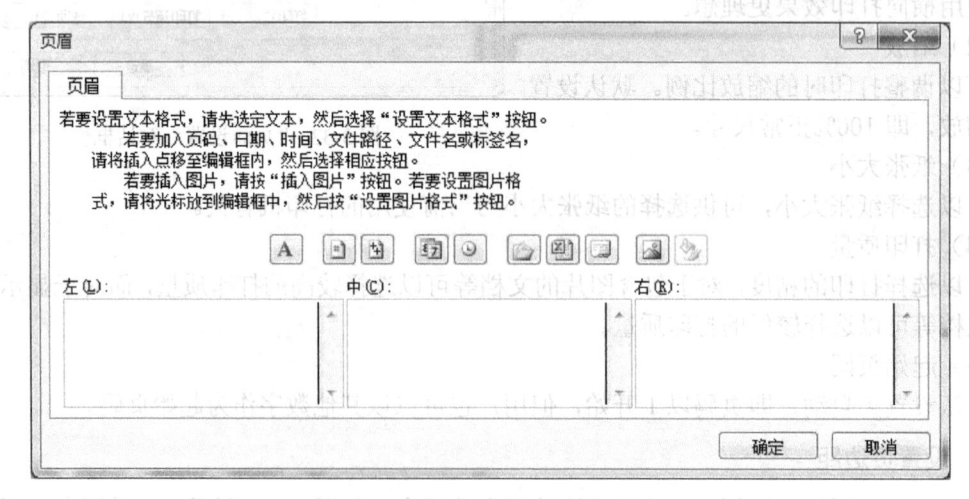

图3-35 "页眉"对话框

4．设置工作表

在"页面设置"对话框中，选择"工作表"选项卡，如图3-36所示。可以对打印区域、打印标题、打印效果及打印顺序进行设置。

（1）打印区域

打印区域可以是连续的单元格区域，也可以是非连续的单元格区域。如果选取的打印区域非连续，则 Excel 会将不同的区域各自打印在单独的纸上。

（2）打印标题

一般表格都有标题行和标题列，但表格内容比较多，需要分多页打印时，可以通过把数据表的标题行设置为顶端标题行，使数据表的标题行打印在每张纸上。

打印标题可以选多行或多列，但必须是连续的。不可选择不连续的多行或多列。

图 3-36 "页面设置"对话框（工作表）

3.8.2 分页设置

如果需要打印的内容超过一页，Excel 会自动在工作表中插入分页符，将工作表分成多页。

1．分页预览

在"视图"选项卡的"工作簿视图"组中，单击"分页预览"按钮，切换到分页预览视图模式。

在分页预览视图中，打印区域中的蓝色虚线是自动分页符，是 Excel 根据打印区域和页面范围自动设置的分页标志，而且有显示灰色水印的页码。

2．分页符设置

（1）调整自动分页符位置

用户可以对自动插入的分页符进行位置调整，将鼠标移至虚线上，当鼠标变为双向箭头时拖曳鼠标，改变自动分页符位置。此时分页符以蓝色实线显示，此实线即为人工分页符。

（2）插入人工分页符

选择要插入分页符的位置所在的行，右击，在弹出的快捷菜单中选择"插入分页符"

命令。

（3）删除人工分页符

选择要删除的水平分页符下方的单元格，右击，在弹出的快捷菜单中选择"删除分页符"命令即可。

如果希望删除所有的人工分页符，则右击打印区域中任一单元格，在弹出的快捷菜单中选择"重设所有分页符"命令。

3.8.3 打印设置

在"文件"选项卡上单击"打印"按钮，在显示的界面中可以设置打印参数及预览打印效果。如图3-37所示。

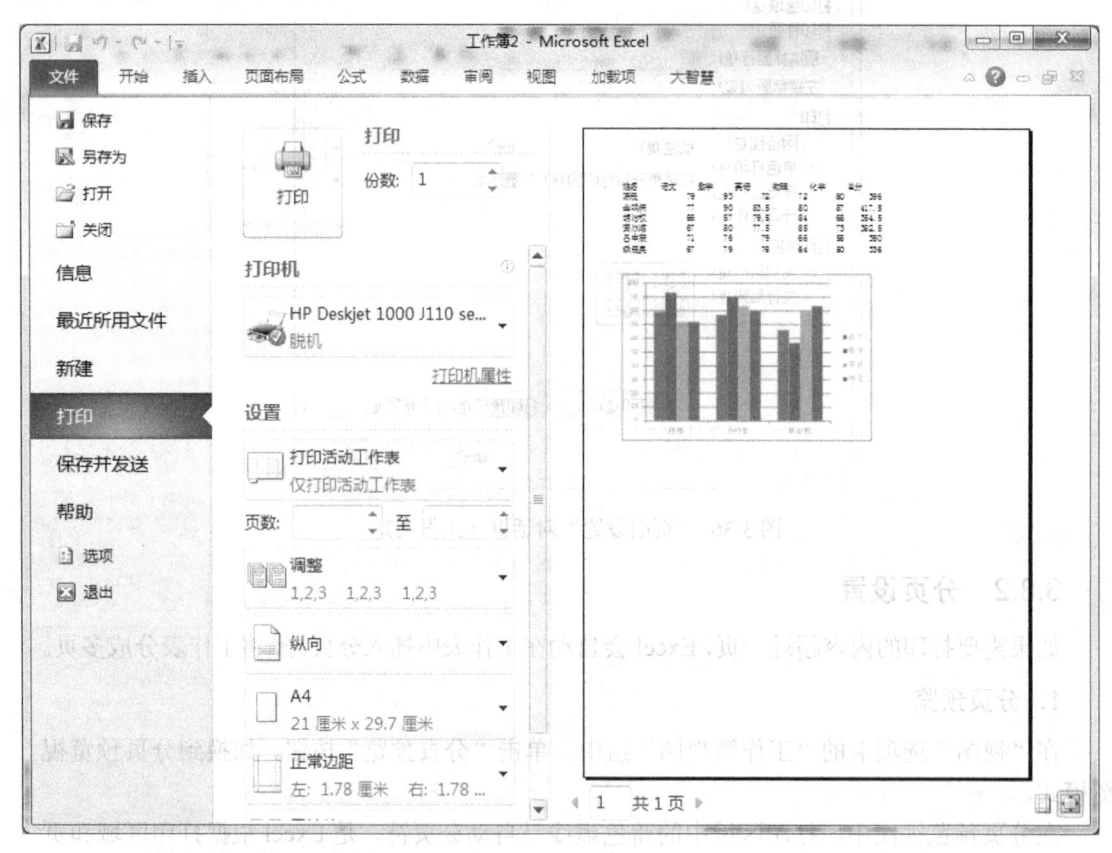

图3-37 打印界面

设置完打印参数后，单击"打印"按钮即可打印。

3.9 综合案例

【例3-3】设计制作一张工资表，利用图表功能建立部分职工工资统计图表，并利用基本数据分析管理功能对数据进行管理和分析。最终效果如图3-38和图3-39所示。

第 3 章　电子表格软件 Excel 2010

	A	B	C	D	E	F	G	H	I	J	K	L
1	数据中心工资表											
2											税率：	0.9
3	部门	工号	姓名	性别	工龄	基本工资	教育津贴	其它津贴	应发工资	实发工资	收入状况	发放时间
4	多媒体室	0001	史国翔	男	25	¥1,560.00	¥200.00	¥350.00	¥2,110.00	¥1,899.00	低	2013/1/5
5	办公室	0002	张庆凯	男	退休	¥1,785.50	¥150.00	¥270.00	¥2,205.50	¥1,984.95	低	2013/1/5
6	微机室	0003	魏云澜	男	28	¥1,485.00	¥230.00	¥370.00	¥2,085.00	¥1,876.50	低	2013/1/5
7	教研室	0004	叶凤筠	女	23	¥1,100.50	¥170.00	¥280.00	¥1,550.50	¥1,395.45	低	2013/1/5
8	多媒体室	0005	周联华	女	20	¥1,980.00	¥220.00	¥260.00	¥2,460.00	¥2,214.00	低	2013/1/5
9	办公室	0006	谢亦光	男	退休	¥1,560.00	¥300.00	¥390.00	¥2,250.00	¥2,025.00	低	2013/1/5
10	微机室	0007	王霞	女	21	¥2,030.50	¥250.00	¥500.00	¥2,780.50	¥2,502.45	一般	2013/1/5
11	教研室	0008	罗瑞华	女	退休	¥1,783.00	¥190.00	¥450.00	¥2,423.00	¥2,180.70	一般	2013/1/5
12	多媒体室	0009	杨静波	女	17	¥1,729.50	¥180.00	¥380.00	¥2,289.50	¥2,060.55	低	2013/1/5
13	办公室	0010	刘思浩	男	5	¥1,860.00	¥210.00	¥270.00	¥2,340.00	¥2,106.00	低	2013/1/5
14	微机室	0011	苏燕生	男	9	¥2,350.00	¥180.00	¥290.00	¥2,820.00	¥2,538.00	一般	2013/1/5
15	教研室	0012	蒋海	男	8	¥1,985.00	¥160.00	¥340.00	¥2,485.00	¥2,236.50	低	2013/1/5
16	多媒体室	0013	王毅	男	22	¥2,400.60	¥200.00	¥270.00	¥2,870.60	¥2,583.54	一般	2013/1/5
17	办公室	0014	秦瑞琪	女	17	¥1,790.00	¥240.00	¥320.00	¥2,350.00	¥2,115.00	一般	2013/1/5
18	微机室	0015	李群	女	15	¥2,565.00	¥190.00	¥280.00	¥3,035.00	¥2,731.50	一般	2013/1/5
19	教研室	0016	赵军	男	13	¥3,600.00	¥190.00	¥280.00	¥4,070.00	¥3,663.00	高	2013/1/5
20	多媒体室	0017	李玉山	男	18	¥3,720.00	¥240.00	¥450.00	¥4,410.00	¥3,969.00	高	2013/1/5
21	办公室	0018	王立	男	16	¥3,300.00	¥240.00	¥450.00	¥3,990.00	¥3,591.00	高	2013/1/5
22	微机室	0019	孙红	女	10	¥2,970.00	¥250.00	¥290.00	¥3,510.00	¥3,159.00	高	2013/1/5
23	最大值					¥3,720.00	¥300.00	¥500.00	¥4,410.00	¥3,969.00		
24	最小值					¥1,100.50	¥150.00	¥260.00	¥1,550.50	¥1,395.45		
25	总合计					¥41,554.60	¥3,940.00	¥6,540.00	¥52,034.60	¥46,831.14		
26	平均值					¥2,187.08	¥207.37	¥344.21	¥2,738.66	¥2,464.80		
27												
28				未退休人数					大于2500人数	低收入人数		
29				16					8	11		

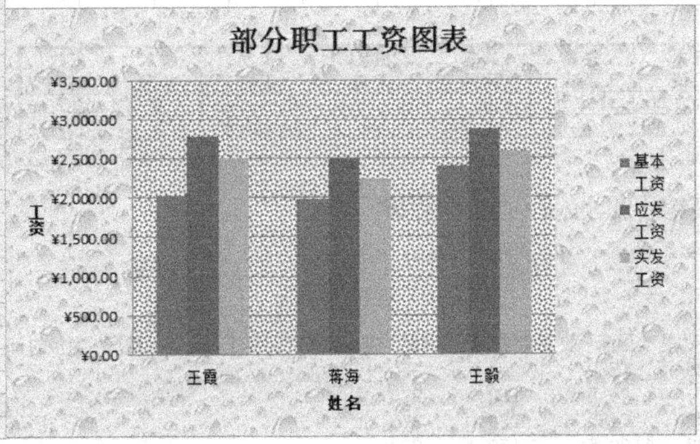

图 3-38　最终效果-Sheet1 工作表

（1）启动 Excel，自动创建一个名为"工作簿 1"的空白工作簿。

（2）在工作表 Sheet1 中输入如图 3-40 所示的数据。

（3）输入工号。在 B4 单元格中输入以撇号开头的工号：'0001，然后拖曳填充柄，至 B22 单元格时，释放鼠标。这样在 B4：B22 区域依次填入工号。

（4）输入部门名称。如图 3-41 所示。

（5）计算应发工资。计算公式：应发工资=基本工资+教育津贴+其他津贴。

① 选择 F4：I4 单元格区域，在"开始"选项卡的"编辑"组中，单击自动求和按钮。

② 选择 I4 单元格，拖曳填充柄，至 I22 单元格时释放鼠标，计算出所有人员的应发工资。

（6）计算实发工资。计算公式：实发工资=应发工资*税率。

① 选择 J4 单元格，输入以下公式：=I4*$L$2，按 Enter 键。

② 选择 J4 单元格，拖曳填充柄，至 J22 单元格时释放鼠标。

图 3-39 最终效果-Sheet1（2）工作表

图 3-40 工资表初始数据

（7）分别在 A23、A24、A25、A26、E28、J28、K28 单元格，输入"最大值"、"最小值"、"总合计"、"平均值"、"未退休人数"、"大于 2500 人数"、"低收入人数"。

图 3-41 输入工号和部门后数据

（8）计算各项值。

① 计算最大值。选择 F4：F23，在"开始"选项卡"编辑"组中，单击"自动求和|最大值"按钮，选择 F23 单元格，拖曳 F23 单元格填充柄，至 J23 单元格释放鼠标。

② 计算最小值。选择 F24 单元格，单击编辑栏"插入函数"按钮，打开"插入函数"对话框，在"或选择类别"下拉列表框中选择"全部"，在"选择函数"列表框中选择"MIN"函数，单击"确定"按钮，打开"函数参数"对话框，单击参数 number1 右侧的 按钮，拖曳选择 F4：F22 单元格区域，单击 按钮，回到如图 3-42 所示的"函数参数"对话框，单击"确定"按钮。拖曳 F24 单元格填充柄，至 J24 单元格释放鼠标。

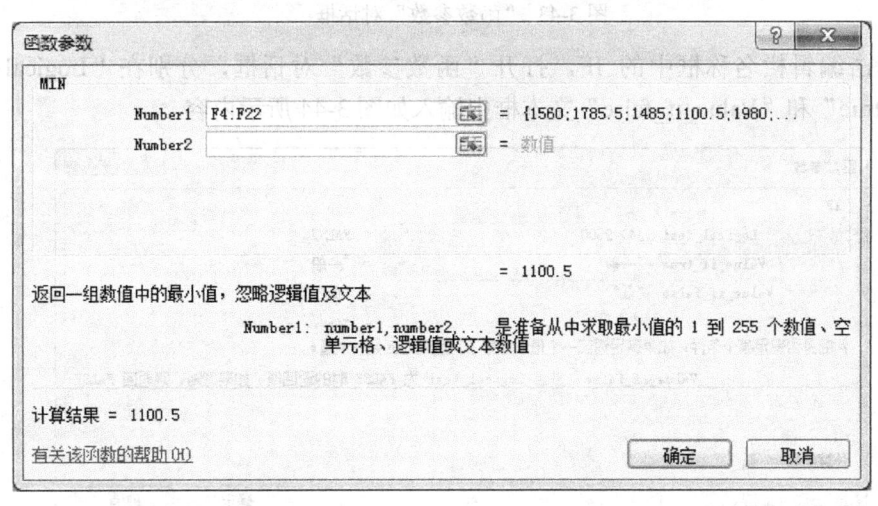

图 3-42 "函数参数"对话框

③ 计算"总合计"。选择 F25 单元格，输入：=sum(F4:F22)，按 Enter 键。拖曳 F25 单元格填充柄，至 J25 单元格释放鼠标（如果 G25：J25 区域单元格显示"#"号字样，可双击

列标名处右边框以增加列宽，显示完整数据）。

④ 计算平均值。选择 F26 单元格，输入：=average(F4:F22)，按 Enter 键。拖曳 F26 单元格填充柄，至 J26 单元格释放鼠标。

⑤ 计算未退休人数。选择 E29 单元格，输入：=count(E4:E22)，按 Enter 键。

⑥ 计算实发大于 2500 人数。选择 J29 单元格，输入：=countif(J4:J22, " >2500 ")，按 Enter 键。

⑦ 计算低收入人数。选择 K29 单元格，输入：=countif(k4:k22, " =低 ")，按 Enter 键。

（9）统计收入状况。统计方法如下：实发工资大于等于 3000 为"高"，实发工资小于 3000 且大于等于 2500 为"一般"，实发工资小于 2500 为"低"。

① 选择 K4 单元格，单击编辑栏"插入函数"按钮，打开"插入函数"对话框。

② 在"选择函数"列表框中选择"IF"函数，单击"确定"按钮。打开"函数参数"对话框，分别在"Logical_test"和"Value_if_true"文本框中输入如图 3-43 所示内容。单击"Value_if_false"文本框，将光标定位在"Value_if_false"文本框中。如图 3-43 所示。

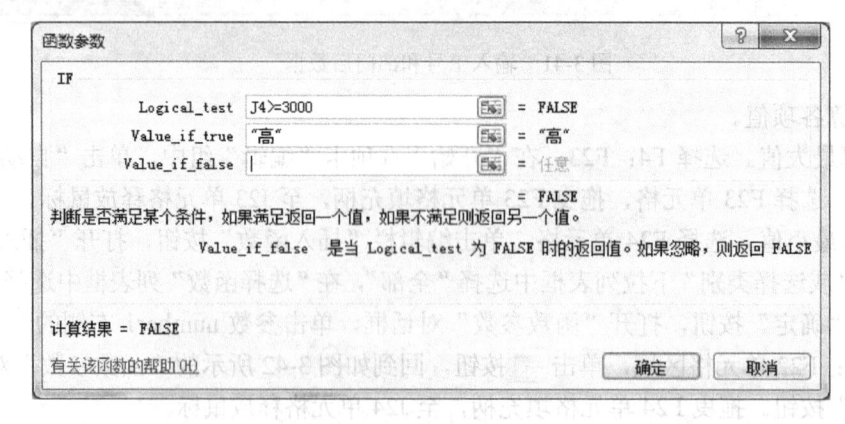

图 3-43 "函数参数"对话框

③ 单击编辑栏名称框中的 IF，打开"函数参数"对话框，分别在"Logical_test"、"Value_if_true"和"Value_if_false"文本框中输入如图 3-44 所示内容。

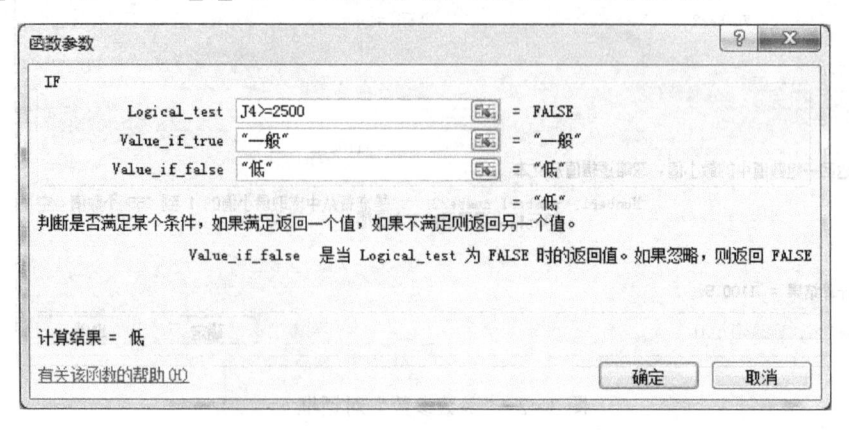

图 3-44 "函数参数"对话框（嵌套 IF）

④ 单击"确定"按钮。

⑤ 拖曳填充柄，至 K22 单元格释放鼠标。

（10）输入发放时间。

① 在 L4 单元格输入：2013-1-5。

② 右击 L4 单元格，在弹出的快捷菜单中选择"复制"命令，

③ 选择 L5：L22，右击，在弹出的快捷菜单中选择"粘贴"命令。

（11）设置标题。

① 在 A1 单元格输入：数据中心工资表。

② 设置标题：隶书、24 号、加粗。

③ 设置标题在 A1：L1 跨列居中。选择 A1：L1 区域，在"开始"选项卡的"对齐方式"组中，单击对话框启动器，打开"设置单元格格式"对话框，在"水平对齐"下拉列表框中选择"跨列居中"。单击"确定"按钮。

（12）设置表格数据。

① 设置字段名行：黑体、加粗。

② 设置字段名行的 F3：L3 区域数据分两行显示。选择 F3：L3，在"开始"选项卡的"对齐方式"组中，单击"自动换行"按钮，双击 F3 单元格，在"基本"之后输入若干空格，按 Enter 键。对教育津贴等其他几个单元格做相同设置。

③ 设置表格中所有工资值显示格式。选择 F4：J26，在"开始"选项卡的"数字"组中，单击对话框启动器，打开"设置单元格格式"对话框，在"分类"列表框中选择"货币"，如图 3-45 所示。单击"确定"按钮。

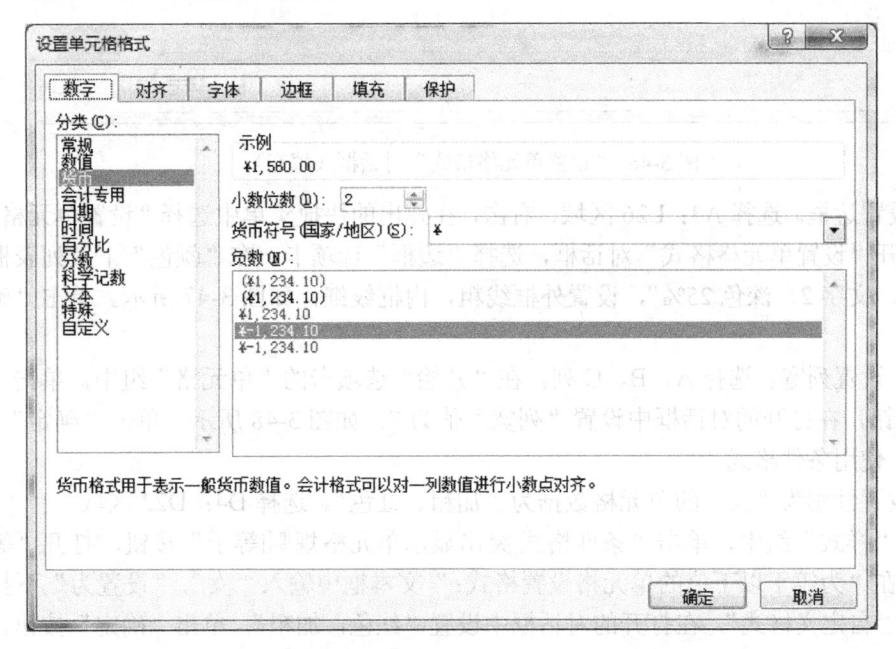

图 3-45 "设置单元格格式"对话框（数字）

④ 设置所有数据居中对齐。选择 A3：L29 区域，在"开始"选项卡的"对齐方式"组中，单击"居中"按钮。

(13) 设置边框和底纹。

① 设置字段名行底纹。选择 A3：L3 区域，右击，在弹出的快捷菜单中选择"设置单元格格式"命令，打开"设置单元格格式"对话框，选择"填充"选项卡，在"图案颜色"下拉列表框中选择"橙色"，在"图案样式"下拉列表框中选择"6.25%灰色"，如图 3-46 所示。单击"确定"按钮。

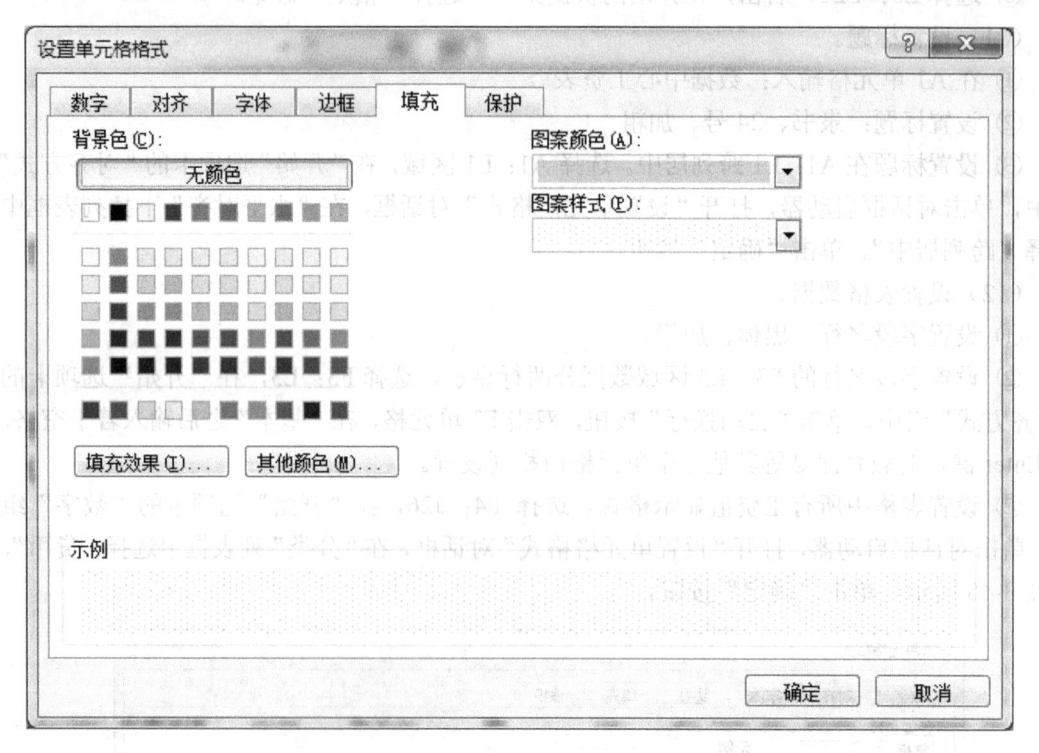

图 3-46 "设置单元格格式"对话框（填充）

② 设置边框。选择 A3：L26 区域，右击，在弹出的快捷菜单中选择"设置单元格格式"命令，打开"设置单元格格式"对话框，选择"边框"选项卡，在"颜色"下拉列表框中选择"深蓝，文字 2，深色 25%"，设置外框线粗，内框线细，如图 3-47 所示。单击"确定"按钮。

(14) 设置列宽。选择 A、B、C 列，在"开始"选项卡的"单元格"组中，单击"格式|列宽"按钮，在打开的对话框中设置"列宽"值为 7，如图 3-48 所示。单击"确定"按钮。

(15) 使用条件格式。

① 设置性别为"女"的单元格数据为"加粗、红色"。选择 D4：D22 区域，在"开始"选项卡的"样式"组中，单击"条件格式|突出显示单元格规则|等于"按钮，打开"等于"对话框，在"为等于以下值的单元格设置格式："文本框中输入"女"，"设置为"下拉列表框中选择"自定义格式"，在打开的对话框中设置"红色、加粗"，单击"确定"按钮，如图 3-49 所示。单击"确定"按钮。

② 单数行设置淡紫色底纹。选择 A4：L22 区域，在"开始"选项卡的"样式"组中，单击"条件格式|新建规则"按钮，打开"新建格式规则"对话框，选择"使用公式确定要设置格式的单元格"，在"为符合此公式的值设置格式"文本框中输入：=mod(row(),2)<>0，

并单击"格式"按钮,设置淡紫色底纹。如图 3-50 所示。单击"确定"按钮。

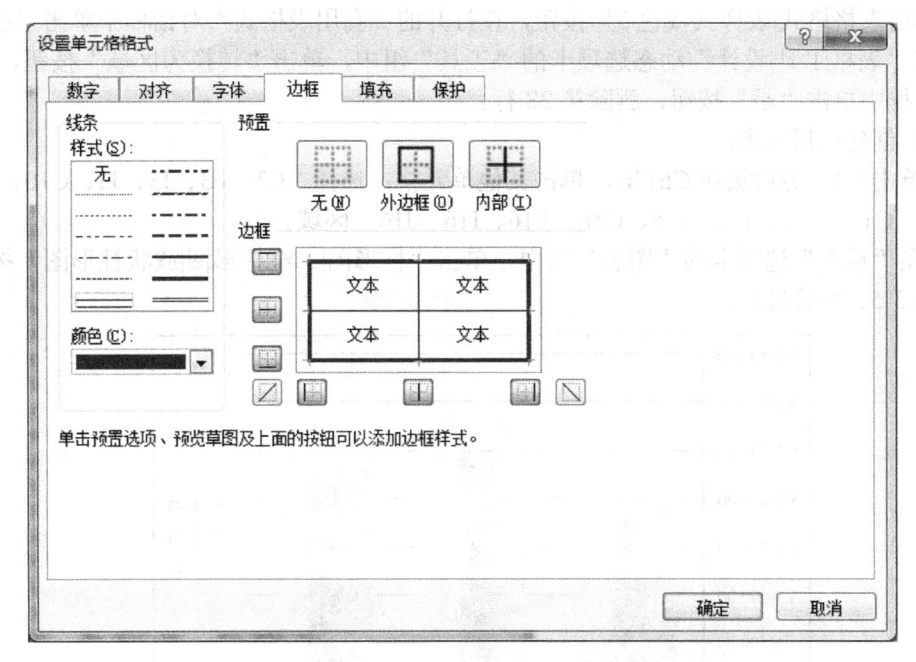

图 3-47 "设置单元格格式"对话框(边框)

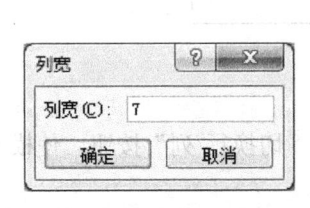

图 3-48 "列宽"对话框   图 3-49 "等于"对话框

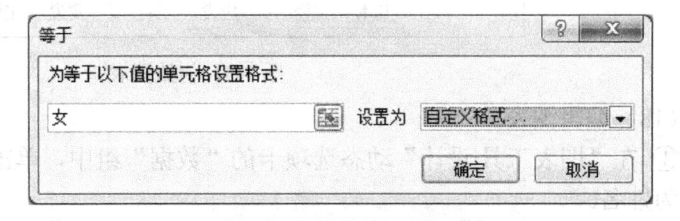

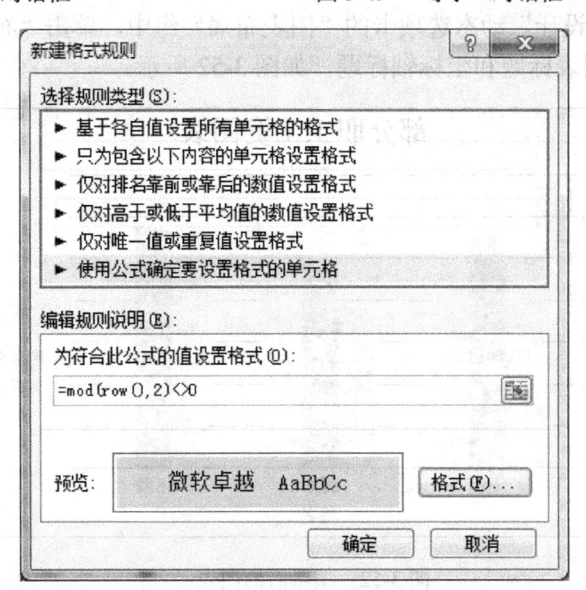

图 3-50 "新建格式规则"对话框

(16) 自动套用表格格式。选择 A28：L29 区域，在"开始"选项卡的"样式"组中，单击"套用表格格式|表样式浅色 3"按钮，在打开的"套用表格格式"对话框中单击"确定"按钮。在"表格工具|设计"动态选项卡的"工具"组中，单击"转换为区域"按钮，在弹出的对话框中单击"是"按钮，删除第 28 行。

(17) 创建柱形图表。

① 单击 C3，然后按住 Ctrl 键，单击其他单元格，选择"C3、F3、I3、J3、C10、F10、I10、J10、C15、F15、I15、J15、C16、F16、I16、J16"区域。

② 在"插入"选项卡的"图表"组中，单击"柱形图|二维柱形图|簇状柱形图"按钮，创建如图 3-51 所示图表。

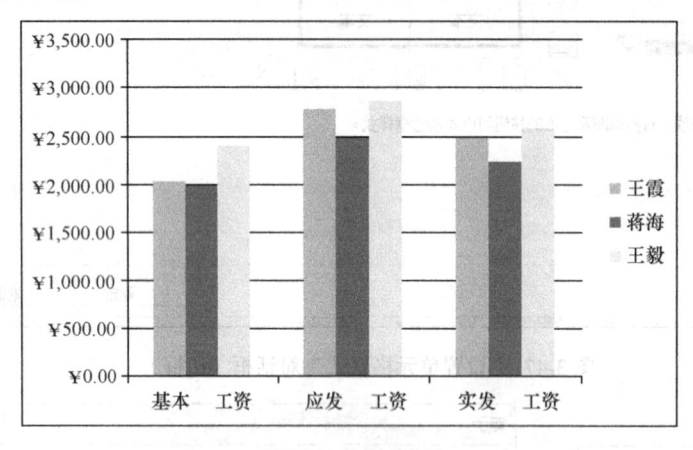

图 3-51 初始图表

(18) 编辑图表。

① 在"图表工具|设计"动态选项卡的"数据"组中，单击"切换行/列"按钮，使横坐标轴为姓名。

② 移动图表至 A32 开始的区域。并放大图表，占据 A32：H50 区域。

③ 在"图表工具|设计"动态选项卡的"图表布局"组中，单击"布局 9"按钮修改图表布局，并分别输入图表标题和坐标轴标题，如图 3-52 所示。

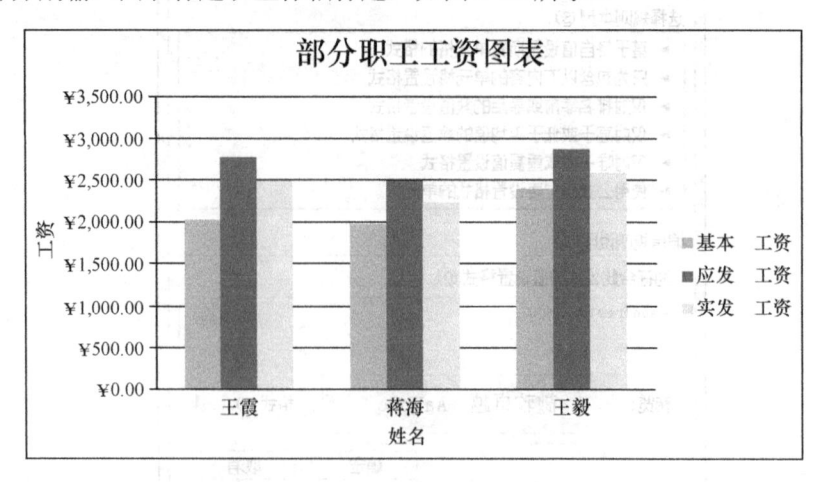

图 3-52 编辑后的图表

(19) 美化图表。

① 设置数值轴标题格式。右击数值轴标题，在弹出的快捷菜单中选择"设置坐标轴标题格式"命令，打开"设置坐标轴标题格式"对话框，选择"对齐方式"选项，将文字方向设为"竖排"。单击"关闭"按钮。

② 设置图表区"水滴"纹理填充。右击图表区，在弹出的快捷菜单中选择"设置图表区域格式"命令，打开"设置图表区格式"对话框，在"填充"选项中，选择"图片或纹理填充"选项按钮，在"纹理"下拉列表框中选择"水滴"纹理，单击"关闭"按钮。

③ 设置绘图区"大纸屑"图案填充。右击绘图区，在弹出的快捷菜单中选择"设置绘图区格式"命令，打开"设置绘图区格式"对话框，在"填充"选项中，选择"图案填充"选项按钮，并单击"大纸屑"图案。单击"关闭"按钮。

④ 调整图例大小及位置。

(20) 创建迷你图。

① 选择 M4：M22，在"插入"选项卡的"迷你图"组中，单击"折线图"按钮，打开"创建迷你图"对话框，设置数据范围为：F4：H22。如图 3-53 所示。

② 单击"确定"按钮。即在 M4：M22 区域创建折线迷你图。

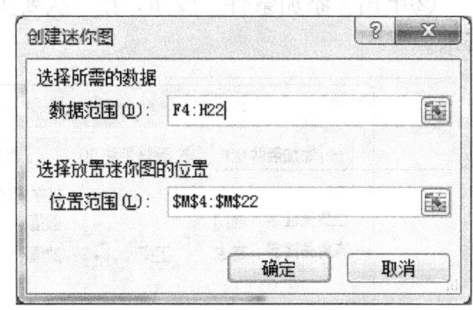

图 3-53 "创建迷你图"对话框

③ 在"迷你图工具|设计"动态选项卡的"显示"组中，勾选"高点"和"低点"复选框。

(21) 自定义序列。

① 在"文件"选项卡上单击"选项"按钮，打开"Excel 选项"对话框。

② 单击"高级"选项，单击右侧"常规"区域中的"编辑自定义列表"按钮，打开"自定义序列"对话框。

③ 单击"新序列"，在"输入序列"列表框中输入：教研室、微机室、多媒体室、办公室，如图 3-54 所示。

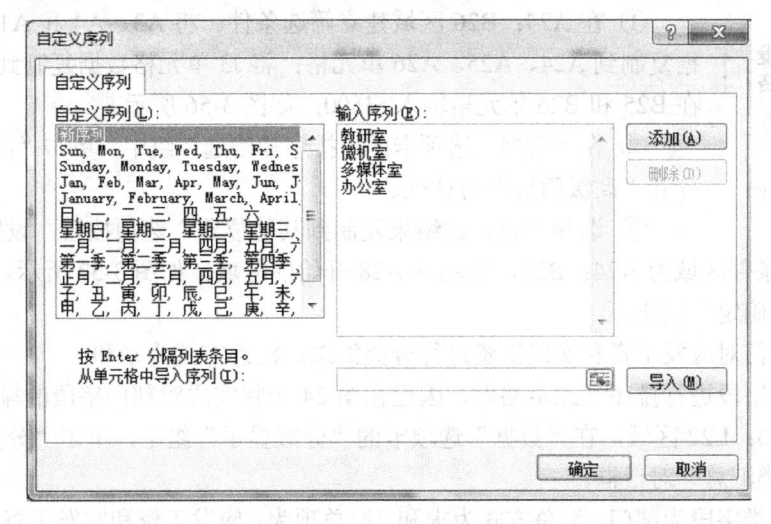

图 3-54 "自定义序列"对话框

④ 单击"确定"按钮，回到"Excel 选项"对话框。

⑤ 单击"确定"按钮，完成自定义序列。

（22）复制 Sheet1 工作表。按 Ctrl 键的同时，向右拖曳工作表标签，复制的工作表默认名称为 Sheet1（2）。

（23）删除 Sheet1（2）工作表中的图表，然后删除第 23 至第 29 行，最后删除第 M 列。

（24）排序。

①选择 A3：L22 区域，在"数据"选项卡的"排序和筛选"组中，单击"排序"按钮，打开"排序"对话框，在"主要关键字"下拉列表框中选择"部门"，"次序"下拉列表框中选择自定义序列，在打开的对话框中选择前面定义的列表。

②单击"添加条件"按钮，在"次要关键字"下拉列表框中选择"基本工资"，如图 3-55 所示。

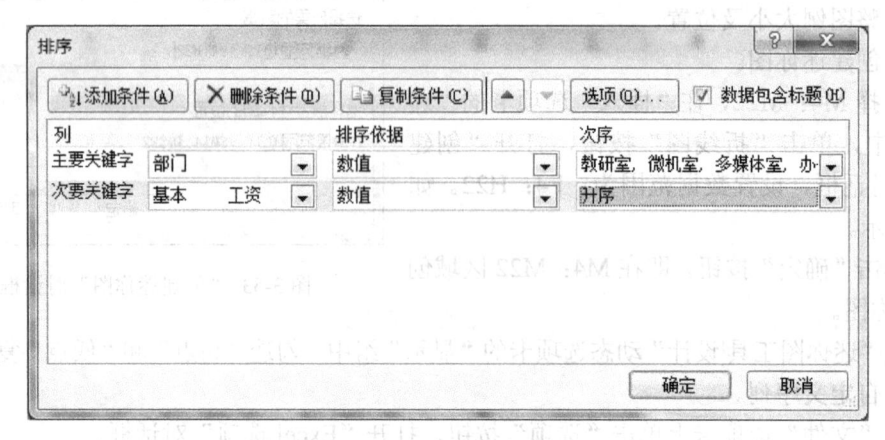

图 3-55 "排序"对话框

③ 单击"确定"按钮。

（25）高级筛选。将部门为教研室或多媒体室，实发工资大于 3500 的职工筛选到 A28 开始的区域。

部门	实发工资
教研室	>3500
多媒体室	>3500

图 3-56 筛选条件

① 在 A24：B26 区域建立筛选条件。将 A3、A4 和 A13 单元格数据复制到 A24、A25、A26 单元格；将 J3 单元格数据复制到 B24 元格；在 B25 和 B26 单元格输入>3500；如图 3-56 所示。

② 在"数据"选项卡的"排序和筛选"组中，单击"高级"按钮，打开"高级筛选"对话框。

③ 选择"将筛选结果复制到其他位置"选项按钮，设置列表区域为 A3：L22，条件区域为 A24：B26，复制到 A28 开始的区域，如图 3-57 所示。

④ 单击"确定"按钮。

（26）按部门对应发工资和实发工资进行分类汇总，汇总方式为求和。

① 对部门字段进行排序（此步略做，因已在第 24 步骤完成对部门字段的排序）。

② 选择 A3：L22 区域，在"数据"选项卡的"分级显示"组中，单击"分类汇总"按钮，打开"分类汇总"对话框。

③ 设置分类字段为部门，汇总方式为求和，汇总项为：应发工资和实发工资。如图 3-58

所示。

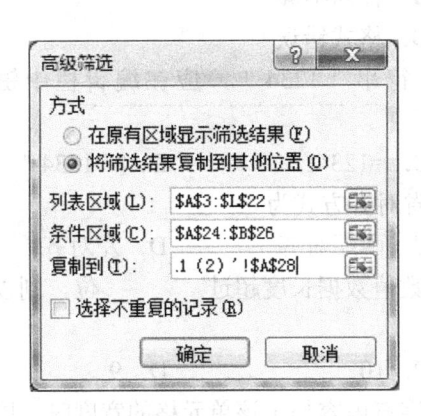

图 3-57 "高级筛选"对话框　　　图 3-58 "分类汇总"对话框

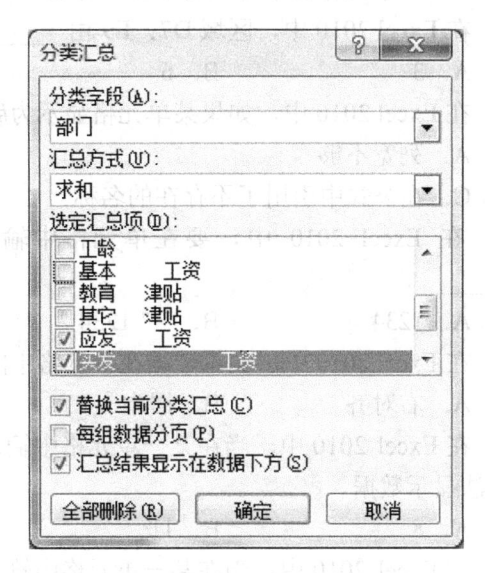

④ 单击"确定"按钮。

(27) 对 Sheet1（2）工作表进行页面设置。

① 在"页面布局"选项卡的"页面设置"组中，单击对话框启动器，打开"页面设置"对话框，在"页面"选项卡中选择"横向"选项按钮。

② 在"页边距"选项卡中，设置上、下页边距为 1，勾选"水平"居中方式复选框。

③ 在"页眉/页脚"选项卡中，单击"自定义页脚"按钮，在打开的"页脚"对话框中设置右对齐页脚：第&[页码]页　共&[总页数]页，单击"确定"按钮。

④ 单击"确定"按钮。

(28) 对 Sheet1 工作表进行页面设置和分页设置。

① 页面设置。设置横向、水平居中。

② 分页设置。在"视图"选项卡的"工作簿视图"组中，单击"分页预览"按钮，切换到分页预览视图模式。将鼠标移至蓝色水平虚线上，当鼠标变为双向箭头时向上拖曳鼠标，使得图表在第 2 页。在"视图"选项卡的"工作簿视图"组中，单击"普通"按钮。

(29) 将文件以 Ex3-3.xlsx 为文件名保存。

习　　题

一、单选题

1. 在 Excel 2010 中，关于工作表和工作簿之间的关系以下说法中，_____是正确的。

　　A．一张工作表中包含几个工作簿

　　B．一个工作簿中最多有 3 张工作表

　　C．一张工作表中可以包含无数个工作簿

D．一个工作簿中可以有多张工作表

2．在 Excel 2010 中，区域 D7：E9 由_____个单元格组成。
　　A．3　　　　　　B．6　　　　　　C．9　　　　　　D．12

3．在 Excel 2010 中，如果某单元格显示为#NAME?，这表示_____。
　　A．列宽不够　　　　　　　　　　B．行高不够
　　C．在公式中引用了不存在的名称　　D．格式错误

4．在 Excel 2010 中，要在单元格中输入字符串"1234"，应在编辑栏中键入_____。
　　A．1234　　　　B．="1234"　　　C．=1234　　　　D．"1234"

5．在 Excel 2010 中，文本数据在单元格中的缺省对齐方式为_____。
　　A．右对齐　　　　B．居中　　　　C．两端对齐　　　D．左对齐

6．在 Excel 2010 中，当在某一单元格中输入的数值数据长度超过_____位，则以科学计数法显示数据。
　　A．8　　　　　　B．11　　　　　C．10　　　　　　D．9

7．在 Excel 2010 中，当在某一单元格中输入的字符内容超出该单元格的宽度时，以下说法中正确的是_____。
　　A．超出的内容，肯定显示在右侧相邻的单元格中
　　B．超出的内容，肯定不显示在右侧相邻的单元格中
　　C．超出的内容，不一定显示在右侧相邻的单元格中
　　D．超出的内容可能被丢失

8．在 Excel 2010 中，如果某单元格显示为###，这表示_____。
　　A．公式错误　　　B．格式错误　　　C．行高不够　　　D．列宽不够

9．在 Excel 2010 中，数值数据在单元格中的缺省对齐方式为_____。
　　A．左对齐　　　　B．居中　　　　C．右对齐　　　　D．不确定

10．在 Excel 2010 中，某区域由 D10、D11、E10、E11 四个单元格组成，该区域的正确名称是_____。
　　A．D10:D11　　　B．D10:E10　　　C．D10:E11　　　D．D11:E11

11．在 Excel 2010 中，一个单元格可包括内容、格式和批注，当使用"粘贴"命令将一个单格内容复制到一个新的区域时，实际上是复制了_____。
　　A．该单元格的内容　　　　　　　B．该单元格的内容、格式和批注
　　C．该单元格的内容和格式　　　　D．该单元格的内容和附注

12．在 Excel 2010 中，要删除选定单元格中的批注，可以_____。
　　A．按 Delete 键
　　B．在"开始"选项卡的"编辑"中，单击"清除|清除批注"按钮
　　C．在"开始"选项卡的"编辑"中，单击"删除|删除批注"按钮
　　D．按 Backspace 键

13．在 Excel 2010 中，函数由函数名及参数组成，参数不可以是_____。
　　A．区域名　　　　B．函数名　　　C．数字　　　　　D．图片

14．在 Excel 2010 中，利用 SUM()函数对 A2，B2，C3 三个单元格求和时，参数不能写

成_____。

    A．A2:C3   B．A2,B2,C3   C．A2:B2,C3   D．A2+B2+C3

15．在 Excel 2010 中，公式必须以_____开头。

    A．=   B．!   C．/   D．?

16．在 Excel 2010 中，以下_____是逻辑常量。

    A．2   B．真   C．TRUE   D．T

17．在 Excel 2010 中，如果将 C4 单元格中的公式"=A$1+$B2"复制到 D5 单元格中，该单元格公式为_____。

    A．=A$2+$B3   B．=A$2+B3   C．=B$5+C5   D．=B$1+$B3

18．在 Excel 2010 中，单元格 A1、A2、B1、B2 中分别存了 11、15、"123"和 8，公式"=Count(A1:B2)"的执行结果为_____。

    A．1   B．3   C．4   D．5

19．在 Excel 2010 中，单元格 B1、B2、C1、C2 中分别存了 28、45、33 和 15，公式"=Countif(B1:C2,">33")"的执行结果为_____。

    A．1   B．2   C．3   D．4

20．在 Excel 2010 中，关于跨列居中对齐方式，以下说法中正确的是_____。

    A．跨列居中对齐方式和合并后居中对齐方式是一样的

    B．跨列居中对齐方式是将几个单元格合并成一个单元格后居中

    C．跨列居中对齐方式与单元格水平居中对齐是一样的

    D．执行了跨列居中后的数据横跨在所选区域的中间，但其内容仍存储在原单元格中

21．在 Excel 2010 中，要使数值数据 00864092 在单元格中显示为 00864092，应把自定义数字格式代码设置为_____。

    A．00000000   B．########   C．#   D．????????

22．在 Excel 2010 中，A1、A2、A3 单元格中分别存放了数据 11.111、222.22 和 3.3，要使这些单元格中的数据以小数点对齐，应把自定义数字格式代码设置为_____。

    A．###.###   B．000.###   C．???.???   D．###.##

23．在 Excel 2010 中，单元格垂直对齐方式有"靠上"、"居中"、"靠下"、"两端对齐"和"分散对齐"5 种，默认对齐方式为"_____"。

    A．靠上   B．居中   C．靠下   D．两端对齐

24．在 Excel 2010 中，选中工作表 Sheet2 后，按 Ctrl 键同时将此表拖曳至 Sheet3 后，产生名为_____的工作表。

    A．Sheet13(2)   B．Sheet2(2)   C．Sheet4   D．Sheet3(1)

25．在 Excel 2010 中，更改工作表标签，操作正确的是_____。

    A．用 REN 命令   B．单击工作表标签后修改

    C．双击工作表标签后修改   D．鼠标指向工作表标签，按 F2 键后编辑

26．在 Excel 2010 中，拆分窗口就是把一个工作表拆分成_____个窗口，同时显示工作表中的不同区域。

    A．2   B．8   C．4   D．3

27．在 Excel 2010 中，对所创建的图表，下列说法正确的是_____。

A．独立图表是与工作表相互无关的表

B．独立图表是将工作表数据和相应图表分别存放在不同的工作簿

C．独立图表是将工作表数据和相应图表分别存放在同一工作簿不同的工作表

D．当工作表数据变动时，与它相关的独立图表不能自动更新

28．在 Excel 2010 中，关于筛选掉的记录的叙述，以下_____是错误的。
  A．不打印　　　　B．永远丢失了　　　C．不显示　　　　D．可以恢复

29．以下_____不是 Excel 2010 分类汇总的汇总方式。
  A．平均值　　　　B．计数　　　　　　C．求和　　　　　D．条件求和

30．在 Excel 2010 中，在页面设置中，指定顶端标题行的作用为_____。
  A．使数据表的标题行不打印
  B．当数据表被分成几页打印时，数据表的标题行将被打印在每一页中
  C．当数据表被分成几页打印时，数据表的标题行将被打印在第一页上，其他页上不打印
  D．使数据表的标题行以突出方式打印

二、多选题

1．在 Excel 2010 中，修改单元格中数据的方法有_____。
  A．双击需修改数据的单元格
  B．选择需修改数据的单元格，按 F2 键
  C．选择需修改数据的单元格，按 F1 键
  D．选择需修改数据的单元格，在编辑框修改

2．在 Excel 2010 中，分类汇总方式包括_____。
  A．求和　　　　　B．求平均值　　　　C．求最大（小）值　D．计数

3．在 Excel 2010 中，下面_____是混合引用。
  A．A$3　　　　　B．$A5　　　　　　C．$A$9　　　　　D．A8

4．在 Excel 2010 中，下面_____是引用运算符。
  A．冒号　　　　　B．逗号　　　　　　C．空格　　　　　D．&

5．在 Excel 2010 中，建立函数的方法有_____。
  A．手工输入函数　　　　　　　　　　B．使用"自动求和"按钮输入函数
  C．使用"插入函数"输入函数　　　　D．使用相对引用的方法

6．在 Excel 2010 的公式中，对单元格的引用分为_____。
  A．相差引用　　　B．绝对引用　　　　C．混合引用　　　D．相对引用

7．在 Excel 2010 中，下面_____不是计数函数。
  A．countif　　　B．sum　　　　　　C．average　　　　D．count

8．在 Excel 2010 中，下面_____是以图形化的方式表示工作表中的数据。
  A．排序　　　　　B．筛选　　　　　　C．图表　　　　　D．迷你图

9．在 Excel 2010 中，可以方便地对数据表中的数据进行分析管理。数据分析管理功能包括_____。
  A．数据透视表　　B．排序　　　　　　C．筛选　　　　　D．分类汇总

10. 在 Excel 2010 中，用户可以对打印的页面进行_____等设置。
    A．页眉页脚　　　　B．打印方向　　　　C．页边距　　　　D．纸张大小

三、填空题

1. 在 Excel 2010 中，_____是处理和存储数据的文件。
2. 在 Excel 2010 中，默认情况下一个工作簿中有_____张工作表。
3. 在 Excel 2010 中，接受从键盘输入的数据或公式的单元格称为_____单元格。
4. 在 Excel 2010 中，第 39 行第 27 列的单元格地址为_____。
5. 在 Excel 2010 中，选中区域右下角的黑色小方框称作为_____柄。
6. 在 Excel 2010 中，单击"文件"选项卡中的"高级"选项中的"_____"按钮定义一个文字序列。
7. 在 Excel 2010 中，当在工作表的某些单元格中输入了重要数据后，可用文字对单元格中数据或公式作附加说明，这些文字称为单元格的_____。
8. 在 Excel 2010 中，等差序列的缺省步长值为_____（用阿拉伯数字表示）。
9. 在 Excel 2010 中，除了可以直接输入函数外，还可以单击编辑栏上的_____按钮来输入函数。
10. 在 Excel 2010 中，计算区域 A1:D5 中包含数字单元格个数的公式是_____。
11. 在 Excel 2010 中，已知单元格 A1 中的公式为：=$B2+C$2，将此单元格复制到 D3 单元格后（同一工作表），D3 中的公式应为_____。
12. 在 Excel 2010 中，已知 mark 是一个区域名，单元格 A1 中的公式为：=SUM(mark)，将此单元格复制到 B2 单元格后（同一工作表），B2 中的公式应为：_____。
13. 在 Excel 2010 中，清除单元格内容的快捷键为_____。
14. 在 Excel 2010 中，"_____"按钮可以使一个单元格中显示多行文字。
15. 在 Excel 2010 中，要使单元格数据"58"显示为"058.00"，应把自定义数字格式代码设置为_____。
16. 在 Excel 2010 中，如果要选择多个不连续的工作表，可以按"_____"键，同时单击各工作表标签来选中一组工作表。
17. 在 Excel 2010 的图表中，相同颜色的数据标志组成一个_____。
18. 在 Excel 2010 中，图表右边的小方框就是_____，用来表示各数据系列的颜色。
19. 在 Excel 2010 中，通过把数据表的标题行设置为_____，可以使数据表的标题行打印在每一页上。
20. 在 Excel 2010 中，如果某图表与数据表处在同一工作表中，则称此图表为_____图表。
21. 在 Excel 2010 中，建立条件区域时，同一行中的条件之间是逻辑与关系，不同行的条件之间是逻辑_____关系。
22. 在 Excel 2010 中，缺省的排序方向是"按_____排序"。
23. 在 Excel 2010 中，对数据表进行分类汇总以前，首先必须对作为分类依据的字段进行_____操作。
24. 在 Excel 2010 中，浏览分类汇总表时，可以发现在分类汇总表的左侧，有一些"+"

号和"-"号，如果单击"_____"号，该部分的明细数据将被隐藏起来。

25. 如果要取消分类汇总操作，则可单击分类汇总对话框中的"_____"命令按钮。

四、简答题

1. 什么是工作簿、工作表和单元格？
2. 如何创建一个自定义序列？
3. 什么是单元格引用？包含哪三种引用？
4. 简述跨列居中与合并后居中的区别。
5. 如何隐藏行和列？又如何把隐藏的行和列显示出来？
6. 如何创建图表？
7. 什么是迷你图？迷你图有哪几种类型？
8. Excel 中有哪几种排序方向？
9. 如何建立分类汇总？
10. 如何插入人工分页符？

第 4 章　文稿演示软件 PowerPoint 2010

PowerPoint 是微软公司设计开发的办公自动化软件系列中重要组件之一，主要用来制作演示文稿。演讲者不仅可以将演示文稿在投影仪或者计算机上进行演示，也可以将演示文稿打印出来，制作成胶片，以便应用到更广泛的领域中。利用 PowerPoint 不仅可以创建演示文稿，还可以在互联网上召开面对面会议、远程会议或在网上给观众展示演示文稿。

4.1　PowerPoint 2010 概述

PowerPoint 2010 是一款多媒体演示设计和播放软件，可以创建融文本、图形、图像、图表、声音、动画、视频于一体的演示文稿，并能将制作的演示文稿通过各种数码播放产品展示出来。

4.1.1　工作界面

启动 PowerPoint 应用程序，其工作界面如图 4-1 所示。主要由标题栏、快速访问工具栏、功能区、幻灯片窗格、幻灯片/大纲浏览窗格、备注窗格、视图切换按钮组、状态栏等组成。PowerPoint 的工作界面与之前介绍的 Word 和 Excel 的工作界面有相似部分，下面主要介绍其不同的部分。

（1）幻灯片窗格：显示当前幻灯片，可以在该窗格中对幻灯片的内容进行编辑和格式化。

（2）幻灯片/大纲浏览窗格：显示演示文稿所有幻灯片或幻灯片中文本大纲的缩略图，该窗格中包括"幻灯片"和"大纲"两个选项卡，默认的显示方式是幻灯片缩略图浏览方式。

（3）备注窗格：用于为幻灯片添加一些提示信息，帮助演讲者在演示文稿时使用。

（4）视图切换按钮组：单击相应视图按钮可以切换到所需的视图界面。

（5）状态栏：显示当前的状态信息，例如幻灯片的张数、演示文稿所用的主题、输入法等信息。

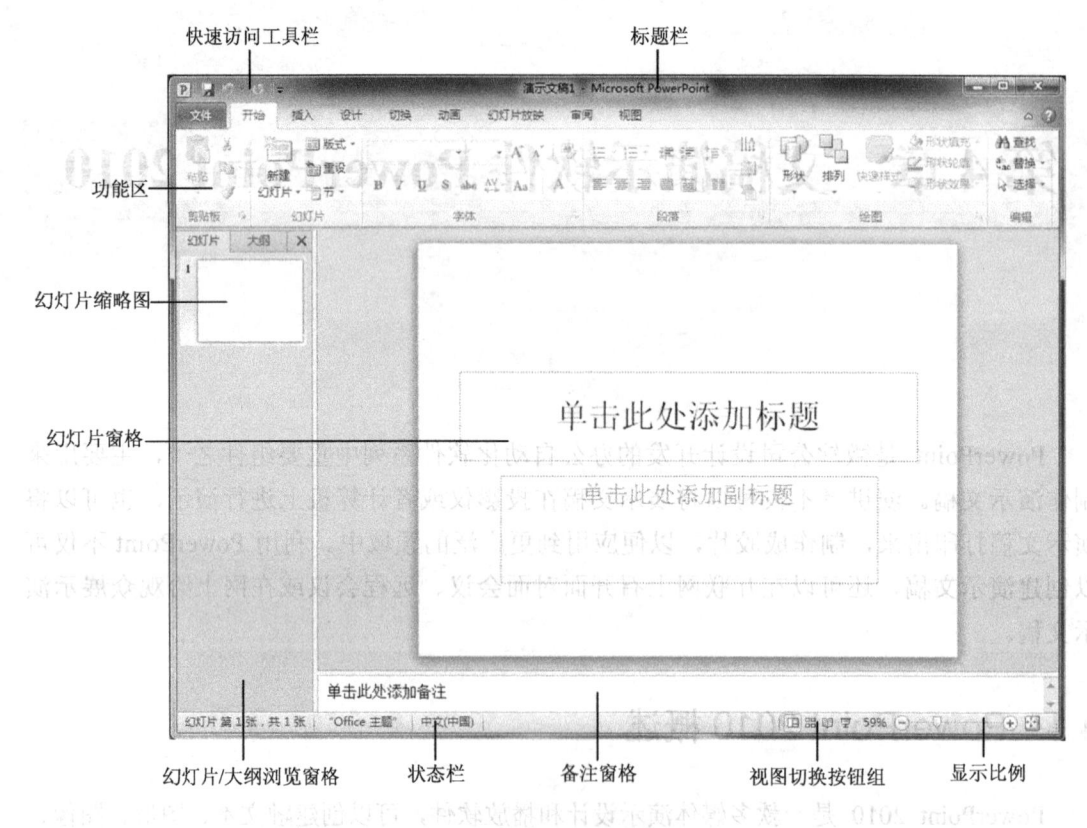

图 4-1 PowerPoint 工作界面

4.1.2 视图

PowerPoint 提供了普通视图、幻灯片浏览视图、幻灯片放映视图、备注页视图和阅读视图五种视图方式，使得制作者能够以不同的视图方式来显示和编辑演示文稿的内容，使演示文稿易于浏览、便于编辑。

在"视图"选项卡的"演示文稿视图"组中，单击相应按钮；或者单击图 4-1 右下方的"视图切换按钮组"中的相应按钮，可以在各种视图方式之间切换。

普通视图是 PowerPoint 默认的视图方式，如果需要更改默认的视图方式，可以在"文件"选项卡上单击"选项"按钮，在打开的"PowerPoint 选项"对话框的左窗格中单击"高级"按钮，在右窗格"显示"区域的"用此视图打开全部文档"下拉列表框中，选择要设置为默认视图的选项即可。

1. 普通视图

普通视图是 PowerPoint 的默认视图，是主要的编辑视图，可用于设计和编辑演示文稿。

普通视图中包含了 3 个窗格：幻灯片窗格、幻灯片/大纲浏览窗格和备注窗格。使用幻灯片窗格，可以对具体某张幻灯片的内容进行编排，如设置文本的格式，添加图片、影片和声音等对象。使用幻灯片/大纲浏览窗格，可以以缩略图形式或者以文本形式显示幻灯片。使用备注窗格，可以添加备注信息。

2．幻灯片浏览视图

在幻灯片浏览视图中，所有幻灯片以缩略图的形式显示，从而在整体上浏览整个演示文稿的效果。在此视图中，可以方便地对演示文稿的顺序进行排列和组织，并完成添加、复制/移动或删除幻灯片等操作。

3．幻灯片放映视图

在幻灯片放映视图中，以全屏的形式按顺序播放演示文稿中的所有幻灯片，同时可以查看设置的各种效果。

4．备注页视图

在备注页视图中，可以输入或编辑备注页的内容。其中，幻灯片缩略图的下方带有备注页方框，通过单击该方框来输入备注文字。也可以在普通视图的"备注窗格"中输入备注文字。

5．阅读视图

阅读视图是在一个设有简单控件以方便审阅的窗口中查看演示文稿的一种视图方式，在该视图中不使用全屏的幻灯片放映方式。如果要更改演示文稿，可随时从阅读视图切换至其他视图。

4.1.3 基本操作

要利用 PowerPoint 制作图文并茂的演示文稿，首先必须熟练掌握 PowerPoint 的基本操作，主要包括演示文稿的创建、保存和编辑等操作。

1．演示文稿的创建

在 PowerPoint 中可以选择多种创建演示文稿的方法。

（1）创建空白演示文稿。

如果对要建立的演示文稿结构和内容都比较了解，可以直接从空白演示文稿开始创建，以使演示文稿更适合演讲者的情况。利用空白演示文稿创建文稿的过程中，可以充分利用颜色、版式及一些样式的特性，设计出完美的具有个性的演示文稿。

启动 PowerPoint 应用程序后，系统会自动创建一个名为"演示文稿1"的空白演示文稿；或者，在"文件"选项卡上单击"新建"按钮，在打开的"可用的模板和主题"列表框中默认选择了"空白演示文稿"按钮，单击"创建"按钮，即可创建空白演示文稿。

（2）根据模板创建演示文稿。

在 PowerPoint 中提供了大量幻灯片模板来创建演示文稿，包括内置模板、自行设计的模板以及从 Office.com 下载的模板等。模板提供了包含建议内容和设计风格的演示文稿，只需稍作修改，就能迅速创建出符合要求的演示文稿。

在"文件"选项卡上单击"新建"按钮，在打开的"可用的模板和主题"列表框中单击"样本模板"按钮，此时，在"可用的模板和主题"列表框中显示 PowerPoint 内置的所有样本模板，选择任意一个符合要求的模板，单击"创建"按钮，PowerPoint 将自动把该模板应用到新建的演示文稿中。

如果在打开的"Office.com 模板"列表框中单击所需模板，选择需要下载的模板，单击

"下载"按钮，即可将下载的模板应用到新建的演示文稿中。

（3）根据主题创建演示文稿。

主题是 PowerPoint 中内置存储的文本样式和填充样式的集合。创建带主题的演示文稿，就是将内置的主题应用到新建的演示文稿上。主题决定了演示文稿的设计样式，不决定演示文稿的具体内容。

在"文件"选项卡上单击"新建"按钮，在打开的"可用的模板和主题"列表框中单击"主题"按钮，此时，在"可用的模板和主题"列表框中显示 PowerPoint 内置的主题，选择任意一个符合要求的主题，单击"创建"按钮，PowerPoint 将自动把该主题应用到新建的演示文稿中。

（4）根据现有内容创建演示文稿。

当完成一个演示文稿后，如果想使用这一现有演示文稿的一些内容或风格来设计其他的演示文稿，这时就可以使用 PowerPoint 提供的"根据现有内容新建"这一创建演示文稿的方法。这样可以得到一个和现有演示文稿具有相同内容和风格的新演示文稿，然后在原有的基础上进行修改即可，从而提高了工作效率。

在"文件"选项卡上单击"新建"按钮，在打开的"可用的模板和主题"列表框中单击"根据现有内容新建"按钮，此时，在打开的"根据现有演示文稿新建"对话框中选择已有的演示文稿，单击"新建"按钮，即可创建一个新演示文稿。

2．演示文稿的打开、退出和保存

（1）打开演示文稿。

PowerPoint 中打开演示文稿的方法有很多种，常用的方法包括以下几种：

① 双击已经创建的演示文稿。

② 在 PowerPoint 应用程序已经启动的状态下，在"文件"选项卡上单击"打开"按钮或者按 Ctrl+O 组合键，在打开的"打开"对话框中选择所需打开的演示文稿即可。

③ 在 PowerPoint 应用程序已经启动的状态下，在"文件"选项卡上单击"最近所用文件"按钮，在"最近使用的演示文稿"列表框中，选择最近使用过的演示文稿，快速打开该文件。

（2）退出演示文稿。

在"文件"选项卡上，单击"关闭"按钮，关闭当前打开的演示文稿；单击"退出"按钮，则在关闭当前打开的演示文稿的同时，关闭 PowerPoint 应用程序窗口。

（3）保存演示文稿。

在"文件"选项卡上单击"保存"或"另存为"按钮，在打开的对话框中输入保存位置、文件名和文件类型等参数，保存创建的演示文稿。

PowerPoint 2010 演示文稿的保存类型默认为"PowerPoint 演示文稿（*.pptx）"，如果想在低版本的 PowerPoint 中使用由 PowerPoint 2010 创建的演示文稿，则在保存演示文稿时，在"保存类型"的下拉列表框中选择"PowerPoint 97-2003 演示文稿"选项。

3．演示文稿的编辑

一个演示文稿由多张幻灯片组成。演示文稿的常用编辑操作主要包括：插入、删除、复制和移动幻灯片等。在执行这些操作之前，要先选定幻灯片，被选定的幻灯片称为当前幻灯片。

(1) 插入新幻灯片。

插入新的幻灯片，首先要确定新幻灯片插入的位置和版式。

在"普通视图"的"幻灯片/大纲浏览窗格"中，选择"幻灯片"选项卡，单击某张幻灯片的缩略图，插入的新幻灯片将位于该幻灯片之后；或者在两张幻灯片之间的空白处单击，使插入点位于两张幻灯片之间，则在该位置处插入新幻灯片；或者在"普通视图"的"幻灯片窗格"中，选定幻灯片，则在当前选定的幻灯片后插入新幻灯片。

确定了新幻灯片插入的位置后，在"开始"选项卡的"幻灯片"组中，单击"新建幻灯片"下拉列表框中所需的版式按钮后，插入一张具有新版式的幻灯片。

如果插入的新幻灯片和当前幻灯片的版式相同，则直接单击"新建幻灯片"按钮。

(2) 插入其他演示文稿中的幻灯片。

如果要将其他已经创建完成的演示文稿中的幻灯片插入到当前演示文稿中，具体操作步骤如下：

① 在当前打开的演示文稿中，在"普通视图"的"幻灯片窗格"中，选定幻灯片，确定需要插入幻灯片的位置。

② 在"开始"选项卡的"幻灯片"组中，单击"新建幻灯片|重用幻灯片"按钮。

③ 在打开的"重用幻灯片"窗格中，选择"浏览|浏览文件"命令。

④ 在打开的"浏览"对话框中，选择包含所需幻灯片的演示文稿。此时，在"重用幻灯片"窗格中，显示所选演示文稿的所有幻灯片缩略图。

⑤ 在"重用幻灯片"窗格中单击要插入的幻灯片，则将该幻灯片插入到当前打开的演示文稿中。或者在"重用幻灯片"窗格中右击，选择"插入所有幻灯片"命令，则将所有幻灯片插入到当前打开的演示文稿中。

如果想保留原演示文稿的格式，可勾选"重用幻灯片"窗格底部的"保留源格式"复选框。

(3) 删除幻灯片。

在"普通视图"的"幻灯片/大纲浏览窗格"中，选择"幻灯片"选项卡，从中选择需要删除的幻灯片缩略图，按 Delete 键或者右击，在弹出的快捷菜单中选择"删除幻灯片"命令即可。

(4) 复制幻灯片。

在"普通视图"的"幻灯片/大纲浏览窗格"中，选择"幻灯片"选项卡，右击需要复制的幻灯片缩略图，在弹出的快捷菜单中选择"复制幻灯片"命令，在当前幻灯片的下方生成一张相同的幻灯片。选择要复制的一张或多张幻灯片缩略图，在"开始"选项卡的"剪贴板"组中，单击"复制"按钮，然后选择要插入的位置，单击"粘贴"按钮，即可将幻灯片复制到指定位置。

在"幻灯片浏览视图"中，选择一张或多张幻灯片缩略图，按住 Ctrl 键，并用鼠标拖曳到要复制的位置放开即可。

(5) 移动幻灯片。

在"普通视图"的"幻灯片/大纲浏览窗格"中，选择要移动的一张或多张幻灯片缩略图，在"开始"选项卡的"剪贴板"组中，单击"剪切"按钮，然后选择要插入的位置，单击"粘贴"按钮，即可将幻灯片移动到指定位置。

在"幻灯片浏览视图"中，选择一张或多张幻灯片缩略图，然后用鼠标将其拖曳到要放置的新位置即可。

4.2 演示文稿的外观设置

演示文稿的外观设置包括版式、模板、母版、主题和背景等设置，通过对演示文稿的外观设置，使演示文稿中的幻灯片具有统一的外观设计风格。

4.2.1 版式

所谓版式，指的是幻灯片上各元素的排列格式，包括标题、文本、列表、图表、图片、自选图形等。幻灯片版式就是指幻灯片的组成内容以及各组成内容之间的相互位置。PowerPoint 提供了多种预定义的幻灯片版式，这些版式可以满足大多数应用的需要。

选择需要定义版式的幻灯片，在"开始"选项卡的"幻灯片"组中，单击"版式"下拉列表框中所需的版式按钮，如图 4-2 所示，则当前幻灯片的版式立即改为所选幻灯片版式。

版式是 PowerPoint 中的一个十分重要的概念，因为它直接决定了幻灯片基本的显示格式和组合方式，确定一个规范的版式有助于增强幻灯片的可读性，同时也为演讲者自己理清思路提供很大的帮助。

4.2.2 母版

母版是一种特殊的幻灯片格式，利用母版可以方便地统一演示文稿的整体风格。如果更改了母版，这一变化将影响基于这一母版的所有幻灯片的样式。PowerPoint 中提供了幻灯片母版、讲义母版和备注母版三种母版，其中最常用的母版是幻灯片母版。

1. 幻灯片母版

幻灯片母版上承载的是一套幻灯片的公共信息，如背景、各级标题的字样、效果、主题颜色

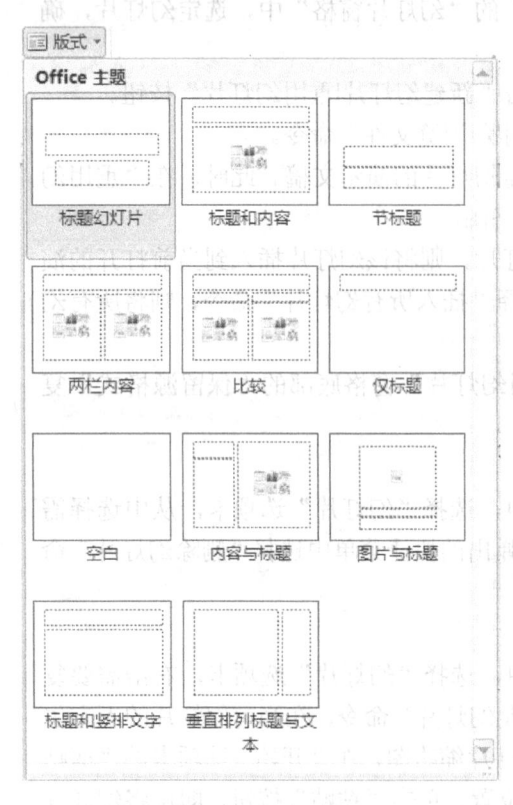

图 4-2 版式列表

和占位符大小和位置等。幻灯片母版中主要包括标题区、对象区、日期区、页脚区和页码区五类占位符。

在"视图"选项卡的"母版视图"组中，单击"幻灯片母版"按钮，进入幻灯片母版编辑界面。如图 4-3 所示。在左侧幻灯片母版缩略图中显示当前幻灯片所引用的所有母版类型。其中，带数字标识的缩略图是母版，其下面的缩略图是 PowerPoint 默认自带的 11 种版式，

单击任意一个母版或母版所包含的版式，即可在"幻灯片"窗格中查看、修改母版及版式的内容。

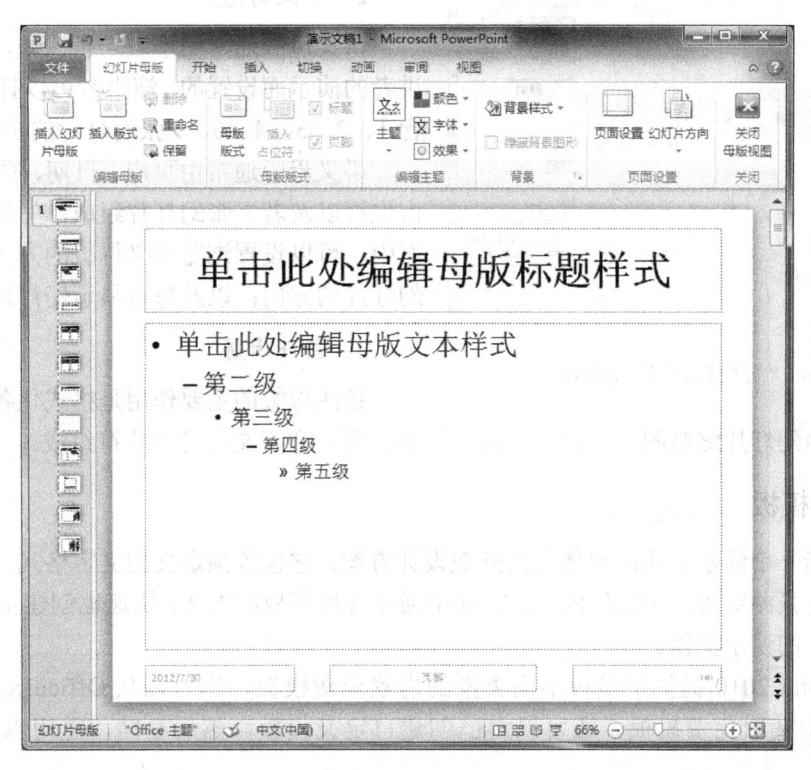

图4-3 幻灯片母版界面

（1）创建幻灯片母版和版式。

进入幻灯片母版界面，在"幻灯片母版"动态选项卡的"编辑母版"组中单击"插入幻灯片母版"按钮，即可插入一个新母版。新插入的母版默认自带11种版式。

同理，在"编辑母版"组中单击"插入版式"按钮，即可在当前选择的母版下创建一个新版式，该版式默认区域包括标题区、日期区、页脚区和页码区。

（2）修改幻灯片母版。

修改幻灯片母版的操作就是对幻灯片母版上的五类占位符进行重新设置，包括重新定义占位符的大小、色彩、位置，重新定义项目符号等；或者在幻灯片母版上添加/删除图案、图片、文字、音视频信息等。在幻灯片母版上进行的操作将应用到所有幻灯片上。母版上的文本只用于样式，而实际文本的输入必须在普通视图的幻灯片上完成。

进入幻灯片母版界面，在"幻灯片母版"动态选项卡的"母版版式"组中，取消勾选"标题"和"页脚"复选框，能够隐藏标题区和日期区、页脚区、页码区。

同理，在"母版版式"组中，单击"插入占位符"下拉列表框中所需的占位符按钮，即可在幻灯片窗格中的适当位置绘制占位符。

如果要在幻灯片上显示日期、幻灯片编号、页脚等信息，需要在"插入"选项卡的"文本"组中，单击"页眉和页脚"按钮，在打开的"页眉和页脚"对话框中勾选相关复选框。如需插入页脚，则在勾选"页脚"复选框的同时，在"页脚"文本框中输入相关内容。"页眉和页脚"对话框的设置项目如图 4-4 所示。

2. 讲义母版

讲义母版通常用于教学备课中，以辅助演讲者的演示而设置的，演讲者可以打印每页包含 1、2、3、4、6、9 张幻灯片的讲义。

讲义母版通常由页眉、日期、页脚和页码占位符以及若干张幻灯片组成。在讲义母版界面中，可以设置浏览讲义母版的方式；母版、幻灯片的方向；以及每页显示幻灯片的数量。

3. 备注母版

备注母版的主要作用是格式化备注页。备注母版主要由幻灯片缩略图、页眉、日期、页脚、页码和正文码等占位符组成。

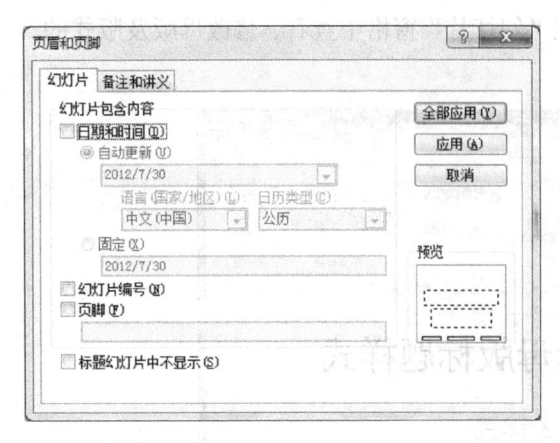

图 4-4 "页眉和页脚"对话框

4.2.3 模板

模板是指一个演示文稿的整体上的外观设计方案，它包含预定义的文字格式、颜色、以及幻灯片的背景图案等。可以在 PowerPoint 中通过套用模板的方式，快速地创建主题风格和外观效果统一的演示文稿。

PowerPoint 2010 提供了多种不同类型的内置免费模板，也可以从 Office.com 和其他第三方网站上获取免费模板，还可以自己创建自定义模板，然后存储、重用以及与他人共享。

PowerPoint 2010 模板是以"*.potx"的文件形式保存在指定的文件夹中，如 Microsoft Office 中的"Templates"文件夹中。

在保存自定义的模板时，只需在保存编辑好的相应幻灯片时，选择保存类型为"PowerPoint 模板（*.potx）"，位置默认。在之后创建新演示文稿时，在"我的模板"库中可以看到添加的新模板。

4.2.4 主题

幻灯片主题是应用于整个演示文稿的各种样式的集合，包括颜色、字体和效果三大类。PowerPoint 预置了多种主题供选择。

1. 设置主题

在"设计"选项卡的"主题"组中，单击"其他"按钮，在打开的主题样式列表中，单击所需的预设主题样式按钮，将其应用于当前演示文稿中的所有幻灯片上，如图 4-5 所示。

如果只对当前选择的幻灯片应用主题样式，则右击所需的主题样式，在弹出的快捷菜单中选择"应用于选定幻灯片"命令即可。

2. 修改主题

（1）设置主题颜色。

在"设计"选项卡的"主题"组中，单击"颜色"下拉列表框中所需的主题颜色按钮，可以修改幻灯片的主题颜色。

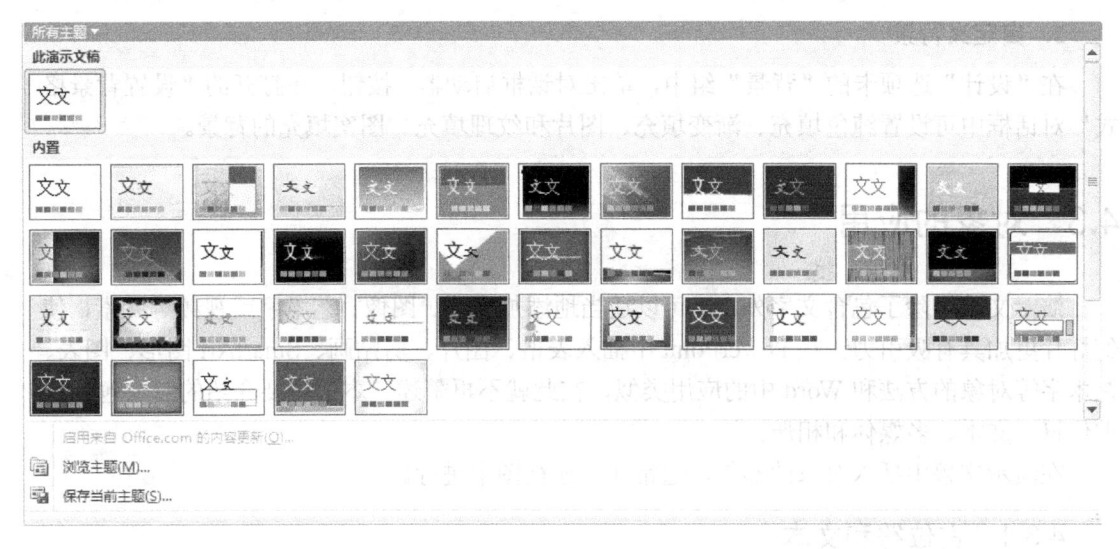

图 4-5 主题样式

如果选择"新建主题颜色"选项，则可以在打开的"新建主题颜色"对话框中设置各种类型内容的颜色。设置完成后，在"名称"文本框中输入自定义主题颜色的名称，单击"保存"按钮，在修改幻灯片主题颜色的同时，将新建的自定义主题颜色添加到"主题颜色"下拉列表框中。

（2）设置主题字体。

在"设计"选项卡的"主题"组中，单击"字体"下拉列表框中所需的字体样式按钮，可以修改幻灯片的字体。

如果选择"新建主题字体"选项，则可以在打开的"新建主题字体"对话框中设置西文和中文的标题、正文字体，并对其进行预览。新设置的主题字体也可以保存到主题字体下拉列表框中。

（3）设置主题效果。

主题效果是 PowerPoint 内预置的一些图像元素和特效。由于主题效果的设置非常复杂，因此 PowerPoint 不提供自定义主题效果的选项。

在"设计"选项卡的"主题"组中，单击"效果"下拉列表框中所需的内置效果样式按钮，可以修改幻灯片的效果。

如果对已经设置的主题满意的话，可以在"主题"组中单击"其他"按钮，在打开的下拉列表框中单击"保存当前主题"按钮，保存自定义主题，供以后使用。

4.2.5 背景

1．应用背景样式

背景样式是 PowerPoint 内置的 12 种渐变颜色的组合。要应用背景样式，可在"设计"选项卡的"背景"组中，单击"背景样式"下拉列表框中所需的样式按钮即可。

背景样式中通常会显示四种色调，其色调的颜色与演示文稿的主题颜色相关。修改演示文稿的主题颜色，背景样式中的四种色调也会随之发生变化。

2. 自定义背景

在"设计"选项卡的"背景"组中，单击对话框启动器按钮，在打开的"设置背景格式"对话框中可设置纯色填充、渐变填充、图片和纹理填充、图案填充的背景。

4.3 对象的应用

演示文稿中除了包含文字外，还可以适当地添加表格、图像、艺术字或视频等元素，使幻灯片更加具有吸引力。在 PowerPoint 中插入表格、图片、剪贴画、SmartArt 图形、图表、艺术字等对象的方法和 Word 中的应用类似，在此就不再赘述。本节主要介绍的对象包括：占位符、文本、多媒体和相册。

在演示文稿中插入对象的操作，通常在普通视图中进行。

4.3.1 占位符和文本

占位符是一种带有虚线边框的方框，大部分幻灯片版式中都包含占位符。在占位符内可以放置标题、正文、剪贴画、表格、图表和多媒体等对象。幻灯片中的占位符可以添加、删除、移动和调整大小。占位符中的内容在最初状态下显示为提示文字。

如图 4-6 所示幻灯片上包含标题区、对象区、页脚区和页码区四个占位符，其中对象区占位符中不仅可以输入文本，还包含了六个"插入"按钮，单击相应的按钮，可在占位符中插入表格、图表、SmartArt 图形、图片、剪贴画和多媒体等不同类型的对象。

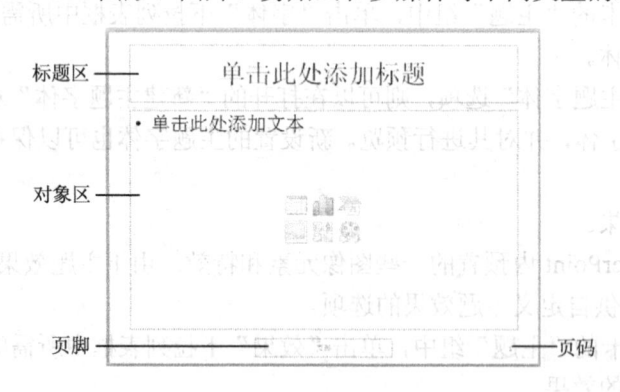

图 4-6 占位符

文本是演示文稿幻灯片中最基本的对象。在相应占位符中单击可以在幻灯片中添加文本。如果想在除占位符所在位置的其他地方添加文本，可以使用文本框。在"插入"选项卡的"文本"组中，单击"文本框|横排/垂直文本框"按钮，然后在幻灯片上拖曳绘制文本框。在文本框中添加的文本格式是默认的普通格式。

4.3.2 多媒体

在 PowerPoint 演示文稿中可以插入音频、视频、动画等多媒体对象，使得制作的演示文稿达到声情并茂的效果。

1. 插入音频

在幻灯片中可以插入来自文件和剪辑画的音频，还可以为幻灯片录制音频。PowerPoint 中支持的音频格式主要包括：AAC、AIFF、AU、MIDI、MP3、MP4、WAV、WMA 等。

在"插入"选项卡的"媒体"组中，选择"音频|文件中的音频"命令，在打开的"插入音频"对话框中选择音频文件，单击"插入"按钮将其插入到幻灯片中。

同上所述，从打开的下拉列表框中选择"剪贴画音频"命令，则会打开"剪贴画"窗格，并显示本地和 Office.com 网站提供的各种音频素材。单击所需的音频文件将其插入到幻灯片中。

如果从打开的下拉列表框中选择"录制音频"命令，打开"录音"对话框，如图 4-7 所示。单击"录音"按钮，录制音频文件。完成录制后，单击"停止"按钮。单击"播放"按钮，试听录制的音频。确认无误后，单击"确定"按钮，将录制的音频插入到幻灯片中。

插入音频文件后，幻灯片中会出现小喇叭图标，选择该图标，图标下方会出现"音频"工具栏，如图 4-8 所示，通过该工具栏可以试听声音、调节音量。

图 4-7 "录音"对话框　　　　　图 4-8 "音频"工具栏

利用"音频工具｜播放"动态选项卡"音频选项"组中的选项来设置音频文件是否循环播放、是否放映时隐藏图标、是否单击鼠标开始播放等参数，如图 4-9 所示。

单击"音频工具｜播放"动态选项卡"编辑"组中的"剪辑音频"按钮，打开"剪辑音频"对话框，在此对话框中可根据需要拖曳绿色和红色滑块对音频进行剪辑，如图 4-10 所示。

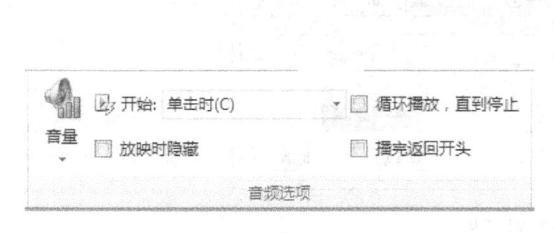

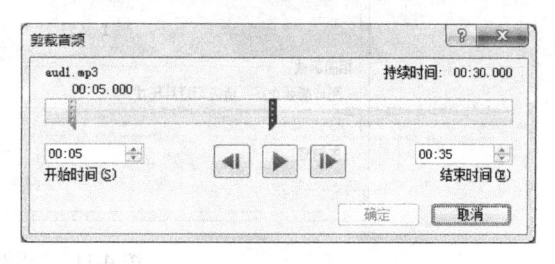

图 4-9 "音频选项"组　　　　　图 4-10 "剪辑音频"对话框

设置"音频工具｜播放"动态选项卡"编辑"组中的"淡化持续时间"栏中的"淡入"/"淡出"值，可以为音频添加淡入和淡出的效果。

插入音频后，可以利用"音频工具｜格式"动态选项卡中的选项对插入的音频图标外观进行设置。

2. 插入视频

在幻灯片中可以插入来自文件、来自网站和剪辑画的视频。PowerPoint 中支持的视频格式主要包括：ASF、AVI、MOV、MP4、MPEG、WMV 等。

插入视频的方法和插入音频的方法相似。在"插入"选项卡的"媒体"组中，选择"视频"下拉列表框中所需的命令即可。

插入视频后，利用"视频工具｜格式/播放"动态选项卡中的选项对插入的视频进行简单的处理，并应用各种效果。

标牌框架是 PowerPoint 2010 的一个新增功能。所谓标牌框架是指视频在未播放时显示在视频框架中的图像内容，当视频播放时，这些图像内容将被隐藏起来。当插入视频后，幻灯片中就插入一个视频框架，框架中将默认显示视频第 1 帧的内容。为了吸引注意力，此缩略图最好选取视频中最精彩的一幕。单击"视频工具｜格式"动态选项卡"调整"组中的"标牌框架|文件中的图像"命令来设置。

4.3.3 相册

相册是 PowerPoint 中的一种图像对象，利用相册功能，可以将批量的图片导入到幻灯片中，快速地制作出精美的电子相册。

在"插入"选项卡的"图像"组中，单击"相册"按钮，打开"相册"对话框，如图 4-11 所示。单击"文件/磁盘"按钮，打开"插入新图片"对话框，选择需要插入的图片，单击"插入"按钮，返回到"相册"对话框。单击"创建"按钮，完成相册的创建。

图 4-11 "相册"对话框

对于已创建的相册，单击"插入"选项卡"图像"组中的"相册|编辑相册"命令来进行修改。

4.4 演示文稿的播放效果

PowerPoint 的演示文稿中除了能插入文本、图像、表格、音频和视频等对象外，还可以为这些对象添加各种动画效果，而各幻灯片之间也能添加各种切换效果，使演示文稿的展示内容更丰富。

4.4.1 切换效果

幻灯片切换效果是指演示文稿在放映时,从一张幻灯片切换到另一张幻灯片时出现的播放效果。

1．添加切换效果

选择要添加切换效果的幻灯片,在"切换"选项卡的"切换到此幻灯片"组中,单击"其他"下拉列表框中所需的切换效果按钮,将其应用到选择的幻灯片上。

PowerPoint 提供了细微型、华丽型和动态内容三大类共 34 种的切换效果,一张幻灯片只能应用一种切换效果。

2．删除切换效果

在"切换"选项卡的"切换到此幻灯片"组中,单击"其他"下拉列表框中的"无"按钮,可删除切换效果的设置。

3．编辑切换效果

在添加了幻灯片切换效果后,可以在"切换"选项卡的"切换到此幻灯片"组中,单击"效果选项"下拉列表框中的所需命令,设置切换效果的一些具体属性。"效果选项"中的命令随所选择的切换效果的不同而不同。

利用"切换"选项卡的"计时"组中的相关选项,可以为切换效果添加声音、利用"持续时间"选项调整幻灯片切换速度、利用"换片方式"选项改变幻灯片切换方式等,如图 4-12 所示。如果要对全部幻灯片应用相同的切换效果,可以单击"全部应用"按钮。

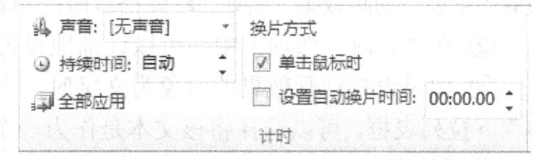

图 4-12 "切换"选项卡的"计时"组

4．预览切换效果

在"切换"选项卡的"预览"组中,单击"预览"按钮,查看幻灯片的切换效果。

4.4.2 动画效果

动画效果是演示文稿制作的一个重要特点,通过将幻灯片中的各种对象以动画的形式展现出来,增强幻灯片的吸引力。

1．添加动画效果

选择要添加动画的对象,在"动画"选项卡的"动画"组中,单击"其他"下拉列表框中所需的动画效果按钮,将其应用到所选择的对象上。在打开的动画效果下拉列表框的底部,还包含了"更多进入效果"、"更多强调效果"、"更多退出效果"和"其他动作路径"四个命令,单击这些命令,可打开不同类型的动画效果添加对话框,其中包含了更多类型的动画效果。

PowerPoint 提供了进入、强调、退出和动作路径四种不同的动画效果。

2．删除动画效果

在"动画"选项卡的"动画"组中,单击"其他"下拉列表框中的"无"按钮,可删除动画效果的设置。

3．复制动画效果

在 PowerPoint 2010 中新增加了一个功能——动画刷，利用动画刷可以快捷地将动画效果从一个对象复制到另一个对象上，类似于 Word 中的格式刷。

选择已经设置好动画效果的对象，然后在"动画"选项卡的"高级动画"组中单击"动画刷"按钮，最后单击需要复制动画效果的对象即可。

4．编辑动画效果

在为幻灯片中的对象添加了动画效果后，可以对对象的动画效果进行编辑。

（1）效果选项。

在为对象添加了动画效果后，可以在"动画"选项卡的"动画"组中，单击"效果选项"下拉列表框中所需的相关按钮，更改动画效果的默认设置。"效果选项"中的命令随所选择对象上设置的动画效果的不同而不同。

在"动画"选项卡的"动画"组中单击对话框启动器按钮，打开相应动画效果的设置对话框，更改动画效果。如图 4-13 所示，打开"擦除"动画效果设置对话框。其中：

① 在"效果"选项卡中，不仅可以设置一些基本的动画效果，例如"方向"，而且还可以设置"增强"动画效果，例如，动画播放时的声音、动画播放后对象的颜色和动画文本等效果。

② 在"计时"选项卡中，可以详细地设置动画效果的开始、延迟、播放速度等效果。

③ 如果设置动画效果的对象为文字时，在"正文文本动画"选项卡中，打开"组合文本"下拉列表框，可以选择将该文本是作为一个整体对象还是按某级段落划分为多个元素来使用动画效果。

（2）计时。

在为对象添加了动画效果后，可以激活"动画"选项卡中的"计时"组，如图 4-14 所示。在其中可以设置动画的开始方式、持续时间、延迟时间，以及重排各对象的动画播放顺序。

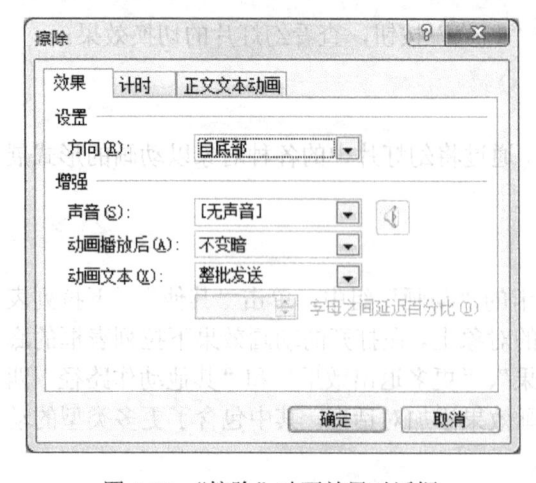

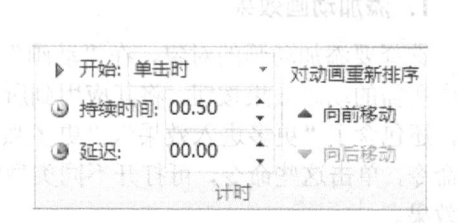

图 4-13 "擦除"动画效果对话框   图 4-14 "动画"选项卡中的"计时"组

（3）动画窗格。

在"动画"选项卡的"高级动画"组中，单击"动画窗格"按钮，在窗口的右侧会打开

"动画窗格",在此窗格中可以浏览已经设置的动画效果列表。在其中可对设置的动画进行更详细的编辑。

① 在列表中通过拖曳动画效果框,可以改变对象在播放动画时的先后顺序。

② 右击所需设置的动画效果,在弹出的快捷菜单中选择相关命令进行动画效果的设置。

5. 预览动画效果

在"动画"选项卡的"预览"组中,单击"预览"按钮,查看幻灯片中各对象的动画效果。

4.4.3 超链接

PowerPoint 提供了功能强大的超链接功能,使用超链接可以在幻灯片与幻灯片之间、幻灯片与其他文件之间以及幻灯片与网页和电子邮件地址之间自由地转换。可供创建超链接的对象有文本、图片、形状、艺术字及按钮等。创建超链接通常在普通视图下进行。

1. 创建超链接

选择要添加超链接的对象,在"插入"选项卡的"链接"组中,单击"超链接"按钮。或者右击该对象,在弹出的快捷菜单中选择"超链接"命令。在打开的"插入超链接"对话框中进行相关设置,如图 4-15 所示。"链接到"列表框中各选项的意义如下。

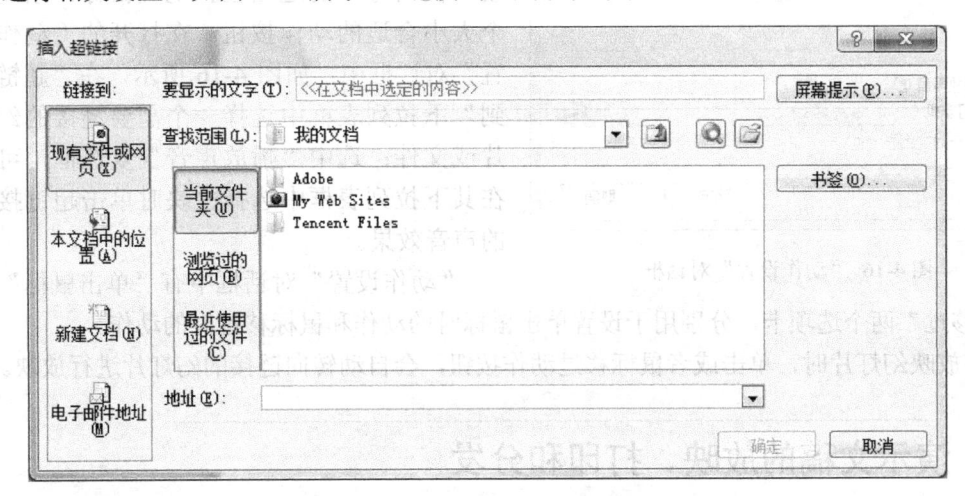

图 4-15 "插入超链接"对话框

① "现有文件或网页":链接目标为不同演示文稿中的幻灯片。

单击"查找范围"下拉列表框,从中找到包含要链接到的幻灯片的演示文稿,然后单击"书签"按钮,在打开的"在文档中选择位置"对话框中选择要链接到的幻灯片的标题即可。

如果单击"浏览 web" 命令按钮,则可创建链接到网站上的页面;如果单击"浏览文件" 命令按钮,则可创建链接到文件的超链接。

② "本文档中的位置":链接目标为同一演示文稿中的幻灯片。在"请选择文档中的位置"列表框中,选择要用作超链接目标的幻灯片。

③ "新建文档":链接目标为新建的文档。在"新建文档名称"文本框中,设置要创建并链接到的文件的路径和名称,并选择编辑时间。

④ "电子邮件地址":链接目标为电子邮件地址。在"电子邮件地址"文本框中输入要

链接到的电子邮件地址，或在"最近用过的电子邮件地址"列表框中单击所需的电子邮件地址，在"主题"文本框中输入电子邮件的主题。

在对话框的"要显示的文字"文本框中，输入要在屏幕上显示的超链接的文字内容；单击"屏幕提示"按钮，可以添加提示信息。

2．编辑超链接

选择已经插入超链接的对象，在"插入"选项卡的"链接"组中，单击"超链接"按钮；或者右击该对象，在弹出的快捷菜单中选择"编辑超链接"命令。在打开的"编辑超链接"对话框中更改超链接设置或者删除超链接。

3．添加动作按钮

PowerPoint 形状库中内置了一组动作按钮，从中选择一个合适的按钮形状添加到幻灯片中，并为其设置超链接。

在"插入"选项卡的"插图"组中，单击"形状|动作按钮"下拉列表框中所需的动作按钮，在幻灯片的适当位置拖曳鼠标，绘制一个大小合适的动作按钮。在打开的"动作设置"对话框中，如图 4-16 所示，在"超链接到"下拉列表框中选择一个需要链接的幻灯片或文件；选中"播放声音"复选框，可以在其下拉列表框中选择放映时单击超链接时的声音效果。

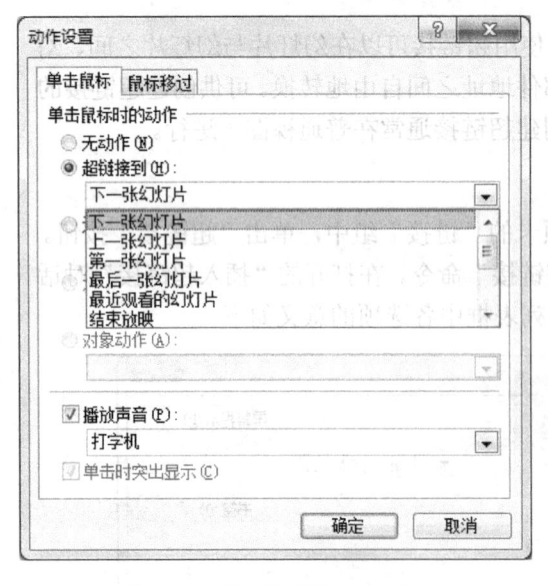

图 4-16 "动作设置"对话框

"动作设置"对话框中有"单击鼠标"和"鼠标移过"两个选项卡，分别用于设置单击鼠标时的动作和鼠标移过时的动作。

在放映幻灯片时，单击或者鼠标移过动作按钮，会自动转向链接的幻灯片进行放映。

4.5 演示文稿的放映、打印和分发

在制作完成演示文稿后，可以通过多种方式设置演示文稿的放映参数，以调试演示文稿在各种放映设备上的真实表现。也可以将演示文稿打印和分发。

4.5.1 演示文稿的放映

单击 PowerPoint 工作界面下方的"幻灯片放映"按钮，可以放映设计完成的演示文稿，浏览最后效果。在演示文稿放映前，还可以进行放映参数的设置，以达到所要的播放效果。

1．开始放映幻灯片

在 PowerPoint 中，可以通过四种方式放映已经设计完成的演示文稿。

（1）从头开始：从演示文稿的第一张幻灯片开始播放演示文稿。

（2）从当前幻灯片开始：可以先选择所需的幻灯片为当前幻灯片，然后选择该方式，放

映时就从指定的幻灯片开始播放。

（3）广播幻灯片：这种方式是 PowerPoint 2010 新增的一种功能，可以将演示文稿通过 Windows Live 账户发布到互联网中，以通过网页浏览器观看。

（4）自定义幻灯片放映：通过这种放映方式，可以指定从哪一张幻灯片开始播放；可以建立自定义的幻灯片放映列表；可以选择需要的幻灯片进行播放。

在"幻灯片放映"选项卡的"开始放映幻灯片"组中，可以单击相应按钮进行"开始放映幻灯片"的设置。

2．设置放映方式

在"幻灯片放映"选项卡的"设置"组中，单击"设置幻灯片放映"按钮，在打开的对话框中进行放映方式的设置，如图 4-17 所示。

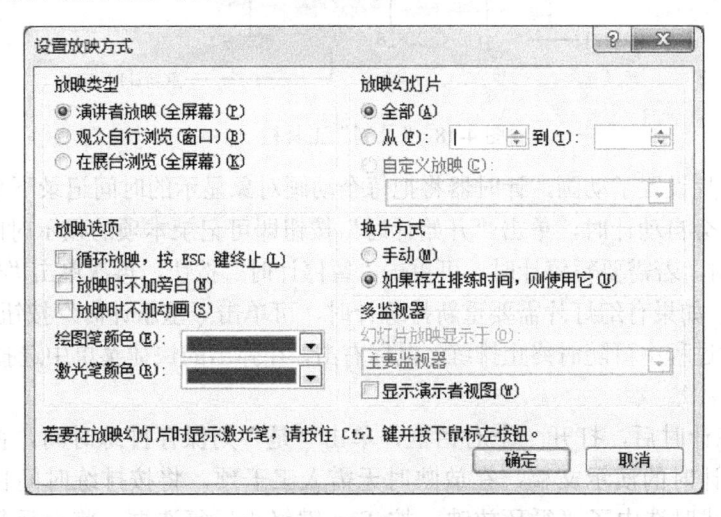

图 4-17 "设置放映方式"对话框

（1）放映类型：根据演讲者放映演示文稿的意图，确定演示文稿的显示方式。
（2）放映选项：用于设置放映时的一些具体属性。
（3）放映幻灯片：设置幻灯片播放的方式。
（4）换片方式：定义幻灯片播放时的切换触发方式。
（5）多监视器：如本地计算机安装了多个监视器，则可通过此栏设置演示文稿放映时所使用的监视器，以及演讲者视图等信息。

3．设置放映时间

一般情况下，放映演示文稿时由演讲者通过鼠标来控制放映过程。如果想在无人操控幻灯片的情况下自动播放演示文稿，则需要对每张幻灯片的放映时间进行设置。设置幻灯片的放映时间包括人工设置和排练计时两种方式。

（1）人工设置。

在"切换"选项卡的"计时"组中，可以通过修改"设置自动换片时间"值来设置自动放映的时间，放映时间单位为秒。

设置完一张幻灯片的放映时间后，如果希望该时间应用到所有幻灯片上，则单击"计时"

组中的"全部应用"按钮。如果各幻灯片的放映时间各不相同,则必须逐张设置放映时间。

设置完成后,切换到"幻灯片浏览"视图,可以看到每张幻灯片缩略图的左下方都出现了设置的放映时间。

(2)排练计时。

排练计时就是通过对演示文稿进行全程的播放,记录放映时各幻灯片的放映时间。

在"幻灯片放映"选项卡的"设置"组中,单击"排练计时"按钮,进入排练计时状态。屏幕的左上方会出现"录制"工具栏,如图 4-18 所示,通过该工具栏控制幻灯片排练计时的操作。

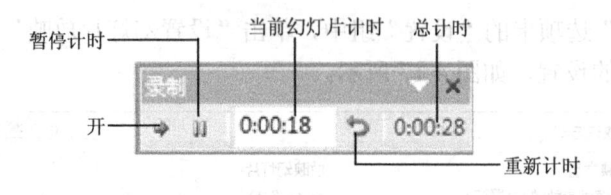

图 4-18 "录制"工具栏

① 如果幻灯片设置了动画,计时器将把每个动画对象显示的时间记录下来。

② 演示过程会自动计时,单击"开始计时"按钮即可记录本项的显示时间,并开始下一项的显示及计时。若需要暂停计时,可单击"暂停计时"按钮,再次单击"暂停计时"按钮可以恢复计时。如果有幻灯片需要重新排练计时,可单击"重新计时"按钮。

③ 排练计时过程中可随时终止排练。鼠标右击,在弹出的快捷菜单中选择"结束放映"命令。

④ 结束排练计时后,打开一个对话框,单击"是"则保存排练时间,否则本次排练无效。经过排练计时的演示文稿,在放映时无需人工干预,将按排练时间自动播放。如果在设置放映方式时选中了"循环放映,按 Esc 键终止"复选框,将会反复放映该演示文稿。

4.录制幻灯片演示

除了进行排练计时外,还可以录制幻灯片演示,包括录制旁白,以及使用激光笔等工具对演示文稿中的内容进行标注。

在"幻灯片放映"选项卡的"设置"组中,单击"录制幻灯片演示"按钮进行相关操作。

4.5.2 演示文稿的打印

在 PowerPoint 中,可以将演示文稿打印到纸质材料上。在打印前,还必须对演示文稿进行页面设置,设置幻灯片的大小、打印方向等属性。

1.页面设置

在"设计"选项卡的"页面设置"组中,单击"页面设置"按钮,在打开的"页面设置"对话框中设置幻灯片的大小、编号起始值、方向等属性,如图 4-19 所示。

2.演示文稿打印

PowerPoint 2010 将预览和打印功能合二为一。在"文件"选项卡上单击"打印"按钮,在右窗格中打开打印预览界面。在此界面中，可设置打印份数、选择打印机类型、确定打印幻灯片的范围、还可以编辑页面和页脚。在选择打印版式时，一般选择"讲义"方式，可以在一页中打印多张幻灯片。

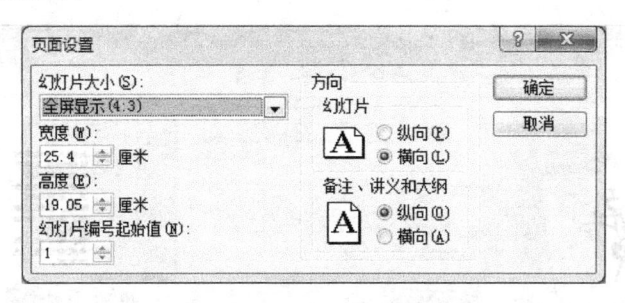

图 4-19 "页面设置"对话框

4.5.3 演示文稿的发布

在"文件"选项卡上单击"保存并发送"按钮，在右窗格中打开发布演示文稿界面。

在"文件类型"区域中选择"更改文件类型"选项，在打开的"更改文件类型"窗口中双击"PowerPoint 放映（*.ppsx）"选项，在打开的"另存为"对话框中设置相关参数，单击"保存"按钮，即在指定位置处保存了一个"*.ppsx"的 PowerPoint 放映文件。

在"文件类型"栏中选择"创建 PDF/XPS 文档"选项，在打开的"创建 PDF/XPS 文档"窗口中单击"创建 PDF/XPS"按钮，在打开的"发布为 PDF 或 XPS"对话框中设置相关参数，单击"发布"按钮，即在指定位置处保存了一个"*.pdf"或"*.xps"的文件。

在"文件类型"栏中选择"将演示文稿打包成 CD"选项，在打开的"将演示文稿打包成 CD"窗口中单击"打包成 CD"按钮，在打开的"打包成 CD"对话框中进行各项打包参数设置。

另外还可以通过电子邮件以附件、链接、PDF 文件、XPS 文件或 Internet 传真的形式将 PowerPoint 2010 演示文稿发送给其他人。

4.6 综合案例

综合利用 PowerPoint 的各项功能，制作一个介绍上海风貌的演示文稿。幻灯片浏览视图界面中的最终效果如图 4-20 所示。

1．启动 PowerPoint 应用程序，在打开程序的同时新建一张空白幻灯片。

2．在"文件"选项卡上单击"保存"按钮，在打开的"另存为"对话框中选择演示文稿的保存位置并输入文件名 p01.pptx，单击"保存"按钮，将演示文稿保存到指定文件夹中。

3．设置并修改主题。

在"设计"选项卡的"主题"组中，单击"其他|角度"按钮为幻灯片设置主题，然后单击"颜色|华丽"按钮以修改主题的颜色。

4．修改幻灯片母版。

（1）在"视图"选项卡的"母版视图"组中，单击"幻灯片母版"按钮，将视图切换到幻灯片母版视图。单击左侧窗格幻灯片母版缩略图中的第 1 张缩略图，选择要修改的幻灯片母版。

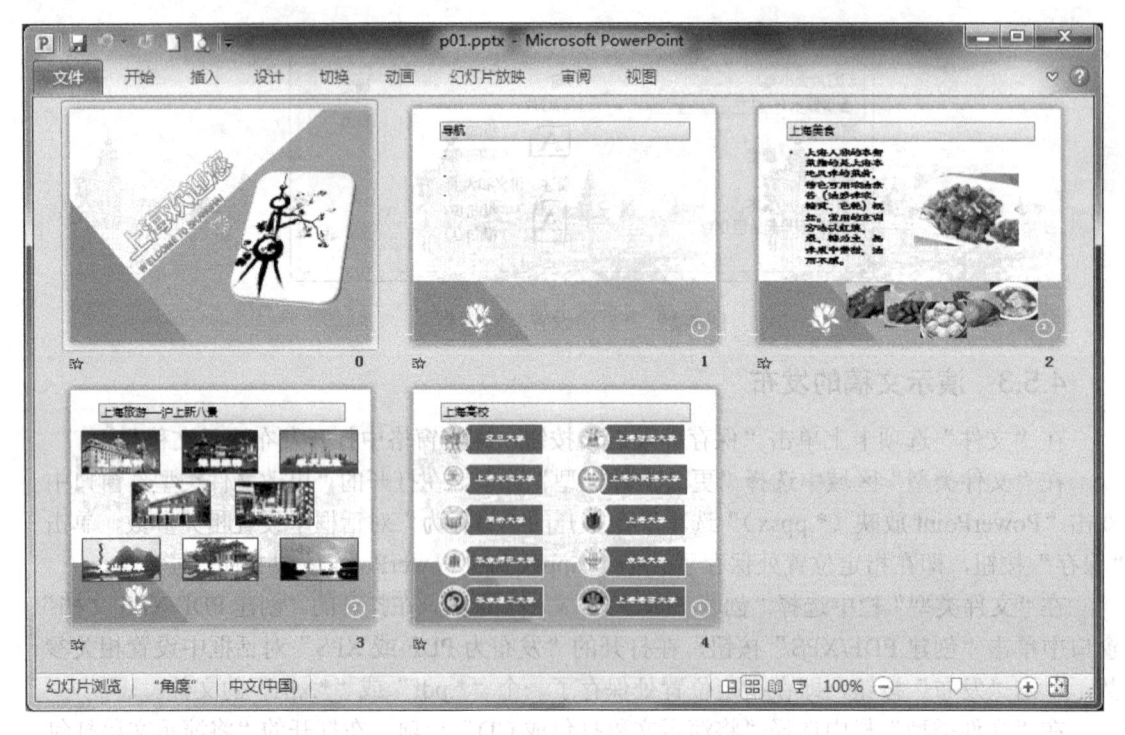

图 4-20 最终效果图

（2）在右窗格幻灯片母版的空白处右击，在弹出的快捷菜单中选择"设置背景格式"命令，在打开的"设置背景格式"对话框中，单击"图片或纹理填充"选项按钮，在"插入自"区域中单击"文件"按钮，在打开的"插入图片"对话框中选择 tp01.jpg 图片，单击"插入"按钮，插入背景图片，并调整"透明度"为 80%，单击"关闭"按钮完成设置。

（3）选择母版标题样式占位符，在"开始"选项卡的"绘图"组中，单击"快速样式"下拉列表框中的"细微效果-橙色，强调颜色 3"按钮，为标题添加填充效果。

（4）在"插入"选项卡的"图像"组中，单击"图片"按钮，在打开的"插入图片"对话框中选择 tp02.gif 图片，单击"插入"按钮，插入图片。右击图片，在弹出的快捷菜单中设置图片的高和宽为 3×3 厘米。选择图片，在"图片工具|格式"动态选项卡的"调整"组中进行设置，其中：单击"颜色|重新着色|金色，强调文字颜色 4 浅色"按钮修改颜色；单击"艺术效果|影印"按钮修改图片效果。并将图片移至左下角，如图 4-21 所示。

（5）在"幻灯片母版"选项卡的"关闭"组中，单击"关闭母版视图"按钮，将视图切换到普通视图中。

5. 编辑标题幻灯片，如图 4-22 所示。

（1）单击标题占位符，输入正副标题。选择文字，在"开始"选项卡的"字体"组中，在"字号"下拉列表框中选择字号，分别修改标题和副标题大小为 66 号和 24 号。

第 4 章 文稿演示软件 PowerPoint 2010

图 4-21 幻灯片母版视图

（2）选择正标题，在"开始"选项卡的"绘图"组中，分别单击"形状填充|无填充颜色"和"形状轮廓|无轮廓"按钮，删除正标题处的形状格式。

（3）分别选择正副标题，设置文字样式。在"绘图工具｜格式"动态选项卡的"艺术字样式"组中，单击"其他|填充-橙色，强调文字颜色6，渐变轮廓-强调文字颜色6"按钮，修改文字的艺术字样式。

（4）插入 tp03.jpg 图片，设置图片的高、宽为 12.5×9.22 厘米。在"图片工具｜格式"动态选项卡的"图片样式"组中，单击"其他|棱台透视"按钮，设置图片样式。并将图片移至合适的位置处。

6．创建"导航"幻灯片，如图 4-23 所示。

图 4-22 标题幻灯片　　　　　　　　　图 4-23 "导航"幻灯片

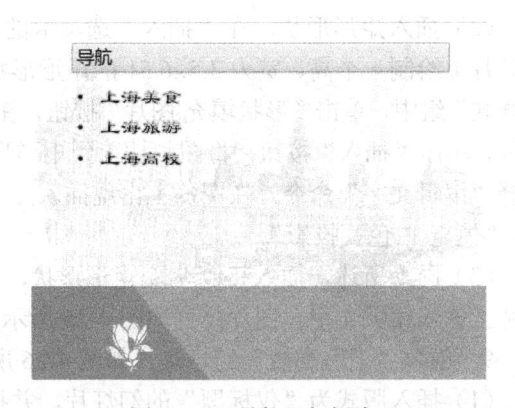

(1) 在"开始"选项卡的"幻灯片"组中,单击"新建幻灯片|标题和内容"按钮,新建一张幻灯片。

(2) 如图 4-23 所示输入文本内容。在内容占位符中选择文字,设置文字大小为 32 号字体;在"开始"选项卡的"段落"组中,单击"项目符号"按钮,为文本添加项目符号。并修改文字的艺术字样式为:"渐变填充-黑色,轮廓-白色,外部阴影"。

7. 创建"上海美食"幻灯片,如图 4-24 所示。

(1) 插入版式为"两栏内容"的幻灯片。将"上海美食.txt"文本文件中的内容粘贴到左侧占位符中,并添加项目符号。

(2) 单击右侧占位符中的"插入来自文件的图片"按钮,在打开的"插入图片"对话框中选择 tp04.jpg 图片,单击"插入"按钮,插入图片。

(3) 同理,在幻灯片下方插入 tp05.jpg~tp09.jpg 图片,并适当调整图片的大小、位置和顺序。

注:通过右击图片,在弹出的快捷菜单中可以通过选择"置于顶层"或者"置于底层"中的相关命令调整图片的上下层顺序。

8. 创建"上海旅游"幻灯片,如图 4-25 所示。

图 4-24 "上海美食"幻灯片   图 4-25 "上海旅游"幻灯片

(1) 插入版式为"仅标题"的幻灯片,并按如图 4-25 所示修改幻灯片标题。

(2) 插入矩形形状。在"插入"选项卡的"插图"组中,单击"形状|矩形"按钮,在幻灯片上绘制一个高、宽为 3.5×6.51 的矩形形状,在"绘图工具 | 格式"动态选项卡的"形状样式"组中,单击"形状填充|图片"按钮,在打开的"插入图片"对话框中选择 img01.jpg 图片,单击"插入"按钮,将图片插入到矩形形状中。右击矩形形状,在弹出的快捷菜单中选择"编辑文字"命令,在图片上出现插入点,输入文字,设置文字大小 28 号,艺术字样式:"填充-白色,投影"。

(3) 同上所述,插入其他 7 个矩形形状,分别用 img02.jpg~img08.jpg 图片填充,并在图片上输入相关文字。图片排列如图 4-25 所示。

9. 创建"上海高校"幻灯片,如图 4-26 所示。

(1) 插入版式为"仅标题"的幻灯片,并按如图 4-26 所示修改幻灯片标题。

(2) 在幻灯片中插入 SmartArt 按钮。在"插入"选项卡的"插图"组中,单击"SmartArt"

按钮，在打开的"选择 SmartArt 图形"对话框中，在左窗格中选择"图片"选项，在右窗格中选择"垂直图片重点列表"选项，单击"确定"按钮。

（3）在"SmartArt 工具 | 设计"动态选项卡的"创建图形"组中，单击"添加形状"按钮，为 SmartArt 图形添加两个形状。调整图形大小，并利用"开始"选项卡的"剪贴板"组中的"复制"和"粘贴"按钮复制一个图形，排列如图 4-26 所示。

（4）分别单击 SmartArt 图形中的插入图片按钮，在打开的"插入图片"对话框中选择

图 4-26 "上海高校"幻灯片

图片，单击"插入"按钮，分别插入 tp11.jpg~tp20.jpg 图片。同时，按如图 4-26 所示效果输入文字。

10．设置超链接。

（1）在"幻灯片/大纲浏览窗格"中单击导航幻灯片切换到该幻灯片。选择文字"上海美食"，在"插入"选项卡的"链接"组中，单击"超链接"按钮，在打开的"插入超链接"对话框中，在"链接到"列表框中选择"本文档中的位置"选项，在"请选择文档中的位置"栏中选择第三张幻灯片，如图 4-27 所示，单击"确定"按钮，完成超链接设置。

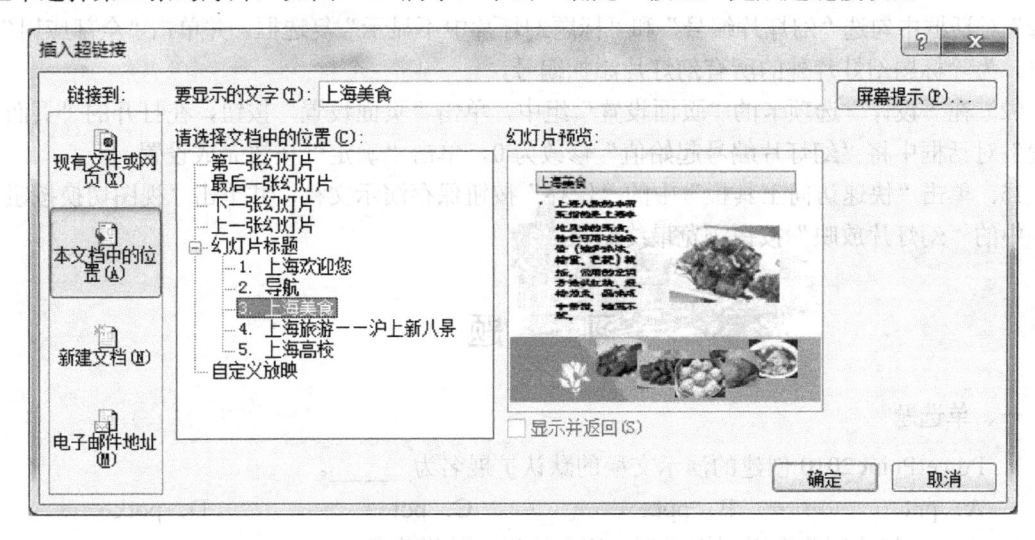

图 4-27 "插入超链接"对话框

（2）同上所述，为文字"上海旅游"和"上海高校"分别设置超链接，链接目标分别为第四和第五张幻灯片。

11．设置对象动画效果。

（1）切换到第一张幻灯片，选择正标题文本，在"动画"选项卡的"动画"组中，选择"其他|更多进入效果"命令，在打开的"更改进入效果"对话框中选择"华丽型|挥鞭式"命令，单击"确定"按钮，将动画效果应用到正标题上；在"计时"组中，选择"开始|上一

动画之后"命令，设置自动播放动画。

（2）选择正标题文本，在"动画"选项卡的"高级动画"组中单击"动画刷"按钮，然后单击副标题，将正标题上的动画效果复制到副标题上。

（3）选择图片，为图片应用"进入"区域中的"淡出"动画效果，同时设置"开始"选项为"与上一动画同时"，设置"持续时间"为1秒。

（4）如上所述，为其他幻灯片中的对象添加自己喜欢的动画效果。

12．设置幻灯片切换效果。

在"切换"选项卡的"切换到此幻灯片"组中，在"其他"下拉列表框中选择一种幻灯片切换方式，例如，选择"分割"命令，在"计时"组中，单击"全部应用"按钮，将一种幻灯片切换方式应用到所有幻灯片上。

13．为演示文稿添加音频。

（1）切换到第一张幻灯片，在"插入"选项卡的"媒体"组中，单击"音频|文件中的音频"按钮，在打开的"插入音频"对话框中选择 music.mp3 音频文件，单击"插入"按钮，在幻灯片上插入音频。

（2）选择音频图标，在"音频工具|播放"动态选项卡的"音频选项"组中，选择"开始|跨幻灯片播放"命令，并勾选"放映时隐藏"复选框，使音频文件的播放贯穿整个幻灯片的放映，同时在播放时隐藏音频的喇叭图标。

14．设置页眉页脚。

（1）在"插入"选项卡的"文本"组中，单击"页眉和页脚"按钮，在打开的"页眉和页脚"对话框中勾选"幻灯片编号"和"标题幻灯片中不显示"复选框，并单击"全部应用"按钮，为除标题幻灯片外的所有幻灯片添加编号。

（2）在"设计"选项卡的"页面设置"组中，单击"页面设置"按钮，在打开的"页面设置"对话框中将"幻灯片编号起始值"修改为0，单击"确定"按钮完成设置。

15．单击"快速访问工具栏"中的"保存"按钮保存演示文稿，并单击"视图切换按钮组"中的"幻灯片放映"按钮浏览最终结果。

习 题

一、单选题

1．PowerPoint 2010 创建的演示文稿的默认扩展名为_____。
  A．ppt   B．pptx   C．pot   D．potx

2．在"幻灯片浏览"视图模式下，不允许进行的操作是_____。
  A．幻灯片的复制   B．自定义动画   C．幻灯片删除   D．幻灯片切换

3．在 PowerPoint 2010 中，停止幻灯片播放应按_____键。
  A．Esc   B．Shift   C．Ctrl   D．Alt

4．PowerPoint 2010 中，在_____选项卡的"设置"组中，可以进行隐藏某个幻灯片的操作。
  A．开始   B．设计   C．视图   D．幻灯片放映

5. 在 PowerPoint 2010 的各种视图中，_____视图可以同时浏览多张幻灯片，便于选择、添加、删除、移动幻灯片等操作。
　　A．备注页视图　　　　　　　　B．幻灯片浏览视图
　　C．幻灯片视图　　　　　　　　D．幻灯片放映视图
6. 在 PowerPoint 2010 "视图切换按钮"组中，不包含_____按钮。
　　A．幻灯片浏览视图　B．普通视图　　C．备注页视图　　D．幻灯片放映
7. 在 PowerPoint 2010 中，下列有关幻灯片放映叙述错误的是_____。
　　A．无循环放映选项　　　　　　B．放映时可只放映部分幻灯片
　　C．可以选择放映时放弃原来的动画设置　D．可自动放映，也可人工放映
8. 在 PowerPoint 2010 中，下列有关插入多媒体内容的说法，错误的是_____。
　　A．插入多媒体内容后，放映时只能自动放映，不能手动放映
　　B．可以插入音乐（如 CD 乐曲）
　　C．可以插入影片
　　D．可以插入声音（如掌声）
9. 在 PowerPoint 2010 中，下列关于动画设置的操作，正确的是_____。
　　A．在"动画窗格"窗口中可以设置动画效果。
　　B．右击需要设置动画的对象，选择"动画"命令设置动画效果。
　　C．在"动画"选项卡中可以设置动画效果。
　　D．在"幻灯片备注"视图中可以设置动画效果。
10. 在 PowerPoint 2010 中，下列有关幻灯片背景设置的说法，正确的是_____。
　　A．不可以为幻灯片设置不同的颜色、图案或者纹理的背景
　　B．不可以使用图片作为幻灯片背景
　　C．不可以为单张幻灯片进行背景设置
　　D．可以同时对当前演示文稿中的所有幻灯片设置背景
11. 进入幻灯片母版的方法是_____。
　　A．在"设计"选项卡的"页面设置"组中单击"页面设置"按钮
　　B．在"开始"选项卡的"幻灯片"组中单击"版式"按钮
　　C．在"文件"选项卡上选择"新建"命令项下的"样本模板"
　　D．在"视图"选项卡的"母版视图"组中单击"幻灯片母版"按钮
12. 在任何版式的幻灯片中都可以插入图表，除了在"插入"选项卡的"插图"组中单击"图表"按钮来完成图表的创建外，还可以使用_____实现插入图表的操作。
　　A．SmartArt 图形中的矩形图　　　B．图片占位符
　　C．表格　　　　　　　　　　　　D．图表占位符
13. 在 PowerPoint 中自带很多的图片文件，若要将它们加入到演示文稿中，应使用插入_____操作。
　　A．对象　　　　B．剪贴画　　　C．自选图形　　　D．符号
14. 为了使所有幻灯片具有统一的、特有的外观风格，可通过设置_____来实现。
　　A．幻灯片版式　B．背景样式　　C．主题　　　　　D．母版
15. 制作演示文稿时，_____操作可以通过对演示文稿进行全程的播放，记录放映时各幻灯片的放映时间。

A．排练计时　　　B．幻灯片放映　　　C．自定义动画　　　D．幻灯片切换

16．PowerPoint 2010 提供了多种演示文稿的展示方式，如果希望其他用户只能观看演示文稿，而不能编辑演示文稿，可以将演示文稿保存为_____文件。

A．pptx　　　　　B．potx　　　　　　C．ppsx　　　　　　D．pptm

17．在 PowerPoint 2010 中，用户创建的自定义模板的扩展名为_____。

A．pptx　　　　　B．potx　　　　　　C．ppsx　　　　　　D．pptm

18．如果在"页眉和页脚"对话框中勾选了"幻灯片编号"复选框，默认将其放置到幻灯片的_____。

A．左下脚　　　　B．中部　　　　　　C．右下脚　　　　　D．顶部

19．在_____选项卡的"页面设置"组中，可以设置幻灯片的方向。

A．开始　　　　　B．设计　　　　　　C．视图　　　　　　D．审阅

20．使用幻灯片母版，可以起到_____的作用。

A．统一整套幻灯片风格　　　　　　　B．统一标题内容
C．统一图片内容　　　　　　　　　　D．统一页码内容

二、多选题

1．在 PowerPoint 2010 中，下列有关幻灯片叙述正确的是_____。

A．幻灯片是演示文稿的基本组成单位
B．幻灯片中可以插入图片、文字
C．幻灯片中可以插入各种超链接
D．每个演示文稿由一张独立的幻灯片构成

2．对用 PowerPoint 2010 制作完毕的演示文稿，下列相关说法中正确的是_____。

A．可以将其发布到 Internet 上供其他人浏览
B．只可以在制作它的计算机上进行演示
C．可以在其他计算机上演示
D．可以将演示文稿打包成 CD

3．以下属于 PowerPoint 2010 视图界面的_____。

A．普通视图　　　B．幻灯片浏览视图　　C．备注页视图　　　D．大纲视图

4．以下_____是 PowerPoint 2010 自带的 Office 主题中的版式。

A．标题幻灯片　　B．文本与图片　　　　C．两栏内容　　　　D．标题与图表

5．在 PowerPoint 2010 中，可以直接插入的"动作按钮"有_____。

A．开始　　　　　B．第一张　　　　　　C．文档　　　　　　D．影片

6．PowerPoint 2010 给演示者带来了个性化视频体验，能轻松将演示文稿转换为视频，并通过 CD/DVD、Web 或电子邮件分发共享，这样的视频文件包括演示者在制作演示文稿时所具有_____等功能。

A．幻灯片放映中未隐藏的所有幻灯片　　B．链接或嵌入的压缩包
C．所有录制的计时、旁白和激光笔势　　D．备注的 Word 文档

7．在 PowerPoint 2010 中，可以通过电子邮件以_____的形式将 PowerPoint 2010 演示文稿发送给其他人。

A．附件　　　　　B．链接　　　　　C．PDF/XPS 文件　　D．Internet 传真
8．SmartArt 图形是信息和观点的可视表示形式，以下的_____SmartArt 形状图形非常适合制作成具有特殊动画效果的对象。
　　A．显示各个数据点标记的雷达图　　　B．显示分层信息的层次结构图
　　C．显示比例信息的棱锥图　　　　　　D．显示排列在工作表中数据的气泡图
9．能显示和编辑备注内容的视图模式包括_____。
　　A．普通视图　　B．幻灯片浏览视图　　C．备注页视图　　D．阅读视图
10．在 PowerPoint 2010 中，对选择的文本添加项目符号后。可对项目符号设置_____。
　　A．大小　　　　B．对齐方式　　　C．颜色　　　　　D．样式
11．关于自定义动画，以下_____说法是正确的。
　　A．可以为自定义动画添加声音　　　　B．不可以对自定义动画进行预览
　　C．不可以为自定义动画添加效果　　　D．可以调整自定义动画的顺序
12．以下_____对象可以添加动画效果。
　　A．图片　　　　B．剪贴画　　　　C．表格　　　　　D．文本框
13．在 PowerPoint 2010 中创建演示文稿的方法包括_____。
　　A．创建空白演示文稿　　　　　　　　B．根据模板创建演示文稿
　　C．根据主题创建演示文稿　　　　　　D．根据现有内容创建演示文稿
14．在_____模式下，可以进行插入新幻灯片操作。
　　A．普通视图　　　　　　　　　　　　B．幻灯片浏览视图
　　C．阅读视图　　　　　　　　　　　　D．幻灯片放映视图
15．在幻灯片母版设置中，如果取消勾选"页脚"复选框，能够隐藏以下_____占位区。
　　A．标题区　　　B．日期区　　　　C．页脚区　　　　D．页码区
16．可以对 PowerPoint 的主题进行_____修改。
　　A．颜色　　　　B．字体　　　　　C．效果　　　　　D．声音
17．PowerPoint 2010 提供的切换效果类型包括_____，一张幻灯片只能应用一种切换效果。
　　A．细微型　　　B．华丽型　　　　C．动态内容　　　D．静态效果
18．对已经设置完成的幻灯片切换效果，可以对_____内容进行修改。
　　A．声音　　　　B．切换速度　　　C．换片方式　　　D．图像效果
19．在为文本对象添加了动画效果后，可以对_____内容进行修改。
　　A．颜色　　　　B．声音　　　　　C．字体　　　　　D．延迟时间
20．为幻灯片中的对象插入超链接，链接目标可以包括_____。
　　A．现有文件或网页　　　　　　　　　B．本文档中的位置
　　C．新建文档　　　　　　　　　　　　D．电子邮件地址

三、填充题

1．PowerPoint 2010 模板文件的默认扩展名是_____。
2．在幻灯片的普通视图中，要向幻灯片中插入图片，应选择"插入"选项卡的_____组。
3．在 PowerPoint 2010 的_____视图中，所有幻灯片以缩略图的形式显示，从而在整体

上浏览整个演示文稿的效果。

4．在_____选项卡中有"排练计时"按钮，可以完成对幻灯片进行排练计时的操作。

5．在打印演示文稿时，每页最多可以打印_____张幻灯片。

6．在Powerpoint2010中，演示文稿与幻灯片的关系是_____。

7．利用_____可以快捷地将动画效果从一个对象复制到另一个对象上。

8．_____就是指幻灯片的组成内容以及各组成内容之间的相互位置。

9．_____是一种特殊的幻灯片格式，利用它可以方便地统一演示文稿的整体风格。

10．幻灯片母版中主要包括_____、对象区、日期区、页脚区和页码区五类占位符。

11．幻灯片_____是应用于整个演示文稿的各种样式的集合，包括颜色、字体和效果三大类。

12．_____是一种带有虚线边框的方框，在其中可以放置标题、正文、剪贴画、表格、图表和多媒体等对象。

13．如果要将插入的音频文件的播放贯穿整个幻灯片的放映，则需要在"音频工具｜播放"动态选项卡中选择_____选项。

14．如果要在播放幻灯片时隐藏所插入的音频喇叭图标，则需要在"音频工具｜播放"动态选项卡中勾选_____复选框。

15．_____是PowerPoint 2010的一个新增功能。就是指视频在未播放时显示在视频框架中的图像内容，当视频播放时，这些图像内容将被隐藏起来。

16．PowerPoint提供了_____、华丽型和动态内容三大类共34种的切换效果，一张幻灯片只能应用一种切换效果。

17．如果要删除幻灯片上已经设置的切换效果，可以在打开的切换效果下拉列表框中选择_____选项。

18．如果要在幻灯片放映时不播放旁白，则可以在_____对话框中勾选"放映时不加旁边"复选框。

19．在PowerPoint 2010的_____对话框中可以设置幻灯片的大小、编号起始值、方向等属性。

20．在"文件"选项卡上单击_____按钮，可以在右窗格中打开发布演示文稿界面。

四、简答题

1．在PowerPoint 2010中有几种演示文稿视图类型？请写出它们的名称。并简述各视图方式的特点。

2．什么是PowerPoint中的版式？怎样修改幻灯片版式？

3．简述PowerPoint中幻灯片母版的功能。

4．什么是PowerPoint 2010中幻灯片主题？如何给幻灯片设置和修改主题？

5．如何在幻灯片中插入音频和视频，请写出相应操作步骤。

6．什么是幻灯片的切换效果？怎样为幻灯片添加切换效果？

7．什么是幻灯片的动画效果？怎样为幻灯片中的对象添加动画效果？

8．怎样在PowerPoint中添加超链接？可供创建超链接的对象有哪些？

9．怎样为已经创建好的演示文稿进行放映时间设置？设置幻灯片的放映时间有几种方式？

10．简述演示文稿的发布方式。

第 5 章　Word 高级应用案例

本章介绍 Word 2010 的长文档编辑、域、宏、窗体控件、邮件合并、文档保护等内容，目标是使用户掌握 Word 高级应用功能，从而有效提高文档编辑效率。

5.1　样式

样式是指用有意义的名称保存的字符格式和段落格式的集合，这样在编排重复格式时，先创建一个该格式的样式，然后在需要的地方套用这种样式，无须一次次地进行重复的格式化操作。

5.1.1　样式组与样式窗格

样式显示在"开始"选项卡上的"样式"组中，如图 5-1 所示。可以选择样式库中的样式对光标所在的段落或选中的文本进行快速格式化，例如可以通过应用内置标题 1 样式，将文本格式设置为：宋体、二号、加粗的标题格式。

图 5-1　样式组

在"开始"选项卡的样式组中，单击对话框启动器可以打开"样式"任务窗格，如图 5-2 所示。样式窗格呈现了该文档中的样式，并可进行显示预览。在样式窗格下部，具有新建样式、样式检查器和管理样式命令按钮。

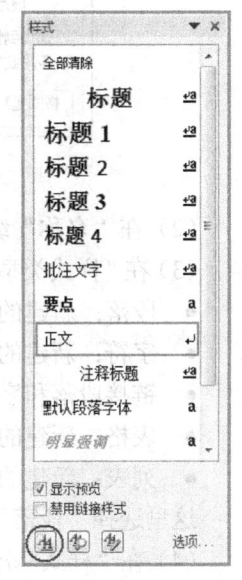

图 5-2　样式窗格

5.1.2　自定义样式

1．创建自定义样式

Word 为用户提供了内置样式，能够满足一般情况下文档格式化的要求。当在实际应用时，没有内置样式符合操作要求，用户可以创建自定义样式。

【例5-1】打开素材文件 Ex5-1.docx，创建自定义样式"我的正文样式"，样式格式为"宋体、小四号、首行缩进两字符、22 磅行间距、段前段后 0.5 行"。其操作步骤如下：

（1）在图 5-2 打开的"样式"任务窗格中，单击"新建样式"按钮，打开"根据格式设置创建新样式"对话框，如图 5-3 所示。

图 5-3 "根据格式设置创建新样式"对话框

（2）在"名称"编辑框中输入新建样式的名称"我的正文样式"。

（3）在"样式类型"下拉列表框中选择所要创建的样式类型，该列表框中包含五种类型：

- 段落：新建的样式将应用于段落级别；
- 字符：新建的样式将仅用于字符级别；
- 链接段落和字符：新建的样式将用于段落和字符两种级别；
- 表格：新建的样式主要用于表格；
- 列表：新建的样式主要用于项目符号和编号列表。

这里选择"段落"样式类型。

（4）在"样式基准"下拉列表框中选择默认"正文"样式，在"后续段落样式"下拉列表框中选择"我的正文样式"。

（5）在"格式"区域，对字符样式进行设置，设置字体为"宋体、小四"。单击"格式"按钮，在打开的菜单中选择"段落"命令，打开"段落"对话框，按如图 5-4 所示进行设置。单击"确定"按钮，完成新样式的创建。

2．应用自定义样式

应用自定义样式的方法与应用系统内置样式相同，只要将光标置于所需更改样式的文档段落任意位置（如果自定义样式为"字符"类型，则需要将光标选中所需设置样式的文本），选择自定义样式即可。

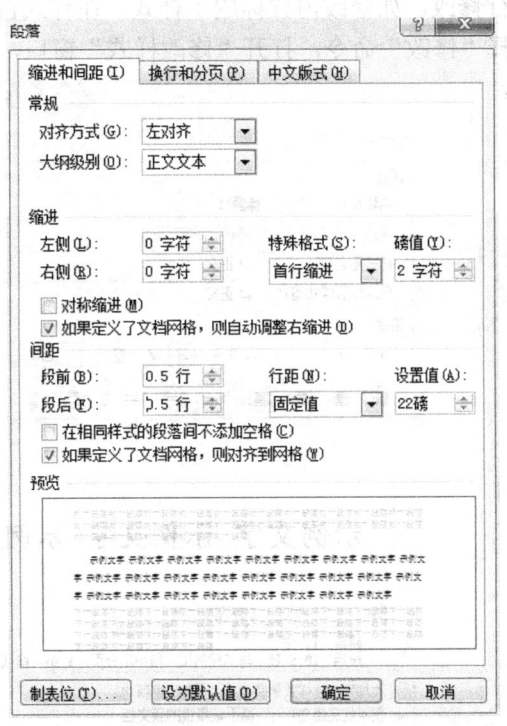

图 5-4 "段落"对话框

例如将自定义样式"我的正文样式"应用到 Ex5-1.docx 文件的第二段落中，因为"我的正文样式"是段落类型样式，所以只需要将光标置于第二段落的任何位置中，在样式窗格中选择"我的正文样式"样式，则该段落的格式被设置为"宋体、小四号、首行缩进两字符、22 磅行间距、段前段后 0.5 行"，如图 5-5 所示。

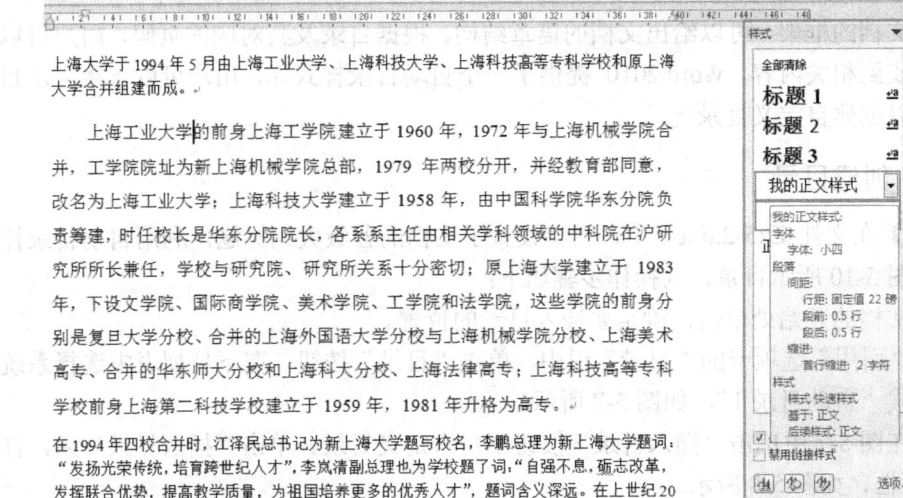

图 5-5 应用自定义样式

5.1.3 修改样式

已定义的样式可以进行修改。如修改内置标题 1 样式，在样式窗格中选中标题 1，单击其右侧的下拉列表框，选择"修改"命令，打开"修改样式"窗口，如图 5-6 所示，就可以开始对样式进行格式修改。

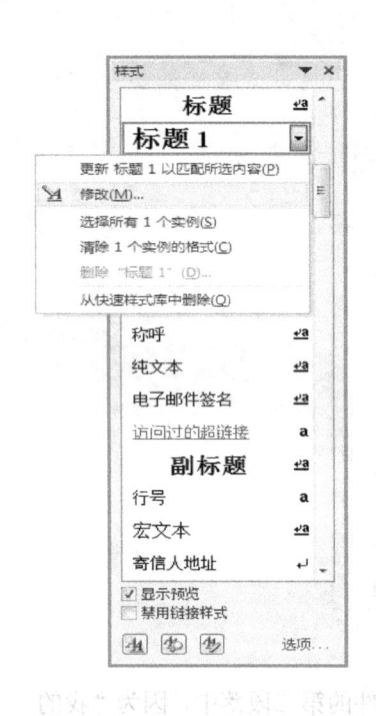

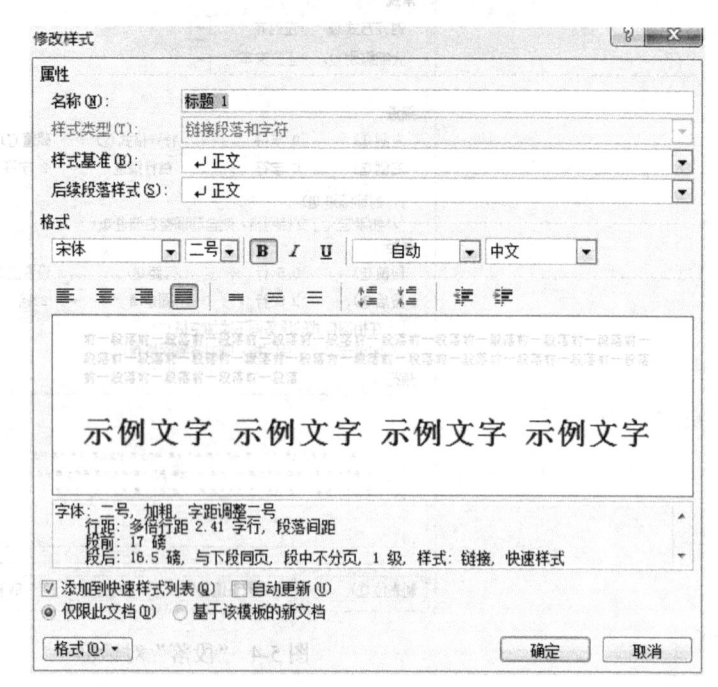

图 5-6 修改样式

5.2 目录

目录是文档的框架，可以给出文档的篇章结构，根据目录及其对应的页码，用户可以快速方便地查找到相关内容。Word 2010 提供了一个自动目录样式库，用户可以直接应用目录样式，也可以创建自定义目录。

5.2.1 创建目录

【例 5-2】在文件 Ex5-2.docx 中，已经设置了文档的各级大纲标题，利用自动目录样式库，创建如图 5-10 所示目录，其操作步骤如下：

（1）在文档的开始处单击，确定要插入目录的位置。

（2）在"引用"选项卡的"目录"组中，单击"目录"按钮，在下拉列表中选择系统内置的目录样式"自动目录 1"，如图 5-7 所示。

也可以在图 5-7 中单击"插入目录"按钮创建自定义目录。单击"插入目录"后，打开"目录"对话框，如图 5-8 所示。

- 要更改输入文本和页码间显示的前导符类型，单击"制表符前导符"列表中的选项。

第 5 章　Word 高级应用案例

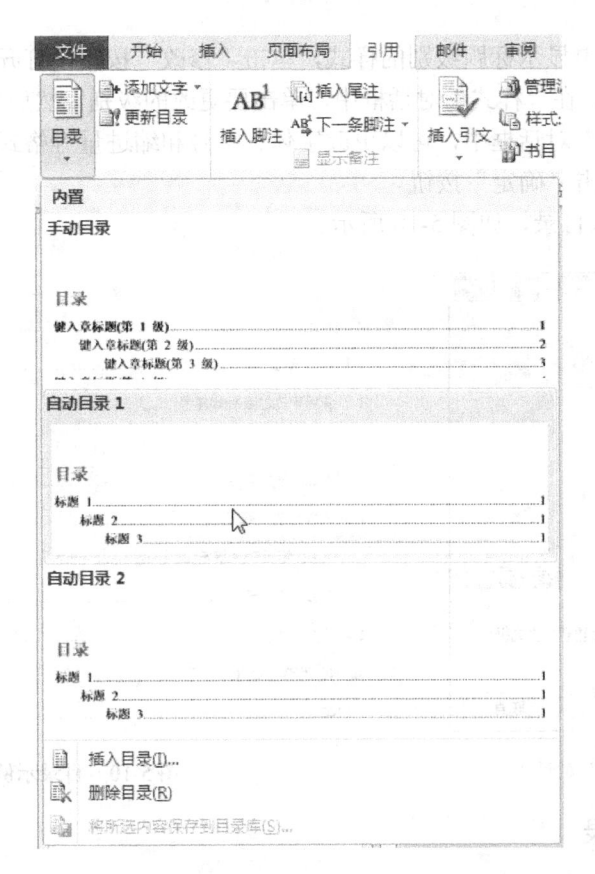

图 5-7　插入目录

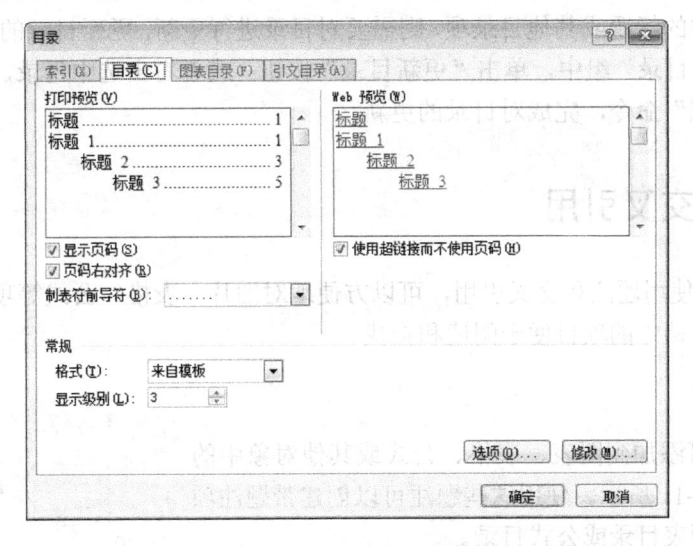

图 5-8　"目录"对话框

- 要更改目录的整体外观，单击"格式"列表中的其他格式；可以在"打印预览"和"Web 预览"区域查看效果。
- 要更改在目录中显示的标题级别数目，在"常规"下的"显示级别"框中输入所需的数目。

- 要更改在目录中显示标题级别的样式，单击"修改"按钮，打开"样式"对话框，如图 5-9 所示。在"样式"对话框中，单击要更改的级别，然后单击"修改"按钮，在"修改样式"对话框中，可以更改字体、字号和缩进量等格式，设定需要的格式更改，然后单击"确定"按钮。

(3) 在文档中插入目录，如图 5-10 所示。

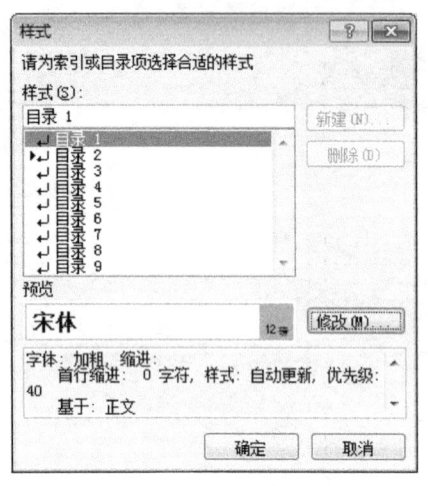

图 5-9　目录"样式"对话框　　　　　图 5-10　目录示例

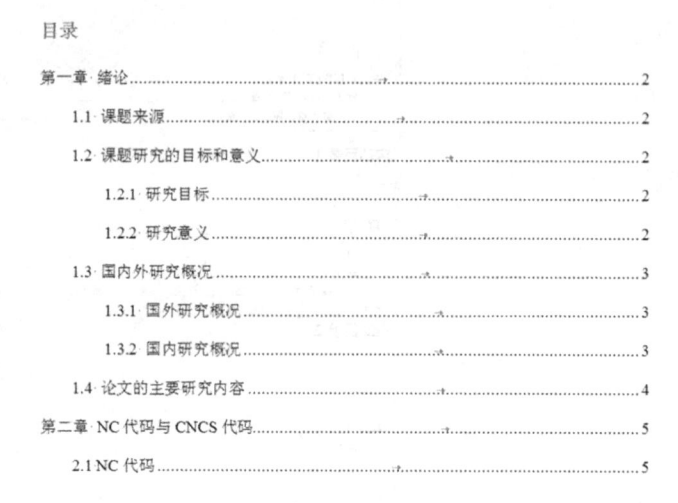

5.2.2　更新目录

编辑目录后，如果文档中内容发生了变化，如增加或删除文本使页码发生变化、或者添加或删除了文档中的标题或其他目录项，则需要对目录进行更新。更新目录的方法是：在"引用"选项卡上的"目录"组中，单击"更新目录"按钮；或者右击选中目录，在弹出快捷菜单中选择"更新域"命令，完成对目录的更新。

5.3　题注与交叉引用

在 Word 中，使用题注和交叉引用，可以方便地对图片、表格、公式等项目进行命名、编号和使用，使文档中的项目便于阅读和查找。

5.3.1　题注

题注是一种可添加到图表、表格、公式或其他对象中的编号标签，如图 5-11 所示。使用这些题注可以创建带题注项目的目录，例如图表目录或公式目录。

1．添加题注

【例 5-3】打开素材文件 Ex5-3.docx，为其中的每一个对象添加如图 5-14 所示的题注，其操作步骤如下：

(1) 选择要添加题注的对象，如表格、公式、图表或其

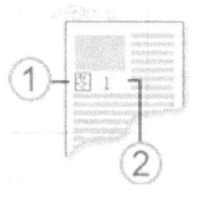

① 题注标签（例如：图，表，公式等）
② 标签的编号

图 5-11　题注示例

他对象。

（2）在"引用"选项卡的"题注"组中，单击"插入题注"按钮，打开"题注"对话框。

（3）在"标签"列表中，选择能恰当地描述对象的标签，如图表、表格或公式。如果内置标签不能满足用户需要，可以创建新的标签。单击"新建标签"按钮，在"标签"文本框中输入新的标签，本例中的标签名称为"图"，如图 5-12 所示，然后单击"确定"。

如果需要使用其他编号方式，单击"编号"按钮，在打开的"题注编号"对话框的"格式"下拉列表框中选择合适的编号方式，如果需在题注中包含章节号，则选中"包含章节号"复选框，如图 5-13 所示。

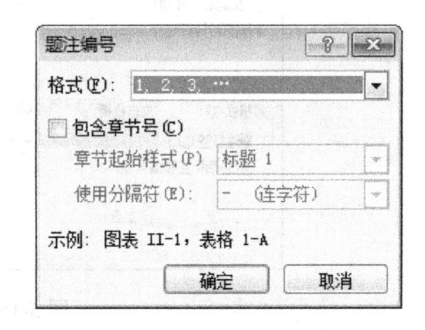

图 5-12 "题注"对话框　　　　图 5-13 "题注编号"对话框

（4）设置后单击"确定"按钮，则插入了标签为图的题注标签和编号"图 1"，并输入图内容描述文本，如"论文结构图"。再次添加题注时，单击"插入题注"按钮，即可插入顺序编号的题注"图 2"，并输入图内容描述文本。如图 5-14 所示。

图 1 论文结构图　　图 2 实验原理图

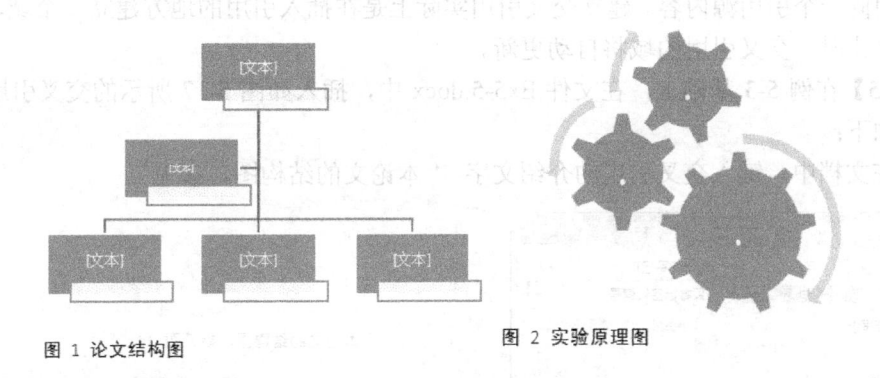

图 5-14 插入题注

如果在"题注编号"对话框选中"包含章节号"前的复选框，并设置"章节起始样式"和"分隔符"，则可生成包含章节号的题注格式，如"图 1-1"、"图 1-2"等格式。

2．基于题注创建图表目录

在文档中对项目使用题注后，可以创建基于该类型项目的目录。

【例 5-4】在例 5-3 基础上，在文件 Ex5-4.docx 中，插入图目录，其操作步骤如下：

（1）在文档中，将光标放在要插入图表目录的位置。

（2）在"引用"选项卡的"题注"组中，单击"插入表目录"按钮。

(3) 在打开的"图表目录"对话框中"常规"下的"题注标签"列表中，选择要使用的标签"图"，如图 5-15 所示，单击"确定"按钮插入图目录。

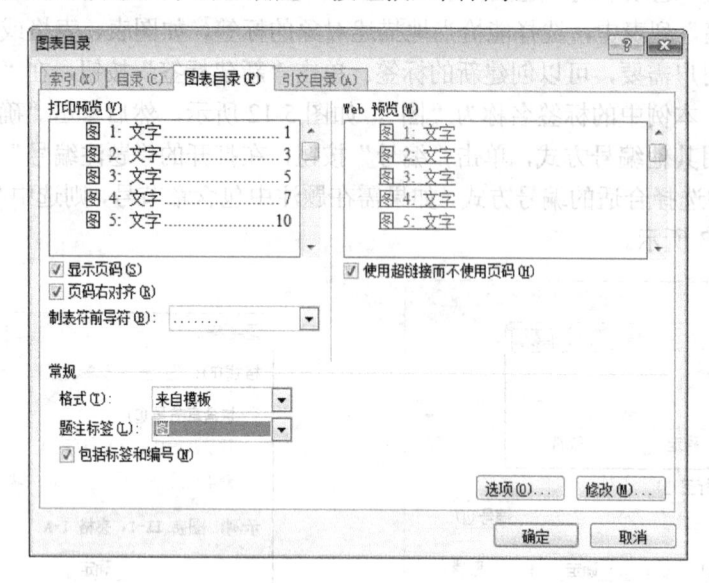

图 5-15 插入图表目录

5.3.2 交叉引用

交叉引用是对文档中其他位置内容的引用，例如，"请参见图1"，"图1"即是引用其他位置的内容。Word 可为题注、标题、脚注、书签、编号段落等创建交叉引用，在多个不同的位置使用同一个引用源内容。建立交叉引用实际上是在插入引用的地方建立一个域，当引用源发生变化时，交叉引用的域将自动更新。

【例 5-5】在例 5-3 基础上，在文件 Ex5-5.docx 中，插入如图 5-17 所示的交叉引用，其操作步骤如下：

(1) 在文档中，键入交叉引用的介绍文字 "本论文的结构图，参见"。

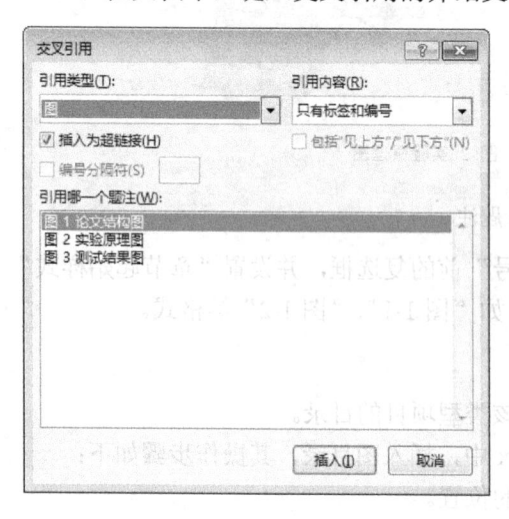

图 5-16 "交叉引用"对话框　　　　　　图 5-17 交叉引用示例

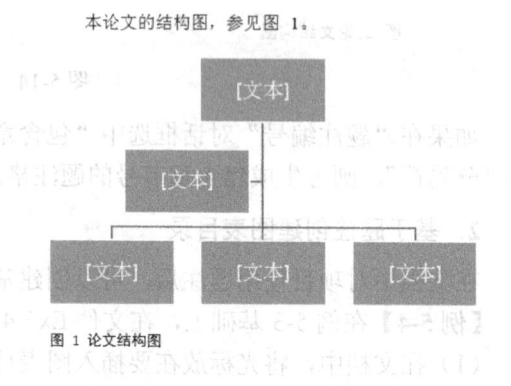

（2）在"引用"选项卡的"题注"组中，单击"交叉引用"按钮，打开"交叉引用"对话框，如图 5-16 所示。

（3）在"引用类型"下拉列表框中，选择要引用的项目的类型"图"。

（4）在"引用内容"下拉列表框中，选择要在文档中插入的信息"只有标签和编号"。

（5）在"引用哪一个题注"列表框中，单击要引用的特定项目"图 1 论文结构图"。

若要使用户可以跳转到所引用的项目，选中"插入为超链接"复选框。

（6）单击"插入"按钮，插入对图 1 的交叉引用，如图 5-17 所示。

5.4 批注与修订

批注是用户对文档的部分内容进行的注释和说明，修订是用户对文档进行的修改。读者在查看文档时可以通过批注和修订来对文档提出注解和说明，而且作者也能够看到，并且作者可以接受或者拒绝读者的批注或者修订。

5.4.1 批注

批注是指为文档添加的注释等信息。Word 批注的作用是只评论注释文档，而不直接修改文档。因此，Word 批注并不影响文档的内容。

1．插入批注

【例 5-6】在文件 Ex5-6.docx 中插入如图 5-18 所示的批注，其操作步骤如下：

（1）选择要对其进行批注的文本"交叉引用"。

（2）在"审阅"选项卡的"批注"组中，单击"新建批注"按钮，则选中的文本将被填充颜色，并被一对括号括起来，在旁边为批注框，在批注框中键入批注文本，如图 5-18 所示。

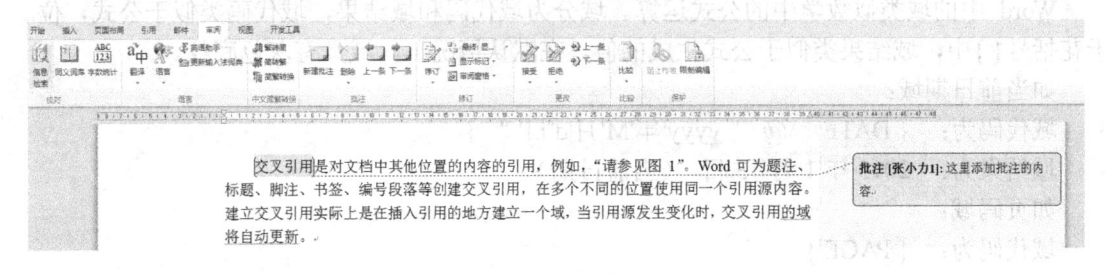

图 5-18 添加批注

2．删除批注

（1）要快速删除单个批注，右击该批注，在弹出的快捷菜单中，选择"删除批注"命令即可删除该批注。

（2）要快速删除文档中的所有批注，单击文档中的一个批注，在"审阅"选项卡上的"批注"组中，单击"删除|删除文档中的所有批注"按钮即可删除文档中的所有批注。

5.4.2 修订

修订是显示文档中所做的如插入、删除等编辑更改的标记。在 Word 中，使用修订功能，可以查看在文档中所做的所有更改。

如在文件 Ex5-6.docx 中对文档内容进行修订，其操作步骤如下：在"审阅"选项卡的"修订"组中，单击"修订"按钮，使文档处于修订状态下，当插入或删除文本时，或者移动文本或图片时，对文档的操作将被记录下来，并通过标记（即显示每处修订所在位置以及内容的颜色和线条等）显示每处更改。如图 5-19 所示。

再次单击修订按钮，则可关闭修订状态。

在文档中删除修订的方法是接受或拒绝修订。在"审阅"选项卡的"更改"组中，选择"接受"或"拒绝"，则可接受或拒绝对文档的修订。也可将光标放在修订内容处，右击，在弹出的快捷菜单中选择接受或拒绝修订。

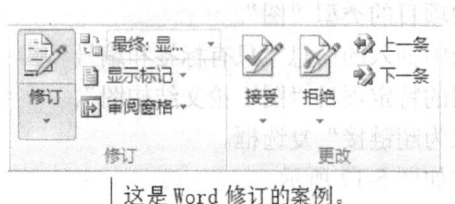

图 5-19 修订按钮与修订示例

也可以同时接受或拒绝所有更改。在"审阅"选项卡上的"更改"组，单击"接受|接受对文档的所有修订"按钮，即可接受文档中所有修订过的内容。单击"拒绝|拒绝对文档的所有修订"按钮，即可拒绝文档中所有修订过的内容。

5.5 域的使用

域是 Word 中的一种特殊命令，可以实现数据的自动更新和文档自动化，如自动编排页码、图表题注、自动编制目录、插入时间和日期等。用 Word 排版时，若能熟练使用域，可增强排版的灵活性，减少重复操作，提高工作效率。

5.5.1 域的概念

Word 中的域类似数学中的公式运算。域分为域代码和域结果，域代码类似于公式，位于花括号{ }中，域结果类似于公式生成的值。在默认情况下，域具有灰色底纹。

如当前日期域：
域代码为：　{ DATE　\@　" yyyy'年'M'月'd'日' " }
域结果为：　2013 年 1 月 13 日　（当前日期）
如页码域：
域代码为：　{ PAGE }
域结果为：　5（当前页码）
域代码为：　{ PAGE　* Roman }
域结果为：　V（罗马数字格式的当前页码）

5.5.2 域的使用

在"插入"选项卡的"文本"组中，单击"文档部件|域"按钮，打开"域"对话框，如图 5-20 所示。单击"类别"下拉列表框，可以看到 Word 2010 中的域有：编号、等式和公式、链接和引用、日期和时间、索引和目录、文档信息、文档自动化、用户信息、邮件合并九种类型。

【例 5-7】在文件 Ex5-7.docx 中插入日期和时间域、MacroButton 域和文档信息域。

第 5 章 Word 高级应用案例

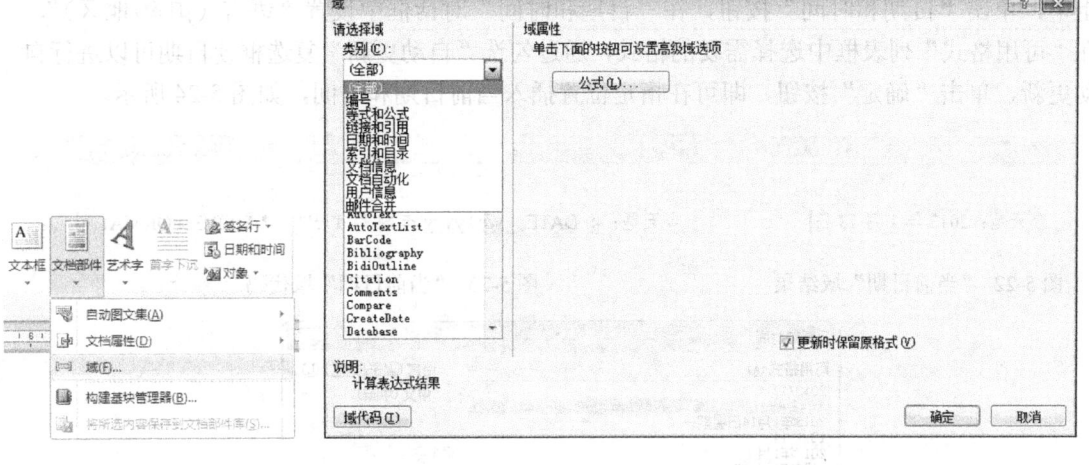

图 5-20 打开"域"对话框

（1）插入日期和时间域

将光标定位在需要插入域的地方，在域对话框中的"类别"下拉列表框中选择"日期和时间"选项，在"域名"列表框中选择"Date"域名，下面的说明可以看出，Date 域表示插入当前日期，并且日期会进行自动更新。在"日期格式"列表框中选择需要的表示格式，单击"确定"按钮，完成域的添加，如图 5-21 所示。

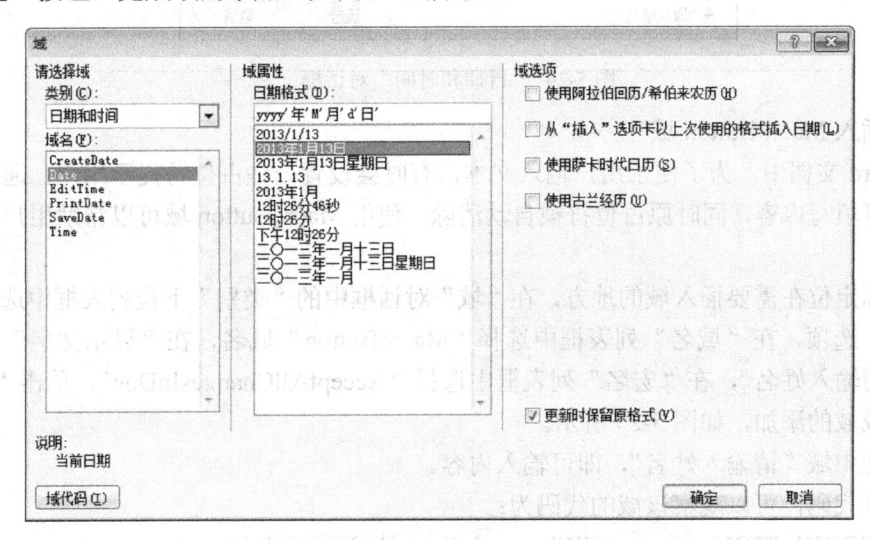

图 5-21 插入"当前日期"域

操作完成后，在文档中添加了当前日期域，即域结果，对于刚插入到文档中的域，系统默认的是显示域结果。如图 5-22 所示。

在域上右击，在弹出的快捷菜单中选择"切换域代码"命令，则显示域代码，如图 5-23 所示。

如果在"日期和时间"类别中选择"CreateDate"域名，则表示插入文档的创建时间，即第一次以当前名称保存文档的日期和时间。

注：在 Word 中，另外一种插入当前日期和时间的方法是在"插入"选项卡的"文本"

组中,单击"日期和时间"按钮,在"日期和时间"对话框中设置"语言(国家/地区)",在"可用格式"列表框中选择需要的格式,通过勾选"自动更新"复选框使日期可以进行自动更新,单击"确定"按钮,即可在指定位置插入当前日期和时间,如图 5-24 所示。

图 5-22 "当前日期"域结果　　　　　图 5-23 "当前日期"域代码

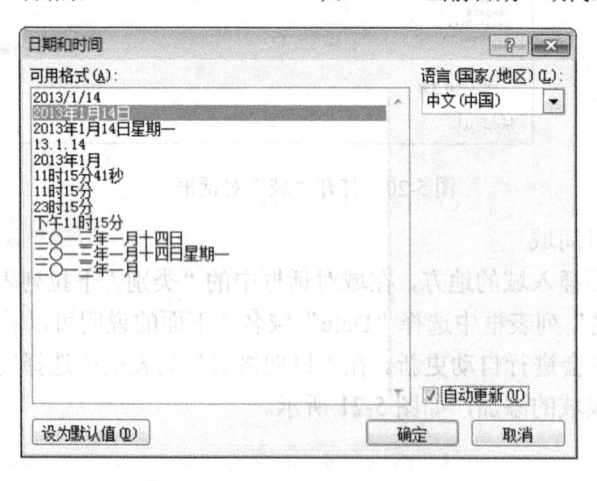

图 5-24 "日期和时间"对话框

(2) 插入 MacroButton 域

在 Word 文档中,为了便于用户输入文本,有时会设置一些占位符提示用户,通过双击占位符即可填写内容,同时原占位符被自动清除,使用 MacroButton 域可以帮助用户完成这样的操作。

将光标定位在需要插入域的地方,在"域"对话框中的"类别"下拉列表框中选择"文档自动化"选项,在"域名"列表框中选择"MacroButton"域名,在"显示文字"文本框中输入"请输入姓名",在"宏名"列表框中选择"AcceptAllChangesInDoc",单击"确定"按钮,完成域的添加,如图 5-25 所示。

单击选中域"请输入姓名",即可输入内容。

切换域代码,可以观察该域的代码为:

{ MACROBUTTON　AcceptAllChangesInDoc 请输入姓名 }

(3) 插入文档信息域

使用文档信息域可以在文档中插入文档作者、文档名称和位置、文件大小、文档的字数、页数等信息。

将光标定位在需要插入域的地方,在域对话框中的"类别"下拉列表框中选择"文档信息"选项,在"域名"列表框中选择"Author"域名,在"新名称"文本框中可以输入作者姓名,如图 5-26 所示,也可以留空使用文档当前的作者信息。单击"确定"按钮,则插入文档作者姓名域(Author):张小明。

第 5 章 Word 高级应用案例

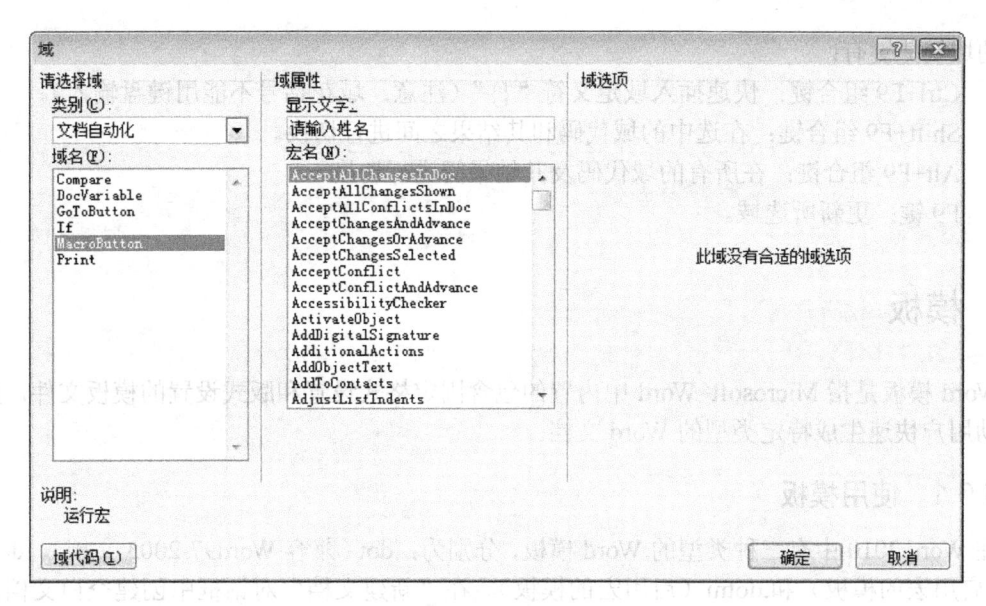

图 5-25 插入"MacroButton"域

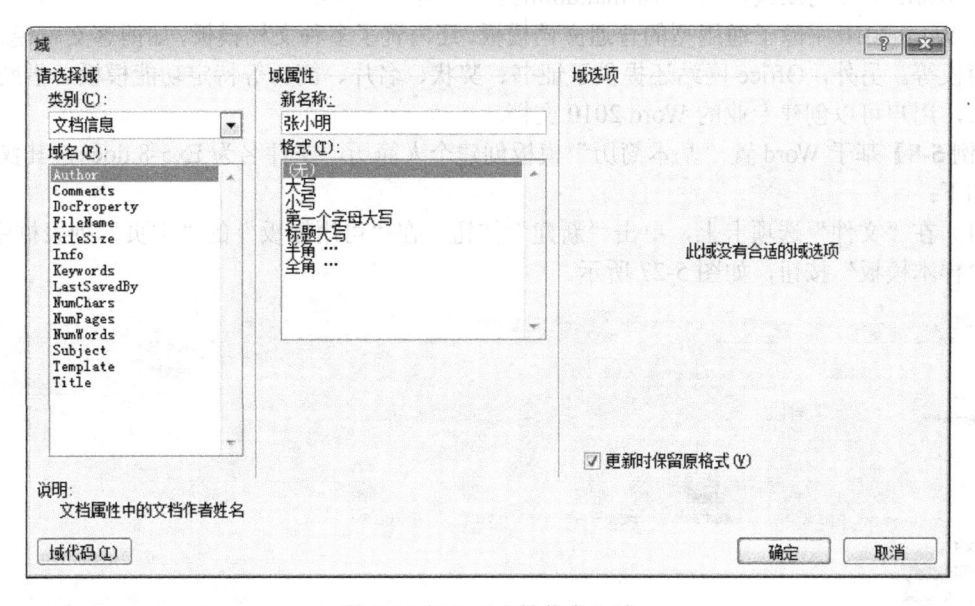

图 5-26 插入"文档信息"域

切换域代码，可以观察该域的代码为：
{ AUTHOR 张小明 * MERGEFORMAT }
同样可以插入文档信息其他域类型，如：
文件大小（FileSize）：268K　　　　　　{ FILESIZE \k * MERGEFORMAT }
文件名称（FileName）：D:\教材\第 5 章.doc　　{ FILENAME \p * MERGEFORMAT }

5.5.3 域的更新

域的内容是可以更新的，即域的内容根据情况的变化而自动更改。更新域的步骤为：右击要更新的域，在弹出的快捷菜单中选择"更新域"命令。也可以通过快捷键进行域的操作，常用的域快捷键有：
- Ctrl+F9 组合键：快速插入域定义符"{}"（注意：域花括号不能用键盘输入）。
- Shift+F9 组合键：在选中的域代码和其结果之间进行切换。
- Alt+F9 组合键：在所有的域代码及其结果间进行切换。
- F9 键：更新所选域。

5.6 模板

Word 模板是指 Microsoft Word 中内置的包含固定格式设置和版式设置的模板文件，用于帮助用户快速生成特定类型的 Word 文档。

5.6.1 使用模板

在 Word 2010 中有三种类型的 Word 模板，分别为：.dot（兼容 Word97-2003 文档）、.dotx（没有启用宏的模板）和.dotm（启用宏的模板）。在"新建文档"对话框中创建空白文档使用的是 Word 2010 的默认模板"Normal.dotm"。

在 Word 2010 中除了通用型的普通文档模板，还内置了多种文档模板，如博客文章模板、书法模板等。另外，Office 网站还提供了证书、奖状、名片、简历等特定功能模板。借助这些模板，用户可以创建专业的 Word 2010 文档。

【例 5-8】基于 Word 置"基本简历"模板创建个人简历，文件名为 Ex5-8.docx，其操作步骤如下：

（1）在"文件"选项卡上，单击"新建"按钮，在"可用模板"的"主页"列表框中，单击"样本模板"按钮，如图 5-27 所示。

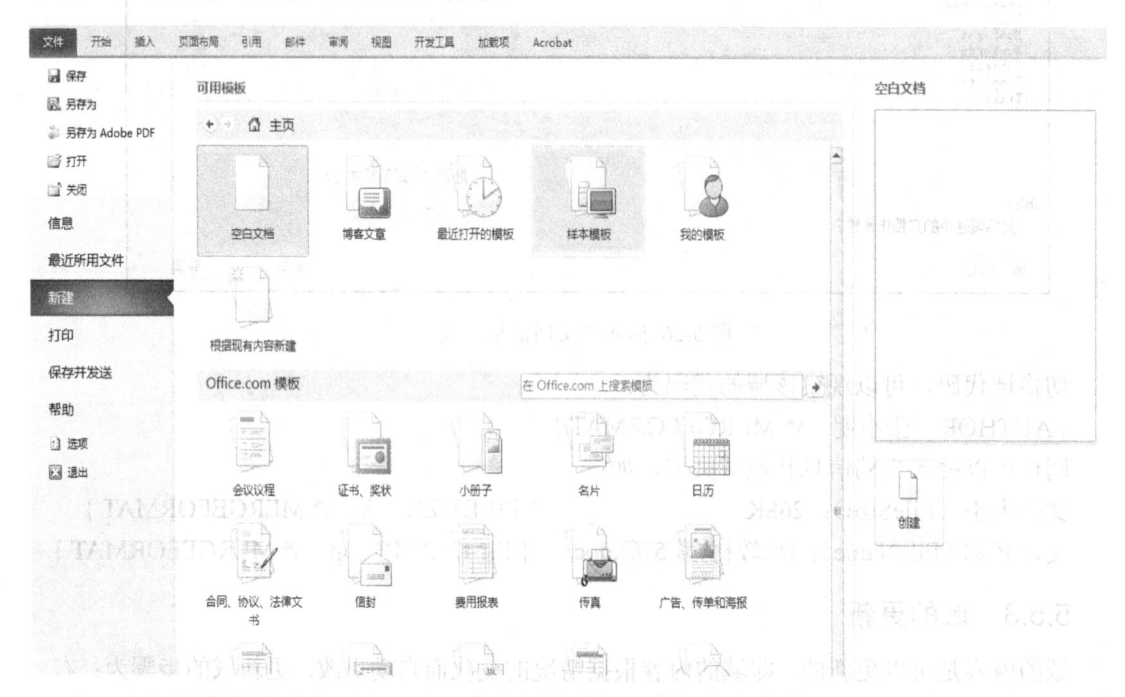

图 5-27 新建基于模板的文件

（2）在样本模板的可用模板列表框中，单击"基本简历"模板，可在右侧预览效果图中查看模板内容，如图 5-28 所示。

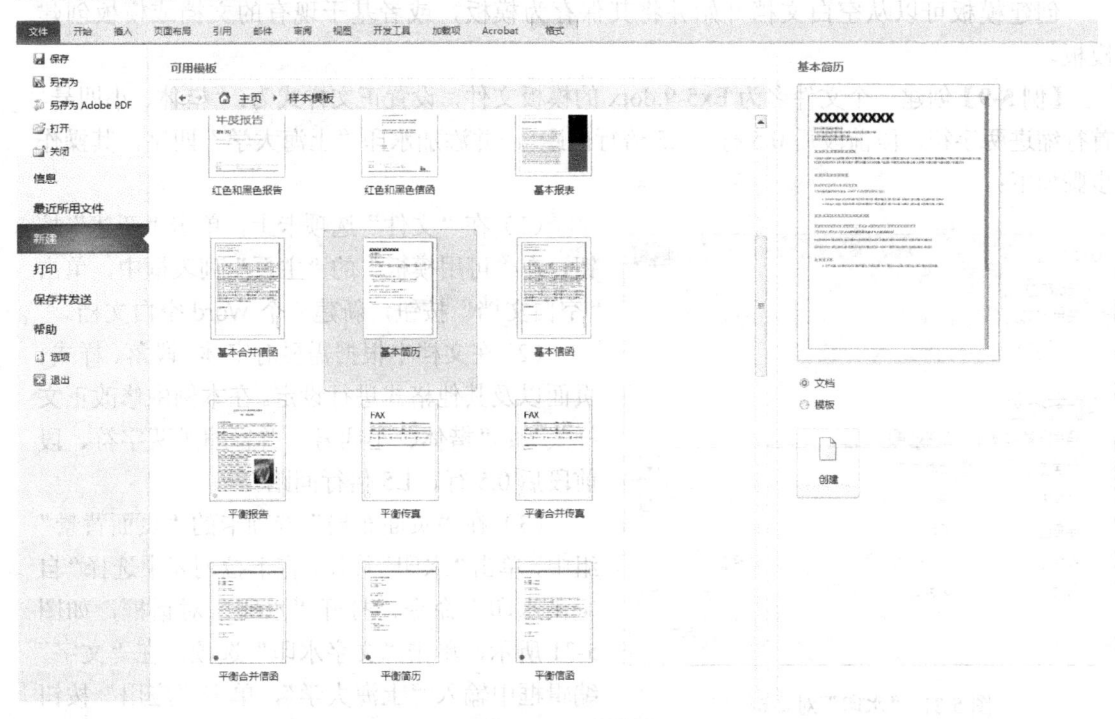

图 5-28　可用模板

（3）选中"文档"单选按钮，单击"创建"按钮，即可创建基于该模板的新文档，如图 5-29 所示。

（4）编辑该文档，达到用户最终所需结果，如图 5-30 所示。

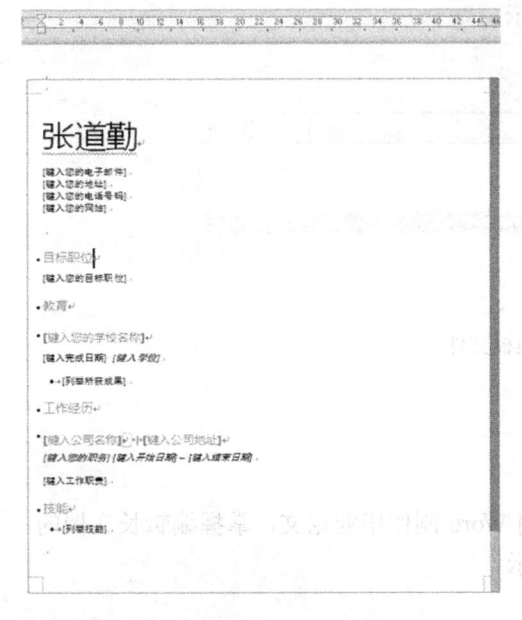

图 5-29　基于模板创建的简历文件　　　　　　图 5-30　编辑简历文件

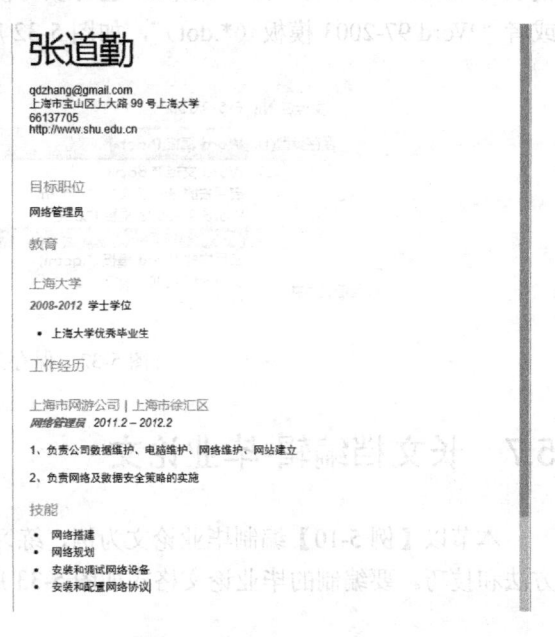

5.6.2 创建模板

创建模板可以从空白文档开始并将其保存为模板，或者基于现有的文档或模板创建模板。

【例5-9】创建一个文件名为Ex5-9.dotx的模板文件，设置正文样式为："楷体、小四号、首行缩进两字符、段前段后0.5行、1.5倍行间距"，并添加水印"上海大学"四字，其操作步骤如下：

（1）在"文件"选项卡上，单击"新建"按钮，在"可用模板"的"主页"列表框中，单击"空白文档"按钮，新建一个Word空白文档。

（2）在文档中根据需要对字体、段落、样式、页面以及其他格式进行设定。在本例中修改正文样式为："楷体、小四号、首行缩进两字符、段前段后0.5行、1.5倍行间距"。

（3）在"页面布局"选项卡的"页面背景"组中，单击"水印"按钮，在下拉列表中选择"自定义水印"命令，打开"水印"对话框，如图5-31所示，单击"文字水印"选项，在"文字"编辑框中输入"上海大学"，单击"应用"按钮后，单击"关闭"按钮完成水印设置。

图5-31 "水印"对话框

（4）在"文件"选项卡上单击"另存为"命令。

（5）在"另存为"对话框中，指定新模板的文件名，在"保存类型"列表中选择"Word模板（*.dotx）"，然后单击"保存"。也可以将模板保存为"启用宏的Word模板（*.dotm）"或者"Word 97-2003模板（*.dot）"，如图5-32所示。

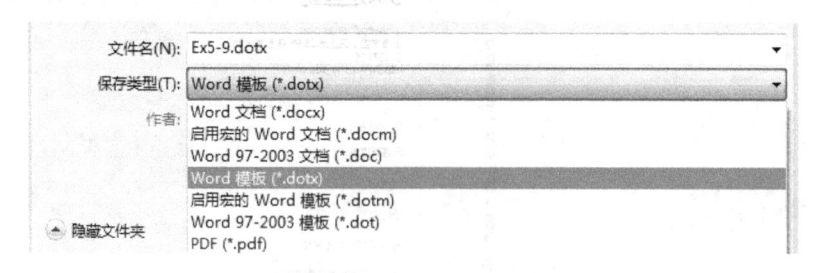

图5-32 保存为模板文件

5.7 长文档编辑-毕业论文

本节以【例5-10】编制毕业论文为例，练习用Word制作毕业论文，掌握编辑长文档的方法和技巧。要编制的毕业论文格式如图5-33所示。

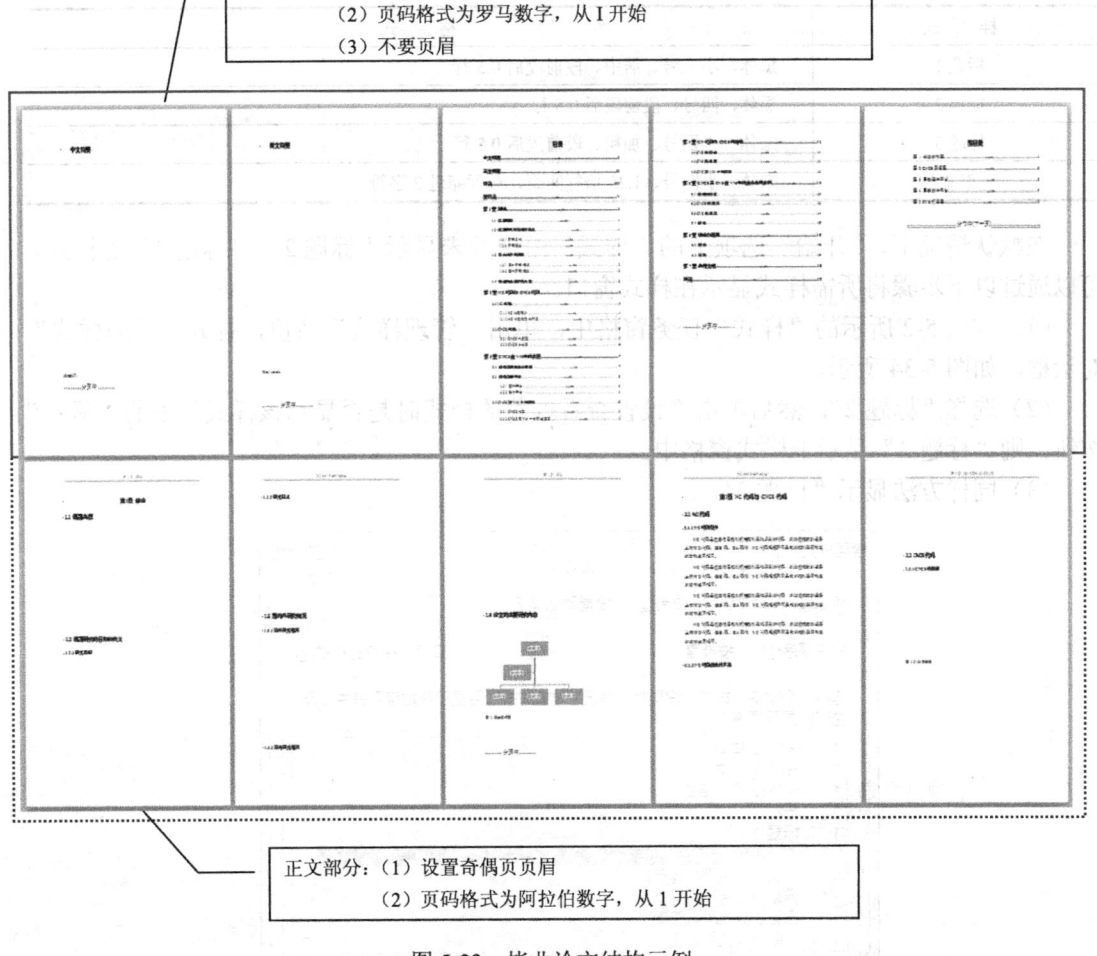

目录部分：（1）包括中文摘要、英文摘要、目录和图目录
　　　　　（2）页码格式为罗马数字，从 I 开始
　　　　　（3）不要页眉

正文部分：（1）设置奇偶页页眉
　　　　　（2）页码格式为阿拉伯数字，从 1 开始

图 5-33　毕业论文结构示例

5.7.1　页面设置

页面设置提供了对文档的纸张方向、纸张大小、页面边距、页眉页脚、页面对齐方式、文档网格等格式的设置。

本案例的页面设置操作步骤如下：

（1）在"页面布局"选项卡的"页面设置"组中，单击对话框启动器打开"页面设置"对话框，在"页边距"选项卡中，设置上边距为 3 厘米，下边距为 3 厘米，左边距为 3.17 厘米，右边距为 3.17 厘米，装订线为 1 厘米。

（2）在"纸张"选项卡中，"纸张大小"选择为 A4。

（3）在"版式"选项卡中，设置"距边界"页眉为 1.5 厘米，页脚为 1.6 厘米。

（4）单击"确定"按钮，完成页面的设置。

5.7.2　样式定义

在本案例的毕业论文中，设置了三级标题，由于标题的格式与 Word 的内置标题样式不同，所以需要修改内置标题样式和正文样式，如表 5-1 所示。

表 5-1 修改内置标题样式和内置正文样式

样　　式	格　　式
标题 1	黑体、小三号、居中、段前段后 0.5 行
标题 2	黑体、四号、段前段后 0.5 行
标题 3	宋体、小四号、加粗、段前段后 0.5 行
正文	宋体、小四号、1.25 倍行间距、首行缩进 2 字符

在默认情况下，"开始"选项卡的"样式"组中并未显示"标题 2"、"标题 3"等样式，可以通过以下步骤将所需样式显示在样式窗口。

（1）在图 5-2 所示的"样式"任务窗格中，单击"管理样式"按钮，打开"管理样式"对话框，如图 5-34 所示。

（2）选择"标题 2"，然后单击"设置查看推荐的样式时是否显示该样式"下的"显示"按钮，则"标题 2"显示于样式窗格中。

（3）同样方法显示"标题 3"。

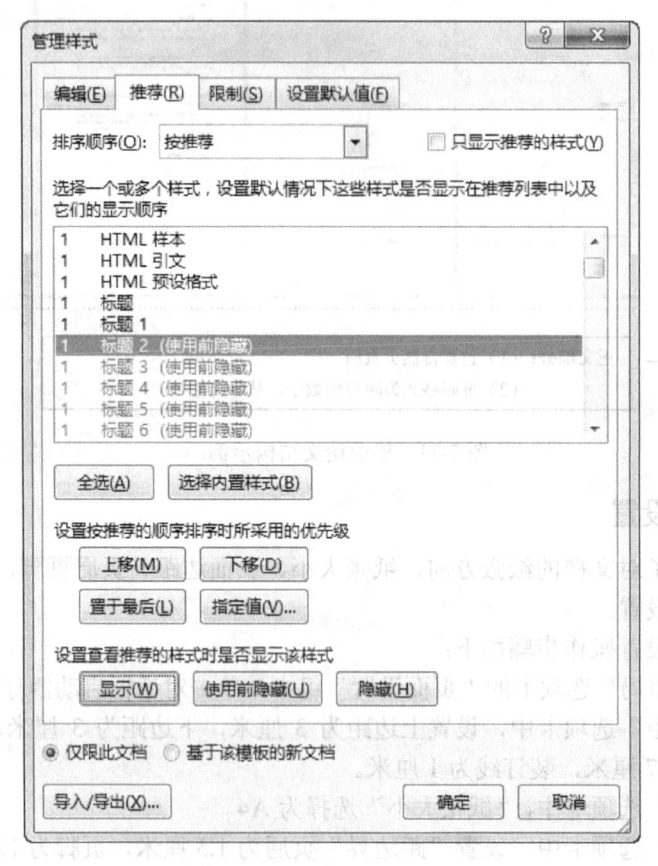

图 5-34 "管理样式"对话框

5.7.3 定义多级列表并与标题链接

多级列表是为文档设置层次结构而创建的列表，文档最多可有 9 个级别。在毕业论文中定义三级符号列表，并将多级列表与各级标题相关联，生成能够自动产生连续编号的标题。

1. 设置第 1 级别符号

（1）在"开始"选项卡的"段落"组中，单击"多级列表|定义新的多级列表"按钮，打开"定义新多级列表"对话框，如图 5-35 所示。

（2）在"单击要修改的级别"的列表中单击"1"。

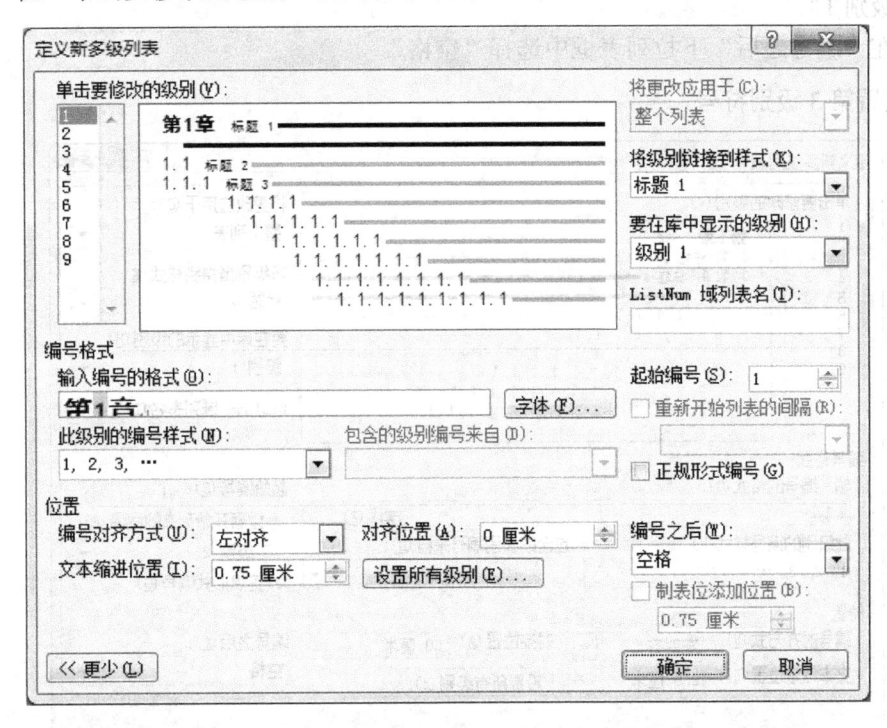

图 5-35 "定义新多级列表"对话框

（3）在"输入编号的格式"文本框中输入"第"。
（4）在"此级别的编号样式"下拉列表框中选择"1,2,3..."。
（5）在"输入编号的格式"文本框中的"1"后单击，输入"章"，此时"输入编号的格式"文本框中显示"第1章"，其中"1"带有灰色域底纹。
（6）单击"字体"按钮，设置字体为黑体、小三号（与标题 1 字体保持一致）。
（7）单击"更多"按钮，在"将级别链接到样式"下拉列表框中选择"标题 1"。
（8）在"编号之后"下拉列表框中选择"空格"。

2. 设置第 2 级别符号

（1）在"单击要修改的级别"列表中单击"2"，删除"输入编号的格式"文本框中的内容。
（2）在"包含的级别编号来自"下拉列表框中，选择"级别 1"，此时"输入编号的格式"文本框中显示"1"（带有灰色域底纹）。
（3）在"输入编号的格式"文本框中的"1"后单击，输入"."。
（4）在"此级别的编号样式"下拉列表框中选择"1,2,3,..."，此时"输入编号的格式"

文本框中显示"1.1"（带有灰色域底纹）。

（5）单击"字体"按钮，设置字体为黑体、四号，（和标题 2 字体保持一致）。

（6）设置"对齐位置"为"0 厘米"。

（7）在"将级别链接到样式"下拉列表框中选择"标题 2"。

（8）"起始编号"设置为"1"，单击选中"重新开始列表的间隔"复选框，在下拉列表框选择"级别 1"。

（9）在"编号之后"下拉列表框中选择"空格"。

3．设置第 3 级别符号

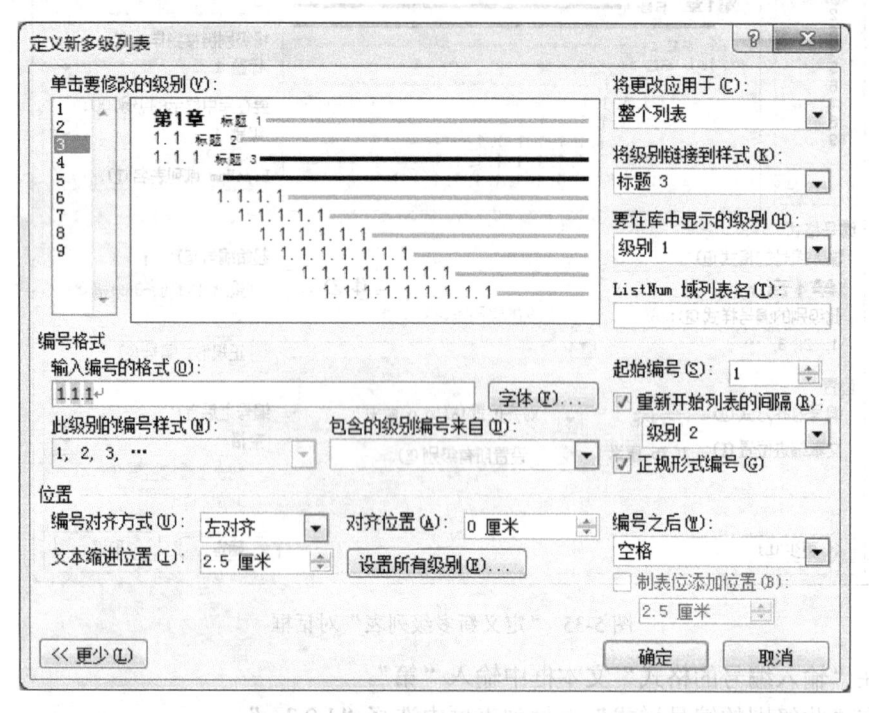

图 5-36 "定义新多级列表"对话框

（1）如图 5-36 所示，在"单击要修改的级别"列表中单击"3"，删除"输入编号的格式"文本框中的内容。

（2）在"包含的级别编号来自"下拉列表框中，选择"级别 1"，此时"输入编号的格式"文本框中显示"1"（带有灰色域底纹）。

（3）在"输入编号的格式"文本框中的"1"后单击，输入"."。

（4）在"包含的级别编号来自"下拉列表框中，选择"级别 2"，此时"输入编号的格式"文本框中显示"1.1"（带有灰色域底纹）。

（5）在"输入编号的格式"文本框中的"1.1"后单击，输入"."。

（6）在"此级别的编号样式"下拉列表框中选择"1,2,3,..."，此时"输入编号的格式"文本框中显示"1.1.1"（带有灰色域底纹）。

（7）单击"字体"按钮，设置字体为宋体、小四号，（和标题 3 字体保持一致）。

（8）设置"对齐位置"为"0 厘米"。

（9）在"将级别链接到样式"下拉列表框中选择"标题 3"。

（10）"起始编号"设置为"1"，单击选中"重新开始列表的间隔"复选框，在下拉列表框选择"级别 2"。

（11）在"编号之后"下拉列表框中选择"空格"。

4. 设置完成所需的三级列表格式后，单击"确定"按钮。

5.7.4 分节

Word 的分节功能可以将一个文档划分为若干节，每个节可以单独设置页眉页脚、页面方向、页码、栏、页面边框等格式。通过使用分节符，用户可以更多的控制文档及其显示效果。Word 提供了四种分节符类型，分别是：

- 下一页：插入分节符并在下一页上开始新节。
- 连续：插入分节符并在同一页上开始新节。
- 偶数页：插入分节符并在下一个偶数页上开始新节。
- 奇数页：插入分节符并在下一个奇数页上开始新节。

在本案例中，将论文分为两节，第一节内容包括：中文摘要、英文摘要、目录、图目录，不加页眉，页码格式为罗马数字。第二节内容为正文：设置奇偶页页眉，页码格式为阿拉伯数字。

1. 第一节格式与内容设置

（1）在文档开始输入"中文摘要"，样式设置为"标题 1"，在"开始"选项卡的"段落"组中，单击"编号"按钮，删除自动插入的"第 1 章"三字。

（2）在本部分编写中文摘要内容，然后插入分页符。

（3）在新的一页输入"英文摘要"，样式设置为"标题 1"，在"开始"选项卡的"段落"组中，单击"编号"按钮，删除自动插入的"第 1 章"三字。

（4）在本部分编写英文摘要内容，然后插入分页符。

（5）在新的一页输入"目录"，样式设置为"标题 1"，在"开始"选项卡的"段落"组中，单击"编号"按钮，删除自动插入的"第 1 章"三字。本部分用于插入目录，将在后面的步骤中在此插入目录。

（6）插入分页符，在新的一页输入"图目录"，样式设置为"标题 1"，在"开始"选项卡的"段落"组中，单击"编号"按钮，删除自动插入的"第 1 章"三字。本部分用于插入图目录，将在后面的步骤中在此插入图目录。

（7）插入分节符，将光标定位于图目录后，在"页面布局"选项卡的"页面设置"组中，单击"分隔符 | 分节符 | 下一页"按钮，此时，全文分为两节，可以分别设置页眉页脚等内容。

2. 第二节格式与内容设置

假设论文的结构如下。
绪论
课题来源
课题研究的目的和意义

研究目的
研究意义
国内外研究概况
国外研究概况
国内研究概况
论文的主要研究内容
NC 代码与 CNCS 代码
NC 代码
NC 代码简介
NC 代码存在的不足
CNCS 代码
CNCS 的原理
CNCS 的优势
CNCS 在 VM 中的实现
虚拟系统的总体框架
虚拟系统平台
硬件平台
软件平台
CNCS 在 VM 中的应用
CNCS 代码
CNCS 在 VM 中的初步应用
CN 代码向 CNCS 的转换
CVS 的提出
CVS 的机理
CVS 在 VM 中的实现
CNCS 及 CVS 在 VM 中的综合应用实例
流程的制定
CNCS 的应用
CVS 的应用
结论
结论与展望
结论
展望
参考文献
附录

将论文内容输入到文档第二节中，选择论文内容，分别应用为相应级别的标题样式，设置后的论文正文结构如图 5-37 所示。也可以在论文写作过程中，对内容设置为相应的标题样式。

第1章 绪论

1.1 课题来源

1.2 课题研究的目标和意义

1.2.1 研究目标

1.2.2 研究意义

1.3 国内外研究概况

1.3.1 国外研究概况

1.3.2 国内研究概况

1.4 论文的主要研究内容

第2章 NC 代码与 CNCS 代码

2.1 NC 代码

2.1.1 NC 代码简介

2.1.2 NC 代码存在的不足

2.2 CNCS 代码

2.2.1 CNCS 的原理

2.2.2 CNCS 的优势

第3章 CNCS 在 VM 中的实现

3.1 虚拟系统的总体框架

3.2 虚拟系统平台

3.2.1 硬件平台

3.2.2 软件平台

3.3 CNCS 在 VM 中的应用

3.3.1 CNCS 代码

3.3.2 CNCS 在 VM 中的初步应用

第4章 CN 代码向 CNCS 的转换

4.1 CVS 的提出

4.2 CVS 的机理

4.3 CVS 在 VM 中的实现

第5章 CNCS 及 CVS 在 VM 中的综合应用实例

5.1 流程的制定

5.2 CNCS 的应用

5.3 CVS 的应用

5.4 结论

第6章 结论与展望

6.1 结论

6.2 展望

参考文献

附录

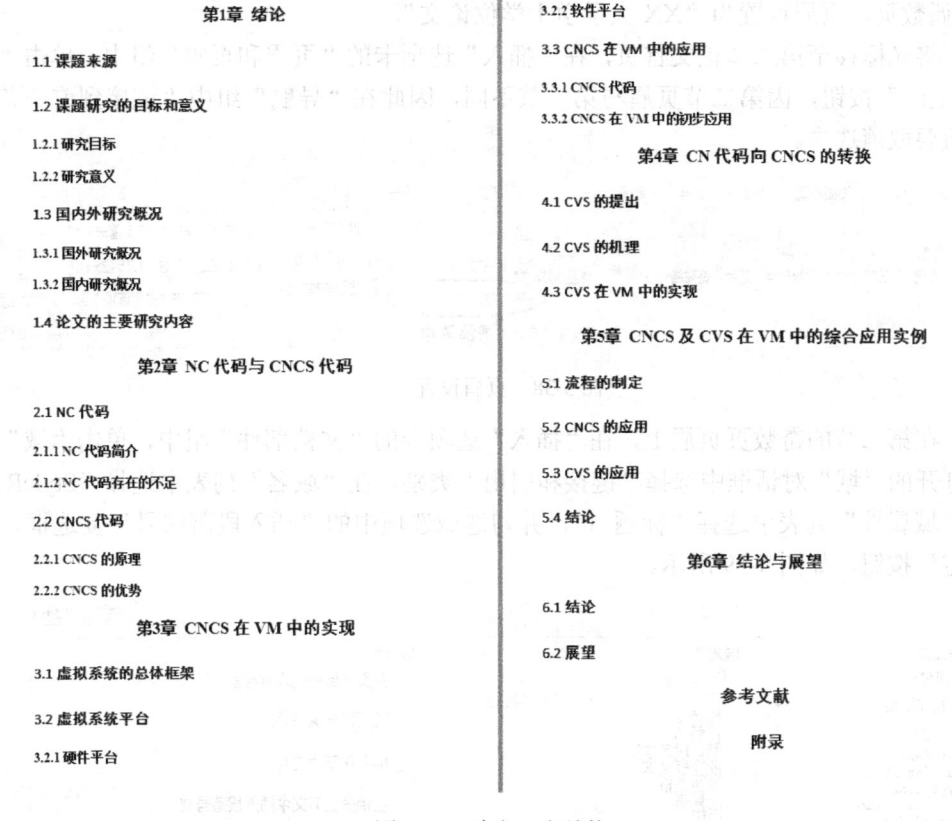

图 5-37　论文正文结构

5.7.5　页眉页脚

1．第一节页眉页脚设置

第一节内容设置罗马数字页码，不要页眉。

（1）将光标移至第一节的第一页中，在"插入"选项卡的"页眉和页脚"组中，单击"页码|设置页码格式"按钮，打开"页码格式"对话框，在"编号格式"下拉列表框中选择"I,II,III,…"，单击"确定"按钮，关闭"页码格式"对话框。

（2）在"插入"选项卡的"页眉和页脚"组中，单击"页码|页面底端|简单|普通数字 2"按钮，则在第一节中插入了罗马数字页码。

（3）在"页眉和页脚工具|设计"动态选项卡的"选项"组中，勾选"奇偶页不同"复选框，使文档的奇偶页有不同的页眉和页脚。

（4）在"页眉和页脚工具|设计"动态选项卡的"关闭"组中，单击"关闭页眉和页脚"按钮，关闭"页眉和页脚工具"动态选项卡。

（5）将光标移至第一节的第二页中，在"插入"选项卡的"页眉和页脚"组中，单击"页码|页面底端|简单|普通数字 2"按钮，则在第一节的偶数页中插入了页码。

（6）关闭"页眉和页脚工具"动态选项卡。

2．第二节页眉页脚设置

第二节内容为论文正文，在奇数页，页眉设置为当前页所在的章内容，如"第 1 章　绪论",在偶数页,页眉设置为"XX 大学学士学位论文"。

(1)将光标移至第二节正文首页,在"插入"选项卡的"页眉和页脚"组中,单击"页眉|内置|空白"按钮,因第二节页眉与第一节不同,因此在"导航"组中"链接到前一条页眉"按钮要取消选中。

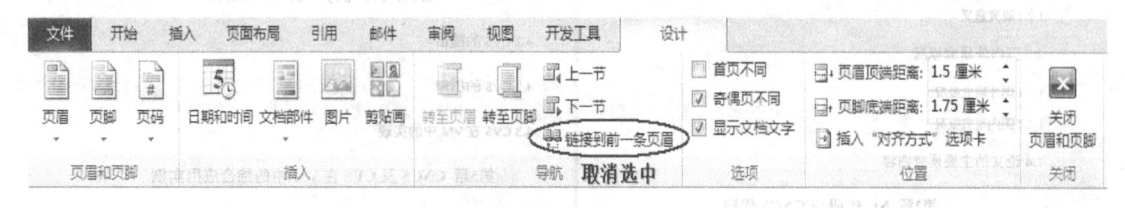

图 5-38　页眉设置

(2)在第二节的奇数页页眉上,在"插入"选项卡的"文档部件"组中,单击"域"按钮,在打开的"域"对话框中选择"链接和引用"类别,在"域名"列表中选择"StyleRef"项,在"域属性"列表中选择"标题 1",并勾选域选项中的"插入段落编号"复选框,单击"确定"按钮,如图 5-39 所示。

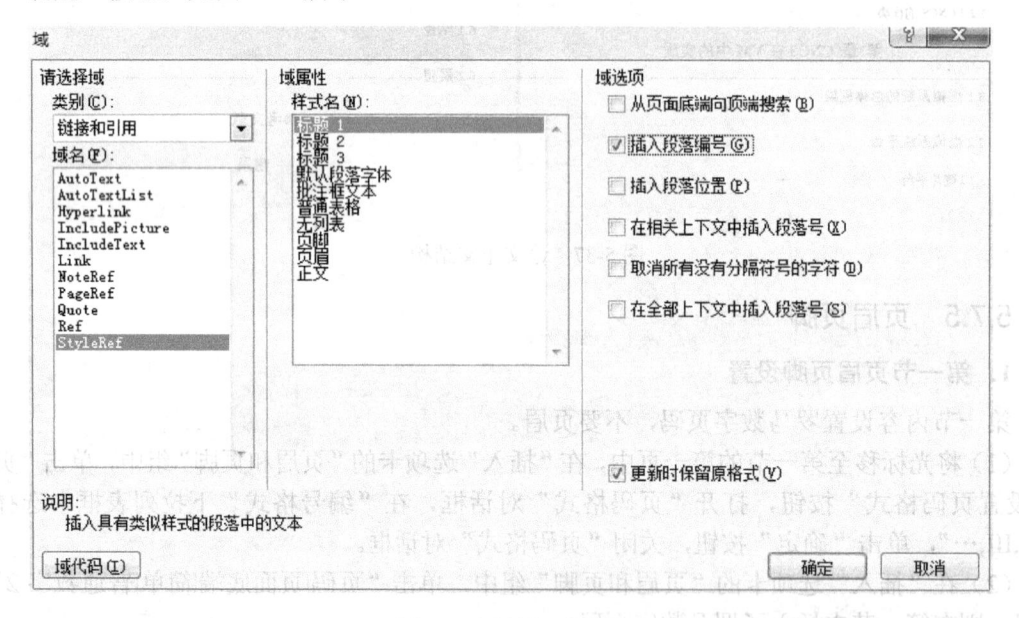

图 5-39　"域"对话框

此时页眉中插入了编号部分:"第 X 章",如图 5-40 所示。

图 5-40　奇数页页眉

(3)在"第 X 章"后输入两个空格,再次在"插入"选项卡的"文档部件"组中,单击"域"按钮,在打开的"域"对话框中选择"链接和引用"类别,在"域名"列表中选择"StyleRef"项,在"域属性"列表中选择标题1,但不要选中域选项中的"插入段落编号"

复选框。单击"确定"按钮,插入标题文字,如图 5-41 所示。

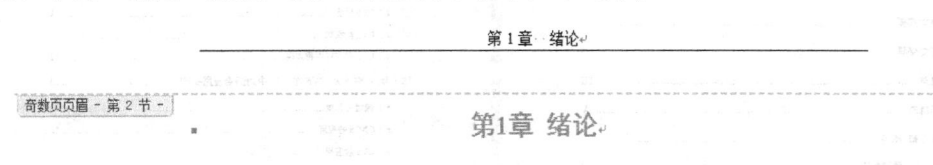

图 5-41　奇数页页眉

(4) 在"页眉页脚工具|设计"动态选项卡的"导航"组中,单击"下一节"按钮,转到第 2 节"偶数页页眉",输入"**XX 大学学士学位论文**",设置字体格式为宋体五号字,居中对齐。同样在"设计|导航"中"链接到前一条页眉"按钮要取消选中。设置的偶数页页眉如图 5-42 所示。

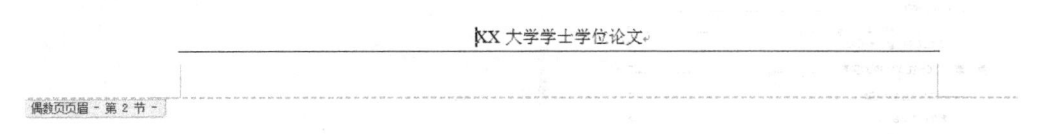

图 5-42　偶数页页眉

(5) 关闭"页眉和页脚工具"动态选项卡。
(6) 双击第二节正文的第一页页码,此时页码为接着第一节页数的顺序排列。选中页码,单击"页码|设置页码格式"按钮,打开"设置页码格式"对话框,设置页码编号的起始页码为"1",同时不要选中"续前节",如图 5-43 所示。则文档从第二节论文正文部分开始,从页码 1 开始编码。

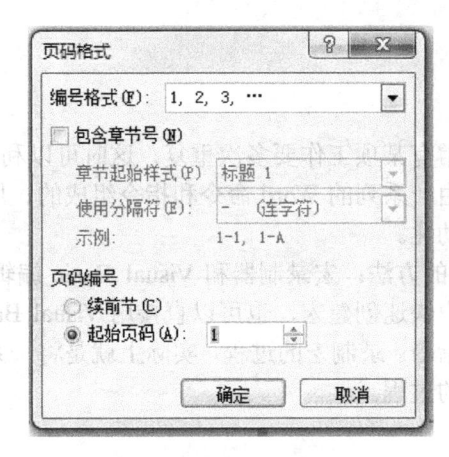

图 5-43　设置正文页码

5.7.6　插入目录

论文完成后,在目录页插入自定义目录。在图 5-9 所示的对话框中,设置各级目录的格式。
目录 1:黑体、小四号、段前段后 0.5 行,1.5 倍行距。
目录 2:宋体五号,加粗,段前段后 0.5 行,单倍行距,左侧缩进 2 字符。
目录 3:宋体五号,段前段后 0 行,单倍行距,左侧缩进 4 字符。
完成后的论文目录如图 5-44 所示。

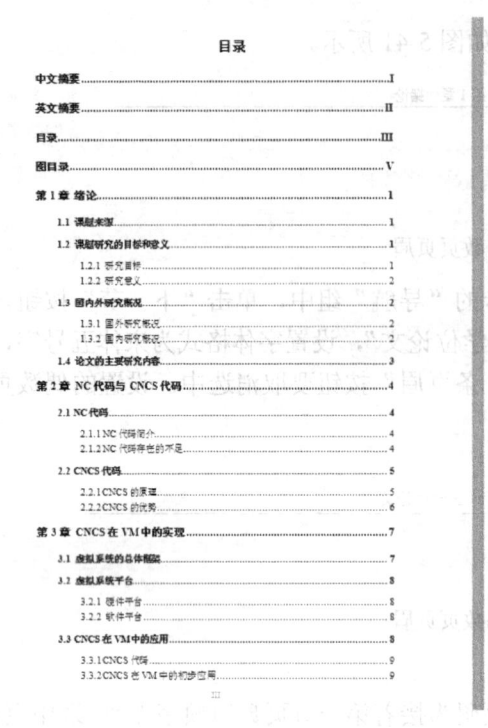

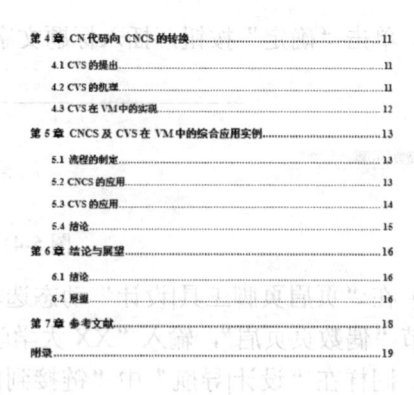

图 5-44 论文目录

如果论文中具有图、表、公式等内容，使用本章第 3 节的方法，对论文中的图、表、公式等使用题注和交叉引用，并可在论文目录后插入图表目录。

5.8 Word 宏

在文档编辑过程中，经常有某项工作要多次重复，这时可以利用 Word 的宏功能使其自动执行，以提高效率。宏是由一系列的 Word 命令和指令组成的、用来完成特定任务的指令集合，以实现任务执行的自动化。

Word 提供了两种创建宏的方法：宏录制器和 Visual Basic 编辑器（VBE，Visual Basic Editor）。宏录制器可帮助用户快速创建宏，也可以直接用 Visual Basic 编辑器创建新宏，这时可以输入一些无法录制的指令。录制宏的过程，实际上就是将一系列操作过程记录下来并由系统自动转换为程序语句的过程。

5.8.1 录制宏

Word 2010 在默认安装后，不会显示"开发工具"选项卡。显示"开发工具"选项卡的步骤为：在"文件"选项卡上单击"选项"按钮，在打开的"Word 选项"窗口中，单击"自定义功能区"按钮，在"自定义功能区"区域的"主选项卡"列表中勾选"开发工具"复选框，并单击"确定"按钮。

在 Word 2010 中，可以通过录制一系列操作的方法来创建一个宏，称为录制宏。

1．录制宏

【例 5-11】录制"打印当前页"宏。如果经常需要打印文档的当前页，可以把该功能录制成一个宏，并通过按钮或快捷键直接执行宏完成打印当前页操作，快速提高工作效率。其操作步骤如下：

（1）在"视图"选项卡的"宏"组中，单击"宏|录制宏"按钮，或在"开发工具"选项卡"代码"组中，单击"录制宏"按钮，如图 5-45 所示，或单击 Word 状态栏上的宏录制按钮。

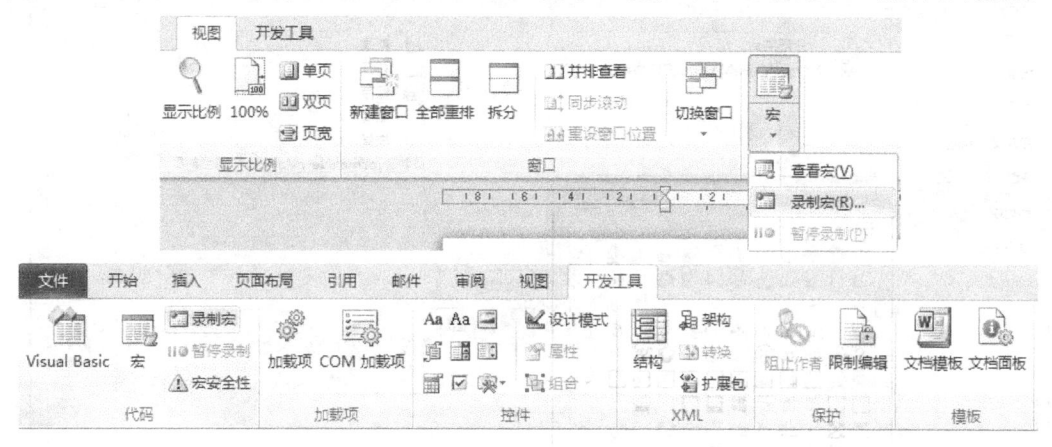

图 5-45 "录制宏"按钮

（2）在图 5-46 打开的"录制宏"对话框中，在"宏名"文本框中输入宏的名称"打印当前页"。

（3）若要本机所有文档中都使用此宏，则将宏保存在"所有文档（Normal.dotm）"，如果只想把宏应用于当前文档，则在下拉列表中选择当前文档。

（4）在说明文本框中可以输入关于该宏的简短说明。

（5）单击"确定"按钮，进入宏的录制状态，开始录制宏，鼠标指针变成带有盒式磁带

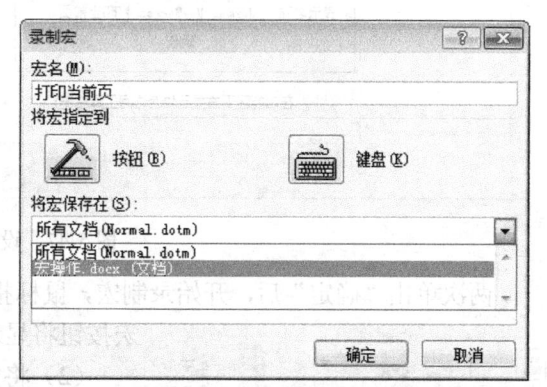

图 5-46 "录制宏"对话框

图标的箭头。切换到"文件"选项卡，单击"打印"按钮，在"设置"的"打印所有页"下拉列表框中选择"打印当前页面"，最后单击"打印"按钮。

（6）停止录制宏。完成操作后，在"视图"选项卡的"宏"组中单击"宏|停止录制"按钮，或在"开发工具"选项卡的"代码"组中，单击"停止录制"按钮，停止录制宏。在录制过程中，如果有一些操作不想包含到宏中，也可以选择"暂停录制"。

2．将宏指定给按钮或快捷键

在录制宏时，可以选择将宏指定到"按钮"，或设置键盘快捷方式。

（1）将宏指定给按钮

在录制宏时，在图 5-46 中，单击"按钮"按钮，在打开的"Word 选项"对话框中，单击左侧列表的宏"Normal.NewMacros.打印当前页"，然后单击"添加"按钮，将宏添加至右侧"自定义快速访问工具栏"列表。单击"修改"按钮，选择一个按钮图标并输入所需的名称，如图 5-47 所示。

• 197 •

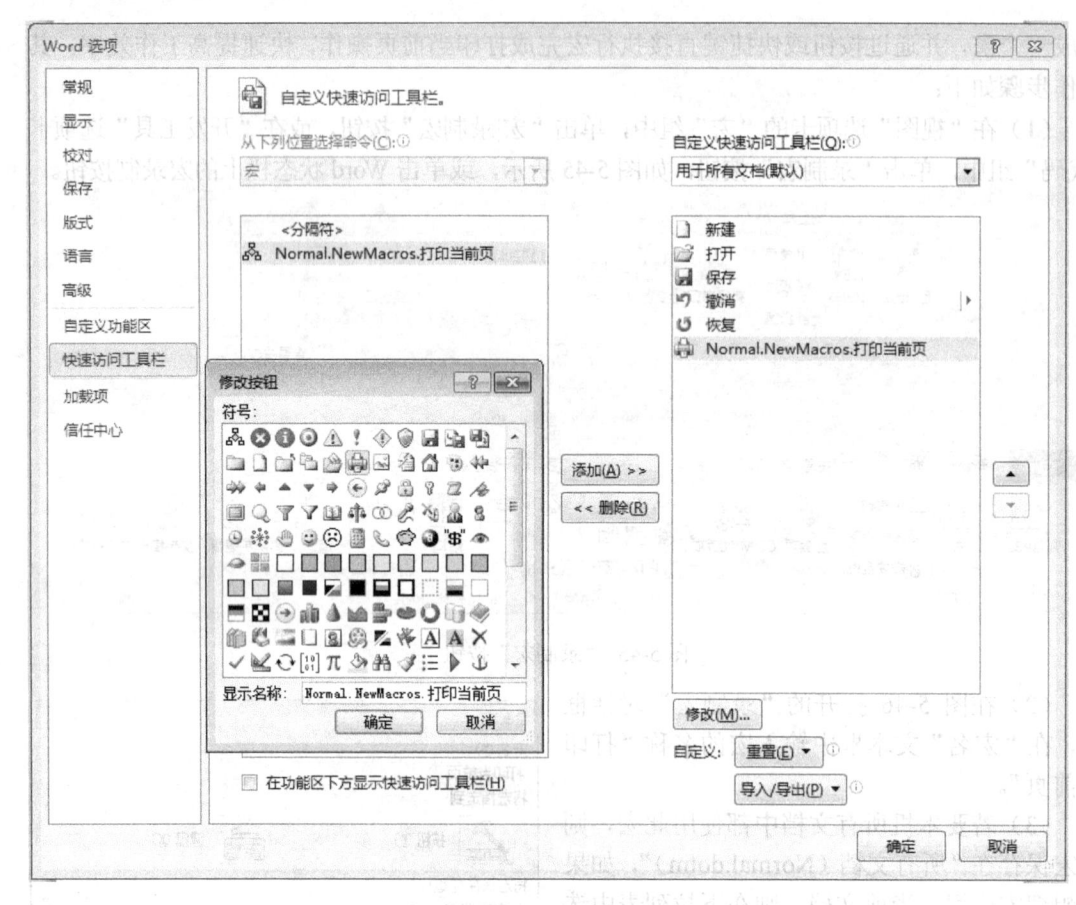

图 5-47 设置宏按钮

两次单击"确定"后，开始录制宏，鼠标指针变成带有盒式磁带图标的箭头。录制好的宏按钮将显示在快速访问工具栏上，如图 5-48 所示。

（2）将宏指定给键盘快捷键

图 5-48 快速访问工具栏的宏按钮

若要通过键盘快捷方式运行宏，在图 5-46 中，单击"键盘"按钮，打开"自定义键盘"对话框，在"请按新快捷键"文本框中键入组合键，然后单击"指定"按钮，如图 5-49 所示，单击"关闭"按钮，开始录制宏。

3．保存包含宏的文件

录制好宏后，保存文件时，如果宏设置为保存在.docx 类型文件，则会弹出窗口如图 5-50 所示，这是因为扩展名为 docx 的文件是一类不包含宏的普通文档。单击"否"按钮，打开"另存为对话框"，选择"启用宏的 Word 文档（*.docm）"类型，如图 5-51 所示。

Word 2010 的常见文件类型如下：

- .docx——不包含宏的普通文档。
- .docm——包含宏或启用了宏的文档。
- .dotx——不包含宏的模板。
- .dotm——包含宏或启用了宏的模板。

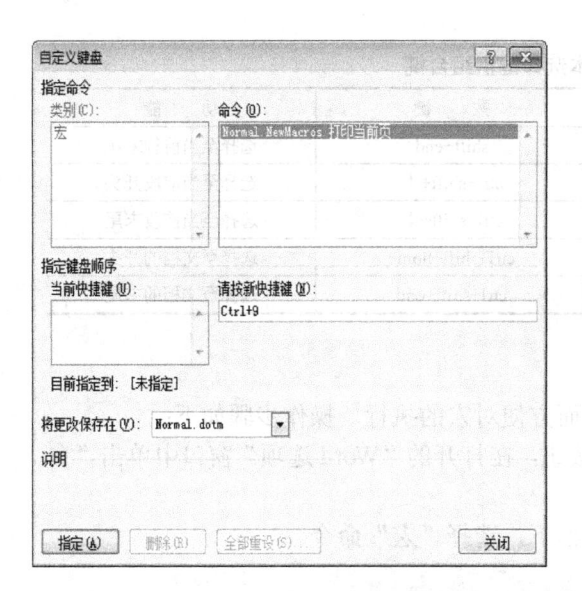

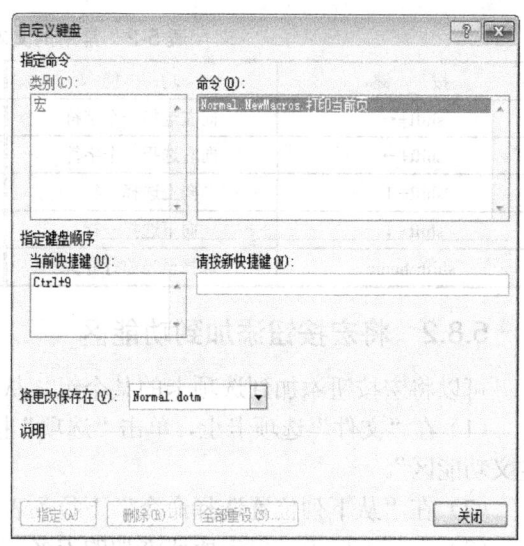

图 5-49 "自定义键盘"对话框

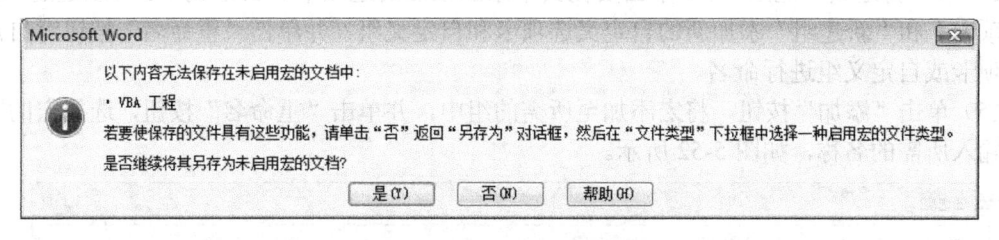

图 5-50 保存包含宏的文档

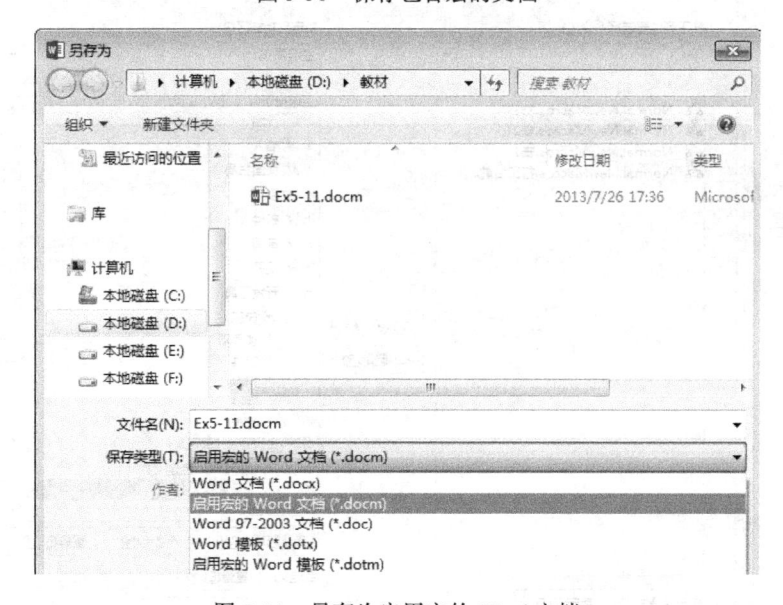

图 5-51 另存为启用宏的 Word 文档

注意：在录制宏过程中，无法用鼠标进行文本的选择，需要通过键盘选择文本。常用的选择文本键盘组合键如表 5-2 所示。

表 5-2　常用的文本选择键盘组合键

按　　键	功　　能	按　　键	功　　能
shift+←	向左选择一个字符	shift+end	选择至当前行末尾
shift+→	向右选择一个字符	ctrl+shift+↑	选择至当前段开头
shift+↑	向上选择一行	ctrl+shift+↓	选择至当前段末尾
shift+↓	向下选择一行	ctrl+shift+home	选择至文档的开头
shift+home	选择至当前行开头	ctrl+shift+end	选择至文档的末尾

5.8.2　将宏按钮添加到功能区

可以将宏按钮添加到选项卡的某个组，从而方便对宏的执行，操作步骤如下：

（1）在"文件"选项卡上，单击"选项"按钮，在打开的"Word 选项"窗口中单击"自定义功能区"。

（2）在"从下列位置选择命令"下拉列表框下，选择"宏"命令。

（3）在列表框中，单击所要添加的宏名。

（4）在"自定义功能区"下，单击要在其中添加该宏的选项卡和自定义组。可以通过"新建选项卡"和"新建组"添加新的自定义选项卡和自定义组，并单击"重命名"按钮对自定义选项卡或自定义组进行命名。

（5）单击"添加"按钮，将宏添加至所需的组中，并单击"重命名"按钮，选择宏的图标并输入所需的名称，如图 5-52 所示。

图 5-52　自定义功能区

（6）两次单击"确定"按钮，完成添加，则将宏添加至功能区。添加后的宏如图 5-53 所示。

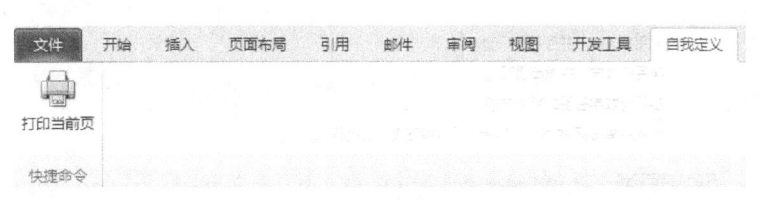

图 5-53 将宏按钮添加到功能区

5.8.3 运行宏

在包含宏的文件中运行宏的方式有：
（1）如果设置了宏按钮或快捷键，就可以通过宏按钮或快捷键执行宏。
（2）在"视图"选项卡的"宏"组中，单击"宏|查看宏"按钮，或者在"开发工具"选项卡的"代码"组中单击"宏"按钮，在"宏"对话框的"宏名"列表中，单击要执行的宏，然后单击"运行"按钮，如图 5-54 所示。

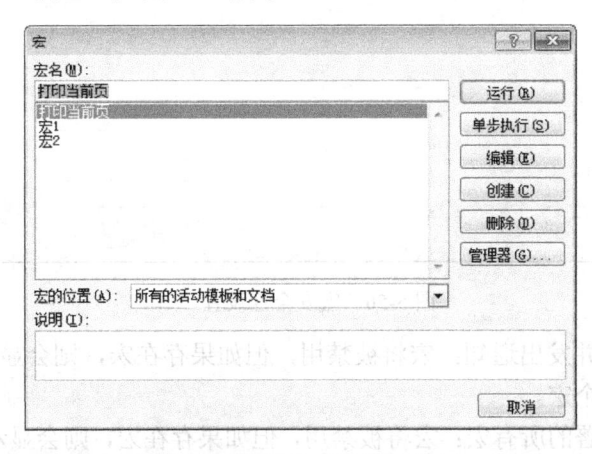

图 5-54 通过宏对话框运行宏

5.8.4 宏安全性设置

宏可以帮助用户自动执行常用任务。但是，一些宏会引起潜在的安全风险，具有恶意企图的人员可以通过文档或文件引入恶意宏，该文档或文件可能在计算机上传播病毒。Word 提供了对宏病毒的警告保护。

当打开包含宏的文件时，会出现带有防护图标和"启用内容"按钮的黄色"消息栏"，如图 5-55 所示。如果确信该宏或这些宏的来源可靠，在"消息栏"上，单击"启用内容"。此时会打开该文件，并且文件被认为是受信任的文档。

图 5-55 安全警告工具条

用户可以在"文件"选项卡上单击"选项"按钮，在打开的"Word 选项"对话框中选择"信任中心|信任中心设置｜宏设置"命令，或者在"开发工具"工具选项卡的"代码"组中单击"宏安全性"按钮，在对话框中设置宏的各种安全级别，如图 5-56 所示。

- 禁用所有宏，并且不通知：宏及相关安全警报将被禁用。

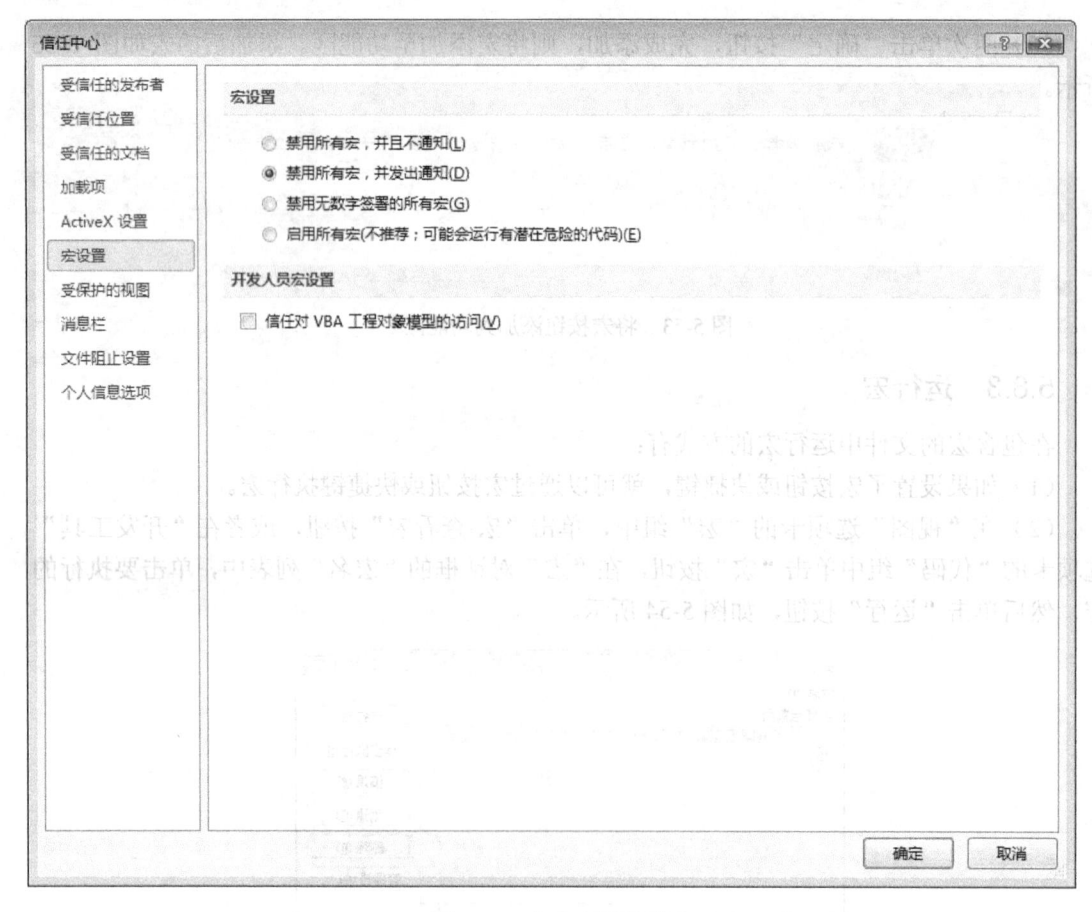

图 5-56 宏安全性设置

- 禁用所有宏，并发出通知：宏将被禁用，但如果存在宏，则会显示安全警告。可根据情况启用单个宏。
- 禁用无数字签署的所有宏：宏将被禁用，但如果存在宏，则会显示安全警告。但是，如果受信任发布者对宏进行了数字签名，并且用户已经信任该发布者，则可运行该宏。如果用户尚未信任该发布者，则会通知用户启用签署的宏并信任该发布者。
- 启用所有宏（不推荐；可能会运行有潜在危险的代码）：运行所有宏。此设置使计算机容易受到潜在恶意代码的攻击。

5.9 邮件合并

"邮件合并"这个名称最初是在批量处理"邮件文档"时提出的。具体地说，就是在邮件文档（主文档）的固定内容中，合并相关的一组数据资料（数据源：如 Excel 表、Access 数据表等），从而批量生成需要的邮件文档，因此有效提高工作效率。"邮件合并"功能除了可以批量处理信函、信封等与邮件相关的文档外，还可以轻松地批量制作标签、工资条、成绩单等。

邮件合并一般适用的场合为：

① 要制作的文档数量比较大。

② 这些文档内容分为固定不变的内容和变化的内容，如信封上的寄信人地址和邮政编码、信函中的落款等，这些都是固定不变的内容，而收信人的地址邮编等就属于变化的内容。

邮件合并的基本步骤包括：

（1）打开或创建主文档，主文档中包括内容不变的共有文本内容。

（2）打开或创建数据源，存放可变的数据源内容。

（3）编辑主文档，在主文档中所需的位置插入合并域。

（4）执行合并操作，将数据源中的可变数据和主文档的公共文本进行合并，生成一个合并文档。

【例 5-12】利用邮件合并功能，制作工资表，其操作步骤如下：

（1）创建文件名为 Ex5-12.docx 的工资表主文档，其内容如图 5-57 所示。

××××公司 2012 年 12 月工资

姓名	部门	基本工资	津贴	奖金	应发工资	所得税	实发工资

图 5-57　工资表主文档

（2）创建文件名 Ex5-12.xlsx 的工资信息数据源文件，其内容如图 5-58 所示。

	A	B	C	D	E	F	G	H
1	姓名	部门	基本工资	津贴	奖金	应发工资	所得税	实发工资
2	张三	销售部	5000.00	1200.00	3200.00	9400.00	625.00	8775.00
3	李四	销售部	5000.00	1200.00	2800.00	9000.00	545.00	8455.00
4	王五	销售部	5000.00	1200.00	2000.00	8200.00	385.00	7815.00
5	吴六	销售部	5000.00	1200.00	3000.00	9200.00	585.00	8615.00
6	刘一	市场部	4500.00	800.00	1900.00	7200.00	265.00	6935.00
7	黄九	市场部	4500.00	800.00	1800.00	7100.00	255.00	6845.00
8	郑七	市场部	4500.00	800.00	2100.00	7400.00	285.00	7115.00
9	冯六	市场部	4500.00	800.00	1500.00	6800.00	225.00	6575.00
10	陈三	财务部	4000.00	1000.00	1600.00	6600.00	205.00	6395.00
11	韩七	财务部	4000.00	1000.00	1700.00	6700.00	215.00	6485.00
12	朱八	财务部	4000.00	1000.00	1600.00	6600.00	205.00	6395.00
13	何九	财务部	4000.00	1000.00	1600.00	6600.00	205.00	6395.00

图 5-58　工资表数据源

（3）在主文档的所需位置插入合并域

① 在"邮件"选项卡的"开始邮件合并"组中，单击"开始邮件合并|普通 Word 文档"按钮，如图 5-59 所示。

② 在"邮件"选项卡的"开始邮件合并"组中，单击"选择收件人|使用现有列表"按钮，在弹出的"选取数据源"对话框中选择 Ex5-12.xlsx 文件，单击"打开"按钮，打开"选择表格"对话框，选择数据所在的工作表，本例中数据在"工资表"工作表中，如图 5-60 所示，单击"确定"按钮。

③ 此时邮件选项卡的多个按钮被激活。将光标定位于主文档"姓名"下的单元格内，在"邮件"选

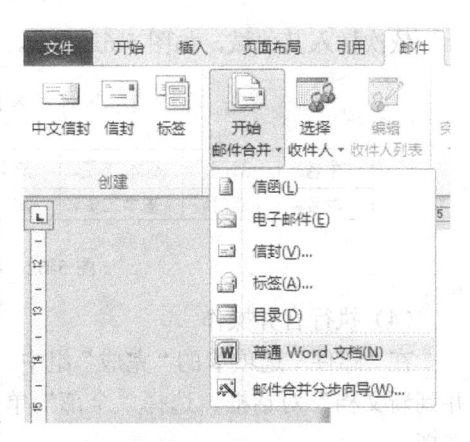

图 5-59　开始邮件合并

项卡的"编写和插入域"组中,单击"插入合并域|姓名"按钮,完成姓名域的插入。或单击"插入合并域"按钮,打开"插入合并域"对话框,选择列表中的"姓名"域,单击"插入"按钮,也可完成姓名域的插入,如图 5-61 所示。

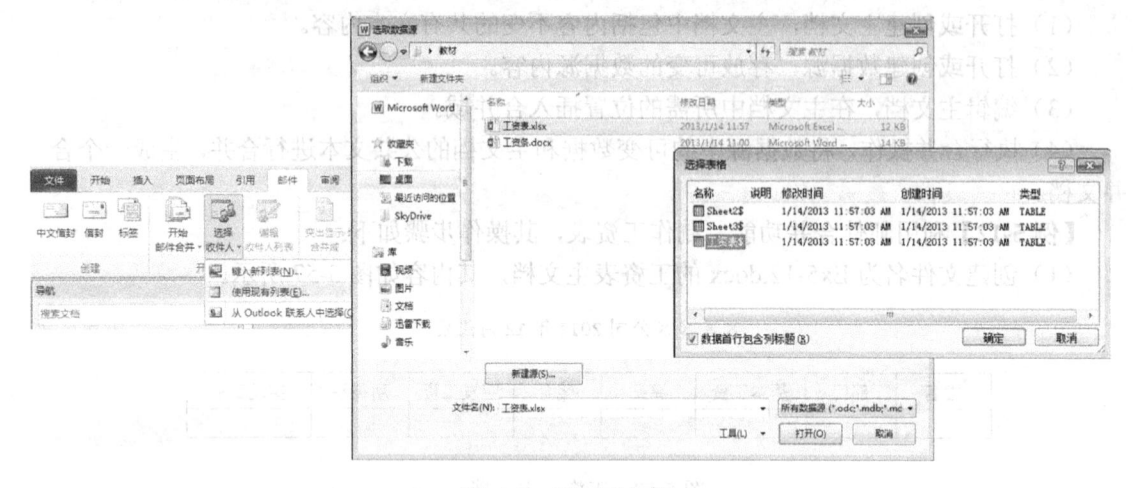

图 5-60 选择数据源

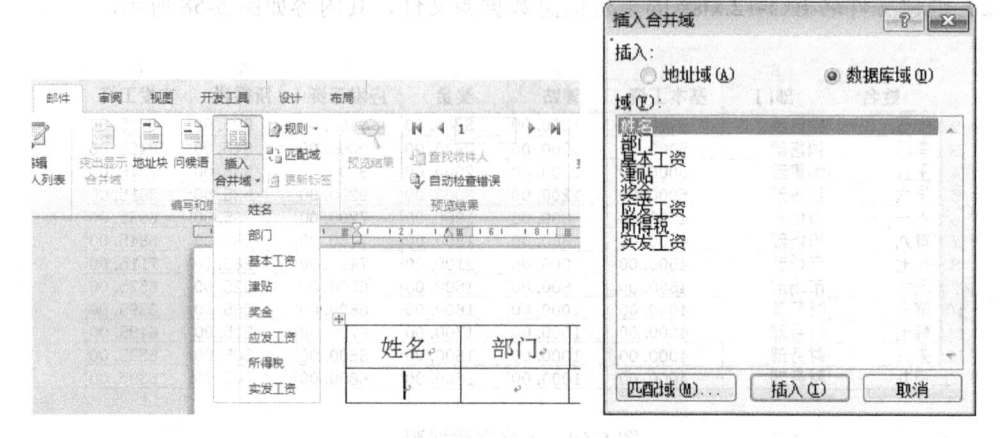

图 5-61 插入"姓名"域

依次插入其他域,如图 5-62 所示。

××××公司 2012 年 12 月工资

姓名	部门	基本工资	津贴	奖金	应发工资	所得税	实发工资
«姓名»	«部门»	«基本工资»	«津贴»	«奖金»	«应发工资»	«所得税»	«实发工资»

图 5-62 插入合并域后的主文档

(4) 执行合并操作

在"邮件"选项卡的"完成"组中,单击"完成并合并|编辑单个文档"按钮,打开"合并到新文档"对话框,选择"全部"单选按钮,单击"确定"按钮,生成一个合并后的新文档。

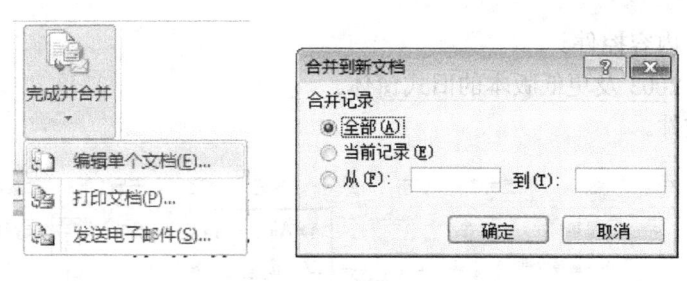

图 5-63　合并文档

（5）邮件合并部分记录

在邮件合并的过程中，有时候希望合并部分记录而非所有记录，可以在邮件合并过程中对数据源进行筛选。

选择数据源后，在"邮件"选项卡的"开始邮件合并"组中，单击"编辑收件人列表"按钮，在弹出的"邮件合并收件人"对话框中单击需要字段的下拉列表，选择所需要合并的项，如"市场部"，则最后合并的文档中将只包含市场部部门人员的相关记录。

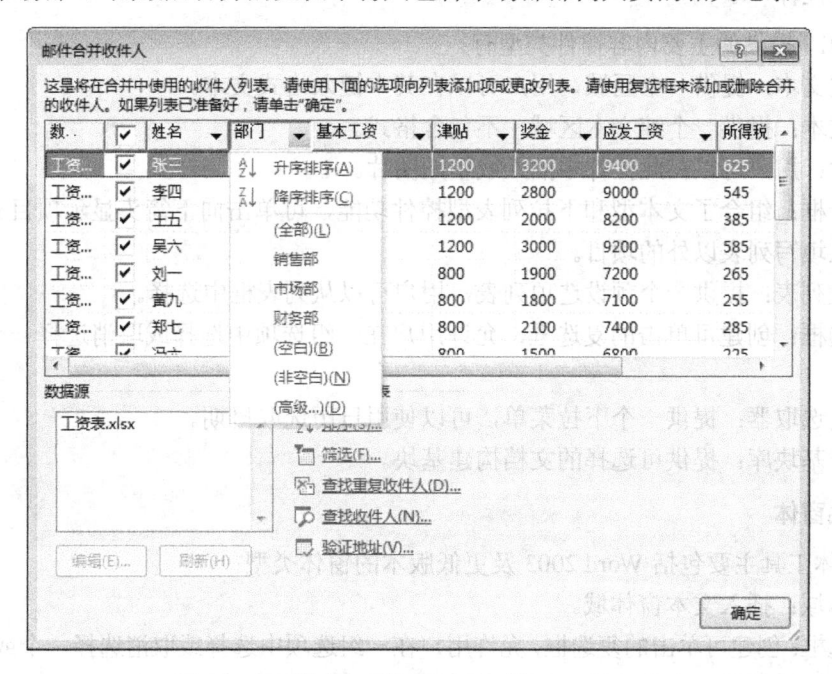

图 5-64　邮件合并收件人

5.10　Word 控件

使用 Word 2010 的控件可以实现文档的智能化、编程化，达到良好交互的效果。

5.10.1　控件类型

Word 2010 的控件位于"开发工具"功能区的"控件"组，如图 5-65 所示。Word 2010 有三种不同类型的控件：

- Word 2010 内容控件。
- 来自 Word 2003 及更低版本的旧式窗体。
- ActiveX 控件。

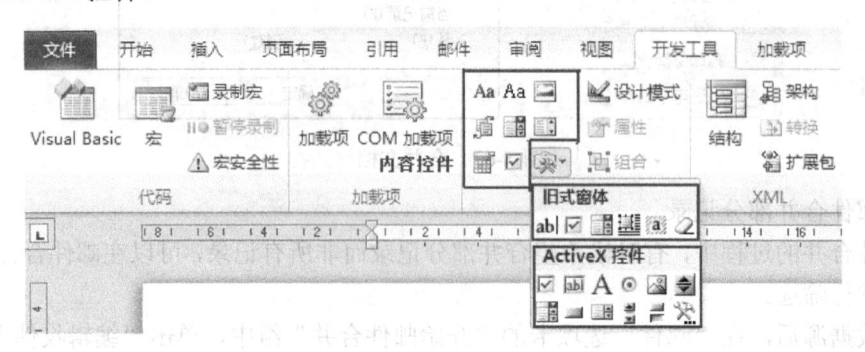

图 5-65 Word 2010 控件

1．内容控件

Word 2010 提供的主要内容控件类型有：
- 格式文本：提供一个区域，用户可以在其中键入格式文本。
- 纯文本：提供一个纯文本区域，不包含格式。
- 图片：用户可以在此控件中插入或粘贴图片。
- 组合框：组合了文本型和下拉列表型控件功能，可单击向下箭头显示项目列表，也可以填写列表以外的项目。
- 下拉列表：提供一个预设选项列表，用户可以从列表框中选择。
- 复选框：创建可单击的复选框，允许用户在一组选项中选择或取消选择一个或多个值。
- 日期选取器：提供一个下拉菜单，可以使用日历选取日期。
- 构建基块库：提供可选择的文档构建基块。

2．旧式窗体

旧式窗体工具主要包括 Word 2003 及更低版本的窗体类型：
- 文本域：插入文本窗体域。
- 复选框：创建可单击的复选框，允许用户在一组选项中选择或取消选择一个或多个值。
- 组合框：提供一个预设选项列表，用户可以从列表框中选择。
- 图文框：插入旧式的 Word 图文框，作为操作窗体域的容器。
- 域底纹：切换窗体域的底纹，快速识别窗体域在文档中的位置。
- 重设窗体域：将窗体文档中的所有窗体域还原为它们的默认条目设置。

3．ActiveX 控件

ActiveX 控件是指由软件提供商开发的可重用的软件组件。Word 2010 中提供的主要 ActiveX 控件如下所示，另外还可以插入计算机中提供的各种控件。在 Office 中可以通过编写 VBA 代码定义 ActiveX 控件的行为。
- 复选框：创建可单击的复选框，允许用户在一组选项中选择或取消选择一个或多个值。

- 文本框：文本框是一个矩形框，在其中可以查看、输入或编辑文本。
- 标签：提供说明性文本。
- 选项按钮：提供选项按钮，允许从一组有限的互斥选项中选择一个选项。
- 图像：通过使用图像控件嵌入图片。
- 命令按钮：插入按钮，用户单击时执行某个操作。
- 数值调节钮：提供一对箭头键，用户可以单击它们来调整数值。
- 列表框：可以从列表框中选择一个或多个文本项。
- 组合框：将文本框和列表框的功能融合在一起的一种控件，可单击向下箭头显示项目列表，也可以选择允许用户填写列表以外的项目。
- 滚动条：插入滚动条，当单击滚动箭头或拖曳滚动块时，可滚动浏览一系列值。
- 切换按钮：指示一种状态（例如，是/否）或者一个模式（例如，打开/关闭）。单击时，该按钮在启用和禁用状态之间交替。

5.10.2　制作《电子请假条》

【例 5-13】使用 Word 2010 窗体控件，制作如图 5-77 所示《电子请假条》，其操作步骤如下：

（1）制作电子请假条表格

创建文件名为 Ex5-13.docx 的 Word 文件，其内容如图 5-66 所示。

请　假　条

姓名		学号	
请假类型			
请假原因			
请假时间		至	
院系		辅导员	

图 5-66　请假条内容

（2）添加控件

在"开发工具"选项卡上的"控件"组中，选择需要的控件类型。每个控件都拥有可以设置或更改的属性，单击"属性"可以设置或更改所需的属性。

① 插入文本内容控件

将光标定位到"姓名"后的单元格中，在"开发工具"选项卡的"控件"组中，单击"格式文本内容控件"按钮，如图 5-67 所示。

图 5-67　插入"格式文本内容控件"

保持格式文本控件选中状态，在"控件"组中单击"属性"按钮，打开"内容控件属性"对话框。在"标题"和"标记"文本框中输入"姓名"，如图 5-68 所示。为防止控件被误删除，可勾选锁定区域的"无法删除内容控件"。如果选中"内容被编辑后删除内容控件"复选框，则当用户在键入自己的内容后内容控件被删除。单击"确定"按钮，完成"内容控件属性"的设置。

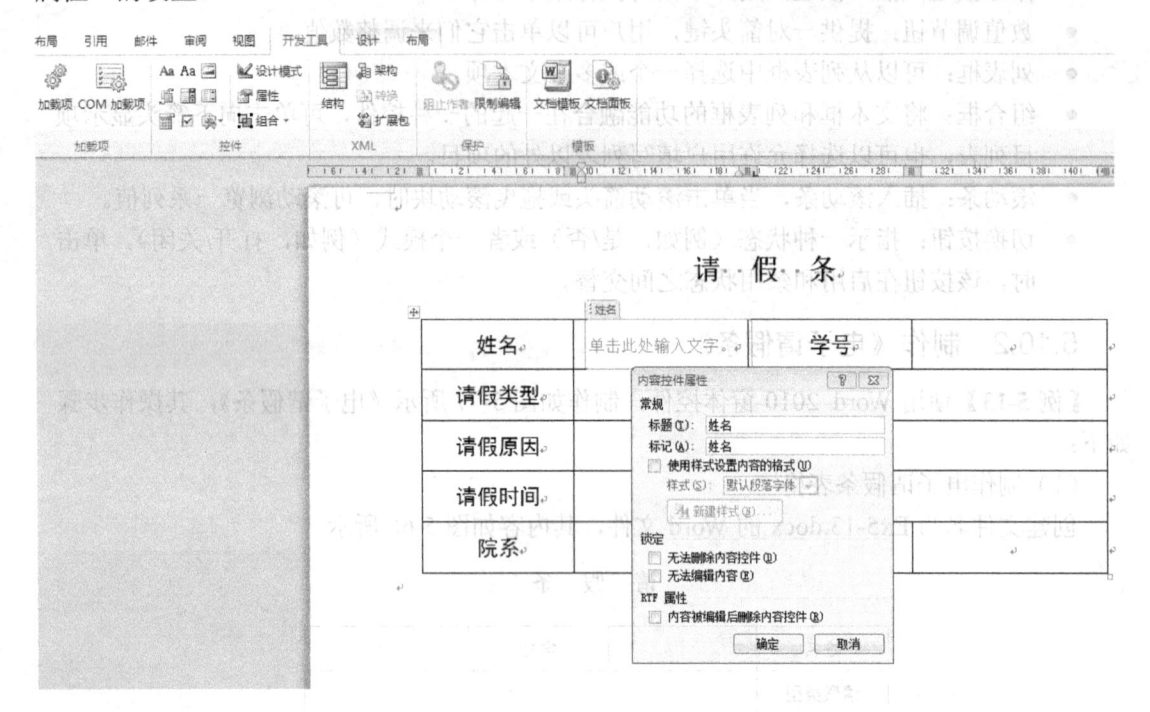

图 5-68 "内容控件属性"对话框

用类似的步骤，插入其他文本型控件，包括"学号、请假原因、辅导员"信息。

② 插入选项按钮控件

将光标定位到"请假类型"后的单元格中，在"开发工具"选项卡的"控件"组中，单击"ActiveX 控件|选项按钮控件"按钮，如图 5-69 所示。插入 ActiveX 控件后，Word 会自动切换到设计模式，"控件"组中的"设计模式"按钮将自动处于选中状态。

图 5-69 插入"选项按钮控件"

保持"选项按钮"控件的选中状态，在"控件"组中单击"属性"按钮，打开"属性"

· 208 ·

对话框。修改"Caption"属性值为"事假","GroupName"属性值为"请假类型"。单击"事假"选项按钮,在控件周围出现 8 个控制点,可以用鼠标拖曳修改控件大小,如图 5-70 所示。设置完成后,关闭"属性"对话框。

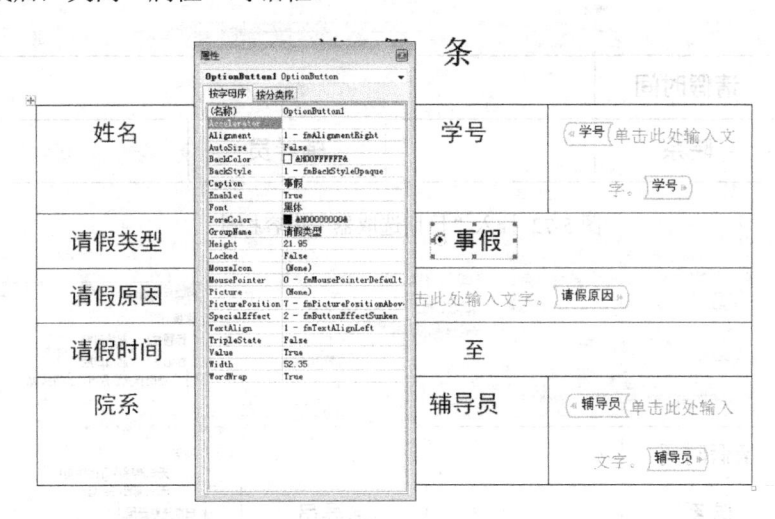

图 5-70 设置"选项按钮"属性

保持"事假"选项按钮控件的选中状态,复制此控件,将光标移至下一个放置"选项按钮"的位置,粘贴控件,粘贴 2 个同样的控件。

依次选中后两个"选项按钮",打开"属性"对话框,分别修改其"Caption"属性值为"病假"、"公假"。"GroupName"属性值均设置为"请假类型",具有相同"GroupName"属性值的"选项按钮"将成为一个组,在该组中的每个选项按钮之间都是相斥的,即同时只能选中一个按钮。最后单击在"开发工具"选项卡的"控件"组中,单击"设计模式"按钮,退出"选项按钮"的编辑状态,完成操作。效果如图 5-71 所示。

图 5-71 设置"选项按钮"效果

③ 插入日期选取器内容控件

将光标定位到"请假时间"后的单元格中,在"开发工具"选项卡的"控件"组中,单击"日期选取器内容控件"按钮,如图 5-72 所示。

保持"日期选取器"内容控件的选中状态,在"控件"组中单击"属性"按钮,打开"属性"对话框,在"标题"和"标记"文本框中输入"起始日期",设置"日期显示方式"格式为 yyyy'年'M'月'd'日',单击"确定"按钮,如图 5-73 所示。

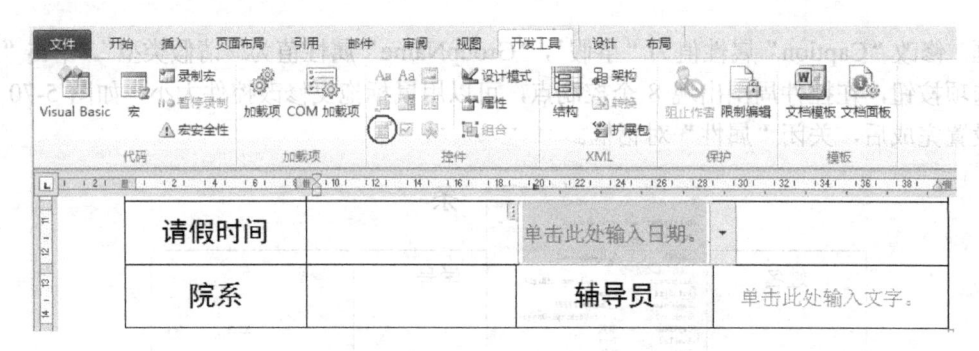

图 5-72 插入"日期选取器"内容控件

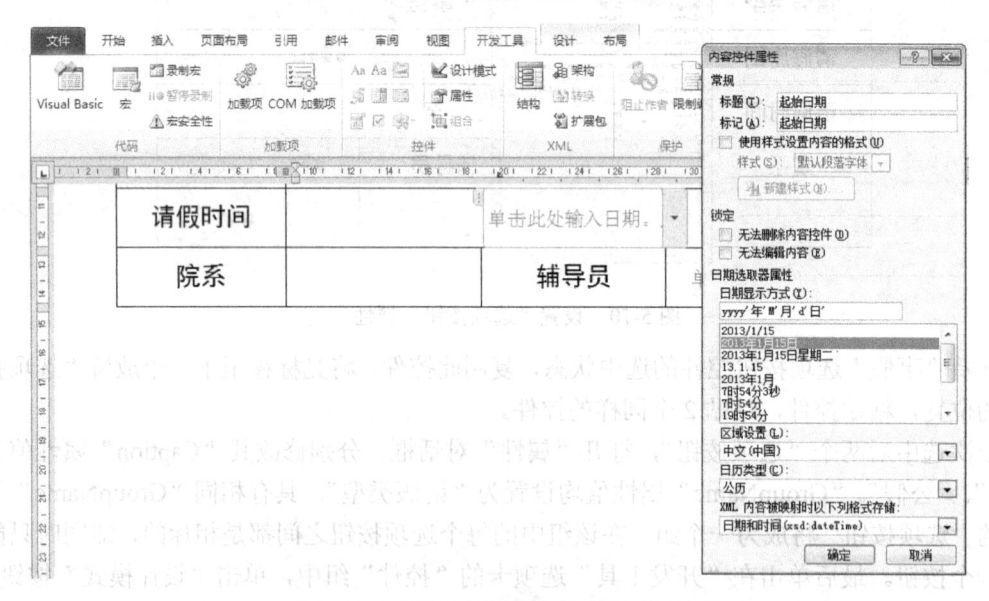

图 5-73 设置"日期选取器"控件属性

选中"日期选取器"内容控件,复制控件,将光标移至"至"后面,粘贴控件。单击"属性"按钮,打开"属性"对话框,在"标题"和"标记"文本框中输入"结束日期"。

单击"日期选取器"控件右侧的下拉箭头,在打开的日期列表中选择请假的起止日期,设置后的效果如图 5-74 所示。

图 5-74 设置"日期选取器"效果

④ 插入下拉列表内容控件

将光标定位到"院系"后的单元格中,在"开发工具"选项卡的"控件"组中单击"下拉列表内容控件"按钮,如图 5-75 所示。

第 5 章　Word 高级应用案例

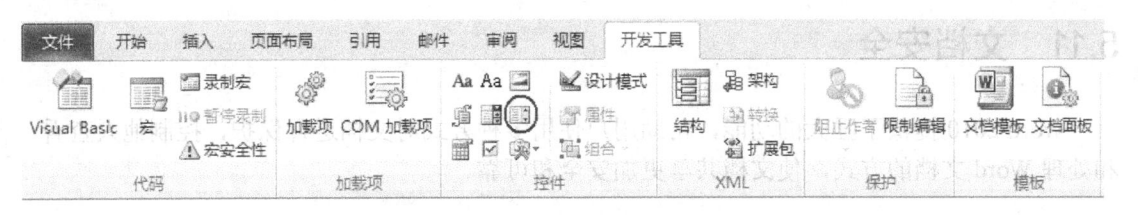

图 5-75　插入"下拉列表"内容控件

　　保持"下拉列表"内容控件的选中状态，在"控件"组中单击"属性"按钮，打开"属性"对话框，在"标题"和"标记"文本框中输入"院系"。选中"下拉列表属性"左侧列表框中原有的内容"选择一项"，单击右侧的"删除"按钮删除此项。

　　单击"添加"按钮，打开"添加选项"对话框，在"显示名称"文本框中输入"通信学院"，"值"文本框中会自动添加相同内容。输入完成后，单击"确定"按钮，即在下拉列表框中添加一个选项，如图 5-76 所示。

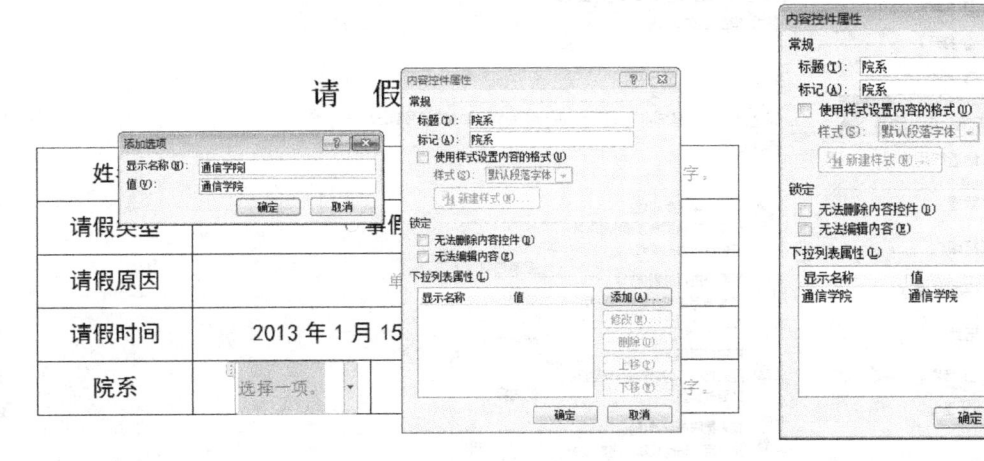

图 5-76　添加下拉列表控件选项

　　依次添加其他下拉列表项目，最终效果如图 5-77 所示，至此完成"电子请假条"文档的创制（Ex5-13.docx）。在分发给用户前，一般通过保护窗体功能使用户只能进行控件的使用，限制用户修改文档的其他内容。保护窗体的方法见下节内容。

图 5-77　设置"下拉列表"控件效果

· 211 ·

5.11 文档安全

Word 2010 提供了强大的功能，帮助用户使用多种方式对文档进行保护，控制他人查看和处理 Word 文档的方式，使文档共享更加安全和可靠。

5.11.1 密码保护

可以通过为文件添加打开密码保证只有拥有密码的特定用户可以打开文件，其操作步骤如下：

（1）在"文件"选项卡上单击"信息|保护文档"按钮，在下拉列表中可以看到 Word 2010 可设置的各项安全策略，如图 5-78 所示。

图 5-78 保护文档的方式

（2）选择"用密码进行加密"命令，在打开的"加密文档"对话框中输入密码，单击"确定"按钮后，在"确认密码"对话框中重新输入该密码，然后单击"确定"按钮。

（3）设置了打开密码的文件将显示如图 5-79 所示的权限信息。

图 5-79 权限信息

（4）保存文档，关闭文档后再次打开该文档时，将出现如图 5-80 所示的对话框。只有正确输入密码后才能打开文件。

（5）删除密码时，在"文件"选项卡上单击"信息|保护文档"按钮，在下拉列表中选择"用密码进行加密"，在打开的"加密文档"对话框中清除已经设置的密码，即可解除密码保护。

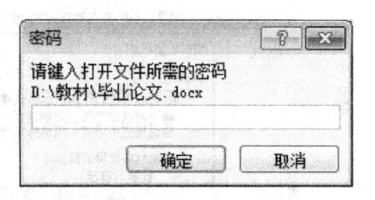

图 5-80　输入密码对话框

5.11.2　限制编辑

选择图 5-78 中的"限制编辑"命令，或者在"审阅"选项卡的"保护"组中单击"限制编辑"按钮，两种方式都将在文档窗口右侧打开"限制格式和编辑"任务窗格，提供了有选择地控制用户处理文档中信息的方式，如格式设置、修订跟踪、保护窗体等，如图 5-81 所示。

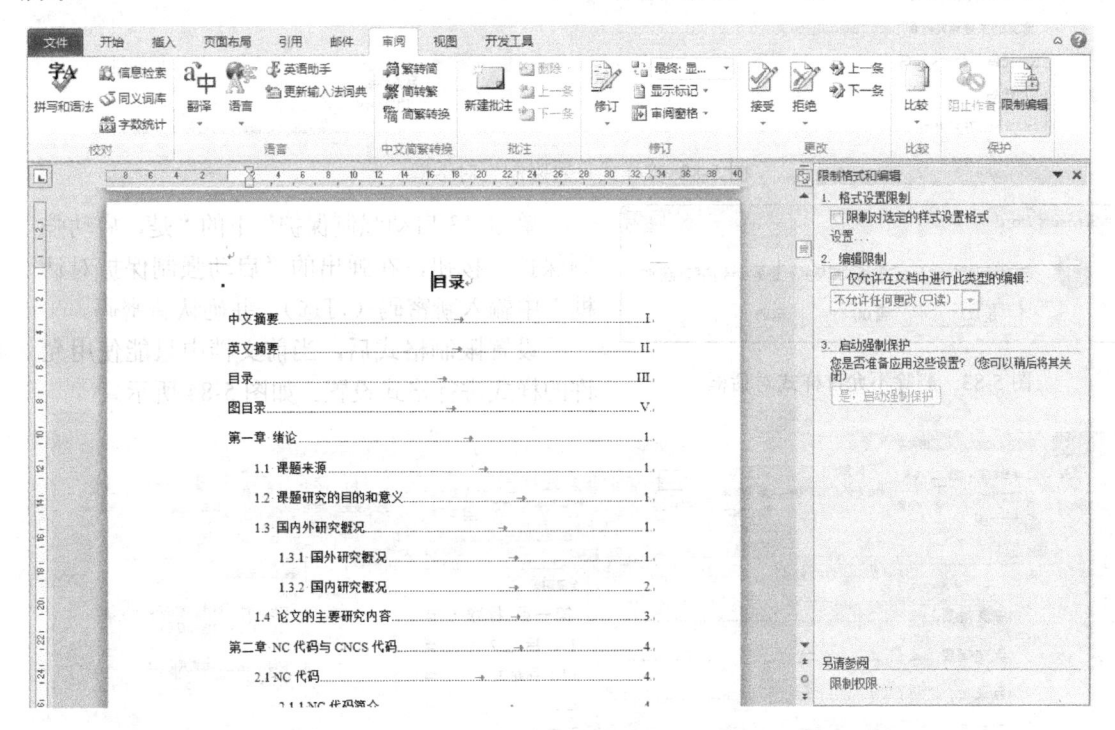

图 5-81　"限制编辑"命令打开"限制格式和编辑"任务窗格

1．格式设置限制

此选项限制对文档中的样式进行格式设置，如防止用户应用未指定的样式，也可以防止用户直接将格式应用于文本。

勾选"限制对选定的样式设置格式"前的复选框，单击"设置"，打开"样式设置限制"对话框，如图 5-82 所示。在"当前允许使用的样式"列表中，勾选当前文档中允许使用的样式复选框，清除文档中不允许使用的样式的复选框。

单击"确定"按钮，如果文档中使用了取消勾选的样式，则会弹出图 5-83 所示的提示框，单击"是"按钮可以删除不允许的样式。

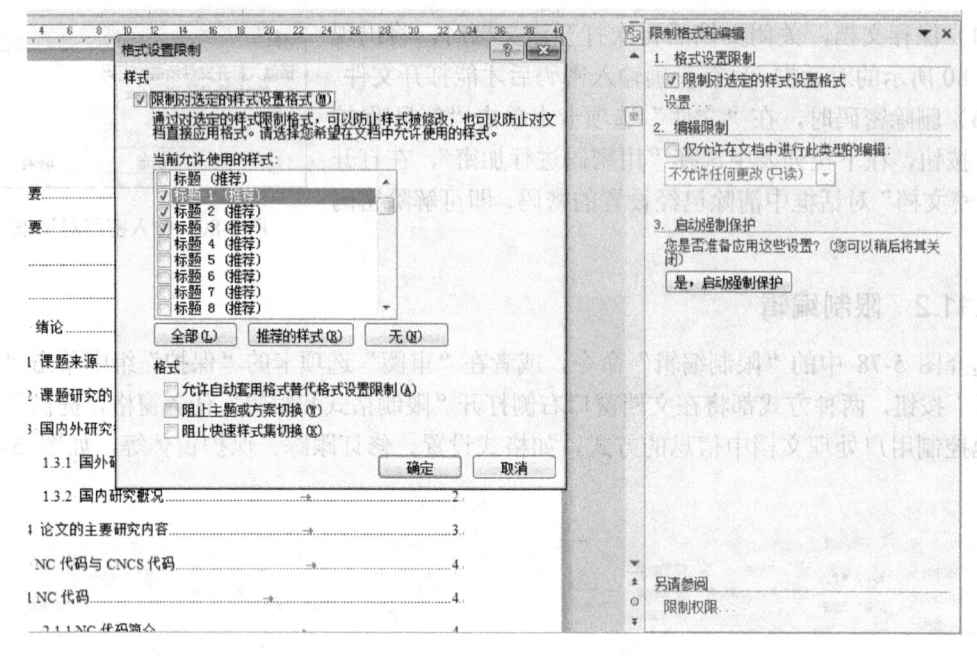

图 5-82 "样式设置限制"对话框

单击"3.启动强制保护"下的"是,启动强制保护"按钮,在弹出的"启动强制保护对话框"中输入新密码(可选),并确认新密码。

设置限制格式后,当前文档中只能使用允许的样式进行格式设置。如图 5-84 所示。

图 5-83 删除不允许样式对话框

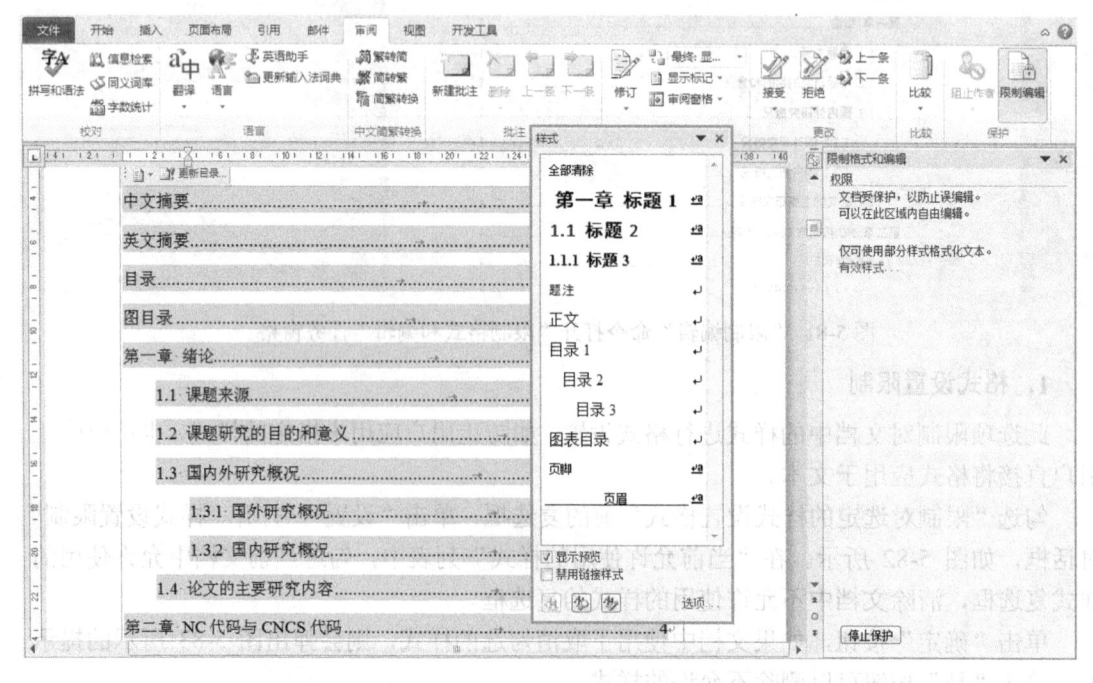

图 5-84 设置格式限制后的文档

2．编辑设置

在"限制格式和编辑"任务窗格中，勾选"仅允许在文档中进行此类型的编辑"前的复选框，如图 5-85 所示。

在编辑限制列表中，有"修订"、"批注"、"填写窗体"和"不允许任何更改（只读）"四个列表项。

（1）修订：对其他用户进行的任何更改进行跟踪，以便进行审阅。其他用户无法关闭修订，也无法接受或拒绝修订。

（2）批注：用户可以进行批注但不能进行其他更改

（3）填写窗体：限制对窗体的修改，用户在填充域时无法对窗体本身进行更改。

在图 5-77 所示的"电子请假条"文档中，使用了 Word 控件，可以通过保护窗体功能使用户只能进行控件的使用，限制用户修改文档的其他内容。

在"仅允许在文档中进行此类型的编辑"下拉列表中选择"填写窗体"，单击"是，启动强制保护"按钮，在弹出的"启动强制保护对话框"中输入新密码（可选），并确认新密码。保护窗体后的文档如图 5-86 所示。此时用户只能选中文档中的控件进行填写或选中，其他内容均无法进行选定和编辑。

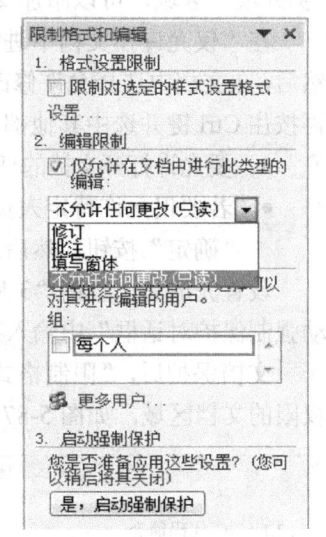

图 5-85　设置"编辑限制"

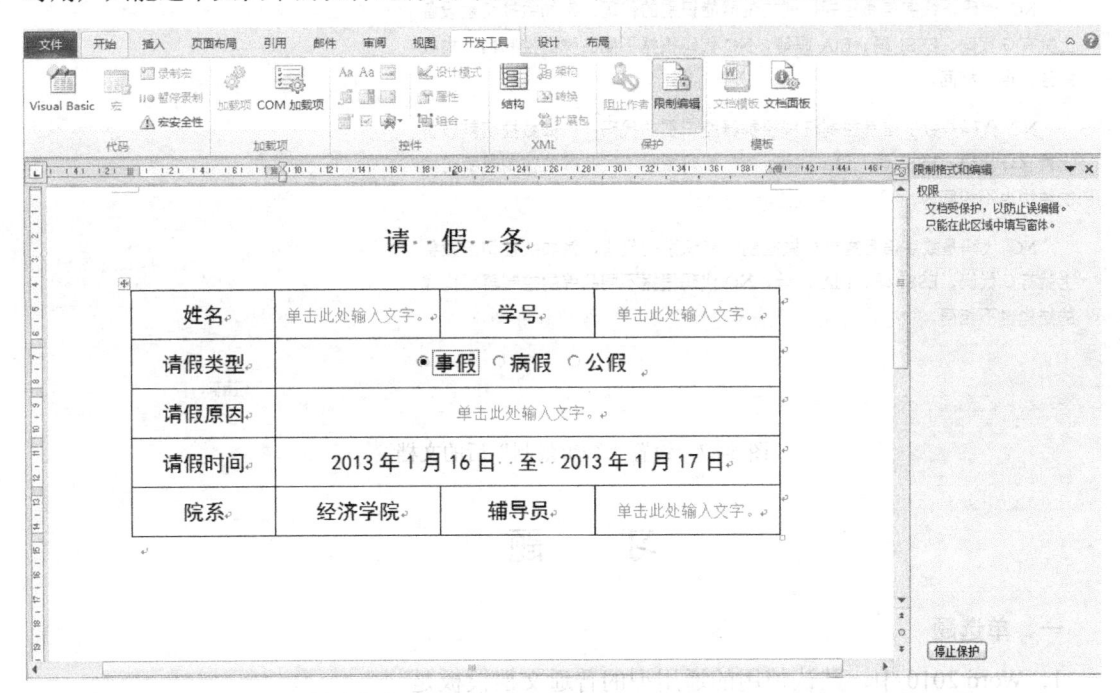

图 5-86　设置"填写窗体"的文档

任何时候如果需要停止保护文档，在"限制格式和编辑"任务窗格中，单击"停止保护"按钮，输入密码后解除对文档的保护。

（4）不允许任何更改（只读）

选择此选项使文档成为只读文档，从而限制用户对文档进行更改，同时下部将显示一个

"例外项"区域,可以添加文档中允许修改的部分,并选择允许对文档进行修改的用户。

在"仅允许在文档中进行此类型的编辑"下拉列表中选择"不允许任何更改(只读)"。然后,在文档中选择允许修改的部分,若要同时选中文档中的多个部分,可以先选择一部分,再按住 Ctrl 键并选中其他部分。在"例外项"下,执行下列操作之一:

- 要允许打开文档的任何人都能编辑所选部分,选择"组"列表中的"每个人"复选框。
- 若要仅允许特定人员编辑选中的部分,单击"其他用户",然后键入用户姓名,单击"确定"按钮,然后选择允许编辑所选部分的用户姓名旁的复选框。

设置完成后,单击"3.启动强制保护"下的"是,启动强制保护"按钮,在弹出的"启动强制保护对话框"中输入新密码(可选),并确认新密码。

文档保护后,"限制格式和编辑"任务窗格中会显示一些按钮,可用来移动到具有修改权限的文档区域,如图 5-87 所示。

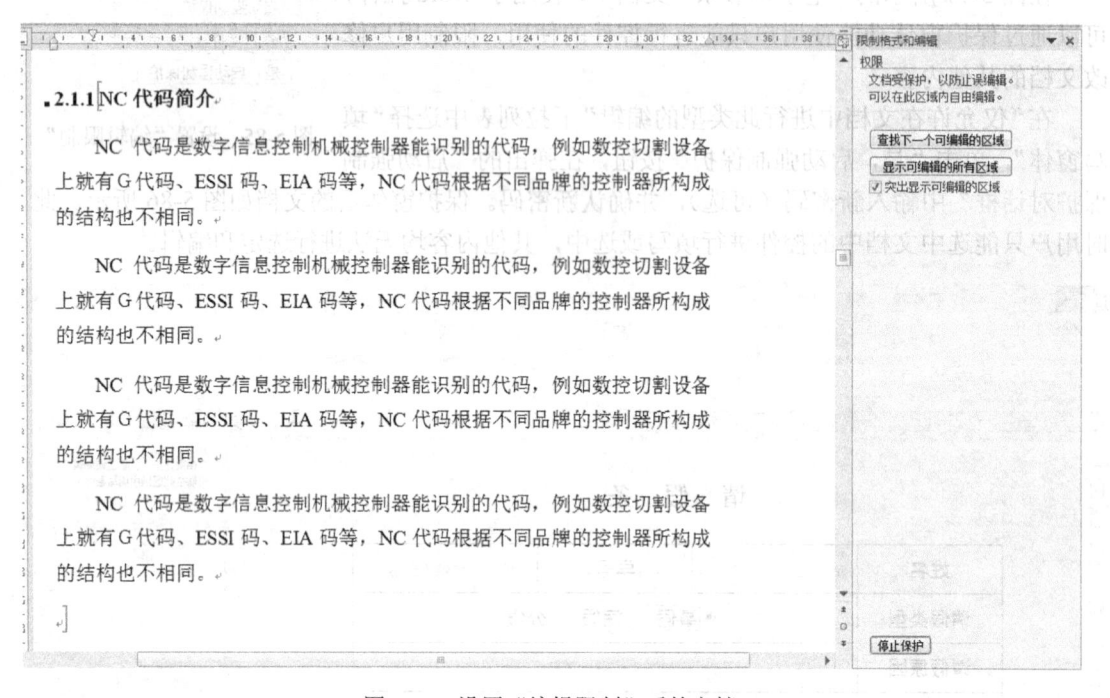

图 5-87 设置"编辑限制"后的文档

习　　题

一、单选题

1. Word 2010 中,默认使用的通用型的普通文档模板是_____。
   A. Normal.dotm　　B. Normal.doc　　C. Normal.dotx　　D. Normal.docx
2. Word 2010 中,启用宏的文档模板类型是_____。
   A. dotm　　　　　B. doc　　　　　　C. dotx　　　　　　D. docx
3. 怎样用键盘来选定一行文字_____。
   A. 将插入点的光标移至此行文字的行首,按下组合键 Ctrl+End

B．将插入点的光标移至此行文字的行首，按下组合键 Shift+End
C．将插入点的光标移至此行文字的行首，按下组合键 Alt+End
D．将插入点的光标移至此行文字的行首，按下组合键 Ctrl+Enter

4．在 Word 中，将插入点移到文档开始位置，按_____键。
A．Ctrl+End B．Home C．Ctrl+Home D．Alt+Home

5．Word 中插入总页码的域公式是_____。
A．NumPages B．Page C．TC D．Next

6．Word 中的域类似数学中的公式运算，域分为域代码和域结果，域代码类似于公式，位于_____中，域结果类似于公式生成的值。
A．花括号{ } B．方括号[ ] C．圆括号( ) D．尖括号<>

7．在 Word 中自定义的样式，在_____的状况下能在其后新建的文档中应用。
A．选中"自动更正" B．选中"纯文本"
C．选中"添加到模板" D．设置快捷键

8．通过设置_____分隔符，可以在 Word 中实现页面之间不同的页眉、页脚格式的设定。
A．分页 B．分节 C．分栏 D．换行

9．通过快捷键_____，可以实现所选域的更新。
A．Shift+F9 B．F9 C．Ctrl+F9 D．Alt+F9

10．在 Word 文档中基于_____，可以创建图表目录。
A．交叉引用 B．段落 C．标题 D．题注

11．要设置各节不同的页眉页脚，必须在第二节始的每一节处点起_____按钮后编辑内容。
A．上一项 B．链接到前一条页眉 C．下一项 D．页面设置

12．Word 中关于模板的概念，以下说法中错误的是_____。
A．选定文档中的某些段落，也可用模板来快速进行格式设置
B．用户可以参照某种模板新建一个文件
C．用户可以打开模板查看，也可对模板编辑修改
D．用户可以新建模板

13．Word 2010 的文档中可以插入各种分隔符，以下一些概念中正确的是_____。
A．编辑的文档较长时，必须要用插入"分页符"进行分页，否则 Word 默认文档为一页
B．Word 2010 默认文档为一个"节"，若对文档中间某个段落设置过分栏，则该文档自动分成了两个"节"
C．若将插入点选定在某个段落中，设置分栏的结果是将当前节作了分栏
D．选定某个段落后，只要插入一个"分栏符"，就可对此段落进行分栏

二、多选题

1．关于样式和格式的说法正确的是_____。
A．格式是样式的集合
B．格式和样式没有关系

C. 样式是格式的集合
D. 使用样式时可以应用于文本进行格式的设置

2. 以下关于交叉引用的说法，正确的是_____。
   A. 交叉引用是对文档中其他位置的内容的引用
   B. 建立交叉引用实际上是在插入引用的地方建立一个域，当引用源发生变化时，交叉引用的域将自动更新
   C. Word 可为题注、标题、脚注、书签、编号段落等创建交叉引用
   D. 在多个不同的位置使用同一个引用源内容

3. Word 中创建宏的方法有_____。
   A. 使用宏录制器录制宏   B. 使用对象创建宏
   C. 使用 Visual Basic 编辑器创建宏   D. 使用域创建宏

4. 以下步骤中，为邮件合并操作步骤的有_____。
   A. 打开或创建主文档，主文档中包括内容不变的共有文本内容
   B. 执行合并操作，将数据源中的可变数据和主文档的公共文本进行合并，生成一个合并文档
   C. 编辑主文档，在主文档中所需的位置插入合并域
   D. 打开或创建数据源，存放可变的数据源内容

5. 在 Word 的限制编辑功能中，对于文档编辑限制的类型有_____。
   A. 修订   B. 批注
   C. 填写窗体   D. 不允许任何更改（只读）

6. 以下关于"节"的说法，正确的是_____。
   A. 同一节中的页码设置必须是一致的
   B. 同一节中的页脚设置必须是一致的
   C. 同一节中的分栏设置必须是一致的
   D. 同一节中的段落格式设置必须是一致的

7. Word 2010 的文档中可以插入各种分隔符，以下一些概念中正确的是_____。
   A. Word 2010 默认整个文档为一个"节"，若对文档中间某个段落设置过分栏，则该文档自动分成了三个"节"
   B. 任何时候，在需要分栏的段落前插入一个"分栏符"，该段落就进行了分栏
   C. 文档的一个节中不可能包含不同格式的分栏
   D. 一个页面中可能设置不同格式的分栏

三、填空题

1. _____是为文档设置层次结构而创建的列表，文档最多可有 9 个级别。
2. _____是一种可添加到图表、表格、公式或其他对象中的编号标签。
3. Word 默认文档为一个节，若对文档中间一个段落进行分栏操作，则该文档自动分为_____个节。
4. 批注是用户对文档的部分内容进行的注释和说明，_____是用户对文档进行的修改。
5. Word 控件在_____选项卡中。

6. 通过_____组合键,可以在域代码和其结果之间进行切换。

四、简答题

1. 什么是 Word 的样式?如何使用已有的样式?如何自定义样式?
2. 什么是模板?Word 2010 中有哪几种类型的模板文件?
3. 批注和修订的作用分别是什么?
4. 什么是题注?题注的交叉引用有何作用?
5. Word 2010 中如何插入目录?
6. 什么是域?Word 的域类型有哪些?
7. 宏的功能是什么?Word 中创建宏有哪两种方法?
8. 邮件合并一般用于哪种情况?
9. Word 2010 中控件的类型有哪些?
10. 在 Word 2010 的限制编辑中,"修订"、"批注"、"填写窗体"、"不允许任何更改(只读)"四种限制类型的作用分别是什么?

第 6 章　Excel 高级应用案例

本章介绍 Excel 2010 的可调图形的制作、宏、窗体控件的使用、数据的高级管理和应用等内容，目标是使用户掌握 Excel 高级应用功能，从而有效提高 Excel 的使用效率。

6.1　可调图形的制作

图形是 Excel 中最重要的部分之一，它可以形象地表示各数据之间关系。在前面第 3 章中对 Excel 中图表的基本应用做了阐述，本节主要介绍一种通过控件可以随操作者的调节而动态地改变其内容的图形，即可调图形。

6.1.1　可调图形概述

1．可调图形定义

可调图形之所以"可调"和"会动"，其主要在于 Excel 具有链接功能和自动重新计算功能。一个可调图形通常由三个部分组成：第一部分是一个普通图形，即第三章中有关章节所叙述的内容；第二部分是带有一个或多个控件（与"读数显示器"）的"控制面板"（有时可以有不止一个控制面板），这些控件用于调节有关参数，从而改变图形；第三部分是一个显示关于有关参数当前数据状态（或决策结论）等动态内容的文本框或图片。也就是，只要将适当的控制面板放在一个普通图形旁边（有时可添加一个显示数据状态或决策结论等动态内容的文本框或图片），使得通过控制面板能够对图形曲线的位置与形状（以及某些点与参考线的位置）随着特定参数的变化而改变，这个图形就变成了一个可调图形。在解决实际问题中，通过可调图形可以生动直观地反映数据直接的规律。

在可调图形中必须用到控件，控件就是 Windows 环境中常见的微调器、滚动条、选项按钮、复选框、列表框、下拉列表框（组合框）等用户界面要素，用户可以利用这些用户界面要素来实现数据表中某个单元格数值按照指定的方式变化的目的。

2．可调图形原理

在第三章中已经指出，在一个单元格中输入了引用另一个单元格的公式就是在这两个单元格之间建立了一种链接关系。除了通过公式实现数据的链接以外，Excel 中还可以建立多种形式的链接关系：工作表和图形之间的链接关系、控件与单元格之间的链接关系、文本框与单元格之间的链接关系等。可调图形就是综合引用所有的 Excel 链接关系而实现的。

如图 6-1 所示说明了可调图形的工作原理：当用户在位于一个"图形表"中的可调图形中单击控制面板上的调节控件时，调节控件通过其链接单元格直接控制（或通过某个中间单元格间接地控制)数据表中代表某个参数的单元格,该参数单元格中数值的变动一方面通过它与控制面板上的"读数显示器"文本框之间的链接关系而在文本框中显示出来,同时又通过被调单元格与数据表中有关函数的单元格之间的链接关系,使这些函数单元格数值发生变化,而这个变化又可以通过"自变量函数对照表"单元格中的数据发生变化,最后通过"自变量函数对照表"与图形系列的链接关系使相关图形中有关要素发生变动;另一方面,通过单元格和文本框之间的链接,使文本框中的数据发生变化。

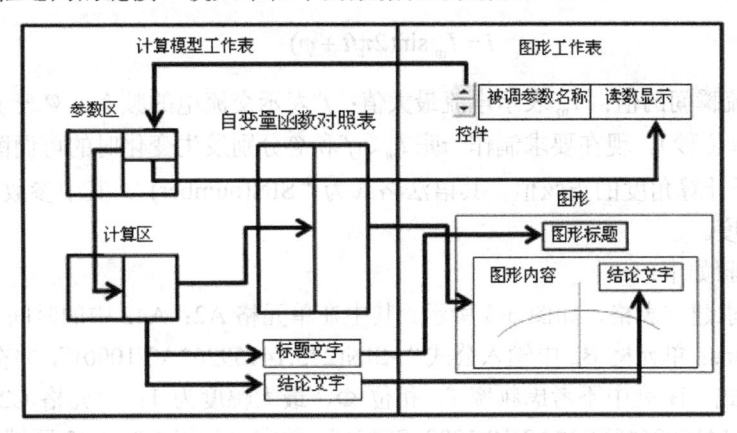

图 6-1 可调图形工作原理结构图

在使用可调图形时,必须注意 Excel 的自动计算功能,该功能是可调图形的重要支柱。如图 6-2 所示,如果在"选项"对话框中设置为"手动重算",则可调图形就会"死"掉,

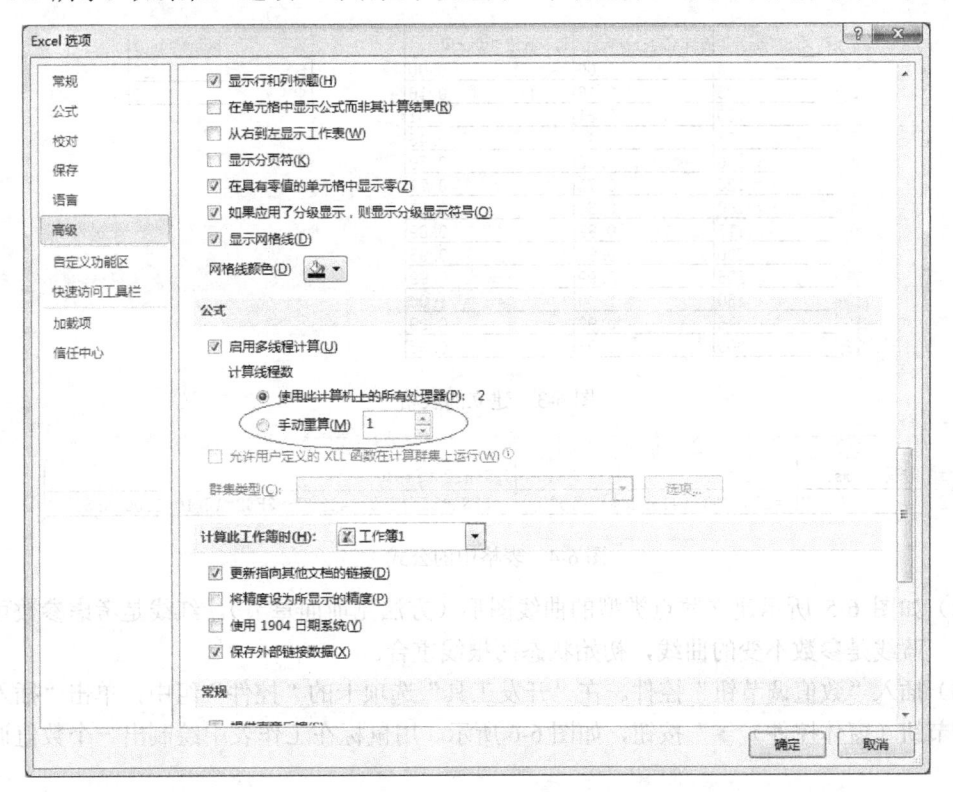

图 6-2 "选项"对话框

即无论怎样单击控件按钮，图形中的各个系列数据不会发生变化，从而图形也就不可调（除非按下表示重新计算的 F9 键）。

6.1.2 可调图形应用案例

【例 6-1】 建立一个电流强度随频率、初相位和最大值变化的可调图形。

在电子技术中，表示交流电电流强度的公式为

$$i = I_m \sin(2\pi ft + \varphi)$$

其中：i 表示电流瞬间的值；I_m 表示电流最大值；f 表示交流电的频率；φ 表示交流电初相位；t 为时间（单位秒）。现在要求制作一张 I_m、f 和 φ 分别发生变化时的可调图形。

sin 函数用于计算角度的正弦值，其语法格式为 "SIN(number)"。其中参数 number 代表以弧度表示的角度。

具体操作步骤如下：

（1）按照要求建立表格，如图 6-3 所示。其中在单元格 A2：A42 中的时间是以 25ms 递增，最大到 1000ms；单元格 B2 中输入公式 "=SIN(2*3.1415926*A2/1000)"，并在单元格 B2：B42 区域复制公式，B 列中不考虑频率 f、相位 Φ、最大幅度为 1；单元格 C2 中输入函数 "=$F$1*SIN(2*3.1415926*$F$2*A2/10/1000+$F$3)"，并在单元格 C2：C42 区域复制公式，C 列中考虑频率 f、相位 Φ、最大幅度的变化。表格中的公式如图 6-4 所示。在 E1：F3 区域设置频率 f、相位 Φ、最大幅度的值，这里的数值后面会随微调控件发生变化。

	A	B	C	D	E	F
1	时间t（ms）	Sin(2πt)	I_mSin(2πft+Φ)		I_m	1
2	0	0.00	0.00		f	10
3	25	0.16	0.16		Φ	0
4	50	0.31	0.31			
5	75	0.45	0.45			
6	100	0.59	0.59			
7	125	0.71	0.71			
8	150	0.81	0.81			
9	175	0.89	0.89			
10	200	0.95	0.95			
11	225	0.99	0.99			
12	250	1.00	1.00			
13	275	0.99	0.99			
14	300	0.95	0.95			

图 6-3 建立的表格

	A	B	C
1	时间t（ms）	Sin(2πt)	I_mSin(2πft+Φ)
2	0	{=SIN(2*3.1415926*A2/1000)}	{=$F$1*SIN(2*3.1415926*$F$2*A2/10/1000+$F$3)}

图 6-4 表格中的公式

（2）如图 6-5 所示建立散点类型的曲线图形（方法见前面章节），红线是考虑参数可调的曲线，蓝线是参数不变的曲线，初始状态两根线重合。

（3）插入"数值调节钮"控件。在"开发工具"选项卡的"控件"组中，单击"插入｜数值调节钮（窗体控件）"按钮，如图 6-6 所示。用鼠标在工作表中绘制出一个数值调节按钮。

第 6 章 Excel 高级应用案例

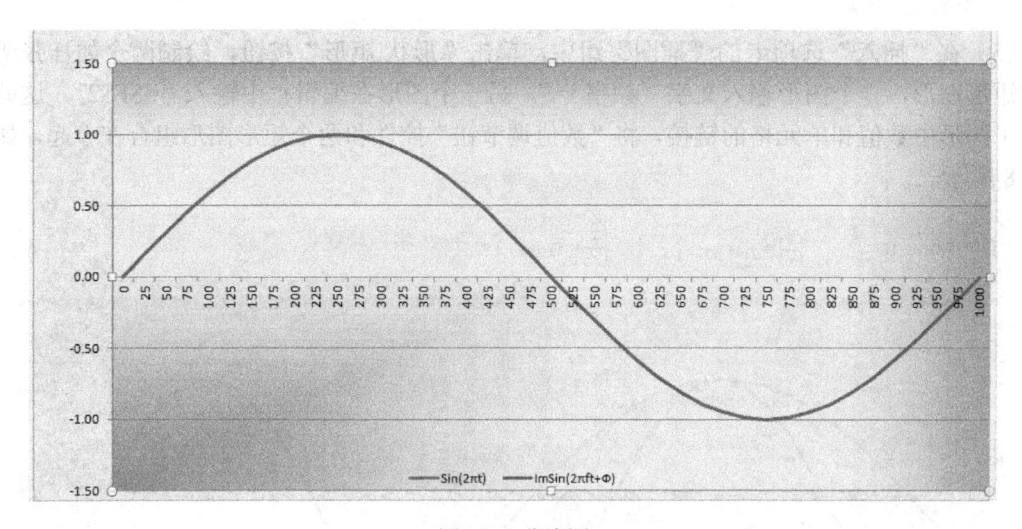

图 6-5 曲线图

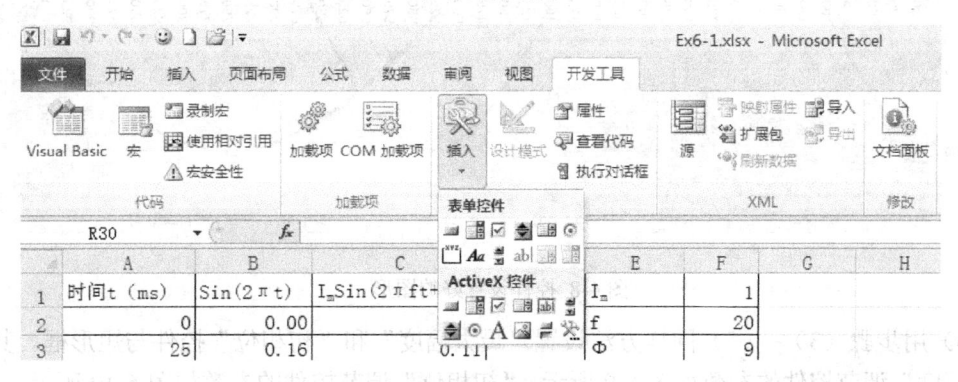

图 0-1 插入控件

（4）设置"数值调节钮"控件参数。鼠标放在控件上，右击打开"设置控件格式"对话框，参数设置如图 6-7 所示，单击"确定"按钮完成控件参数的设置。

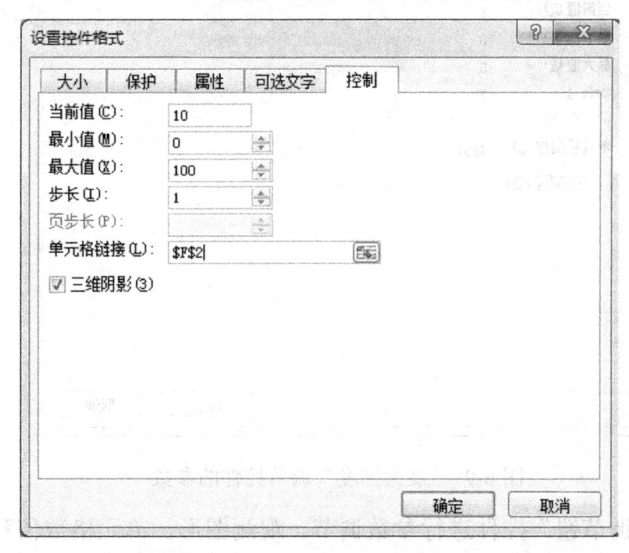

图 6-7 "设置控件格式"对话框

· 223 ·

（5）在"插入"选项卡的"插图"组中，单击"形状|矩形"按钮，绘制两个如样张所示的矩形图形，一个图形输入文字"频率 f="，另一个图形在编辑栏中输入"=$F$2"，这就实现了图形中数值和单元格的链接，将"数值调节钮"控件和两个矩形图形组合在一起，如图 6-8 所示。

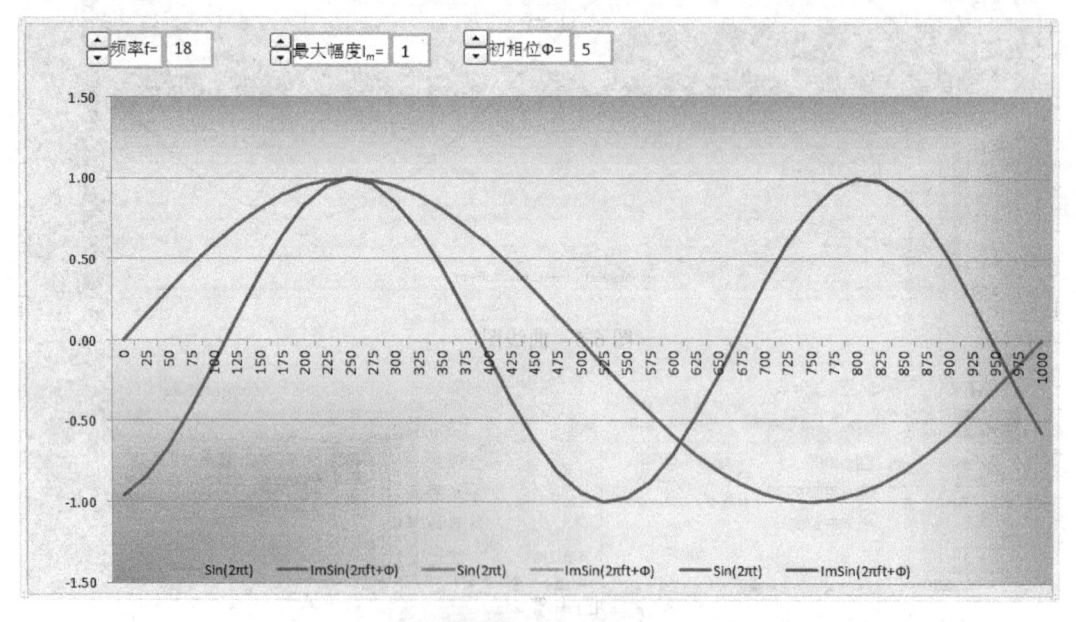

图 6-8 控件设置好的图形

（6）用步骤（3）~（5）同样方法设置"最大幅度"和"初相位"控件与矩形框。其中"最大幅度"调节控件的参数如图 6-9 所示，"初相位"调节控件的参数如图 6-10 所示。

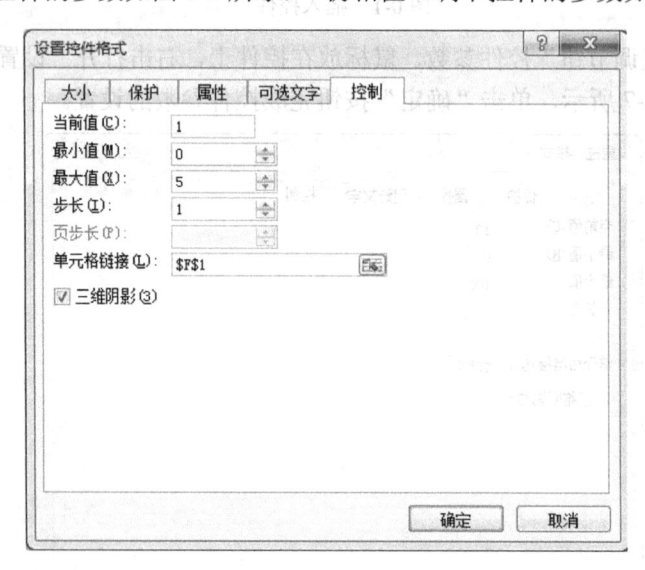

图 6-9 "最大幅度"调节控件的参数

（7）单击"数值调节钮"控件进行参数调节，观测图形、单元格数值和矩形框中数值的变化情况。

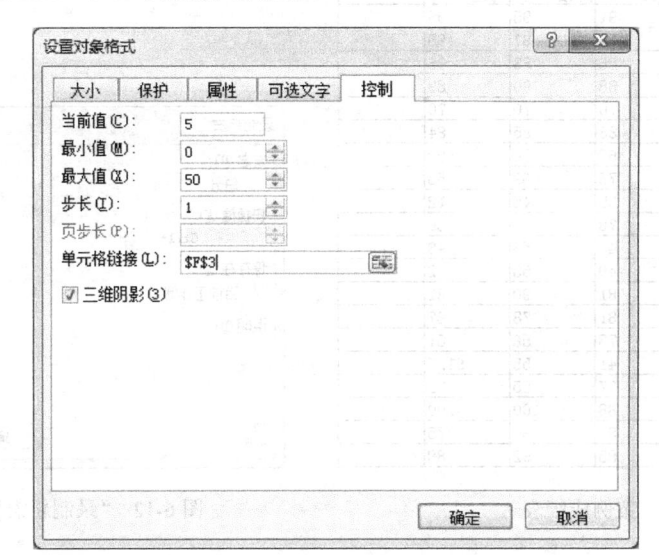

（8）将文件以 Ex6-1.xlsx 为文件名保存。

图 6-10 "初相位"调节控件的参数

6.2 Excel 中宏的应用

宏类似于应用程序，内嵌在 Excel 中，用户可以使用宏来完成一些重复性的工作。Excel 中宏的可以根据需要进行操作界面的定制，从而使 Excel 环境成为一个独立系统，如利用 Excel 宏定制开发一个管理系统，从而在一个简单界面中完成各种资料的管理。

Excel 中宏的创建、查看和删除与 Word 中宏的创建、查看、删除类似，这里不再叙述。

6.2.1 宏应用案例一

【例 6-2】通过命名宏的方法来设置总分和平均分。

图 6-11 所示的是一张成绩表，要求设置两个按钮，分别是"总分"和"平均分"，当单击"总分"按钮时，统计表格中的总分，当单击"平均分"按钮时，统计表格中的平均分。

具体操作步骤如下：

（1）打开素材文件 Ex6-2.xlsx，在"视图"选项卡下"宏"组中，单击"宏|录制宏"按钮，打开"录制新宏"对话框，并在"宏名"框中输入字符"总分"如图 6-12 所示。最后单击"确定"按钮。

（2）在单元格 F1 中输入字符"总分"，并在 F2~F21 单元格利用求和公式计算每个人的总分。如图 6-13 所示。

（3）在"视图"选项卡的"宏"组中，单击"宏|停止录制"按钮，关闭宏的录制。

（4）重复步骤（1），在"宏名"框中输入字符"平均分"，然后"停止录制"宏。

（5）在"视图"选项卡的"宏"组中，单击"宏|查看宏"按钮，打开"宏"对话框，如图 6-14 所示。

图 6-11 案例成绩表

图 6-12 "录制新宏"对话框

图 6-13 计算总分

图 6-14 "宏"对话框

（6）选择"平均分"，单击"编辑"按钮，打开代码编辑窗口，将"总分"部分的代码复制到平均分部分位置，并将"总分"改为"平均分"，"SUM"改为"AVERAGE"，如图 6-15 所示。然后关闭窗口。

（7）插入"按钮"控件。在"开发工具"选项卡的"控件"组中，单击"插入|按钮（窗体控件）"按钮，用鼠标在工作表中绘制出一个按钮，并在弹出的"指定宏"对话框中选择"总分"，然后单击"确定按钮"。

（8）修改按钮名称。右击按钮，在弹出的快捷菜单中选择"编辑文字"命令，将按钮名称改为"总分"。

（9）重复步骤（7）和（8），添加"平均分"按钮。效果如图 6-16 所示。

（10）将文件以 Ex6-2.xlsm 为文件名保存（在 Excel 中，保存带有宏的工作簿时，保存类型必须选择为：Excel 启用宏的工作簿（.xlsm）。

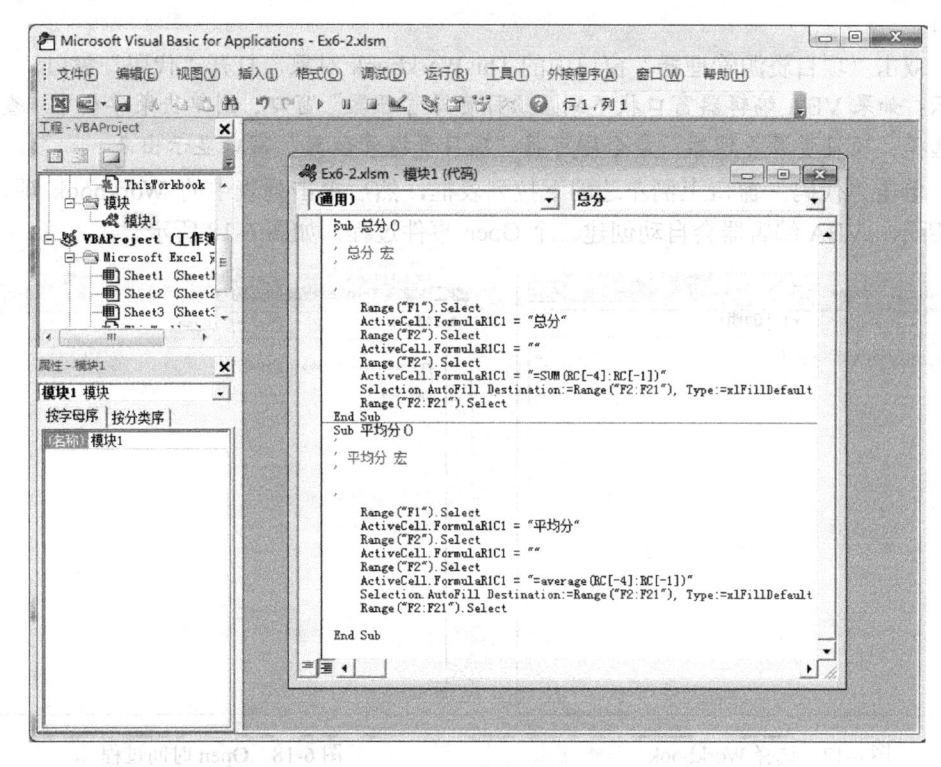

图 6-15 代码编辑窗口

图 6-16 效果

6.2.2 宏应用案例二

【例 6-3】创建一个宏，其功能是在打开该宏所在的工作簿时，在 Sheet1 工作表的 A1 单元格中，系统能自动显示当前时间，其操作步骤如下：

（1）创建一个新工作簿。

（2）在"开发工具"选项卡的"代码"组中，单击"Visual Basic"按钮，打开 VBA 编辑器窗口。

（3）双击"项目资源管理器"窗口中的 ThisWorkbook 对象，打开"代码"窗口。

提示：如果 VBA 编辑器窗口找不到"项目资源管理器"窗口，则单击菜单栏中"查看"按钮，选择"项目资源管理器"命令即可将"项目资源管理器"窗口显示出来。

（4）单击"代码"窗口上侧左边的下拉列表框，然后单击列表中的 Workbook 项，如图 6-17 所示，VBA 编辑器会自动创建一个 Open 事件过程，如图 6-18 所示。

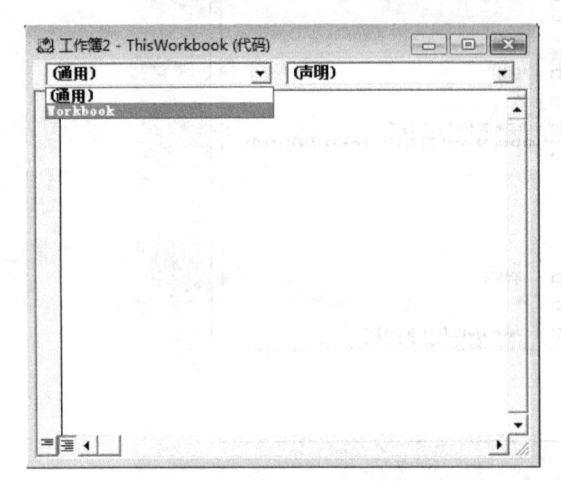

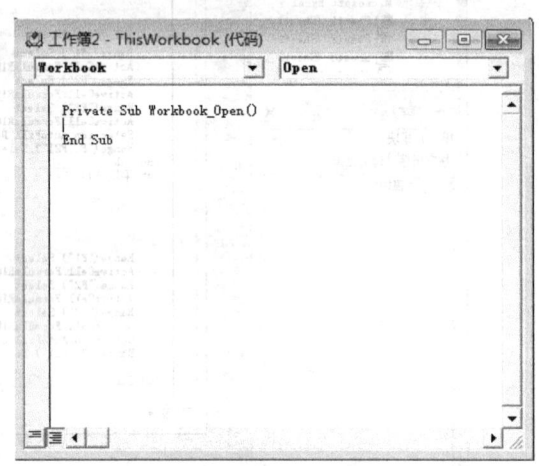

图 6-17　选择 Workbook　　　　　图 6-18　Open 时间过程

（5）在 Workbook_Open 过程中添加代码"Worksheets(" sheet1 ").Range(" A1 ").Value = Time"，如图 6-19 所示。

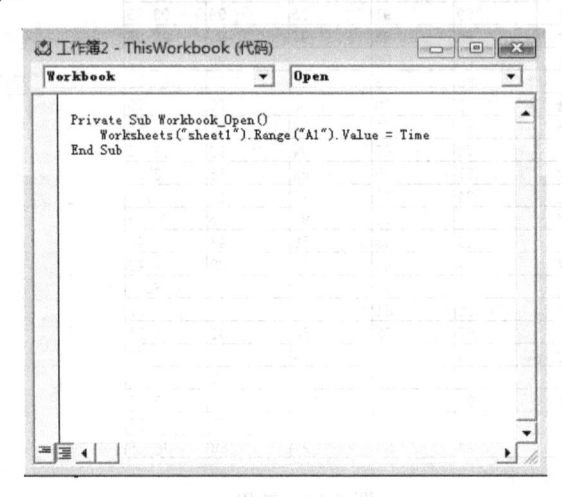

图 6-19　添加代码

（6）单击工具栏中的"视图 Microsoft Excel"按钮，切换到 Excel 窗口。

提示：按快捷键 Alt+F11 也可以快速切换到 Excel 窗口，不过以上两种方法只是切换窗口，VBA 编辑器窗口并没有关闭。在 VBA 窗口中，选择"文件 | 关闭并返回 Microsoft Excel"命令，可以将 VBA 编辑器窗口关闭，并切换到 Excel 窗口。

（7）将工作簿以 Ex6-3.xlsm 文件名保存在指定文件夹中。

（8）重新打开刚才保存的工作簿，就会在 Sheet1 工作表的 A1 单元格中显示当前时间。

提示：启动 Excel 后，如果希望在打开含有宏的工作簿时不执行 Auto_Open 宏，则在打开的对话框中选择要打开的文件后，按住 Shift 键，然后单击"打开"按钮，就不会执行 Auto_Open 宏。

6.3 数据高级管理与分析应用

Excel 除了前面介绍的数据的排序、筛选的分类汇总等简单的管理分析以外，还提供了数据透视表、单变量求解、规划求解以及 Excel 自带的一些数据分析工具等数据的高级管理和分析方法。

6.3.1 数据透视表与透视图

1．数据透视表概述

数据透视表是一种可以快速汇总大量数据的交互式方法。数据透视表是专门针对以下用途设计的：

- 以多种用户友好方式查询大量数据。
- 对数值数据进行分类汇总和聚合，按分类和子分类对数据进行汇总，创建自定义计算和公式。
- 展开或折叠要关注结果的数据级别，查看感兴趣区域汇总数据的明细。
- 将行移动到列或将列移动到行（或"透视"），以查看源数据的不同汇总。
- 对最有用和最关注的数据子集进行筛选、排序、分组和有条件地设置格式，使用户能够关注所需的信息。
- 提供简明、有吸引力并且带有批注的联机报表或打印报表。

如果要分析相关的汇总值，尤其是在要合计较大的数字列表并对每个数字进行多种比较时，通常使用数据透视表。

2．数据透视表的创建

创建数据透视表有两种方法，一种是基于工作表数据创建数据透视表，另一种是外部数据源创建法。

【例6-4】基于工作表数据创建如图 6-23 所示数据透视表，其操作步骤如下：

（1）打开素材文件 Ex6-4.xlsx，选中要创建数据透视表的单元格区域 A3:F18，在"插入"选项卡的"表格"组中，单击"数据透视表|数据透视表"按钮，如图 6-20 所示。

（2）打开"创建数据透视表"对话框，如图 6-21 所示，同时会在选中的单元格区域的外侧出现一个虚框。

（3）单击"确定"按钮，创建数据透视表并打开"数据透视表字段列表"窗格，如图 6-22 所示。

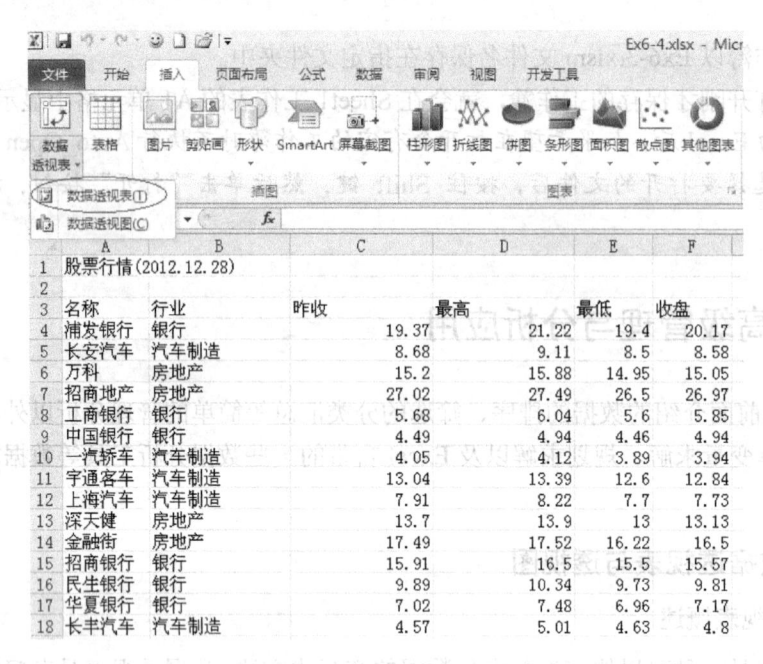

图 6-20 透视表弹出菜单

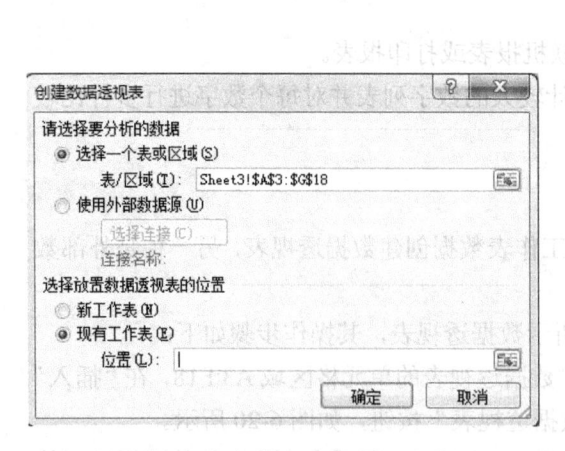

图 6-21 "创建数据透视表"对话框

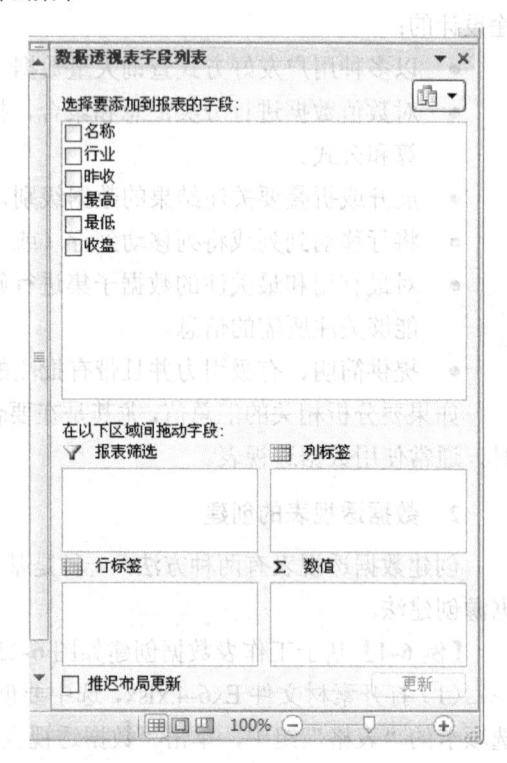

图 6-22 数据透视表字段列表

（4）在"数据透视表字段列表"窗格中，将"行业"字段拖曳到"行标签"列表，作为分类字段；"最高"、"最低"、"收盘"字段拖曳到"Σ数值"列表作为汇总字段。创建的数据透视表如图 6-23 所示。

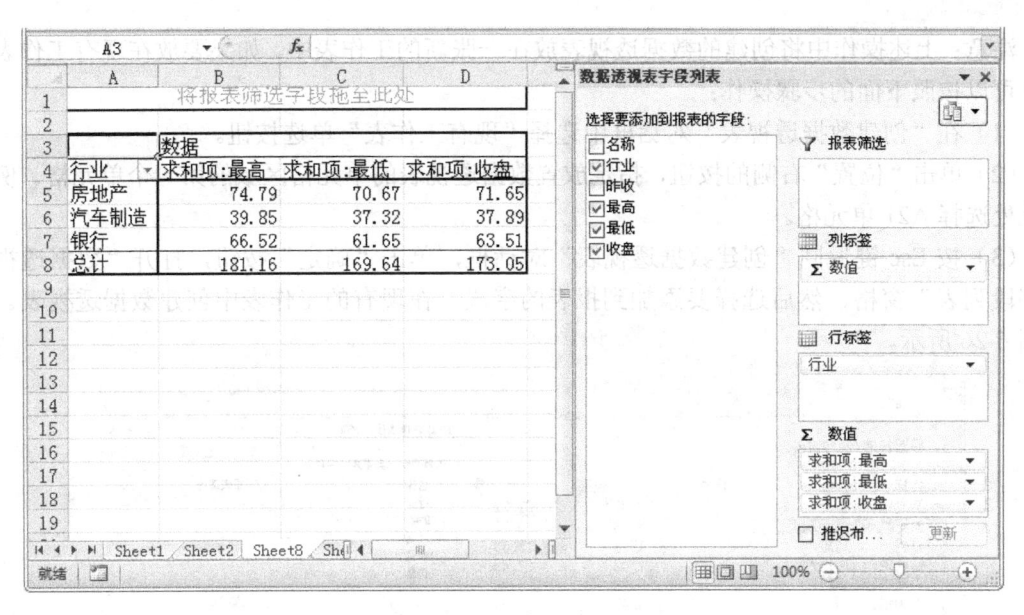

图 6-23 创建的数据透视表

（5）在"∑数值"区间中，分别单击"最高"、"最低"、"收盘"下拉列表框，选择"值字段设置"命令，如图 6-24 所示。打开"值字段设置"对话框，选择"平均值项"，如图 6-25 所示。

（6）将文件以 Ex6-4.xlsx 为文件名保存。

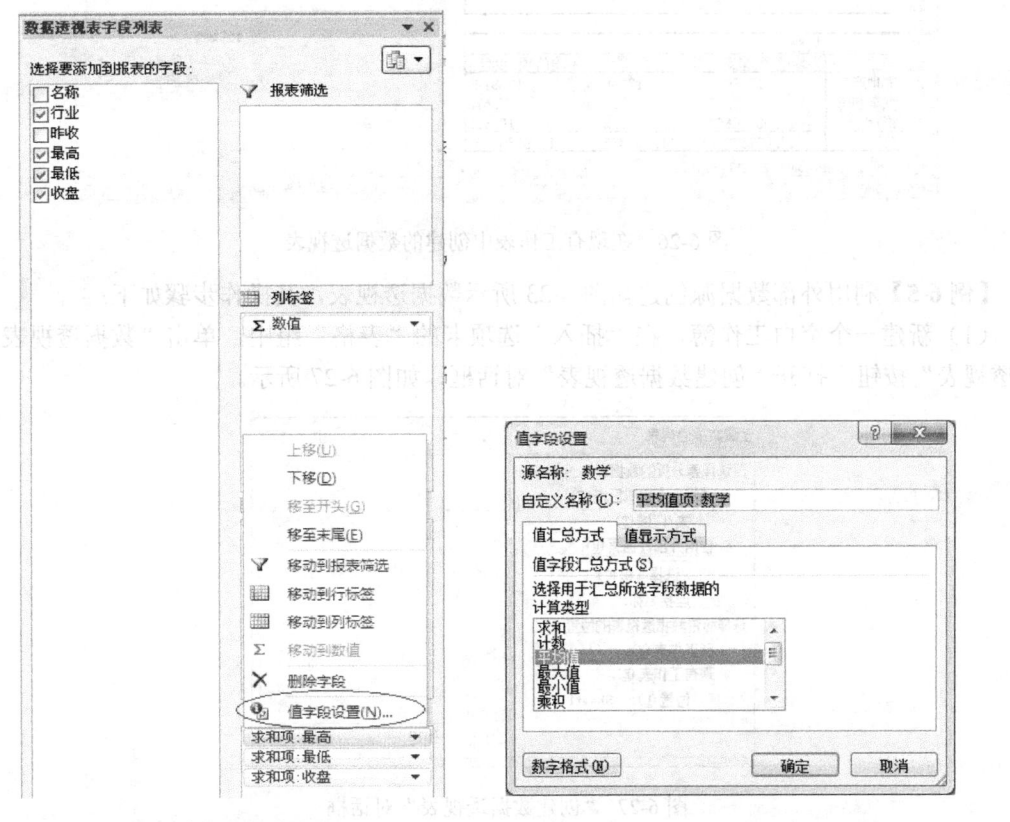

图 6-24 修改值字段设置　　　　图 6-25 "值字段设置"对话框

注意：上述操作中将创建的数据透视表放在一张新的工作表中，如果要放在现有工作表中，可以按照下面的步骤操作：

（1）在"创建数据透视表"对话框中选择"现有工作表"单选按钮。

（2）单击"位置"右侧的按钮，指定放置数据透视表的单元格区域的第一个单元格。例如此处选择 A21 单元格。

（3）按 Esc 键返回"创建数据透视表"对话框，单击"确定"按钮，打开"数据透视表字段列表"窗格，然后选择要添加到报表的字段，在现有的工作表中创建数据透视表。如图 6-26 所示。

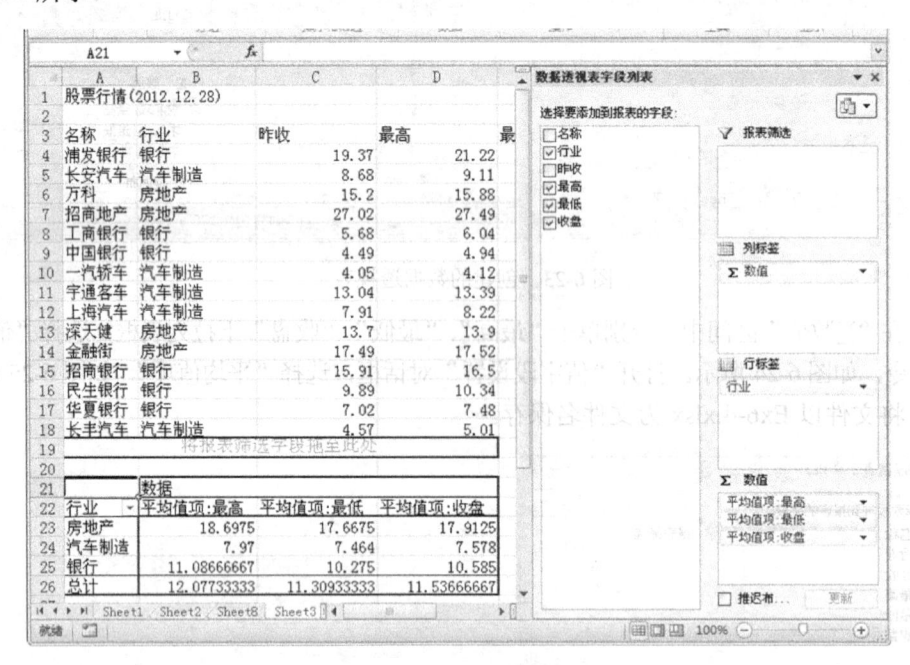

图 6-26 在现有工作表中创建的数据透视表

【例 6-5】利用外部数据源创建如图 6-23 所示数据透视表，其操作步骤如下：

（1）新建一个空白工作簿，在"插入"选项卡的"表格"组中，单击"数据透视表|数据透视表"按钮，打开"创建数据透视表"对话框，如图 6-27 所示。

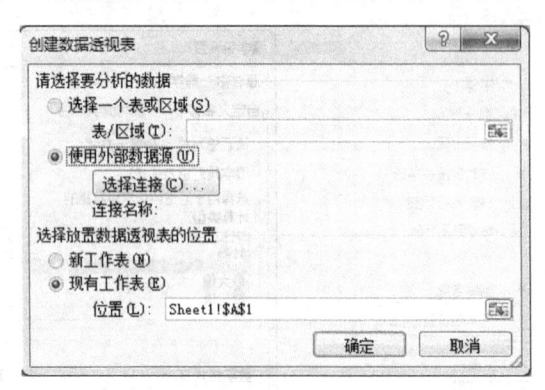

图 6-27 "创建数据透视表"对话框

（2）选中"使用外部数据源"选项按钮，单击"选择连接"按钮，打开"现有连接"对话框，如图 6-28 所示。

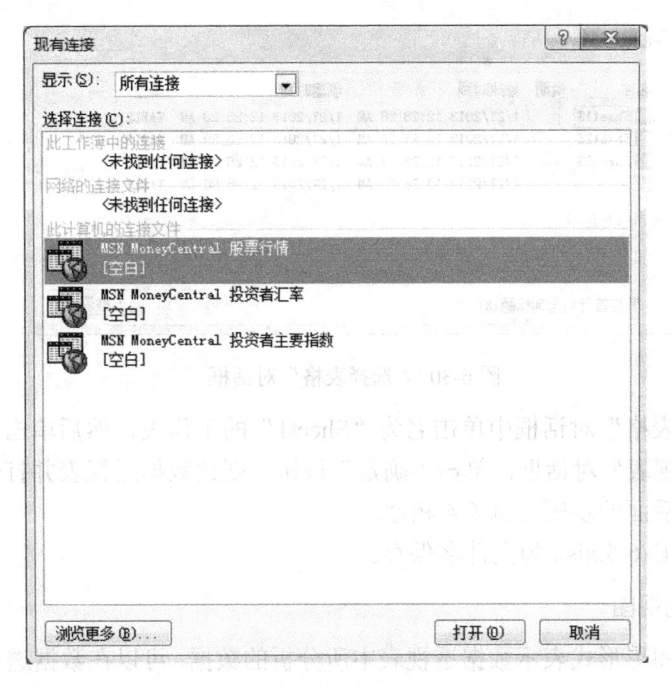

图 6-28 "现有连接"对话框

（3）单击"浏览更多"按钮，打开"选取数据源"对话框，如图 6-29 所示。

图 6-29 "选取数据源"对话框

（4）在"选取数据源"对话框选择要使用的外部数据源（此处选择 Ex6-5.xlsx）。单击"打开"按钮，打开"选择表格"对话框，如图 6-30 所示。

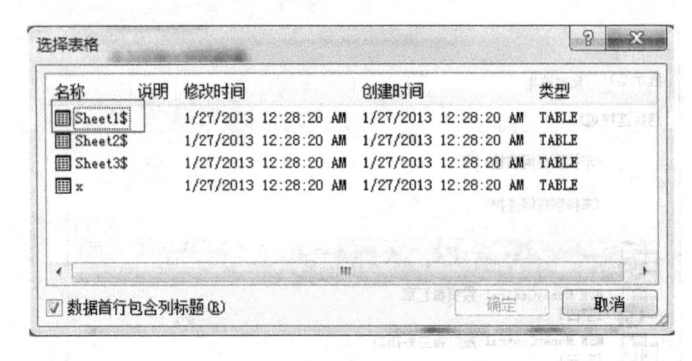

图 6-30 "选择表格"对话框

（5）在"选择表格"对话框中单击名为"Sheet1"的工作表，然后单击"确定"按钮，返回"创建数据透视表"对话框，单击"确定"按钮，创建数据透视表并打开"数据透视表字段列表"窗格，后面的步骤与例 6-4 相似。

（6）将文件以 Ex6-5.xlsx 为文件名保存。

3．创建数据透视图

数据透视图以图形形式表示数据透视表中所分析的数据，可以在数据透视表中显示相应的汇总数据，并且可以方便地查看和比较数据的趋势。创建数据透视图有三种方法：基于工作表数据创建数据透视图、外部数据源创建法、基于数据透视表创建数据透视图。

【例 6-6】基于工作表数据创建如图 6-32 所示数据透视图，其操作步骤如下

（1）打开需要创建数据透视图的工作簿，本例打开"Ex6-4.xlsx"。

（2）选中要创建数据透视图的单元格区域，本例选中 A3:F18 单元格区域。

（3）在"插入"选项卡的"表格"组中，单击"数据透视表|数据透视图"按钮，打开"创建数据透视图"对话框。

（4）选择放置数据透视表和数据透视图的位置，本例选中"新工作表"单选按钮，单击"确定"按钮，打开"数据透视表字段列表"窗格，同时在功能区中显示"数据透视工具"，如图 6-31 所示。

（5）选择要添加到数据透视图中的字段，将"行业"字段拖曳到"轴字段（分类）"区间，分别将"最高"、"最低"和"收盘"字段拖曳到"∑数值"区间，创建一个数据透视图，如图 6-32 所示。

（6）将文件以 Ex6-6.xlsx 为文件名保存。

【例 6-7】利用外部数据源创建如图 6-32 所示数据透视图，其操作步骤如下：

（1）新建一个空白工作簿，在"插入"选项卡的"表格"组中，单击"数据透视表|数据透视图"按钮，打开"创建数据透视表及数据透视图"对话框。

（2）选中"使用外部数据源"选项按钮，单击"选择连接"按钮，打开"现有连接"对话框，然后单击"浏览更多"按钮，打开"选取数据源"对话框。

（3）在"选取数据源"对话框中选择要使用的外部数据源（本例选择 Ex6-5.xlsx）。

第 6 章　Excel 高级应用案例

图 6-31　数据透视表字段列表

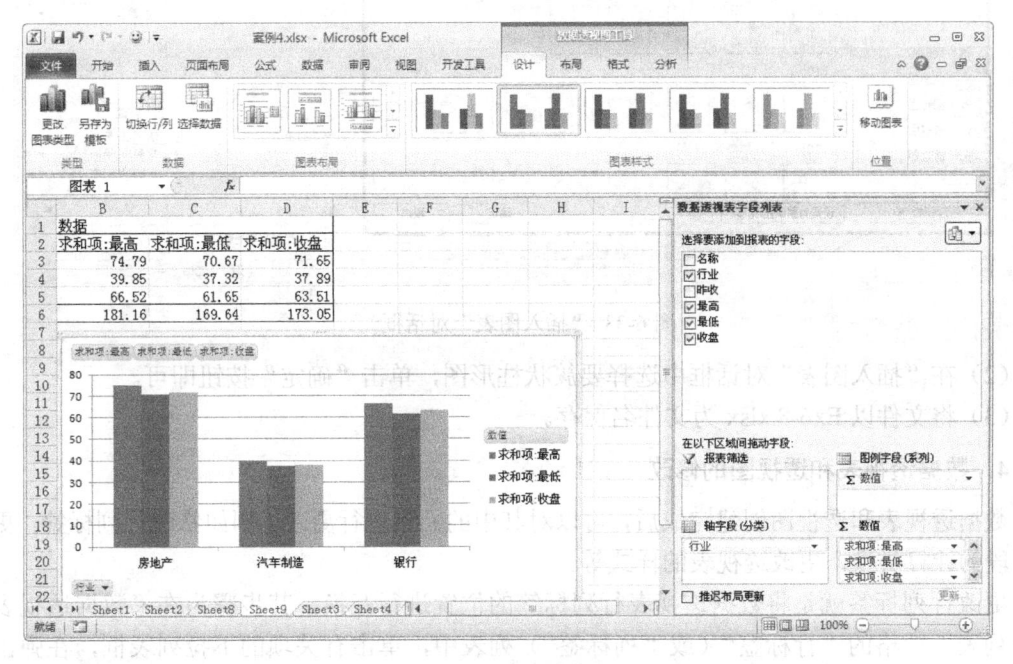

图 6-32　创建的数据透视图

（4）单击"打开"按钮，打开"选择表格"对话框，单击需要的工作表，然后单击"确定"按钮，返回"创建数据透视表及数据透视图"对话框。

（5）单击"确定"按钮，创建数据透视图并打开"数据透视表字段列表"窗格，选择要显示的字段即可，操作步骤与例 6-6 相同。

（6）将文件以 Ex6-7.xlsx 为文件名保存。

· 235 ·

【例6-8】 基于数据透视表创建如图6-32所示数据透视图,其操作步骤如下:

(1)打开包含数据透视表的工作簿Ex6-8.xlsx。鼠标在数据透视表区域中单击,在"数据表透视工具|选项"动态选项卡的"工具"组中,单击"数据透视图"按钮,打开"插入图表"对话框,如图6-33所示。

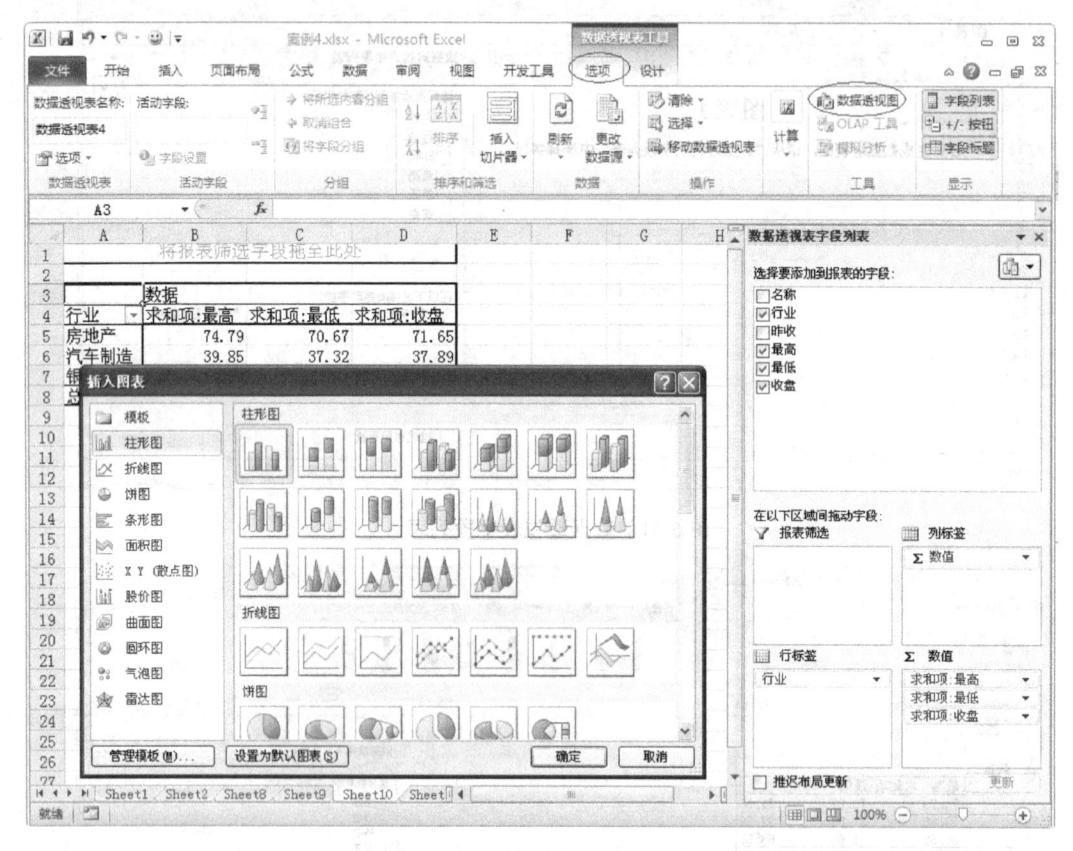

图6-33 "插入图表"对话框

(2)在"插入图表"对话框中选择要簇状柱形图,单击"确定"按钮即可。
(3)将文件以Ex6-8.xlsx为文件名保存。

4.数据透视表和透视图的修改

数据透视表和透视图创建完成后,可以对其中的元素进行更改。例如修改行列标签,更改字段的计算类型,更改透视表的样式等。

更改行列标签就是将数据透视表行列标签的位置进行互换,其步骤为在"数据透视表字段列表"窗格的"行标签"(或"列标签")列表中,单击有关项的下拉列表框,在弹出快捷菜单中选择"移动到列标签"(或"移动到行标签")命令,即可实现行列的互换。此外,在"数据透视表字段列表"列表中,可以使用鼠标直接拖曳行列标签名称来改变行列标签。

创建数据透视表时,默认的透视表计算类型是"求和项"的计算类型。通过更改数值的计算类型,可以在数据透视表中相识不同的数据汇总结果,更改数值计算类型的步骤为在"数据透视表字段列表"窗格的"Σ数值"列表中,单击要改变数值计算类型的字段,在弹出快捷菜单中选择"值字段设置"命令,打开"值字段设置"对话框,选择要更改的计算类型即可。

如果要美化创建的数据透视表,可以采用单元格格式设置方法来实现,也可以应用相关的数据透视表样式来实现。采用数据透视表样式的步骤为:在"数据表透视工具|设计"动态选项卡的"数据透视表样式"组中,单击"其他"按钮,打开"数据透视表样式"列表,然后选择要使用的样式即可。

6.3.2 单变量求解

1. 单变量求解概述

单变量求解是解决假定一个公式要取的某一结果值,其中变量的引用单元格应取值为多少的问题。

在 Office Excel 中根据所提供的目标值,将引用单元格的值不断调整,直至达到所需要求的公式的目标值时,变量的值才确定。

2. 单变量求解应用案例

【例 6-9】已知方程 $7X^4 + 5X^2 - 6X = 20$,使用单变量求解方法求解方程,其操作步骤如下:

(1) 将 A2 单元格指定名称为 X,在 B2 中输入公式:=7*x*x*x*x+5*x*x-6*x-20。如图 6-34 所示。

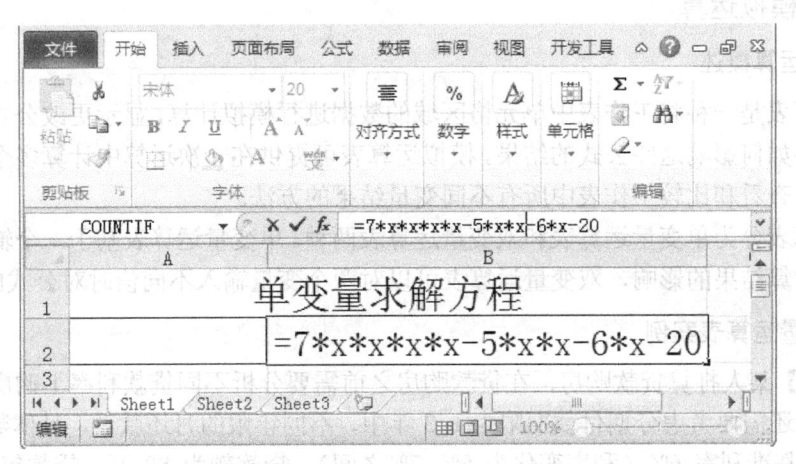

图 6-34 输入公式

(2) 在"数据"选项卡的"数据工具"组中,选择"模拟分析|单变量求解"命令,打开"单变量求解"对话框,如图 6-35 所示。

(3) 在"单变量求解"对话框中设置目标单元格为:$B$2,设置"目标值"为 0,设置"可变单元格"为 X。

(4) 单击"确定"按钮,打开"单变量求解状态"对话框,进行单变量求解,如图 6-36 所示。

(5) 单击"确定"按钮,在工作表中便会显示求解后的结果,如图 6-37 所示。

(6) 将文件以 Ex6-9.xlsx 为文件名保存。

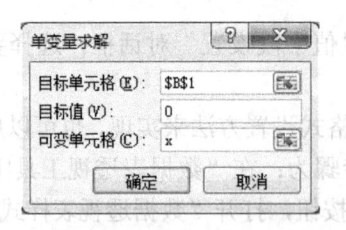

图 6-35 "单变量求解"对话框   图 6-36 "单变量求解状态"对话框

图 6-37 求解结果

6.3.3 模拟运算

1．模拟运算概述

模拟运算表是一种将工作表中单元格区域的数据进行模拟计算，显示更改公式中的一个或两个变量将如何影响这些公式的结果。模拟运算表可提供在一次运算中计算多个结果的快捷方式，以及查看和比较工作表中所有不同变量结果的方法。

模拟运算表分为单变量运算表和双变量运算表两种。单变量运算表基于一个输入变量变化时对公式计算结果的影响，双变量运算表可以对两个变量输入不同值时对公式的影响。

2．单变量运算表案例

【例 6-10】某人打算贷款购房，在贷款购房之前需要分析不同贷款利率下购房贷款的月还款额；同时还需要考虑分期付款期限为 1~3 年中，不同年限的月还款额，具体数据为：首付款 60 万，基准利率 6%（利率变化为 5%~7%之间），贷款额为 80 万，贷款年限为 1~30 年，如图 6-38 所示。还贷额可以通过固定利率及等金额分期付款函数 PMT( )求得。

案例中用到的函数说明：函数格式为 PMT(rate,nper,pv,[fv],[type])。

其中参数 rate 为：贷款利率；

nper 为：总投资期或总贷款期；

pv 为：从该项投资（或贷款）开始计算时已经入账的款项，或一系列未来付款当前值的累积和；

[fv]为：可选参数，未来值，或在最后一次付款后希望得到的现金余额，如果省略 fv，则假设其值为 0（零），也就是一笔贷款的未来值为 0；

[type]为：期初和期末，0 或省略为期末，1 为期初。

第 6 章　Excel 高级应用案例

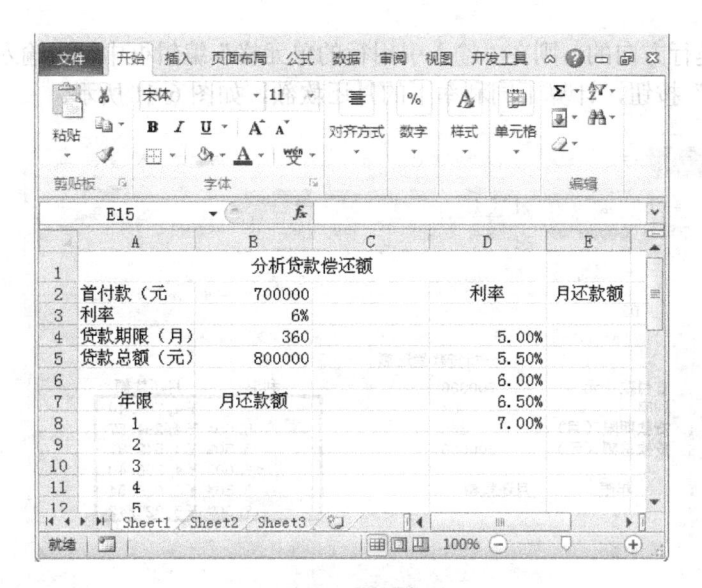

图 6-38　原始数据

其操作步骤如下：

（1）打开素材文件 Ex6-10.xlsx 中的 Sheet1，选中 E3 单元格，输入公式"=PMT(B3/12，B4，-B5)"，然后按 Enter 键，计算利率为 6%、期限为 360 个月、贷款金额为 80 万元时的月还款额，如图 6-39 所示。

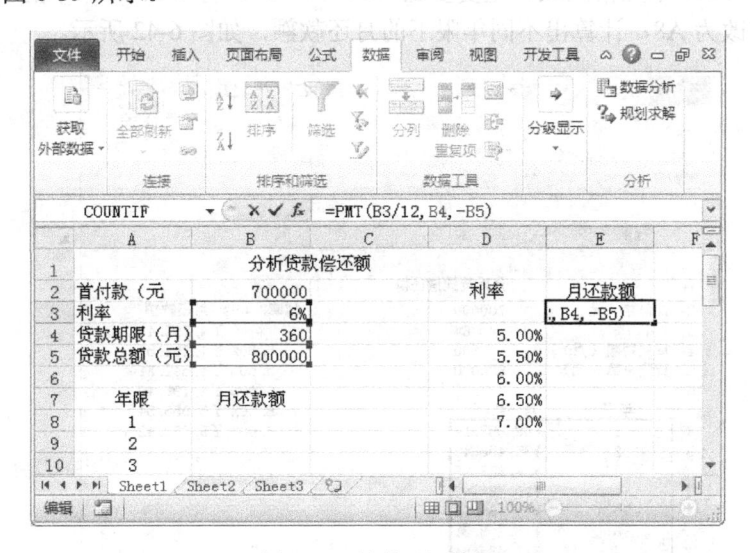

图 6-39　计算月还款额

（2）选中 D3:E8 单元格区域，在"数据"选项卡的"数据工具"组中，选择"模拟分析|模拟运算表"命令，打开"模拟运算表"对话框，如图 6-40 所示。

（3）在"模拟运算表"对话框的"输入引用列单元格"中输入 B3 单元格（如果模拟运算表是列方向的，则在"输入引用列的单元格"编辑框中，为输入单元格键入引用。

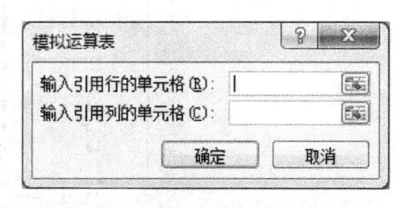

图 6-40　"模拟运算表"对话框

• 239 •

如果模拟运算表是行方向的，则在"输入引用行的单元格"编辑框中，为输入单元格键入引用），单击"确定"按钮，计算不同利率下的月还款额，如图 6-41 所示。

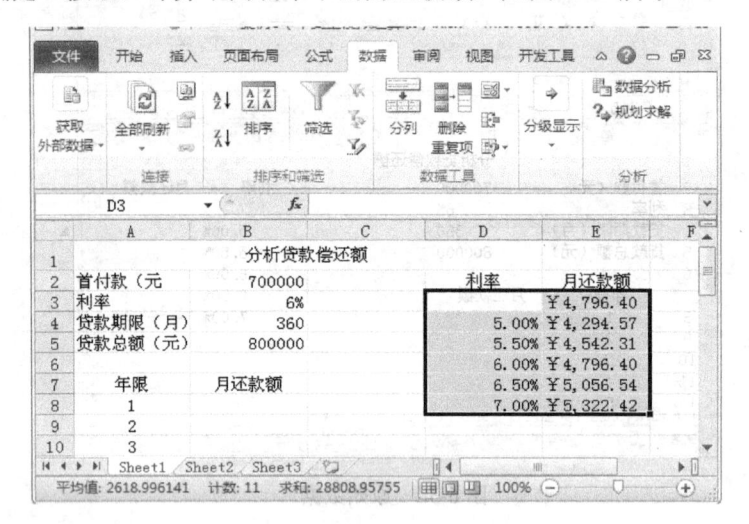

图 6-41 计算不同利率的月还款额

（4）选中 B8 单元格，在编辑栏中输入"=PMT(B3/12，A8*12，-B5)"，计算还款额年限为一年的月还款额。

（5）选中 A8:B37 单元格区域，重复步骤（2）和（3），将步骤（3）中的"输入引用列单元格"中内容改为 A8，计算出不同年限下的月还款额，如图 6-42 所示。

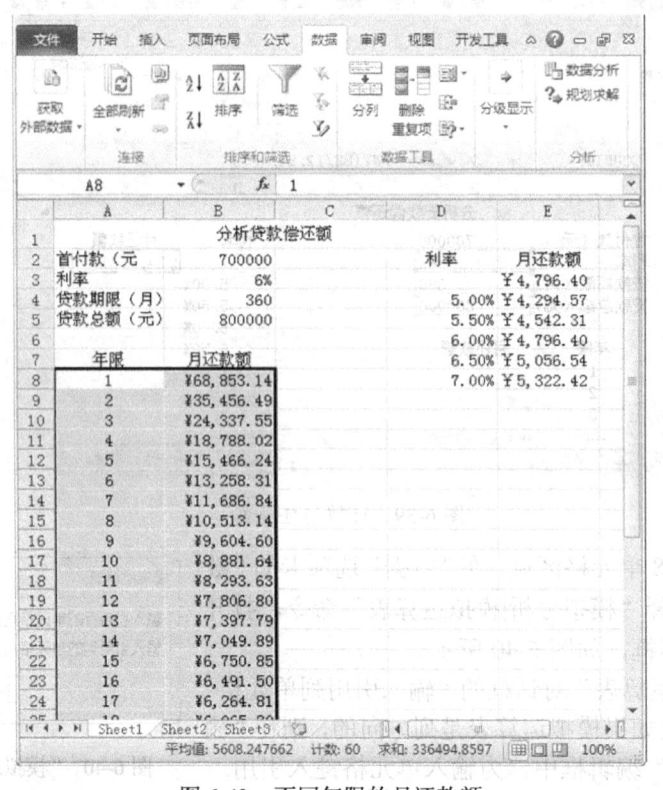

图 6-42 不同年限的月还款额

（6）将文件以 Ex6-10.xlsx 为文件名。

3．双变量模拟运算表案例

【例 6-11】已知三元一次方程 Z=4X+6Y+11，X 为 1~10 之间的整数，Y 的变化范围为 11~20，用模拟运算表求解 Z 的值，其操作步骤如下：

（1）根据方程在工作表中输入数据，如图 6-43 所示。

（2）选中 D3 单元格，输入"=4*B3+6*C3+11"，此时会根据 B3、C3 单元格给出的初始值计算出 D3 单元格的结果。

（3）以 D3 单元格为起点建立变量 X 和 Y 变化范围的坐标，其中列为 X 取值范围，行为 Y 取值范围，如图 6-44 所示。

图 6-43 建立基本数据

	A	B	C	D	E	F	G	H	I	J	K	L	M	N
1			双变量运算											
2		X	Y	Z										
3		4	6	63	11	12	13	14	15	16	17	18	19	20
4				1										
5				2										
6				3										
7				4										
8				5										
9				6										
10				7										
11				8										
12				9										
13				10										

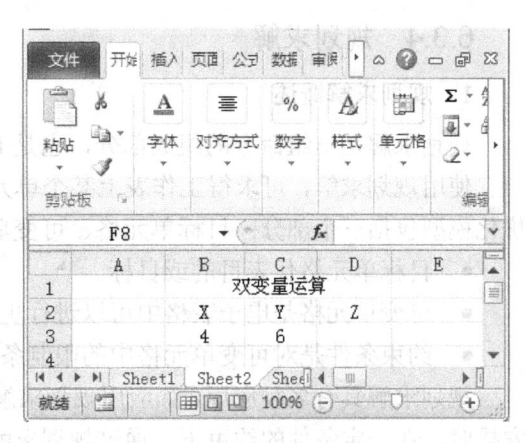

图 6-44 建立未知数的取值范围

（4）选中 D3:N13 单元格区域，在"数据"选项卡的"数据工具"组中，选择"模拟分析|模拟运算表"命令，打开"模拟运算表"对话框。

（5）在"模拟运算表"对话框的"输入引用列单元格"中输入 B3 单元格，"输入引用行单元格"中输入 C3 单元格，单击"确定"按钮，得到方程 X、Y 不同取值时的解。如图 6-45 所示。

（6）将文件以 Ex6-11.xlsx 为文件名保存。

	A	B	C	D	E	F	G	H	I	J	K	L	M	N
1			双变量运算											
2		X	Y	Z										
3		4	6	63	11	12	13	14	15	16	17	18	19	20
4				1	81	87	93	99	105	111	117	123	129	135
5				2	85	91	97	103	109	115	121	127	133	139
6				3	89	95	101	107	113	119	125	131	137	143
7				4	93	99	105	111	117	123	129	135	141	147
8				5	97	103	109	115	121	127	133	139	145	151
9				6	101	107	113	119	125	131	137	143	149	155
10				7	105	111	117	123	129	135	141	147	153	159
11				8	109	115	121	127	133	139	145	151	157	163
12				9	113	119	125	131	137	143	149	155	161	167
13				10	117	123	129	135	141	147	153	159	165	171

图 6-45 计算方程的解

6.3.4 规划求解

1．规划求解概述

规划求解是一组命令的组成部分，也是 Excel 中的一个加载宏，可用于假设分析。

使用规划求解，可求得工作表上某个单元格（被称为目标单元格）中公式的最优值。其优化模型包括三个部分：目标单元格、可变单元格和约束条件。

- 目标单元格代表目的或目标。
- 可变单元格是电子表格中可以进行更改或调整以优化目标单元格的单元格。
- 约束条件是对可变单元格中的限制条件。

规划求解具有多种应用，如应用规划求解对多元一次方程进行求解；企业在生产或财务安排时，在一定条件的约束下，通过规划求解求出最合理的安排等。

2．加载规划求解

如果在功能区的"数据"选项卡中没有显示"规划求解"按钮，则需要加载"规划求解"功能。加载规划求解的操作步骤如下：

（1）在"文件"选项卡中，单击"选项"按钮，打开"Excel 选项"对话框，如图 6-46 所示。

图 6-46 "Excel 选项"对话框

（2）单击左侧窗格中的"加载项"项，打开"查看和管理 Microsoft Office 加载项"窗口，如图 6-47 所示。

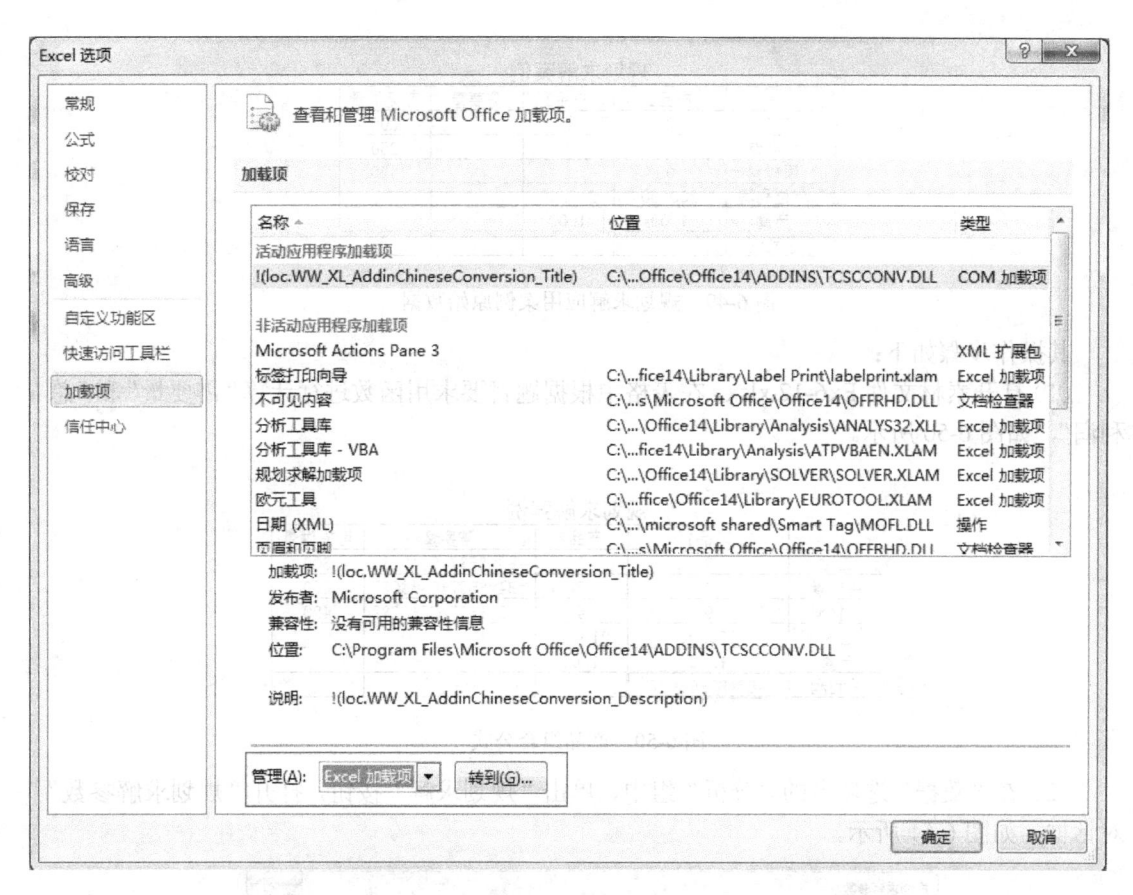

图 6-47 加载项列表

(3) 单击"管理"右侧的下拉列表框,选择"Excel 加载项"选项;然后单击"转到"按钮,打开"加载宏"对话框,如图 6-48 所示。

(4) 在"可用加载宏"列表中勾选"规划求解加载项"复选框,单击"确定"按钮,完成规划求解的加载操作,此时会在功能区的"数据"选项卡中便会显示"规划求解"按钮。

3．规划求解应用案例

【例 6-12】某公司生产和销售两种产品,两种产品每生产一个单位需要的工时分别为 3 小时和 7 小时,用电量分别为 4 千瓦和 5 千瓦,需要原材料分别为 9 公斤和 4 公斤。公司可提供的工时为 300 小时,可提供的用电量为 250 千瓦,可提供的原材料为 420 公斤。两种产品的单位利润分别 200 元和 210 元。要求通过规划求解方式来安排两种产品的生产量,使得获得的利润达到最大化。原始数据建立的表格如图 6-49 所示。(初始产量假设每个产品分别生产 1 个单位)。

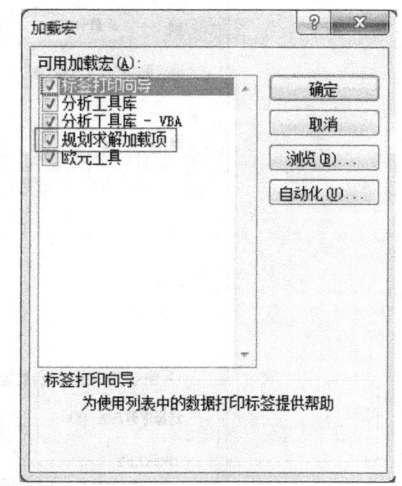

图 6-48 "加载宏"对话框

	A	B	C	D	E
1	规划求解案例			
2		产品1	产品2	需要量	可提供量
3	工时	3	7		300
4	用电量	4	5		250
5	原材料	9	4		420
6	单位利润	200.00	210.00		
7	产量	1.00	1.00		
8	总利润				

图 6-49 规划求解应用案例原始数据

其操作步骤如下：

（1）打开素材文件 Ex6-12.xlsx，在表格中根据题目要求用函数进行计算"需要量"和"总利润"，如图 6-50 所示。

	A	B	C	D	E
1	规划求解案例			
2		产品1	产品2	需要量	可提供量
3	工时	3	7	=B3*$B$7+C3*$C$7	300
4	用电量	4	5	=B4*$B$7+C4*$C$7	250
5	原材料	9	4	=B5*$B$7+C5*$C$7	420
6	单位利润	200.00	210.00		
7	产量	1.00	1.00		
8	总利润	=B6*B7+C6*C7			

图 6-50 产品组合公式

（2）在"数据"选项卡的"分析"组中，单击"规划求解"按钮，打开"规划求解参数"对话框，如图 6-51 所示。

图 6-51 "规划求解参数"对话框

(3) 在"规划求解参数"对话框中设置"设置目标"为"$B$8"。选择"最大值"单选按钮,设置"通过更改可变单元格"为"$B$7:$C$7"。

(4) 单击"添加"按钮,打开"添加约束"对话框,添加如下约束条件。

$C$7:$D$7>=0

$E$3<=$F$3

$E$4<=$F$4

$E$5<=$F$5

(5) 单击"求解"按钮,打开"规划求解结果"对话框,提示用户"规划求解找到一解,可满足所有的约束及最优状况"信息,如图 6-52 所示。

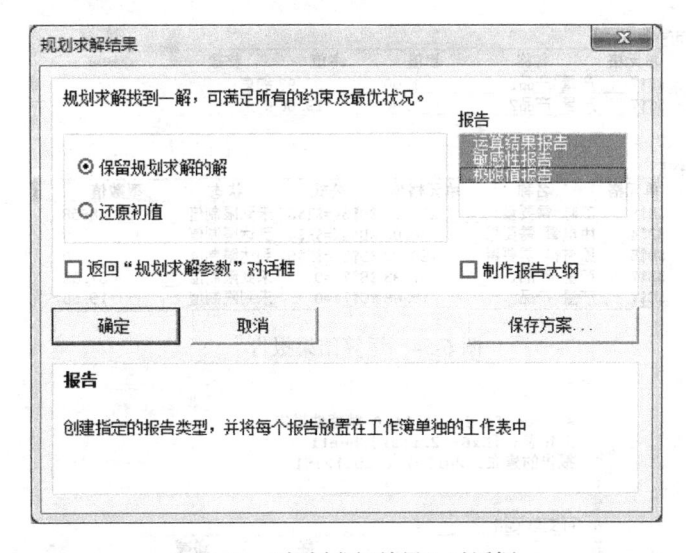

图 6-52 "规划求解结果"对话框

(6) 在"报告"下方的列表中依次单击"运算结果报告"、"敏感性报告"和"极限值报告"选项,然后单击"确定"按钮,完成规划求解的操作,同时生成"运算结果报告"、"敏感性报告"和"极限值报告"。得到如图 6-53 所示的求解结果。

	A	B	C	D	E
1	规划求解案例				
2		产品1	产品2	需要量	可提供量
3	工时	3	7	251.38	300
4	用电量	4	5	250.00	250
5	原材料	9	4	420.00	420
6	单位利润	200.00	210.00		
7	产量	37.93	19.66		
8	总利润	11713.79			

图 6-53 求解结果

(7) 单击"运算结果报告 1"标签,查看规划求解的运算结果报告,如图 6-54 所示。

(8) 单击"敏感性报告 1"标签,查看规划求解的敏感性报告,如图 6-55 所示。

(9) 单击"极限值报告 1"标签,查看规划求解的极限值报告,如图 6-56 所示。

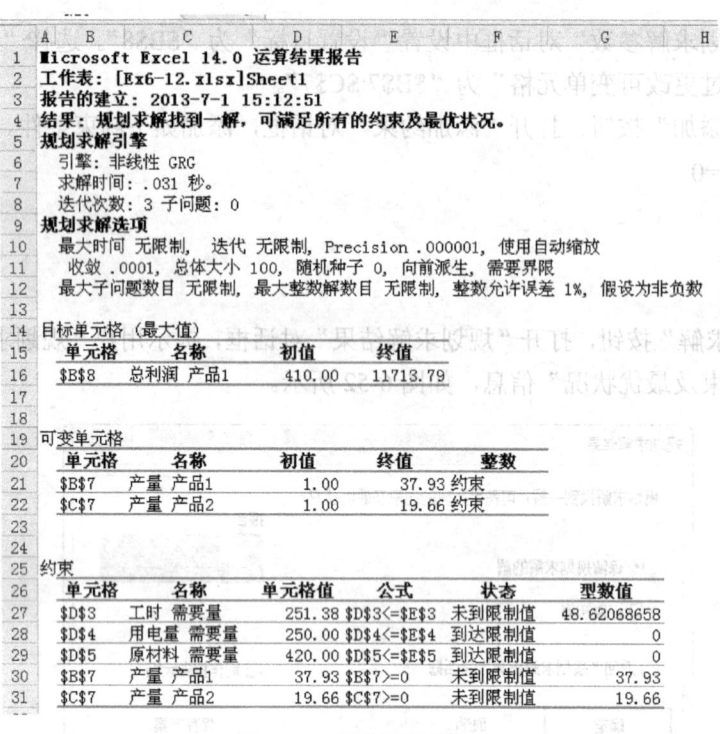

	A	B	C	D	E	F	G	H
1	Microsoft Excel 14.0 运算结果报告							
2	工作表：[Ex6-12.xlsx]Sheet1							
3	报告的建立：2013-7-1 15:12:51							
4	结果：规划求解找到一解，可满足所有的约束及最优状况。							
5	规划求解引擎							
6	引擎：非线性 GRG							
7	求解时间：.031 秒							
8	迭代次数：3 子问题：0							
9	规划求解选项							
10	最大时间 无限制，迭代 无限制，Precision .000001，使用自动缩放							
11	收敛 .0001，总体大小 100，随机种子 0，向前派生，需要界限							
12	最大子问题数目 无限制，最大整数解数目 无限制，整数允许误差 1%，假设为非负数							
13								
14	目标单元格 (最大值)							
15	单元格	名称		初值	终值			
16	$B$8	总利润 产品1		410.00	11713.79			
17								
18								
19	可变单元格							
20	单元格	名称		初值	终值	整数		
21	$B$7	产量 产品1		1.00	37.93	约束		
22	$C$7	产量 产品2		1.00	19.66	约束		
23								
24								
25	约束							
26	单元格	名称		单元格值	公式	状态	型数值	
27	$D$3	工时 需要量		251.38	$D$3<=$E$3	未到限制值	48.62068658	
28	$D$4	用电量 需要量		250.00	$D$4<=$E$4	到达限制值	0	
29	$D$5	原材料 需要量		420.00	$D$5<=$E$5	到达限制值	0	
30	$B$7	产量 产品1		37.93	$B$7>=0	未到限制值	37.93	
31	$C$7	产量 产品2		19.66	$C$7>=0	未到限制值	19.66	

图 6-54　运算结果报告

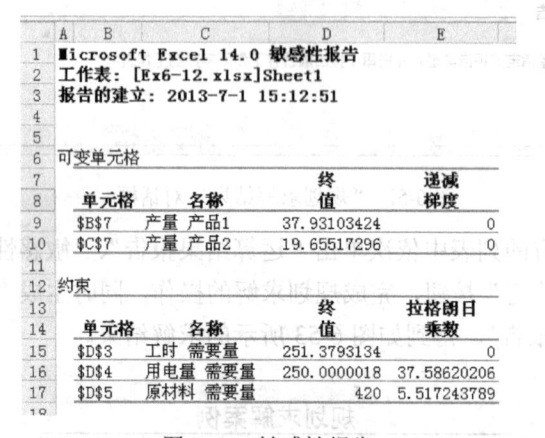

	A	B	C	D	E
1	Microsoft Excel 14.0 敏感性报告				
2	工作表：[Ex6-12.xlsx]Sheet1				
3	报告的建立：2013-7-1 15:12:51				
4					
5					
6	可变单元格				
7				终	递减
8	单元格	名称		值	梯度
9	$B$7	产量 产品1		37.93103424	0
10	$C$7	产量 产品2		19.65517296	0
11					
12	约束				
13				终	拉格朗日
14	单元格	名称		值	乘数
15	$D$3	工时 需要量		251.3793134	0
16	$D$4	用电量 需要量		250.0000018	37.58620206
17	$D$5	原材料 需要量		420	5.517243789

图 6-55　敏感性报告

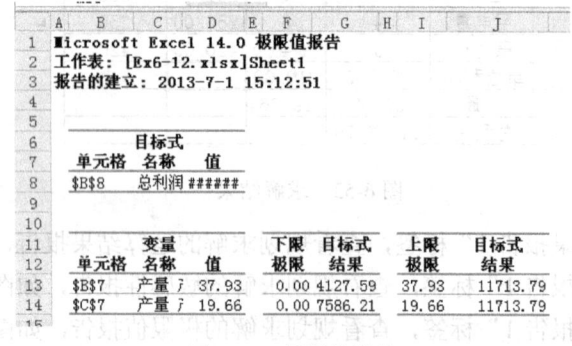

	A	B	C	D	E	F	G	H	I	J
1	Microsoft Excel 14.0 极限值报告									
2	工作表：[Ex6-12.xlsx]Sheet1									
3	报告的建立：2013-7-1 15:12:51									
4										
5										
6			目标式							
7		单元格	名称	值						
8		$B$8	总利润	######						
9										
10										
11			变量			下限	目标式		上限	目标式
12		单元格	名称	值		极限	结果		极限	结果
13		$B$7	产量 j	37.93		0.00	4127.59		37.93	11713.79
14		$C$7	产量 j	19.66		0.00	7586.21		19.66	11713.79

图 6-56　极限值报告

· 246 ·

（10）将文件以 Ex6-12.xlsx 为文件名保存。

6.3.5　方案管理器

1．方案管理器概述

方案管理器是一种数据分析工具，是用于预测工作表模型结果的一组数值，并且可以在工作表中创建并保存多个不同的方案，还可以在这些方案之间任意切换，查看不同方案的结果。

方案管理器可以进行多方案的选择，企业对于较为复杂的计划，可能需要制定多个方案进行比较，然后进行决策。

2．方案应用案例

【例 6-13】如图 6-57 所示是一个公司 2012 年销售情况和 2013 年预计销售增长情况的原始数据，2013 年的增长预计分为好、一般和差三种状态，现在要求根据有关预计增长数据生成方案。销售利润=销售额 – 销售成本，总销售利润是各产品销售利润之和。

2012年产品销售情况			
产品	销售额	销售成本	销售利润
产品A	200	120	80
产品B	400	280	120
产品C	300	160	140
合计	900	560	340

2013年产品预计销售情况			
情况		销售额增长率	销售成本增长率
好	产品A	12%	7%
	产品B	15%	9%
	产品C	8%	4%
一般	产品A	10%	8%
	产品B	9%	6%
	产品C	6%	3%
差	产品A	7%	5%
	产品B	5%	3%
	产品C	2%	1%

2004年方案计算分析		
增长估计		
产品	销售额	销售成本
产品A	12%	7%
产品B	15%	9%
产品C	8%	4%
总销售利润	408	

图 6-57　原始数据

案例中用到的函数说明：SUMPRODUCT 函数的功能为在给定的几组数组中，将数组间对应的元素相乘，并返回乘积之和，其语法格式为 SUMPRODUCT（array1, array2, array3,……）。其中 array1, array2, array3,……为数组，数组个数介于 2~255 之间。

具体操作步骤如下：

（1）打开素材文件 Ex6-13.xlsx，在 E4 单元格中输入公式“=C4–D4”，并在 E4:E6 区域填充。在 C7 单元格中输入公式“=SUM（C4:C6）”，并在 C7:E7 单元格区域填充。在 H8 单元格中输入公式“=SUMPRODUCT(C4:C6,1+H5:H7)-SUMPRODUCT(D4:D6,1+I5:I7)”。

（2）在“数据”选项卡的“数据工具”组中，选择“模拟分析|方案管理器”命令，打

开"方案管理器"对话框，如图6-58所示。

（3）单击"添加"按钮，打开"编辑方案"对话框，在"方案名"文本框中输入"方案1 销售好"，由于销售额和销售成本的增长率是一个变数，因此在"可变单元格"框中输入"H5:I7"，如图6-59所示。

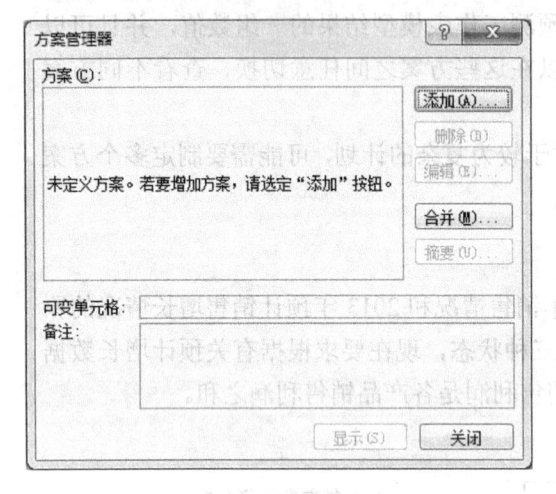

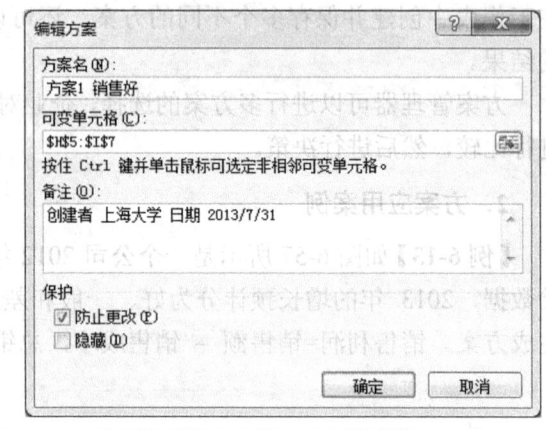

图6-58 "方案管理器"对话框　　　　　　　　图6-59 "编辑方案"对话框

（4）单击"确定"按钮，打开"方案变量值"对话框，在相应的框中输入如图6-60所示的数据。

（5）单击"确定"按钮，返回"方案管理器"对话框，从而完成一个方案的定义。

（6）重复步骤（3）、（4）、（5），定义方案"方案2 销售一般"和"方案3 销售差"，其中"方案2 销售一般"中的可变单元格值为"$H$5：0.1, $I$5：0.08, HH6：0.09, $I$6：0.06, $H$7：0.06, $I$7：0.03"，"方案3 销售差"中的可变单元格值为"$H$5：0.07, $I$5：0.05, HH6：0.05, $I$6：0.03, $H$7：0.02, $I$7：0.01"。

（7）单击"摘要"按钮，打开"方案摘要"对话框，如图6-61所示，选择"方案摘要"单选项（根据需要也可以选择"方案数据透视表"单选按钮）。

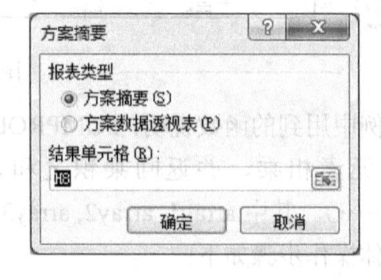

图6-60 "方案变量值"对话框　　　　　　　　图6-61 "方案摘要"对话框

（8）单击"确定"按钮，得到如图6-62所示的方案摘要报告。

（9）将文件以Ex6-13.xlsx为文件名保存。

第 6 章　Excel 高级应用案例

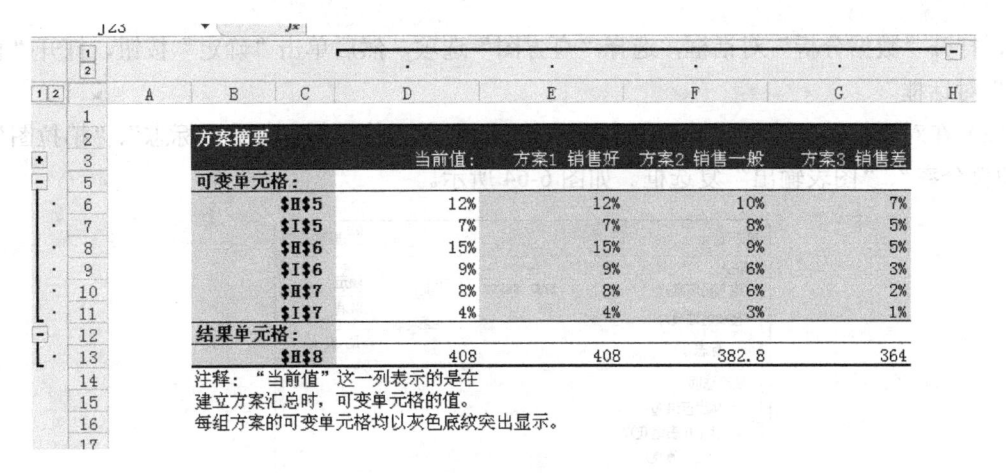

图 6-62 "方案摘要"报告

6.3.6　数据分析工具库

数据分析工具库能够帮助使用者快速分析数据，从而方便地解决一些实际应用，节约分析与统计数据的时间。Excel 数据分析工具库中共有 15 中数据分析工具，在使用这些工具之前必须进行加载。

1．加载数据分析工具库

如果在"数据"选项卡中没有"数据分析"组，则需要加载"分析工具库"。加载"分析工具库"的操作步骤与规划求解的加载方法相同。

2．数据分析工具库概述

在 Excel "分析工具库"中，提供了一组数据分析工具，包括方差分析、相关系数分析、协方差分析、描述统计分析、指数平滑分析、F-检验分析、傅里叶分析、直方图、移动平均分析等，利用这些分析工具，可以进行复杂数据分析。

3．数据分析工具案例一

【例 6-14】已知某公司销售人员提成数据如图 6-63 所示，使用直方图工具对员工的提成进行分析，以方便查看数据的分布。

图 6-63 "直方图"案例原始数据

具体操作步骤如下：

（1）打开素材文件 Ex6-14.xlsx，在"数据"选项卡的"分析"组中，单击"数据分析"

· 249 ·

按钮，打开"数据分析"对话框，选择"直方图"选项，然后单击"确定"按钮，打开"直方图"对话框。

（2）在对话框的"输入区域"中选择"B3:B12"单元格区域，勾选"标志"、"柏拉图"、"累积百分率"、"图表输出"复选框。如图6-64所示。

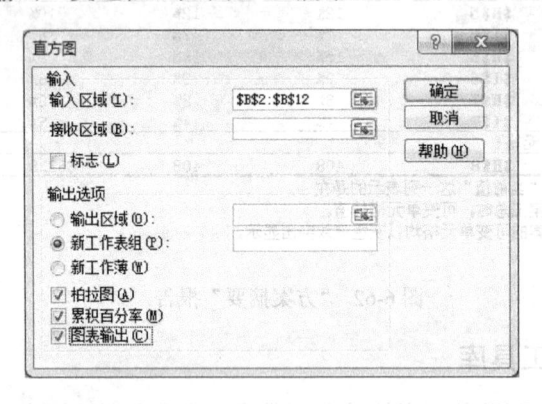

图6-64 设置"直方图"参数

（3）单击"确定"按钮，完成使用直方图工具的分析操作，结果如图6-65所示。
（4）将文件以Ex6-14.xlsx为文件名保存。

4．数据分析工具案例二

例6-15，某公司的销售收入情况如图6-66所示，使用协方差分析工具对每月的收入、成本与费用进行相关分析。

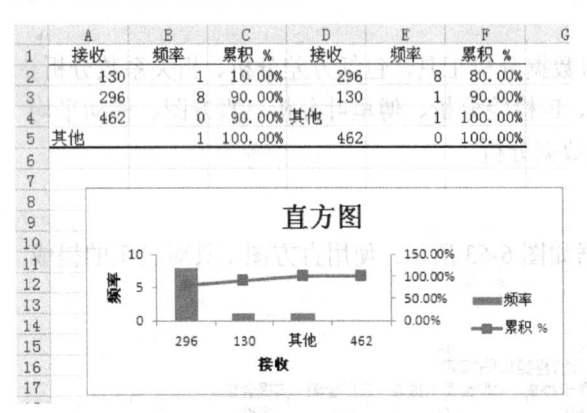

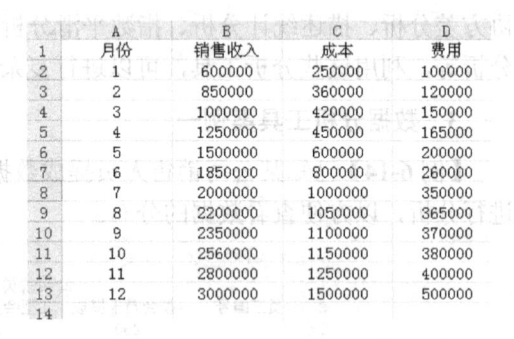

图6-65 "直方图"分析结果　　图6-66 "协方差"案例原始数据

具体操作步骤如下：

（1）打开素材文件Ex6-15.xlsx，在"数据"选项卡的"分析"组中，单击"数据分析"按钮，打开"数据分析"对话框，选择"协方差"选项，然后单击"确定"按钮，打开"协方差"对话框。

（2）在对话框的"输入区域"中选择"A1:D13"单元格区域，并选中"逐列"选项按钮，然后勾选"标志位于第一行"复选框，如图6-67所示。

（3）单击"确定"按钮，完成使用协方差工具的分析操作，并将结果放置在新工作表中，如图 6-68 所示。

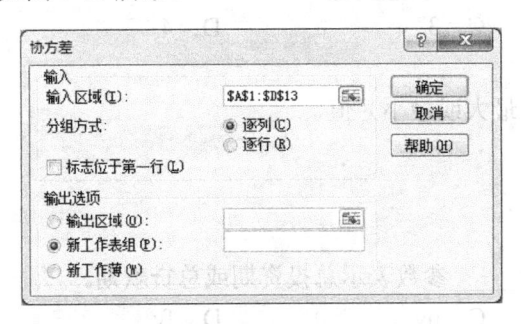

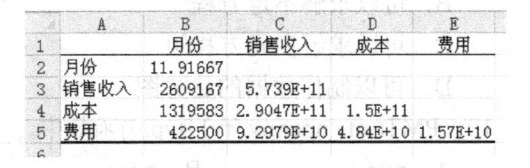

图 6-67 设置"协方差"参数　　　　　　　图 6-68 "协方差"分析结果

"协方差"分析结果说明：三个变量之间的相关性并不是很明显，表示三个变量之间是分别独立的。

（4）将文件以 Ex6-15.xlsx 为文件名保存。

习　　题

一、单选题

1. 下列哪个不属于可调图形的基本组成部分_____。
   A．普通图形　　　　　　　　　　　　B．表格标题
   C．带有控件的控制面板　　　　　　　D．显示动态内容的文本框或图片
2. 关于宏的说法中不正确的是_____。
   A．宏是一个指令集合　　　　　　　　B．宏可以记录默写操作并存储下来
   C．宏不可以输出为可执行文件　　　　D．宏可以输出为可执行文件
3. 带有宏的 Excel 工作簿文件的扩展名是_____。
   A．xls　　　　B．xlsx　　　　C．xlsm　　　　D．xlt
4. 以下_____不属于 Excel 的高级数据分析工具。
   A．数据透视表　　B．单变量求解　　C．规划求解　　D．自动填充柄
5. 创建数据透视表有几种方法_____。
   A．1　　　　B．2　　　　C．3　　　　D．4
6. 下列哪一个不属于数据透视表的功能_____。
   A．以多种用户友好方式查询大量数据
   B．对数值数据进行分类汇总和聚合，按分类和子分类对数据进行汇总，创建自定义计算和公式
   C．可以对数据表进行规划求解
   D．对最有用和最关注的数据子集进行筛选、排序、分组和有条件地设置格式，使用户能够关注所需的信息
7. 在 Excel 的单变量求解过程中，系统通过不断调整_____中的值，直到目标单元格中的公式得到满足的值为止，来求出方程的根。
   A．源单元格　　B．固定单元格　　C．可变单元格　　D．系统单元格

8. 模拟运算表最多可以对几个变量的变化进行运算_____。
   A．1　　　　　　B．2　　　　　　C．3　　　　　　D．4
9. 规划求解不具有的作用是_____。
   A．可以查找一个单元格中公式的优化（最大或最小）值
   B．可以求解不定方程
   C．可以求解多元方程组
   D．可以制作数据的趋势图
10. PMT(rate,nper,pv,[fv],[type])函数中，_____参数表示总投资期或总贷款期。
    A．rate　　　　　B．nper　　　　　C．pv　　　　　D．fv

二、多选题

1. 在 Excel 中除了通过公式实现数据的链接外，还可以建立多种形式的链接关系，这些链接关系有_____等。
   A．工作表和图形之间的链接关系　　B．控件与单元格之间的链接关系
   C．文本框与单元格之间的链接关系　　D．图片与图片之间的链接关系
2. 在可调图形中用到的控件有_____等。
   A．微调器控件　　B．窗体控件　　C．滚动条控件　　D．列表框
3. 创建数据透视图的基本方法有_____。
   A．基于公式创建数据透视图　　B．基于工作表数据创建数据透视图
   C．外部数据源创建法　　　　　D．基于数据透视表创建数据透视图
4. 函数 PMT 中的参数次序不正确的为_____。
   A．rate, pv, nper,fv,type　　　B．rate,nper,pv,fv,type
   C．nper,pv, rate, fv,type　　　D．rate, pv,fv, nper, type
5. 使用规划求解，可求得工作表上某个单元格（被称为目标单元格）中公式的最优值。其优化模型包括_____。
   A．最大值单元格　　B．约束条件　　C．目标单元格　　D．可变单元格

三、填充题

1. 可调图形的三个基本组成部分为_____、带有控件的控制面板、显示动态内容的文本框或图片。
2. 宏实际上是完成某项任务的一个_____集合。
3. 可以通过_____编辑器直接对宏代码进行编辑。
4. 求解一个一元高次方程可以采用的方法是_____。
5. 在 Excel 中利用_____数据分析工具可以求出多个可变单元格中的值。
6. 模拟运算表分为单变量运算表和_____两种。

四、简答题

1. 什么是可调图形？可调图形由哪几个基本组成部分？
2. Excel 中宏的作用是什么？
3. 什么是数据透视表？如何创建数据透视表？

第 7 章　PowerPoint 高级应用案例

PowerPoint 除了制作各种演示文稿外，还可以与 Office 系列软件中的控件、VBA 脚本结合，制作出内容更丰富、交互性更强的多媒体应用程序。

7.1　PowerPoint 中宏的应用

在 PowerPoint 中，如果用户需要重复执行某项操作，可以运用宏自动执行该任务。宏命令是一系列命令和指令的集成。

【例 7-1】用宏命令在幻灯片中批量插入图片。

在实际应用中，经常需要将大量的图片插入到幻灯片中作为幻灯片的背景。使用宏强大的功能，可以在幻灯片中批量插入图片，大大提高了工作效率，其操作步骤如下：

（1）准备图片。

假设在 D 盘的 picture 文件夹（d:\picture）中有 5 张图片，1.jpg、2.jpg、3.jpg、4.jpg、5.jpg。注意：文件名是有序的数字。

（2）新建 1 个演示文稿。

启动 PowerPoint，创建只包含 1 张幻灯片的空演示文稿。

（3）创建宏。

① 在"开发工具"选项卡的"代码"组中，单击"宏"按钮，打开"宏"对话框。

② 在"宏"对话框的"宏名"文本框中输入宏名"InsertPic"，单击"创建"按钮。

③ 在打开的"演示文稿 1-模块 1（代码）"窗口中输入以下代码：

```
Sub InsertPic()
    Dim i As Integer
    For i = 1 To ActivePresentation.Slides.Count
        ActivePresentation.Slides(i).Select
        With ActiveWindow.Selection.SlideRange
            .FollowMasterBackground = msoFalse
            .Background.Fill.UserPicture "d:\picture\" & i & ".jpg"
        End With
    Next
End Sub
```

④ 输入代码后，单击最外层右上角的"关闭"按钮 ，关闭 Visual Basic 编辑器窗口，返回 PowerPoint 应用程序窗口。

（4）新建幻灯片。

连续按 Ctrl+M 快捷键，新建 4 张空白幻灯片。

（5）运行宏。

在"开发工具"选项卡的"代码"组中，单击"宏"按钮，在打开的"宏"对话框中，单击"运行"按钮，执行已创建的宏命令，将图片按顺序依次插入到幻灯片中，结果如图 7-1 所示。

图 7-1 运行宏后，依次将图片插入到幻灯片中

（6）保存文件。

单击"文件"选项卡按钮，在弹出的列表中选择"保存"命令，打开"另存为"对话框。在"保存类型"下拉列表框中选择"启用宏的 PowerPoint 演示文稿（*.pptm）"选项，文件名为 Ex7-1.pptm。单击"保存"按钮，文件保存成功。

7.2 PowerPoint 中控件的应用

PowerPoint 允许在幻灯片中直接调用控件，以实现复杂的程序功能。控件是一种采用 COM 技术（即组件对象模型技术）创建的可直接使用的可视编程对象。当应用程序中需要增加某项特殊功能时，只要插入具有该功能的控件就能实现。

7.2.1 控件概述

1. PowerPoint 控件类型

在 PowerPoint 的"开发工具"选项卡的"控件"组中，提供了 11 种基本控件和其他

Windows 控件，如图 7-2 所示。

（1）基本控件。

11 种基本控件包括：标签控件 A、文本框控件、数值调节钮控件、命令按钮控件、图像控件、滚动条控件、复选框控件、选项按钮控件、组合框控件、列表框控件、切换按钮控件。

图 7-2 "开发工具"选项卡的"控件"组

（2）其他控件。

除了 11 种基本控件，PowerPoint 还允许用户调用已安装到 Windows 操作系统中的其他控件。单击"控件"组中的"其他控件"按钮，可打开"其他控件"对话框，选择需要的控件。

2．设置控件属性

在幻灯片中绘制控件后，用户需要设置控件的属性。选择幻灯片中的控件，单击"控件"组中的"控件属性"按钮，在打开的"属性"面板中设置控件的属性。或者鼠标指向幻灯片中的控件，右击弹出快捷菜单，选择"属性"命令，也可打开"属性"面板。

3．查看控件代码

PowerPoint 中的控件是以代码的方式显示和控制的，用户可以通过下面两种方式查看控件的代码。

（1）双击控件查看代码。

直接双击幻灯片中的控件，打开 Visual Basic 编辑器窗口，查看或编辑该控件的代码。

（2）单击"查看代码"按钮。

选择幻灯片中的控件，单击"控件"组中的"查看代码"按钮，同样可以打开 Visual Basic 编辑器窗口。

7.2.2　应用案例

【例 7-2】使用控件控制幻灯片中 Flash 动画的播放。

制作幻灯片时经常需要插入 Flash 动画，通过控件可以控制 Flash 动画的播放。假设在 D 盘中存放有 Flash 文件"sun.swf"（d:\sun.swf），现制作如图 7-3 所示的幻灯片，通过 3 个命令按钮控制动画的播放。其操作步骤如下：

（1）新建 1 个演示文稿。

启动 PowerPoint，创建只包含 1 张幻灯片的空演示文稿。将幻灯片的版式设置为"空白"版式。

（2）在幻灯片中插入 Flash 动画。

① 选择 Shockwave Flash Object 控件。在"开发工具"选项卡的"控件"组中，单击"其他控件"按钮，打开"其他控件"对话框，选择 Shockwave Flash Object 控件，单击"确定"按钮。如图 7-4 所示。

② 在幻灯片中创建 Shockwave Flash Object 控件。当鼠标指针变成"十"字形时，在幻灯片中拖曳鼠标画出 Shockwave Flash Object 控件的范围，如图 7-5 所示。以后插入的 Flash

办公自动化基础与高级应用

文件将在这个区域中播放。

图 7-3 控制幻灯片中 Flash 动画的播放　　　图 7-4 "其他控件"对话框

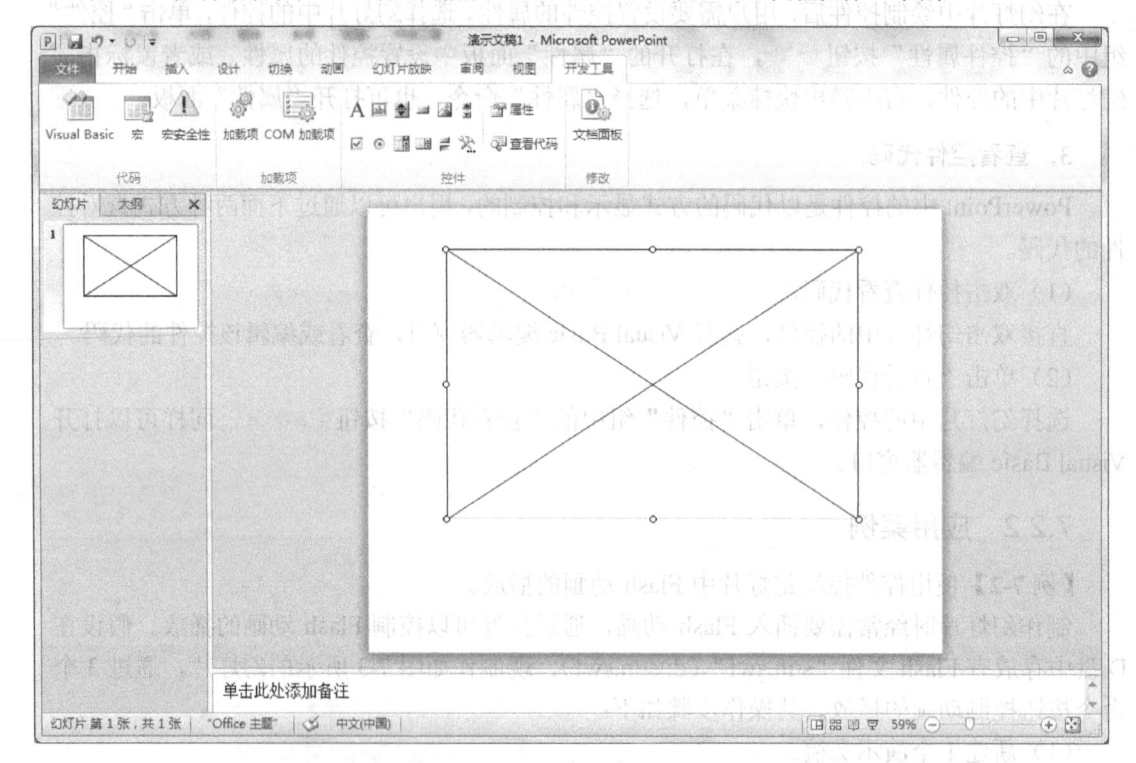

图 7-5 创建 Shockwave Flash Object 控件

③ 设置 Shockwave Flash Object 控件的属性。鼠标指向幻灯片中的控件，右击弹出快捷菜单，选择"属性"命令，打开该控件的"属性"面板，如图 7-6 所示，对控件属性进行如下设置：

- "名称"属性：ShockwaveFlash1。
- "EmbedMovie"属性：值为 True，表示将该 Flash 文件嵌入到幻灯片中。这样可以防止在复制文件的过程中丢失源文件。
- "Movie"属性：d:\sun.swf（将要插入的 Flash 文件的路径和文件名）。

· 256 ·

- "Playing"属性： 值为 False。表示播放幻灯片时 Flash 动画不自动播放。

其他属性采用默认设置，控件属性设置完成后，关闭"属性"面板。

（3）添加"播放"命令按钮控件，单击此命令按钮可以播放 Flash 动画。

① 在"开发工具"选项卡的"控件"组中，单击"命令按钮（ActiveX 控件）" ，在幻灯片的下方画一个命令按钮控件。

② 设置控件的属性。鼠标指向幻灯片中的命令按钮控件，右击弹出快捷菜单，选择"属性"命令，打开该控件的"属性"面板，如图 7-7 所示。对控件属性进行如下设置：

- "名称"属性：cmdPlay。
- "BackColor"属性：值为&H00008000&，将控件的背景颜色设置为深绿色。
- "Caption"属性：播放。
- "Font"属性：宋体、二号、粗体。
- "ForeColor"属性：值为&H00FFFFFF&，控件上的文字为白色。
- "Height"属性：50。
- "Width"属性：100。

其他属性采用默认设置，控件属性设置完成后，关闭"属性"面板。

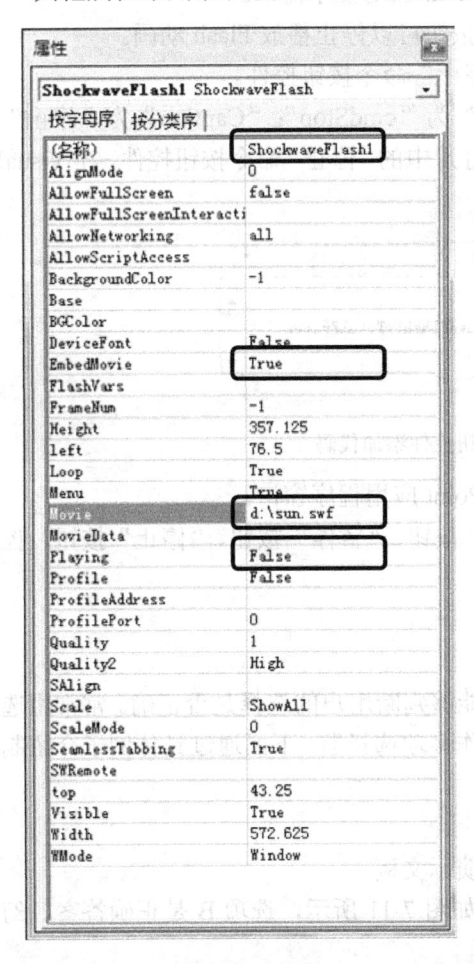

图 7-6　Shockwave Flash Object 控件的"属性"面板 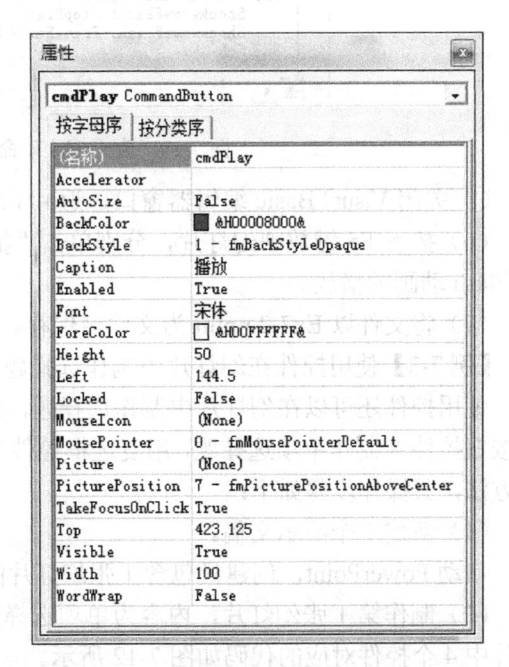　　图 7-7　命令按钮控件的"属性"面板

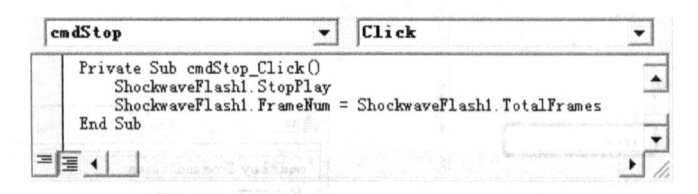

③ 为"播放"命令按钮控件添加代码。双击幻灯片中的"播放"命令按钮控件,在 Visual Basic 编辑器窗口中输入以下代码,如图 7-8 所示。

④ 关闭 Visual Basic 编辑器窗口,返回 PowerPoint 应用程序窗口。

(4) 添加"暂停"命令按钮控件。单击此命令按钮可以暂停播放 Flash 动画。

① 复制"播放"命令按钮控件,作为"暂停"命令按钮控件。

② 修改"暂停"命令按钮控件的属性:"名称"为"cmdPause";"Caption"为"暂停"。

③ 为"暂停"命令按钮控件添加代码。双击幻灯片中的"暂停"命令按钮控件,在 Visual Basic 编辑器窗口中输入以下代码,如图 7-9 所示。

```
Private Sub cmdPlay_Click()
    ShockwaveFlash1.Play
End Sub
```

```
Private Sub cmdPause_Click()
    ShockwaveFlash1.StopPlay
End Sub
```

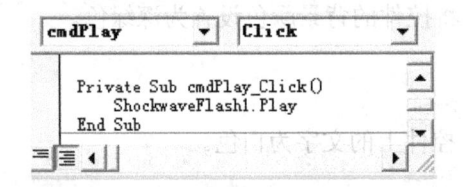

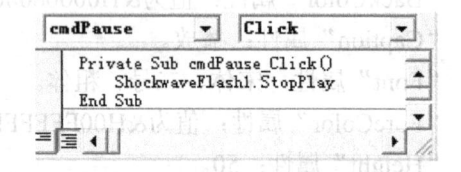

图 7-8 为"播放"命令按钮控件添加代码 　　图 7-9 为"暂停"命令按钮控件添加代码

④ 关闭 Visual Basic 编辑器窗口,返回 PowerPoint 应用程序窗口。

(5) 添加"停止"命令按钮控件。单击此命令按钮可以停止播放 Flash 动画。

① 再次复制"播放"命令按钮控件,作为"停止"命令按钮控件。

② 修改"停止"命令按钮控件的属性:"名称"为"cmdStop";"Caption"为"停止"。

③ 为"停止"命令按钮控件添加代码。双击幻灯片中的"停止"命令按钮控件,在 Visual Basic 编辑器窗口中输入以下代码,如图 7-10 所示。

```
Private Sub cmdStop_Click()
    ShockwaveFlash1.StopPlay
    ShockwaveFlash1.FrameNum = ShockwaveFlash1.TotalFrames
End Sub
```

图 7-10 为"停止"命令按钮控件添加代码

④ 关闭 Visual Basic 编辑器窗口,返回 PowerPoint 应用程序窗口。

(6) 按下 F5 键放映幻灯片,分别单击"播放"按钮、"暂停"按钮、"停止"按钮,控制 Flash 动画的播放。

(7) 将文件以 Ex7-2.pptm 为文件名保存。

【例 7-3】使用控件在幻灯片中制作选择题。

使用控件还可以在幻灯片中制作选择题,并且能够判断用户的选择是否正确。常常用选项按钮控件 ⊙ 制作单项选择题,用复选框控件 ☑ 制作多项选择题。下面通过具体例子介绍制作方法,其操作步骤如下:

(1) 新建 1 个演示文稿。

启动 PowerPoint,创建只包含 1 张幻灯片的空演示文稿。

(2) 制作第 1 张幻灯片,内容为单项选择题,如图 7-11 所示,选项 B 是正确答案。幻灯片中 4 个控件对应的代码如图 7-12 所示。

第 7 章　PowerPoint 高级应用案例

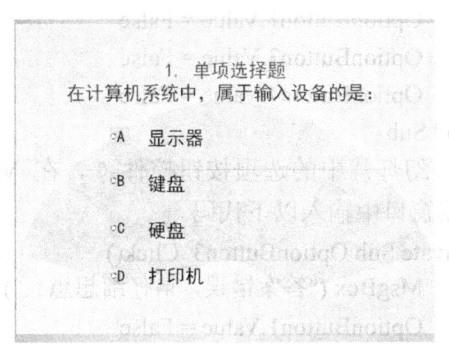

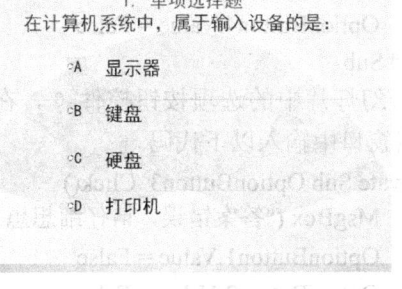

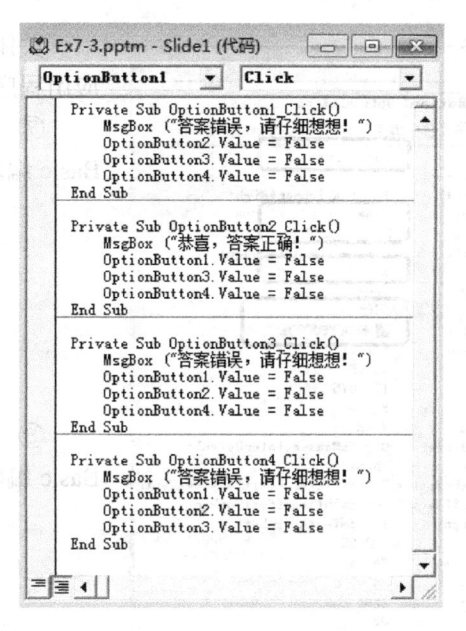

图 7-11　第 1 张幻灯片　　　　　图 7-12　第 1 张幻灯片中控件的代码

① 在第 1 张幻灯片中输入如图 7-11 所示的文字，并将文字设置为黑体、32 磅。
② 在第 1 个选项文字"显示器"前添加选项按钮控件。
- 在"开发工具"选项卡的"控件"组中，选择"选项按钮（ActiveX 控件）"，鼠标变成十字形，拖曳鼠标在幻灯片中第 1 个选项前添加选项按钮控件，如图 7-13 所示。

图 7-13　添加第 1 个选项按钮控件

- 设置选项按钮控件的属性。鼠标指向幻灯片中的选项按钮，右击弹出快捷菜单，选择"属性"命令，打开"属性"面板，设置控件属性，如图 7-14 所示。控件"名称"为"OptionButton1"；"AutoSize"为"True"；"BackColor"为"&H0000FFFF&"（黄色）；"Caption"为"A"；"Font"为"黑体、一号"；"ForeColor"为"&H00FF0000&"（蓝色）。其他属性采用默认设置。

③ 复制选项按钮控件作为第 2 个选项按钮控件，然后修改第 2 个选项按钮控件的属性："名称"为"OptionButton2"；"Caption"为"B"。

④ 复制选项按钮控件作为第 3 个选项按钮控件，然后修改第 3 个选项按钮控件的属性："名称"为"OptionButton3"；"Caption"为"C"。

⑤ 复制选项按钮控件作为第 4 个选项按钮控件，然后修改第 4 个选项按钮控件的属性："名称"为"OptionButton4"；"Caption"为"D"。

⑥ 为选项按钮控件"OptionButton1"添加代码。双击幻灯片中的选项按钮控件，在 Visual Basic 编辑器窗口中输入以下代码。

```
Private Sub OptionButton1_Click()
    MsgBox ("答案错误，请仔细想想！")
    OptionButton2.Value = False
    OptionButton3.Value = False
    OptionButton4.Value = False
End Sub
```

• 259 •

关闭 Visual Basic 编辑器窗口，返回 PowerPoint 应用程序窗口。

⑦ 双击幻灯片中的选项按钮控件 B ，在 Visual Basic 编辑器窗口中输入以下代码。

```
Private Sub OptionButton2_Click()
    MsgBox ("恭喜，答案正确！")
    OptionButton1.Value = False
    OptionButton3.Value = False
    OptionButton4.Value = False
End Sub
```

⑧ 双击幻灯片中的选项按钮控件 C ，在 Visual Basic 编辑器窗口中输入以下代码。

```
Private Sub OptionButton3_Click()
    MsgBox ("答案错误，请仔细想想！")
    OptionButton1.Value = False
    OptionButton2.Value = False
    OptionButton4.Value = False
End Sub
```

图 7-14　设置选项按钮控件的属性

⑨ 双击幻灯片中的选项按钮控件 D ，在 Visual Basic 编辑器窗口中输入以下代码。

```
Private Sub OptionButton4_Click()
    MsgBox ("答案错误，请仔细想想！")
    OptionButton1.Value = False
    OptionButton2.Value = False
    OptionButton3.Value = False
End Sub
```

（3）新建第 2 张空白幻灯片。

（4）制作第 2 张幻灯片，内容为多项选择题，如图 7-15 所示，正确答案是同时选择 B、C、D 这 3 个选项。幻灯片中命令按钮控件 答案 的代码如图 7-16 所示。

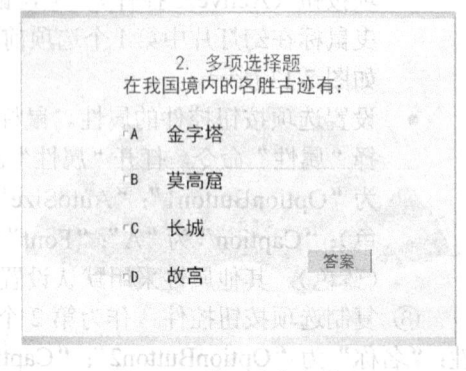

图 7-15　第 2 张幻灯片 X

```
Private Sub cmdAnswer_Click()
    If CheckBox1.Value = False And CheckBox2.Value = True And CheckBox3.Value = True And CheckBox4.Value = True Then
        MsgBox ("恭喜，回答正确！")
    Else
        MsgBox ("很遗憾，回答错误！")
        CheckBox1.Value = False
        CheckBox2.Value = False
        CheckBox3.Value = False
        CheckBox4.Value = False
    End If
End Sub
```

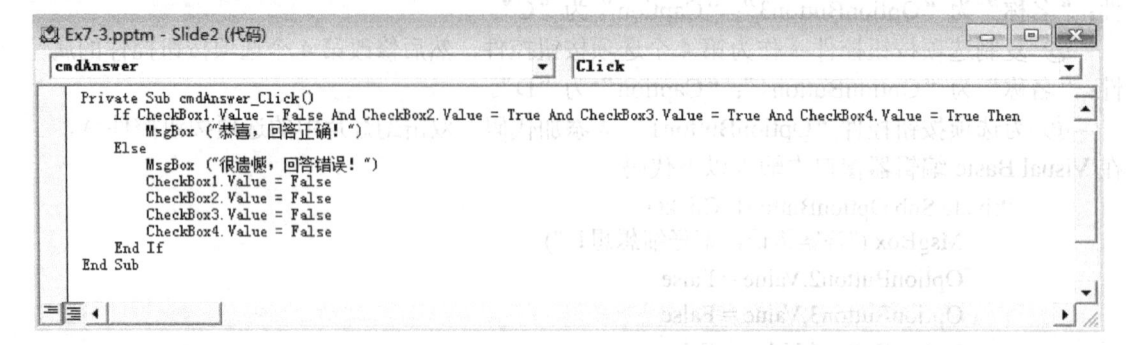

图 7-16　第 2 张幻灯片中命令按钮控件的代码

① 在第 2 张幻灯片中输入如图 7-15 所示的文字，字体为黑体、文字大小 32 磅。
② 在第 1 个选项，文字"金字塔"前添加复选框控件 A 。
- 在"开发工具"选项卡的"控件"组中，单击"复选框（ActiveX 控件）" ☑ ，在幻灯片中第 1 个选项前添加复选框控件。
- 设置复选框控件的属性。鼠标指向幻灯片中的复选框控件，右击弹出快捷菜单，选择"属性"命令，打开"属性"面板设置控件属性。"名称"为"CheckBox1"；"AutoSize"为"True"；"BackColor"为"&H0000FFFF&"（黄色）；"Caption"为"A"；"Font"为"黑体、一号"；"ForeColor"为"&H00FF0000&"（蓝色）；"Value"为"False"。其他属性采用默认设置。

③ 复制控件 A 作为第 2 个复选框控件，修改第 2 个复选框控件的属性："名称"为"CheckBox2"；"Caption"为"B"。

④ 复制控件 A 作为第 3 个复选框控件，修改第 3 个复选框控件的属性："名称"为"CheckBox3"；"Caption"为"C"。

⑤ 复制控件 A 作为第 4 个复选框控件，修改第 4 个复选框控件的属性："名称"为"CheckBox4"；"Caption"为"D"。

⑥ 在幻灯片中添加命令按钮控件 答案 。
- 单击"命令按钮控件" ▰ ，在幻灯片的下方画一个命令按钮控件。
- 设置命令按钮控件的属性："名称"为"cmdAnswer"；"BackColor"为"&H00C0C0C0&"（灰色）；"Caption"为"答案"；"Font"为"黑体、一号"；"ForeColor"为"&H000000FF&"（红色）。其他属性采用默认设置。

⑦ 双击幻灯片中的命令按钮控件 答案 ，在 Visual Basic 编辑器窗口中输入以下代码。

```
Private Sub cmdAnswer_Click()
    If CheckBox1.Value = False And CheckBox2.Value = True And CheckBox3.Value =
        True And CheckBox4.Value = True Then
        MsgBox ("恭喜，回答正确！")
    Else
        MsgBox ("很遗憾，回答错误！")
        CheckBox1.Value = False
        CheckBox2.Value = False
        CheckBox3.Value = False
        CheckBox4.Value = False
    End If
End Sub
```

关闭 Visual Basic 编辑器窗口，返回 PowerPoint 应用程序窗口。

（5）幻灯片使用"暗香扑面"主题。
在"设计"选项卡的"主题"组中，选择"暗香扑面"主题。
（6）按下 F5 键放映幻灯片。
做单项选择题时，当选择正确答案时弹出如图 7-17 所示的信息框。
做多项选择题时，同时选择 B、C、D 这 3 个选项，单击命令按钮 答案 后，弹出如图 7-18 所示的信息框。

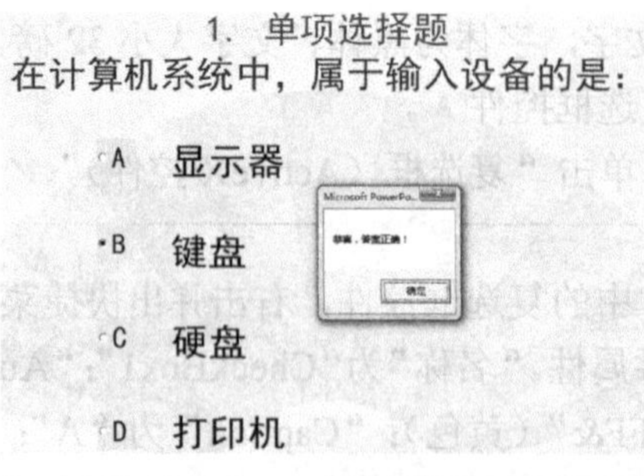

图 7-17 单项选择题 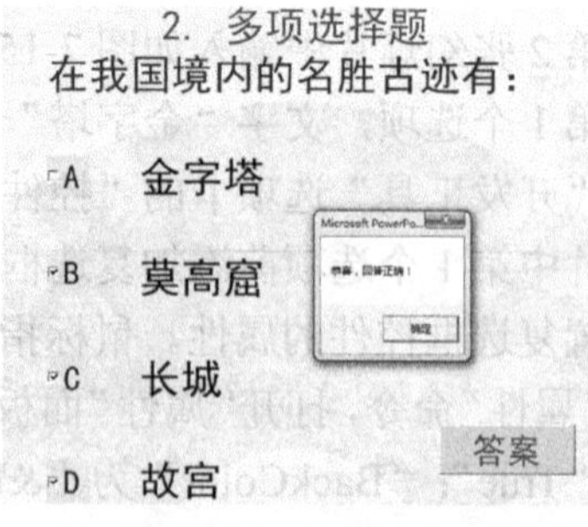　　　　图 7-18 多项选择题

（7）将文件以 Ex7-3.pptm 为文件名保存。

习　题

一、单选题

1．在演示文稿中创建宏，应使用_____选项卡中的相关按钮。
   A．插入　　　　　　B．设计　　　　　　C．开发工具　　　　D．审阅
2．将带有宏的演示文稿保存为扩展名为_____类型的文件。
   A．pptm　　　　　　B．pptx　　　　　　C．ppt　　　　　　　D．pot
3．在演示文稿中创建宏以后，要实现宏的功能，必须要_____宏。
   A．保存　　　　　　B．运行　　　　　　C．编辑　　　　　　D．查看
4．在 PowerPoint 的"控件"组中，按钮 是_____控件。
   A．命令按钮　　　　B．文本框　　　　　C．切换按钮　　　　D．选项按钮
5．在 PowerPoint 的"控件"组中，按钮 是_____控件。
   A．命令按钮　　　　B．复选框　　　　　C．切换按钮　　　　D．文本框
6．在 PowerPoint 的"控件"组中，按钮 是_____控件。
   A．选项按钮　　　　B．复选框　　　　　C．切换按钮　　　　D．组合框
7．在演示文稿中插入 flash 动画，应使用的控件是_____控件。
   A．选项按钮　　　　　　　　　　　　　B．Shockwave Flash Object
   C．Listpad class　　　　　　　　　　　D．组合框
8．在演示文稿中插入控件后，打开_____面板可以设置控件的属性。
   A．文档　　　　　　B．设计　　　　　　C．切换　　　　　　D．属性
9．在演示文稿中插入控件后，在_____中可以查看控件的代码。
   A．属性面板　　　　B．文档面板　　　　C．代码窗口　　　　D．视图窗口
10．在演示文稿中插入复选框控件后，为了使复选框不处于选中状态，应将其"Value"属性的值设置为_____。
    A．False　　　　　B．True　　　　　　C．任何值　　　　　D．不设置值
11．在演示文稿中插入复选框控件后，当复选框处于选中状态时，其"Value"属性的值为_____。
    A．False　　　　　B．True　　　　　　C．任何值　　　　　D．不设置值

12. 在演示文稿中插入控件后，在属性面板中设置_____属性，可以改变控件的背景颜色。

　　A．BackColor　　B．Font　　C．Caption　　D．ForeColor

13. 在 PowerPoint 中，_____是一种采用 COM 技术创建的，可直接使用的可视编程对象。

　　A．宏　　B．对象　　C．母版　　D．控件

14. 在演示文稿中，使用控件插入 Flash 动画后，当控件的"Playing"属性的值为_____时，表示播放幻灯片时 Flash 动画不自动播放。

　　A．True　　B．False　　C．None　　D．任何值

15. 在演示文稿中插入控件后，可以查看控件代码的操作是鼠标_____。

　　A．双击幻灯片　　B．单击控件　　C．指向控件　　D．双击控件

16. 在演示文稿中，使用"开发工具"选项卡中_____组中的按钮，可以插入控件。

　　A．控件　　B．代码　　C．加载项　　D．修改

二、多选题

1. 在演示文稿中插入控件后，可以打开控件属性面板的操作是_____。

　　A．右击控件，在弹出的快捷菜单中选择"属性"命令。
　　B．选择幻灯片中的控件，单击"控件"组中的"控件属性"按钮。
　　C．单击控件
　　D．双击控件

2. 在演示文稿中插入控件后，可以查看控件代码的操作是_____。

　　A．单击控件
　　B．双击控件
　　C．右击控件，在弹出的快捷菜单中选择"查看代码"命令。
　　D．选择幻灯片中的控件，单击"控件"组中的"查看代码"按钮。

3. 在演示文稿中可以插入控件，属于基本控件的是_____。

　　A．命令按钮　　　　　　　　　　B．复选框
　　C．文本框　　　　　　　　　　　D．Shockwave Flash Object

4. 在演示文稿中插入命令按钮控件，属于命令按钮控件属性的是_____。

　　A．"Caption"属性　　　　　　　B．"Font"属性
　　C．"Value"属性　　　　　　　　D．"Picture"属性

5. 在演示文稿中插入选项按钮控件，属于选项按钮控件属性的是_____。

　　A．"Font"属性　　　　　　　　　B．"Caption"属性
　　C．"Value"属性　　　　　　　　D．"Visible"属性

三、填空题

1. 在演示文稿中可以插入控件，其中基本控件有_____种。

2. 在演示文稿中制作选择题，如果在每个选项前插入选项按钮控件，制作的是_____选择题。

3. 在演示文稿中制作选择题，如果在每个选项前插入复选框控件，制作的是_____

选择题。

4．在 PowerPoint 中，如果用户需要重复执行某项操作，可以运用_____自动执行该任务。

5．在演示文稿中插入控件后，打开_____面板可以设置控件属性。

四、简答题

1．宏的作用是什么？如何在演示文稿中创建宏？
2．保存带有宏的演示文稿时，应选择的文件类型是什么？
3．如何在演示文稿中插入 Flash 动画文件并控制动画的播放？
4．如何在演示文稿中制作选择题？

第 8 章　VBA 程序设计概述

VBA 是 Visual Basic for Application 的缩写，是 Microsoft Office 系列的内置编程语言，是非常流行的应用开发语言 VB（Visual Basic）的一个分支，可供用户编写宏，对 Office 进行二次开发。

8.1　宏与 VBA

宏（Macro）是一组 VBA 语句。可以理解为一个程序段，或一个子程序。在 Office 中，宏可以直接用 VBA 代码编写，也可以通过录制形成。录制宏的过程，实际上就是将一系列操作过程记录下来并由系统自动转换为 VBA 语句。这是目前最简单的编程方法，也是 VBA 最有特色的地方。

下面通过一个例子来说明宏与 VBA 的关系。

【例 8-1】用第 6 章中介绍录制宏的方法，在 Excel 中创建一个名为"Test8_1"的宏，将工作表名"Sheet1"重命名为"VBAABC"，其操作步骤如下：

（1）在"开发工具"选项卡的"代码"组中，单击"录制宏"按钮，打开"录制新宏"对话框。

（2）在"宏名"文本框中输入宏名"Test8_1"，单击"确定"按钮，开始录制宏。

（3）先将"Sheet1"重命名为"VBAABC"，然后单击"停止录制"按钮。

（4）单击"宏"按钮，打开"宏"对话框，选择"Test8_1"宏，单击"编辑"按钮，打开 Visual Basic 编辑器。

其中的代码如下：

```
Sub Test8_1 ()
'
' Test8_1 宏
'

    Sheets("Sheet1").Select
    Sheets("Sheet1").Name = "VBAABC"
End Sub
```

从中可以看出，宏实际上就是一个简单的 VBA 的 Sub 过程，它保存在模块中，以 Sub

开头，以 End Sub 结尾，执行时就从第一条语句执行，直到 End Sub 结束。

作为 VB 的一个分支，VBA 继承了 VB 很大一部分编程方法。VB 中的语法结构、变量的声明以及函数的使用等内容，在 VBA 语言中同样可以正常使用。虽然 VBA 是一种根据 VB 简化的宏语言，但两者还是有一定区别的，主要体现在：

（1）VB 用于创建标准的应用程序，VBA 是使已有的应用程序（Office）自动化。

（2）VB 具有自己的开发环境，VBA 寄生于已有的应用程序（Office）。

（3）VB 开发出的应用程序可以是独立的可执行文件，而 VBA 开发的程序必须依赖 Office。

Office 中的自动化过程大都可以通过录制宏来完成，但是宏记录器存在以下局限性：

（1）录制的宏无判断或循环能力。

（2）人机交互能力差，即用户无法输入，计算机无法给出提示。

（3）无法显示对话框和自定义窗口。

（4）记录了许多不需要的资料和步骤。

所以当宏记录器无法满足用户需求时，可以用 VBA 语言创建宏来完成 Office 软件本身无法完成的任务。

VBA 易于学习掌握，对于在工作中需要经常使用 Office 套装软件的用户，学用 VBA 有助于使工作自动化，提高工作效率。另外，由于 VBA 可以直接应用 Office 套装软件的各项强大功能，所以对于程序设计人员的程序设计和开发更加方便、快捷。

8.2 VBA 编辑环境-VBE

在计算机高级语言中，每一门语言都有自己的开发环境，VBA 语言的开发环境就是 VBE（Visual Basic Editor）窗口，用户可以在该窗口中实现 VBA 程序的编写。

Word、Excel 或 Power Point 等 Office 软件中都有 VBE，以下主要在 Excel VBA 编辑器中介绍 Office VBA 的基本概念和使用方法。

8.2.1 打开 VBE 窗口

打开 VBE 窗口的方法主要有以下几种：

1．记录一个宏，然后打开 VBE 窗口

在 Excel 中，用户可以先用宏记录器录制一个宏，然后通过该宏打开 VBE 窗口，在 VBE 窗口中编辑记录下来的宏。

【例 8-2】通过录制宏的方法创建名为 Test8_2 的宏，完成向 A1 单元格中输入数字 500 的任务，其操作步骤如下：

（1）在"开发工具"选项卡的"代码"组中，单击"录制宏"按钮，打开"录制新宏"对话框。

（2）在"宏名"文本框中输入宏名"Test8_2"，如图 8-1 所示，单击"确定"按钮，开始录制宏。

（3）单击"停止录制"按钮，完成一个空白宏的录制。

（4）单击"宏"按钮，打开"宏"对话框，选择"Test8_2"宏，单击"编辑"按钮，Excel 就立即打开 VBE 窗口。

（5）在代码窗口中输入宏指令"Range("A1").Value = 500"，如图 8-2 所示，单击 VBE 窗口右上角的关闭按钮，返回 Excel。

宏指令"Range("A1").Value = 500"的功能是在 A1 单元格中输入数字 500。

2. 命名一个宏，然后打开 VBE 窗口

在 Excel 中，用户也可以通过命名一个宏，然后打开 VBE 窗口，在 VBE 窗口中编辑创建的宏。

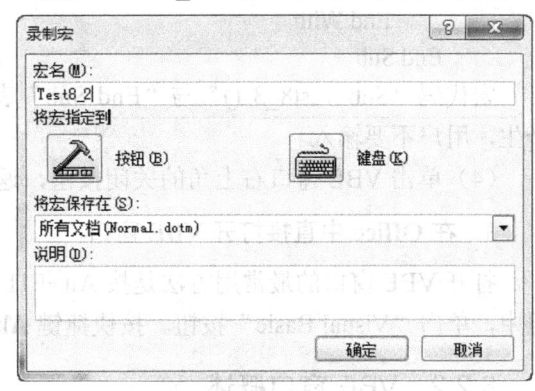

图 8-1 "录制宏"对话框

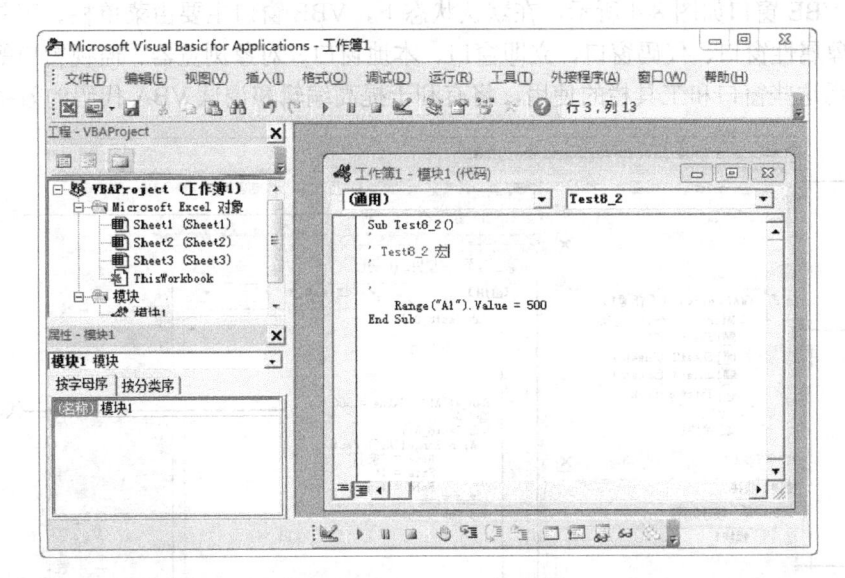

图 8-2 VBE 窗口

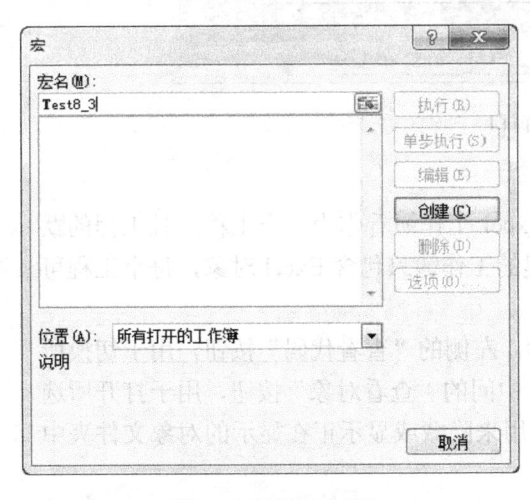

图 8-3 "宏"对话框

【例 8-3】通过命名宏的方法创建名为 Test8_3 的宏，设置单元格 A1 的文字属性为隶书、14 号、加粗，其操作步骤如下：

（1）在"开发工具"选项卡的"代码"组中，单击"宏"按钮，打开"宏"对话框。

（2）在"宏名"文本框中输入宏名"Test8_3"，如图 8-3 所示。单击"创建"按钮，Excel 就立即打开 VBE 窗口并在其中打开代码窗口。

（3）在代码窗口中输入如下代码：

```
Sub Test8_3()
    With Range("A1").Font
        .Name = "隶书"
        .Size = 14
```

· 267 ·

```
            .Bold = True
        End With
    End Sub
```

宏代码"Sub Test8_3 ()"与"End Sub"表示程序开始与结束，创建宏时，系统会自动产生，用户不要输入。

（4）单击 VBE 窗口右上角的关闭按钮，返回 Excel。

3．在 Office 中直接打开 VBE 窗口

打开 VBE 窗口的最常用方法是按 Alt+F11 快捷键，或在"开发工具"选项卡的"代码"组中，单击"Visual Basic"按钮。按快捷键 Alt+F11 还可以从 VBE 窗口返回 Excel。

8.2.2 VBE 窗口概述

打开的 VBE 窗口如图 8-4 所示，在默认状态下，VBE 窗口主要由菜单栏、工具栏、工程窗口、对象属性窗口、代码窗口、立即窗口、本地窗口、对象浏览器、监视窗口等各种窗口组成，熟悉这些窗口和工具栏的使用，将有利于提高编辑和调试 VBA 代码的效率。

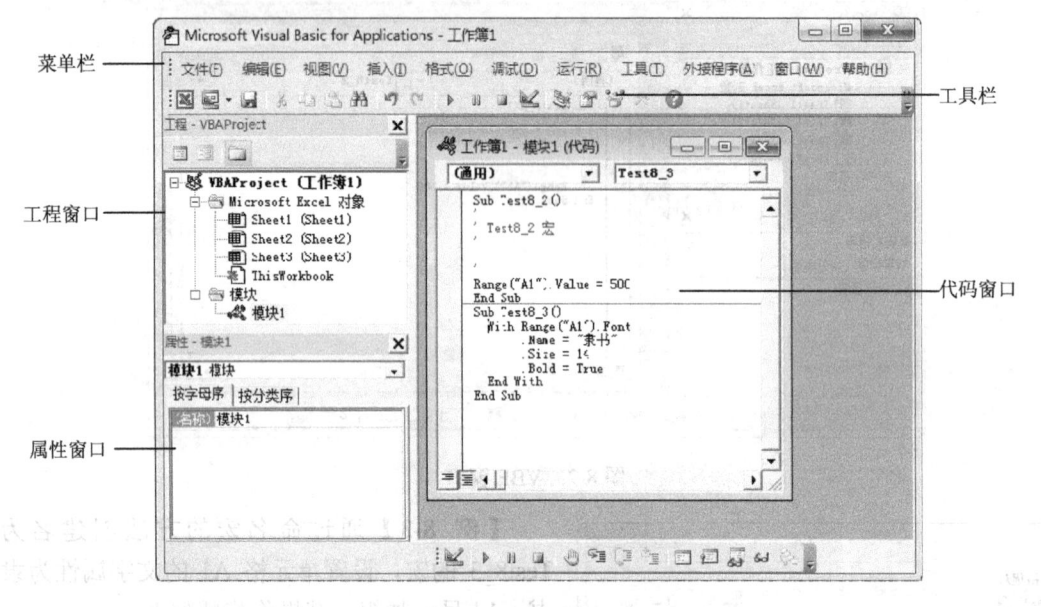

图 8-4 VBE 窗口

1．工程窗口

在 VBE 工程窗口中，可以把每一个打开的 Excel 工作簿看作为一个工程，且工程的默认名称是"VBAProject（工作簿名称）"。一个新建的工作簿只包含 Excel 对象，每个工程可以包括插入的用户窗体、模块和类模块等。

该窗口左上角有三个工具按钮，如图 8-5 所示，左侧的"查看代码"按钮，用于切换所选模块的代码，以便对该模块中的代码进行编辑；中间的"查看对象"按钮，用于打开所选模块的设计视图；右侧的"切换文件夹"按钮主要用来隐藏或显示正在显示的对象文件夹中的工程。

如果在 VBE 窗口中看不到工程窗口，则可以选择"视图 | 工程资源管理器"命令来打

开工程窗口。

要插入用户窗体或模块，可以在工程窗口中右击，在弹出的快捷菜单中选择"插入"命令，就可以看到下一级子菜单，如图 8-5 所示，选择所需的对象类型即可。

此外还可利用工程窗口导入、导出和删除用户窗体或模块。

2．属性窗口

属性窗口列出了所选对象的属性，例如，在工程窗口选中 Sheet1 对象。在属性窗口中就会显示 Sheet1 的相应性，如图 8-6 所示。

属性窗口由"对象"列表框和"属性"列表组成，"对象"列表框列出了选中的对象名称及类型，"属性"列表列出了该对象的属性。可以按字母查看该对象的属性，也可以按分类查看这些属性。

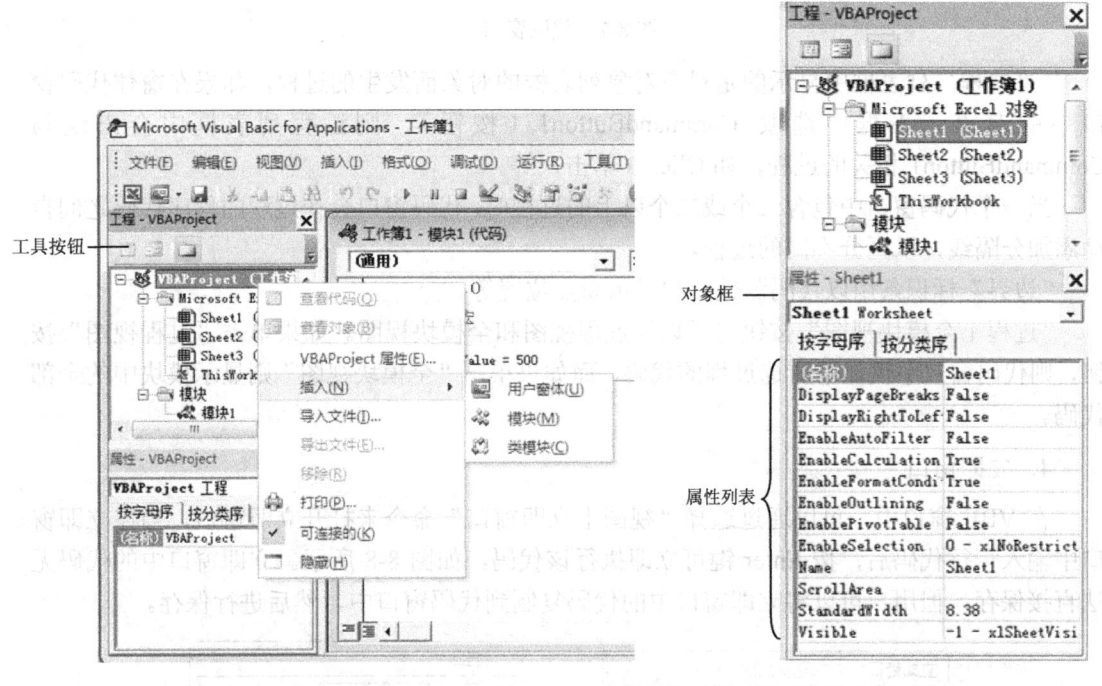

图 8-5　插入快捷菜单　　　　图 8-6　工程与属性窗口

在属性列表中可以设置对象的属性，例如将 Sheet1 的 Visible 属性设置为"2-xlSheetVery Hidden"，则将工作表 Sheet1 隐藏且在 Excel 中不能用"取消隐藏"命令来重新显示该工作表。

3．代码窗口

代码窗口主要用于输入、显示和编辑 VBA 代码。选择"视图 | 代码窗口"命令（或按 F7 快捷键）就可显示代码窗口，如图 8-7 所示。

代码窗口由"对象"列表框、"过程"列表框及"边界"标识条等组成。

"对象"列表框列出了所选对象的名称，如果是模块代码窗口，由于没有对象，则显示为"（通用）"，如果是窗体代码窗口，则会显示窗体中的控件名称，如按钮控件、文本框控件等。

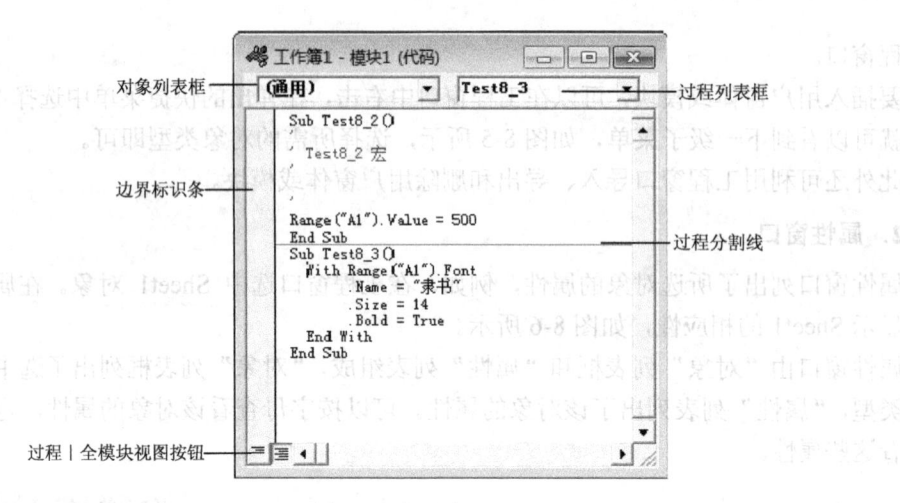

图 8-7 代码窗口

"过程"列表框中显示的是对应对象列表框的对象而发生的过程，如果在窗体代码窗口中的对象列表框中选取 CommandButton1（按钮），则过程列表框中会出现与 CommandButton1 相关的过程，如 Click（单击）等。

当一个代码窗口中包含二个或二个以上的过程时，代码窗口会在过程的程序代码之间自动添加分隔线，以区分不同的过程。

"边界"标识条用以代码测试，如显示断点位置等。

"过程|全模块视图"按钮用于切换过程视图和全模块视图。如果单击"过程视图"按钮，则代码窗口中仅显示所选过程的代码，而如果单击"全模块视图"则显示模块中的全部代码。

4．立即窗口

在 VBE 窗口中，可以通过选择"视图|立即窗口"命令来打开立即窗口，当在立即窗口中输入一行代码后，按 Enter 键可立即执行该代码，如图 8-8 所示。立即窗口中的代码无法直接保存，但用户可以将立即窗口中的代码复制到代码窗口中，然后进行保存。

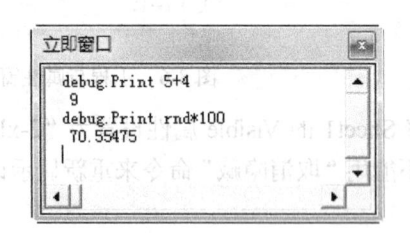

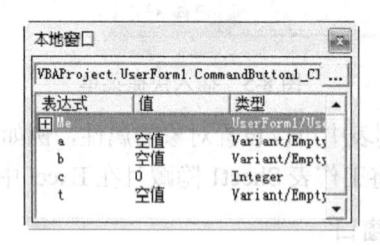

图 8-8 立即窗口和本地窗口

5．本地窗口

本地窗口可以看到运行过程中的对象、变量、数组的信息，如图 8-8 所示，一般手工调试或使用 stop 语句中断程序运行查看结果。本地窗口主要由"表达式"、"值"和"类型"等组成，"表达式"列出了变量的名称，"值"列出了所有变量的值，"类型"列出了变量的类型。

6. 对象浏览器

对象浏览器列出了各种库中的对象，以及每一对象的方法和属性，如图8-9所示。

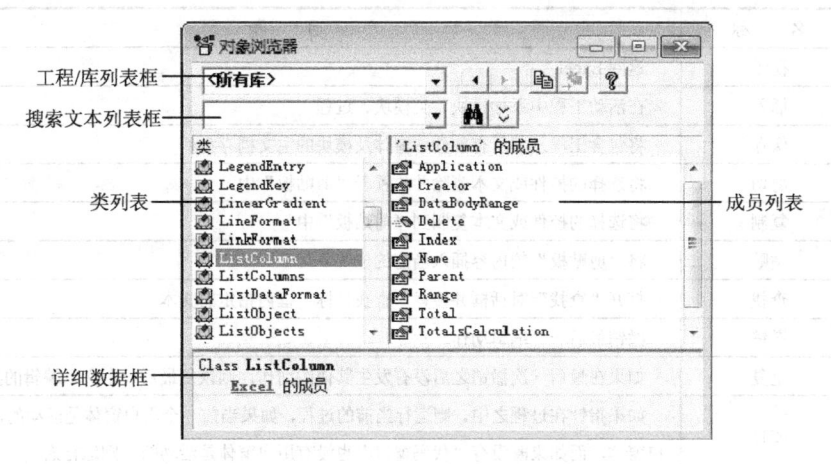

图 8-9　对象浏览器

对象浏览器主要由"工程/库"列表框、"搜索文字"列表框、"类"列表、"成员"列表、"详细数据"框和若干工具按钮等组成。"工程/库"列表框用来选定所要查看的工程或程序库名称；"搜索文本"列表框包含要用来搜索的字符串；"类"列表显示在"工程/库"下拉列表框中选定的库或工程中所有可用的类；"成员"列表按组显示出在"类"框中所选的元素；"详细数据"框显示成员的定义。

编写程序时，当一个对象的某些用法不清楚时，可用此窗口查找对象的语法。

7. 监视窗口

监视窗口用于显示当前表达式的值、类型和上下文，如图8-10所示。

将程序代码中需要监视其计算结果的变量或表达式拖曳到监视窗口，在程序运行过程中即可看到计算结果的变化。与之相对应的是，在变量或表达式所在的程序行要设置适当的断点，程序执行到断点处中断，然后按 F8 功能键，采用逐行执行程序的方式，可以更加方便地监视变量或表达式的运算结果。

图 8-10　监视窗口

8. 工具栏

VBE 界面中有"编辑"、"标准"、"调试"等多种工具栏，可通过"视图"菜单中的"工具栏"子菜单中的命令来控制这些工具栏的显示或隐藏。

标准工具栏中包含几个常用的菜单项快捷方式的按钮，如图8-11所示。

图 8-11　标准工具栏

标准工具栏中的各命令按钮的名称和功能如表 8-1 所示。

表 8-1 标准工具栏中各按钮的名称和功能

按钮	名称	功能
	视图	返回 Excel
	插入	在活动工程中添加模块、类模块、过程
	保存	将包含工程及其所有部件——窗体及模块的主文档存盘
	剪切	将选择的控件或文本删除并放置于"剪贴板"中
	复制	将选择的控件或文本复制到"剪贴板"中
	粘贴	将"剪贴板"的内容插入当前的位置
	查找	打开"查找"对话框并搜索"查找目标"框内指定的文本
	撤销	撤销最后一个编辑动作
	重复	如果在最后一次撤销之后没有发生其他的动作，则恢复最后一个文本编辑的撤销动作
	运行	如果指针在过程之中，则运行当前的过程，如果当前一个用户窗体是活动的，则运行用户窗体，而如果既没有"代码窗口"也没有用户窗体是活动的，则运行宏
	中断	当程序在正在运行时停止其执行，并切换至中断模式
	重新设置	清除执行堆栈及模块级变量并重置工程
	设计模式	打开及关闭设计模式
	工程资源管理器	显示"工程资源浏览器"，其显示出当前打开的工程及其内容的分层式列表
	属性窗口	打开"属性"窗口，以便查看所选择控件的属性
	对象浏览器	显示对象浏览器
	工具箱	显示或隐藏"工具箱"，只有在用户窗体正在使用时可以用
	帮助	打开帮助对话框

编辑工具栏包含几个在编辑代码时经常使用的常用菜单项快捷方式的按钮，如图 8-12 所示。

图 8-12 编辑工具栏

编辑工具栏中的各命令按钮的名称和功能如表 8-2 所示。

表 8-2 编辑工具栏中各按钮的名称和功能

按钮	名称	功能
	属性/方法列表	在代码窗口中打开列表框，其中含有前面带有句点(.)的该对象可用的属性及方法
	常数列表	在代码窗口中打开列表框，其中含有所键入属性的可选常数及前面带有等号(=)的常数
	快速信息	根据指针所在的函数、方法或过程的名称提供变量、函数、方法或过程的语法
	参数信息	在代码窗口中显示快捷菜单，其中包含指针所在函数的参数的有关信息
	插入关键字	接受 Visual Basic 在所键入字之后自动添加的字符
	缩进	将所有选择的程序行移到下一个定位点
	凸出	将所有选择的程序行移到前一个定位点
	切换断点	在当前的程序行上设置或删除断点

（续表）

按 钮	名 称	功 能
	注释块	在所选文本区块的每一行开头处添加一个注释字符
	删除注释块	在所选文本区块的每一行处删除注释字符
	切换书签	在程序窗口中使用的程序行添加或删除书签
	下一个书签	将焦点移到书签堆栈中的下一个书签
	上一个书签	将焦点移到书签堆栈中的上一个书签
	清除所有书签	删除所有书签

调试工具栏包含在调试代码中常用的菜单项快捷方式的按钮，如图 8-13 所示。

图 8-13　调试工具栏

调试工具栏中的前面 5 个命令按钮已在表 8-1、表 8-2 列出，表 8-3 列出了其余按钮的名称和功能。

表 8-3　调试工具栏中部分按钮的名称和功能

按 钮	名 称	功 能
	逐语句	一次一条语句的执行代码
	逐过程	在"代码"窗口中一次一个过程或语句的执行代码
	跳出	在当前执行点所在位置的过程中，执行其余的程序行
	本地窗口	显示"本地窗口"
	立即窗口	显示"立即窗口"
	监视窗口	显示"监视窗口"
	快速监视	显示所选表达式当前值的"快速监视"对话框
	调用堆栈	显示"调用堆栈"对话框，列出当前活动的过程调用

8.2.3　在 VBE 中编写宏

在 Office 中，宏可以通过录制创建，也可以在 VBE 窗口中直接用 VBA 代码添加和编写。

【例 8-4】编写一个宏程序，计算所选工作表区域之和。这里只介绍创建宏的方法，而不考虑具体代码的编写，其操作步骤如下：

（1）在 Excel 中，按 Alt+F11 快捷键打开 VBE 窗口。
（2）选择"插入｜模块"命令，插入一个模块。
（3）在代码窗口中输入以下代码：

```
Sub Test8_4()
    Dim rngCell AS Range
    Dim iSum As Long
    For Each rngCell In Selection
        If IsNumeric(rngCell.Value) Then
            iSum = iSum + rngCell.Value
```

```
            End If
        Next
        MsgBox ("Sum of selected range is: " & iSum)
    End Sub
```

（4）单击标准工具栏中的"保存"按钮，将宏 Test8_4 保存，按 Alt+F11 快捷键返回 Excel。

（5）在"开发工具"选项卡的"控件"组中，单击"插入"按钮，在弹出的列表框中选择"按钮（窗体控件）"控件，向工作表中插入一个表单按钮，并将该按钮指定到宏 Test8_4，如图 8-14 所示。

（6）右击上述创建的表单按钮，执行快捷菜单中"编辑文字"命令，修改按钮显示文字为"求和"。在工作表"Sheet1"中输入数据。

（7）选中输入数据区域，单击"求和"按钮，运算结果将显示在如图 8-15 所示的对话框中。

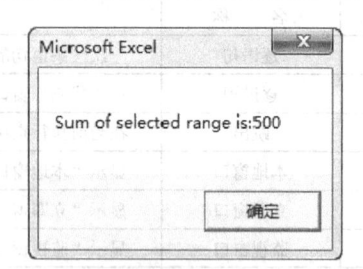

图 8-14 "指定宏"对话框　　　　图 8-15 过程 Test8_4 的运算结果

8.3　对象、属性、方法和事件

VBA 是面向对象的程序设计语言，对象、属性、方法和事件是 VBA 程序的重要组成部分。

1．对象

对象就是存在的东西，是 VBA 处理的对象，如窗体、命令按钮、工作表、单元格等都是对象。

Office 各应用程序中有许多对象，Excel 中的主要对象有如下四个：

（1）Application 对象。Application 对象处于 Excel 对象层次结构的顶层，表示 Excel 自身的运行环境。

（2）Workbook 对象。Workbook 对象直接地处于 Application 对象的下层，表示一个 Excel 工作簿文件。

（3）Worksheet 对象。Worksheet 对象包含于 Workbook 对象，表示一个 Excel 工作表。

（4）Range 对象。Range 对象包含于 Worksheet 对象，表示 Excel 工作表中的一个或多个单元格。

编程对象彼此之间有系统相互关联，例如，在 Excel 中，一个工作簿（Workbook）对象可以包含多个工作表（Worksheet）对象，一个工作表对象以可以包含多个单元格（Range）对象，如图 8-16 所示，这种对象的排列模式称作为 Excel 的对象模型。

在 Excel 中，对象的引用必须遵循从大到小的规则，如引用名称为"Mybook.xlsx"的工作簿时就是：

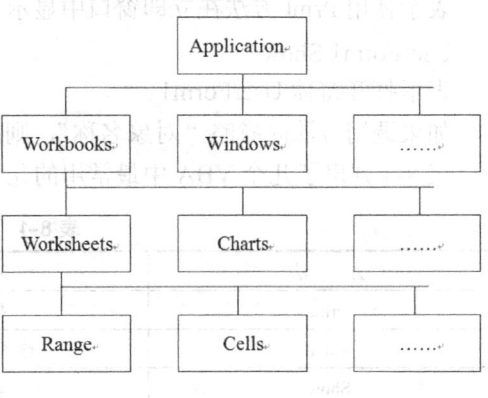

图 8-16　Excel 对象模型

Application.Workbooks("Mybook.xlsx")

引用"Mybook.xlsx"中工作表"Mysheet"时应是：

Application.Workbooks("Mybook.xls").Woksheets ("Mysheet")

引用"Mysheet"中的单元格区域"A1:D4"时应是：

Application.Workbooks("Mybook.xls").Woksheets("Mysheet").Range ("A1:D4")

如果 Mybook.xls 工作簿是激活的，引用可以简化为：

Woksheets("Mysheet").Range ("A1:D4")

如果 Mysheet 当前也是激活的，引用还可以简化为：Range ("A1:D4")。如果引用的单元 Range 是单个单元格，还可以用 Cells(行号，列号)的引用方式。

许多对象有单复数之分，如 Workbook 和 Workbooks，Worksheet 和 Worksheets 等。对象的复数形式称作为集合。集合对象用于对集合中的多个项执行一个操作。

2．属性

属性就是对象固定的特征。所有的对象，都有一组描述它们的属性。例如标签控件，就有大小、颜色、位置、可见性等属性。

可以通过属性窗口设置对象的属性，也可以通过程序代码设置属性，其格式为：

对象名.属性名称=属性值

例如：

Textbox1.Text="欢迎使用 VBA"

UserForm1.Caption = "VBAABC"

Command1.Visible=True

rngCell.Value=500

3．方法

除了属性以外，对象还有方法。一般来说，方法就是要执行的动作，用于完成一定的操作，它实际上是执行 VBA 提供的特殊子程序。

方法的操作类似于一般过程或函数的调用，其调用格式为：

[对象名称].方法名称

例如：

Debug.Print   "学习VBA"

表示使用Print方法在立即窗口中显示"学习VBA"。

UserForm1.Show

表示打开窗体UserForm1。

如果调用方法时省略"对象名称",则所调用的方法为当前对象的方法。

表8-4列出了几个VBA中最常用的几个方法。

表8-4 最常用的方法

方 法	功 能	主要应用对象
Print	打印文本	立即窗口
Move	移动窗体或控件	窗体或控件
Show	显示窗体	窗体
Hide	隐藏窗体	窗体
Refresh	重绘窗体或控件	窗体或控件
Setfocus	将焦点移至指定的控件或窗体	窗体或控件

4．事件

（1）事件

事件是指发生在对象上的一件事情,即能够被对象识别和响应的动作。VBA中的事件可分为系统事件和用户事件。系统事件是由系统触发的,例如,Load事件;用户事件是由用户触发的,例如,单击鼠标。表8-5列出了几个VBA中最常用的几个事件。

表8-5 最常用的事件

事 件	动 作	事 件	动 作
Click	单击鼠标左键	Activate	成为活动窗体
DblClick	双击鼠标左键	KeyPress、KeyDown、KeyUp	键盘的按下和松开、按下、松开
Change	控件的内容改变	MouseDown、MouseUp	鼠标按钮的按下、释放
Initialize	窗体初始化	MouseMove	移动鼠标

（2）事件过程

在VBA中,应用程序的运行方式之一就是采用事件驱动模式。也就是说,当触发事件时,应用程序启动相应的程序模块来处理当前事件,这种程序模块称作为事件过程。通常一个对象能识别一个以上的事件,因此一个对象可以有一个以上的事件过程程序,但不一定对每个事件都编写过程代码,而是根据程序设计的需要来定,事件过程的语法如下：

```
Private Sub 对象名称_事件()
    事件过程代码
End Sub
```

请看如下程序代码：

```
Private Sub Form1_Load()
    Form1.Caption = "欢迎界面"
    TextBox1.SetFocus
End Sub
```

这是一个事件过程，当 Form1 窗体装入发生时，运行该事件过程。先改变 Form1 的属性 Caption，即将该窗体的标题栏改为"欢迎界面"，然后使用方法 SetFocus 使插入点在文本框 textbox1 处，等待用户输入信息。

8.4 用户窗体与控件

在操作 Office 过程中，常会用到各种特定功能的对话框，这些对话框是由标签、文本框、命令按钮等控件组成。除了系统提供的对话框外，用户还可以使用自定义的对话框——用户窗体。

8.4.1 用户窗体

用户窗体（UserForm 对象）是 VBA 中的一个对象，它表现出来的是一个窗口或对话框，用于构成应用的用户界面，可以作为控件的容器。

1. 窗体的属性

窗体的属性决定了窗体的外观与操作。表 8-6 列出了窗体的常用属性，用户可通过属性窗口设置窗体属性，也可以在 VBA 程序对这些属性进行设置，如：UserForm1.Caption = "VBAABC"。

表 8-6　常用窗体属性

属 性 名 称	编码关键字	说　　　明
标题	Caption	指定窗体标题栏中的文本
名称	Name	指定窗体名称
坐标	Left、Top	指定窗体左上角的水平、垂直坐标
大小	Height、Width	指定窗体的高度与宽度
有效	Enabled	确定窗体能否对用户的操作作出响应
可见	Visible	确定窗体是否可见，如 UserForm1.Visible=True
字体	Font	设置窗体中显示文本的字体

2. 窗体的方法

与窗体的属性相比，窗体的属性表示窗体的某种状态或样子，是静态的。而窗体的方法表示窗体可以执行的动作，是动态的。窗体的操作方法包括插入、显示与关闭等。

（1）插入窗体

在 VBE 窗口中，执行"插入|用户窗体"命令，就可以插入一个空白窗体，如图 8-17 所示。在"工程资源管理器"空白处右击，执行快捷菜单中"插入|用户窗体"命令，也可以插入一个空白窗体。

（2）显示窗体

在 VBE 窗口中插入的窗体是在设计模式之下，如果需要窗体完成一些功能，还必须将窗体脱离该模式并显示出来。

用户可以通过两种方法来运行显示窗体。

第一种方法是先选中要运行的显示窗体，单击标准工具栏中的"运行"按钮。

第二种方法是利用程序代码来显示窗体。

添加一个模块并输入以下代码，在"立即窗口"中输入"DisplayWindows"后，按回车键。

```
Public Sub DisplayWindows()
    UserForm1.Show
End Sub
```

也可以将 DisplayWindows 宏程序指定给某命令按钮或菜单中的命令，通过单击命令按钮或菜单命令来运行显示窗体。

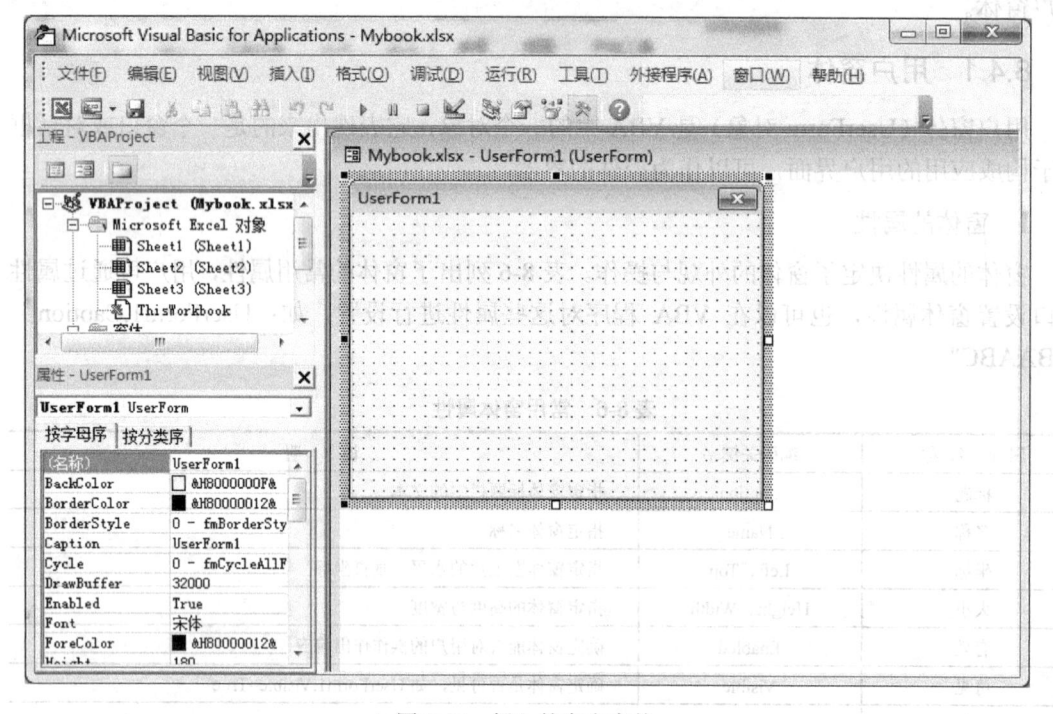

图 8-17　插入的空白窗体

（3）关闭窗体

用户可以用两种方法关闭运行中的窗体。

第一种是通过单击窗体左上角的"关闭"按钮来关闭窗体。

第二种方法是利用程序代码来关闭窗体，其 VBA 代码为：Unload 窗体名。

3．窗体事件

窗体事件是对窗体操作时而引起程序运行的动作。

窗体事件主要有：Click（单击）、DblClick（双击）、Activate（激活）、Deactivate（失去激活）、Initialize（初始化）、QueryClose（关闭）事件等。

【例 8-5】编写一个宏程序，当用户窗体载入时，在窗体标题栏中显示工作簿名称和工作表的个数，其操作步骤如下：

① 在 VBE 窗口中，执行"插入|用户窗体"命令，插入一个空白窗体 UserForm1。

② 双击用户窗体中任意空白处，打开代码窗口。
③ 在代码窗口内的"过程"下拉列表框中选择"Initialize"事件，如图 8-18 所示。

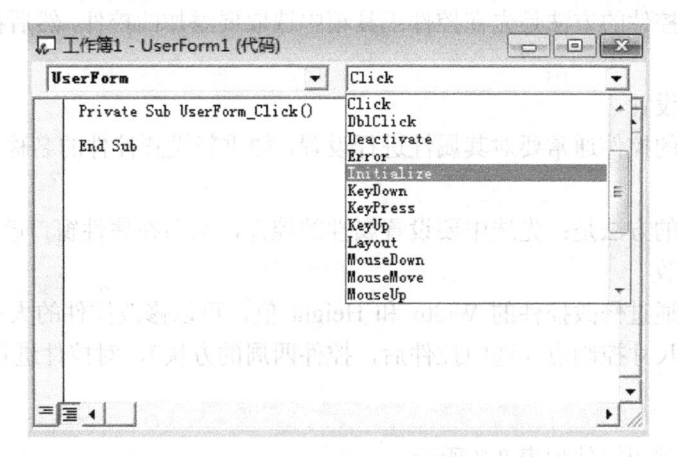

图 8-18 选择"Initialize"事件

④ 在 Initialize 事件代码段中输入如下代码：
   Private Sub UserForm_Initialize()
       Dim strName, strCount As String
       strName = ActiveWorkbook.Name
       strCount = Sheets.Count
       Me.Caption = strName & "中有" & strCount & "个工作表"
   End Sub

⑤ 运行该程序，结果如图 8-19 所示。

Initialize 事件发生在加载窗体之后、显示窗体之前。在 VBA 程序设计中，通常在该事件中为变量指定初始值、设置一些控件的属性。

宏指令 ActiveWorkbook.Name 的功能是求出当前工作簿名称；Sheets.Count 求出工作簿中工作表的个数；Me.Caption 当前窗体的标题栏。

图 8-19 窗体运行结果

8.4.2 控件

控件是 VBA 中预先定义好的、程序中能够直接使用的对象。控件通常以图形形式放在控件"工具箱"中，可将控件放置在窗体上，与窗体共同组成用户界面。

1．控件的基本操作

控件的基本操作包括打开控件工具箱、将控件插入到窗体中、控件属性设置、控件的缩放和移动等。

（1）打开控件工具箱

在 VBE 窗口中，执行"视图|工具箱"命令就可打开或关闭控件工具箱，也可通过单击

标准工具栏中的工具箱（ ）按钮来打开或关闭控件工具箱。

（2）将控件插入到窗体中

在窗体中添加控件的方法是先在控件工具箱中选取要添加的控件，然后在窗体中拖曳出该控件即可。

（3）控件属性设置

添加到窗体上的控件通常要对其属性进行设置，如重新设置控件的名称、设置控件中文字的字体等。

设置控件属性的方法是：先选中要设置属性的控件，然后在属性窗口改变相应的值。

（4）控件的缩放

在属性窗口中通过修改控件的 Width 和 Height 值，可以修改控件的大小。也可以直接用鼠标拖曳控件的尺寸控制点（选中控件后，控件四周的方块），对控件进行缩放。

2．常用控件

控件工具箱中常用控件如表 8-7 所示。

表 8-7 常用控件名称和功能

按 钮	名 称	功 能
A	标签	在窗体中用其 Caption 属性对其他控件进行说明、变动显示文本
ab|	文本框	输入文本、显示查询或计算结果
⌐	命令按钮	执行、中断或停止程序的运行
▤	列表框	显示一个项目列表，从中可以选择一项或多项
▤	组合框	功能与列表框相似，区别是需要打开下拉列表才能显示多个项目
⊙	单选按钮	可以从一组项目中选取其中一个项目
☑	复选框	与单选按钮不同，复选框可以从同一框架内选取多个
▨	图像	显示固定的图像来美化窗体界面

【例 8-6】设计如图 8-20 所示的个人信息输入表，并将输入结果保存到 Excel 工作表中，其操作步骤如下：

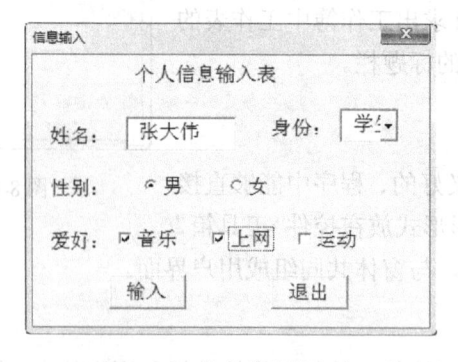

图 8-20 个人信息输入表

（1）在 VBE 窗口中，执行"插入|用户窗体"命令，插入一个空白窗体。

（2）利用控件工具箱向窗体添加控件，图 8-20 中各控件的属性设置如表 8-8 所示，窗体中的全部字体均为：宋体、四号。

表 8-8 例 8-6 中各控件的属性设置值

对 象	名 称	属 性	值 或 说 明
标签	lblInfor	Caption	个人信息输入表
标签	lblName	Caption	姓名：
文本框	txtNmae		存放姓名文本框
标签	lblTitle	Caption	身份：
组合框	cmbTitle		
标签	lblSex	Caption	性别：
单选按钮	optMale	Caption	男
单选按钮	optFemale	Caption	女
标签	lblFavorite	Caption	爱好：
复选框	chkMusic	Caption	音乐
复选框	chkInternet	Caption	上网
复选框	chkSport	Caption	运动
命令按钮	cmdInput	Caption	输入
命令按钮	cmdQuit	Caption	退出

（3）双击用户窗体中任意空白处，打开代码窗口，在代码窗口内的"过程"下拉列表框中选择"Initialize"事件，在 Initialize 事件代码段中输入如下代码：

```
Private Sub UserForm_Initialize()
    Me.Caption = "信息输入"
    cmbTitle.AddItem "学生"
    cmbTitle.AddItem "教师"
    cmbTitle.AddItem "职员"
    cmbTitle.AddItem "其他"
End Sub
```

宏指令 cmbTitle.AddItem 的功能是向组合框中添加项目。

（4）设置 cmdInput 单击事件的代码。

```
Private Sub cmdInput_Click()
    Dim iRow As Integer
    Dim strFavorite As String
    strFavorite = ""
    iRow = Range("A65536").End(xlUp).Row + 1
    Cells(iRow, 1) = txtName.Text
    Cells(iRow, 2) = cmbTitle.Text
    If optMale.Value = True Then Cells(iRow, 3) = "男"
    If optFemale.Value = True Then Cells(iRow, 3) = "女"
    If chkMusic.Value = True Then strFavorite = "音乐"
    If chkInternet.Value = True Then strFavorite = strFavorite & "上网"
    If chkSport.Value = True Then strFavorite = strFavorite & "运动"
    Cells(iRow, 4) = strFavorite
End Sub
```

宏指令 iRow =Range("A65536").End(xlUp).Row + 1 的功能是：得到 A 列最后一个非空单元格的行号，加 1 后赋给变量 r，就是求得 A 列最后一个非这空单元格下面的空行行数。

Cells(iRow, 1) = txtName.Text 的功能是：将文本框中的姓名输入到第一列中的当前单元格中。

Cells(iRow, 2) = cmbTitle.Text t 的功能是：将组合框选中的项目输入到第二列中的当前单元格中。

If optMale.Value = True Then Cells(iRow, 3) = "男"

If optFemale.Value = True Then Cells(iRow, 3) = "女"的功能是：将单选按钮所选的值输入第三列中的当前单元格中。

If chkMusic.Value = True Then strFavorite = "音乐"

If chkInternet.Value = True Then strFavorite = strFavorite & "上网"

If chkSport.Value = True Then strFavorite = strFavorite & "运动"

Cells(iRow, 4) = strFavorite 的功能是：将复选框所选的值输入第四列中的当前单元格中。

（5）设置 cmdQuit 单击事件的代码。

   Private Sub cmdQuit_Click()
    Unload Me
   End Sub

宏指令 Unload Me 的功能是：关闭窗体。

8.5 VBA 编程基础

与学习其他高级语言相类似，要学会使用 VBA 编程，首先要掌握组成 VBA 的最基本元素，例如数据类型、常量、变量、表达式等。

8.5.1 关键字与标识符

1．关键字

关键字就是在 Office 软件中已经被定义好、有特定含义和用法的字符串。如 If、Then、Integer 等。关键字不能用来表示变量名、过程名、函数名等用户定义的标识符，只能根据系统规定的含义使用。

VBA 中的关键字主要由框架类关键字、控件类关键字、声明类关键字、数据类型关键字和程序结构类关键字组成，常用关键字如表 8-9 所示。

表 8-9 VBA 中的常用关键字

Public	Private	Static	Dim	reDim	Const
As	Type	Byte	Integer	Long	String
Boolean	Single	Double	Currency	Decimal	Variant
Object	If	Else	Endif	Do	While
Loop	For	Next	Goto	Select	Case
Until	End	sub	Function	True	False
Empty	Null	Error	Resume	With	Explicit

2. 标识符

所谓标识符，就是常量、变量、过程、参数的名称。在 VBA 中，标识符的命名规则如下：
（1）第一个字符必须是英文字母或下划线，由字母、数字和下划线组成，如 Test_1。
（2）其中不能包含空格、句点（.）、惊叹号（!），或@、&、$、#等字符。
（3）长度不能超过 255 个字符。
（4）不能与 VBA 关键字重名。
（5）VBA 不区分大小写。

8.5.2 数据类型

数据类型是程序设计中的一个重要类型，一个变量的数据类型指出了该变量能存储何种类型的数据。VBA 提供了许多基本数据类型，用户也可以根据需要自定义数据类型，表 8-10 列出了 VBA 中的基本数据类型。

程序设计时，应尽量选用占据存储空间较小的数据类型来定义变量。例如，定义一个变量时，如果该变量中存放较小的整数，如年龄，则应选择 Byte，选择 Long 肯定是一种浪费。当然，在存储空间比较充足的情况下，选择变量类型时，应留有一定的余地，以免由于空间不够而发生数据溢出现象。

表 8-10 VBA 基本数据类型

数据类型	类型名	类型符	范围
字节型	Byte	无	0～255
整型	Integer	%	−32768～32767
逻辑型	Boolean	无	True 或 False
长整型	Long	&	−214783648～214783647
单精度浮点型	Single	!	负数：−3.402823E38～−1.401298E−45 正数：1.01298E−45～3.402823E38
双精度浮点型	Double	#	负数：−1.79769313E308～−4.94065648E−324 正数：−4.94065648E−324～1.79769313E308
货币型	Currency	@	−922337203685～922337203685
字符串	String	$	根据字符串长度而定
日期型	Date	无	100 年 1 月 1 日～9999 年 12 月 31 日
对象型	Object	无	
变体型	Variant	无	

8.5.3 常量

常量是指在程序运行过程中其值不变的量。VBA 的常量包括数值常量、字符常量、符号常量、固有常量和系统定义常量等 5 种。

1. 数值常量

数值常量是一种最常用的常量，由数符、数字等组成。例如，578，−34.56。

2. 字符常量

字符常量由双引号将字符括起来。例如，"欢迎使用 VBA"。

3. 符号常量

符号常量实际上是由用户定义的常量，对于一些具有特定意义的数字或字符串，或者在程序代码中会多次使用的某些值定义为符号常量。

通常使用 Const 语句来说明符号常量。例如，Const PI=3.1415926。

使用符号常量不仅可以增加程序代码的可读性，而且还可使程序代码更加容易维护。

注意：符号常量不允许与固有常量同名，常量声明后，也不能更改或重新赋值。

4. 固有常量

固有常量可在代码中的任何地方代替实际值，使程序设计变得更加简单。例如，黑色常量是"vbBlue"，对应的值是"0xFF0000"。以"0x"开头的数表示十六进制数，"0xFF0000"即十六进制数 FF0000，相当于十进制数 16711680。表 8-11 是 VBA 中有关颜色的常量表。

表 8-11 颜色常量表

常量	值	说明	常量	值	说明
vbBlack	0x0	黑色	vbBlue	0xFF0000	蓝色
vbRed	0xFF	红色	vbMagenta	0xFF00FF	紫红色
vbGreen	0xFF00	绿色	vbCyan	0xFFFF00	青色
vbYellow	0xFFFF	黄色	vbWhite	0xFFFFFF	白色

5. 系统常量

VBA 中有 4 个系统常量：True 和 False 表示逻辑值，Empty 表示变体型变量尚未指定初始值，Null 表示一个无效数据。

8.5.4 变量

变量是指在程序运行过程中其值变化的量。变量有名字，它是用来引用变量所包含的数据的标识符；变量还具有数据类型，以确定变量能够存储的数据种类。

1. 变量的命名

变量的命名应遵守标识符命名的规则，即以字母、字符开头，不超过 255 个字符的字符串，而且中间不能包含句号或类型声明字符。建议用大小写混合的单词缩写组成变量名，以便能反映该变量的有效范围、类型和用途，符合"见名知义"的原则。例如，Price 表示价格。

2. 变量的声明

通常在使用变量之前，必须先进行声明。变量的声明可简单地理解成将使用的变量事先通知程序。

可用 Dim 语句声明变量，其一般格式如下：

Dim 变量名 [As 数据类型]

其中：

当省略"As 数据类型"时，被声明的变量是 Variant 类型。

可在一句 Dim 语句中声明多个变量。例如：

Dim iAge As Integer, fPrice As Single, fWeight As Double

在声明变量时，也可以使用在变量后加上类型符后缀的方法，使声明语句变得简洁。例如，下列两句声明变量的语句效果相同：

Dim a As Integer, b As Long, c As Single

Dim a%, B&, c!

【例 8-7】编写一个宏程序，计算圆面积，其操作步骤如下：

（1）在 Excel 中，按 Alt+F11 快捷键打开 VBE 窗口。

（2）选择"插入|模块"命令，插入一个模块。

（3）在代码窗口中输入以下代码：

```
Sub Test8_7()
    Const PI = 3.14159            '定义常量 Pi
    Dim fRadius As Single, fCircleArea As Single
    fRadius = 4.5
    fCircleArea = PI * fRadius * fRadius
    Debug.Print fCircleArea       '将 CircleArea 中的值显示在立即窗口中
End Sub
```

（4）单击标准工具栏上的"运行"命令按钮，在立即窗口中显示程序运行结果，如图 8-21 所示。

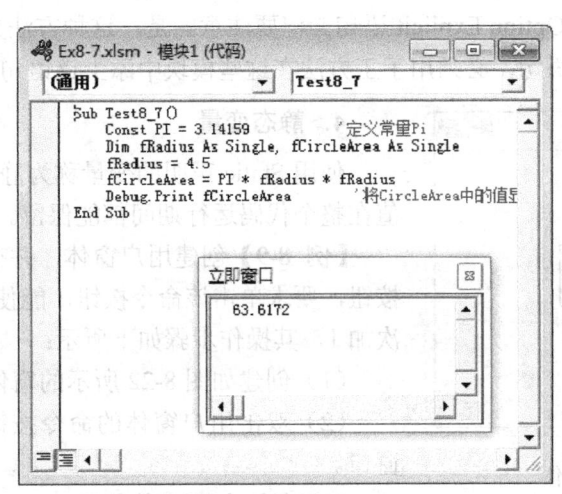

图 8-21　过程 Test8_7 的运行结果

3. 变体型变量

变体型变量是一种特殊的数据类型，未声明为其他数据类型的变量都是变体型。

（1）变体型变量的声明

变体型变量的声明有两种方式，一种是显式声明，例如，Dim a；另一种是隐式声明，也就是未经声明数据类型就直接使用。

（2）变体型变量的赋值

变体型变量将最近所赋值的类型作为它的数据类型。

【例 8-8】在标准模块中创建下列过程，测试变体型变量的使用。

```
Sub Test8_8()
    Dim a
    a = "VBA 编程"
    Debug.Print VarType(a)    '显示 VarType(A)的值为 8,说明 A 为字符串型
    a = 56
    Debug.Print VarType(a)    '显示 VarType(A)的值为 2,说明 A 为整数型
    b = Time
    Debug.Print VarType(b)    '显示 VarType(A)的值为 7,说明 A 为日期型
End Sub
```

注:VarType 是一个 VBA 函数,返回一个整数,指出变量的数据类型。

变体型变量虽然允许不声明就使用,使用方便,但需要占用较多内存,将降低程序的运行效率,所以在程序设计中应尽可能少用此类变量。

在程序设计中,一般提倡变量的显式声明,即变量在使用前必须加以声明。要强制进行变量的显式声明,可以在窗体模块、标准模块或类模块的声明段中加上下列语句:

Option Explicit

这样,当在相应的模块中使用事先没有声明的变量时,系统会显示出错警告。除外,还有一种更为方便的方法:选择"工具"菜单中的"选项"命令,在打开的"选项"对话框的"编辑器"选项卡中,选中"要求变量声明"复选框。在这以后,工程中添加的任何新模块的声明段中会自动加上 Option Explicit 语句。但要注意的是,这种方法并不会在工程中原先已有的模块中加上上述语句,必须用手工方法在这些模块中添上该语句。

4. 静态变量

使用 Static 声明的变量称为静态变量。静态变量的值在整个代码运行期间都能保留。

【例 8-9】创建用户窗体,并在该窗体上添加命令按钮,要求单击该命令按钮,能使整型变量 A 的值依次加 1,其操作步骤如下所示:

(1)创建如图 8-22 所示的窗体及命令按钮。

(2)双击用户窗体的命令按钮,打开 VBE 代码窗口。

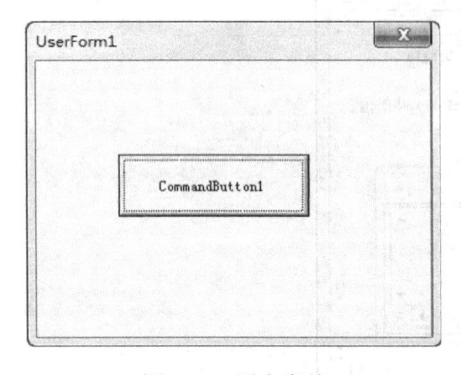

图 8-22 用户窗体

(3)输入如下事件代码:

```
Private Sub CommandButton1_Click()
    Static a As Integer
    a = a + 1
    MsgBox "a=" & a        '在信息框内显示 A 的值
End Sub
```

(4)运行该窗体后,逐次单击窗体中的命令按钮,将分别弹出内容依次为 a=1,a=2,a=3,…的消息框。

注意:如果将语句 Static A As Integer 换成 Dim A As Integer,则因为 Dim 声明的变量 a 在过程执行结束时其值被清除,所以每次单击命令按钮时,消息框内总显示 a=1。

5．数组

数组是指具有相同的数据类型的有序数据的集合，即一个数组中的所有元素具有相同的数据类型。对数组变量进行声明，可以用 Dim 语句。其格式为：

Dim 数组名(数组下标上界) As 数据类型

例如：

Dim Number(10) As Integer

该语句声明了一个具有 11 个元素的整型数组，数组下标从 0 到 10。一般情况下，默认的数组下标下界值为 0。也可通过使用 To 来指定数组下标的范围，例如：

Dim Price(1 To 10) As Integer

在 VBA 中还可声明多维数组，例如，可用下列方法，声明一个 3 行 4 列的二维数组：

Dim Price(1 To 3,1 To 4)

【例 8-10】创建下列过程，学习数组的声明及数组元素的使用。

```
Sub Test8_10()
    Dim n As Integer
    Dim Number(5) As Integer
    For n = 0 To 5
        Number(n) = n
        Debug.Print Number(n)
    Next n
End Sub
```

8.5.5 运算符

运算符是表示实现某种运算功能的符号。程序在运行过程中，会按照运算符的含义和运算规则执行实际的运算操作。按运算的操作对象和操作结果的不同数据类型，VBA 中的运算符可分为算术运算符、连接运算符、比较运算符和逻辑运算符等多种类型。表 8-12 列出了 VBA 中常用的运算符及其优先顺序。

表 8-12 常用运算符及其优先顺序

运算类型	运算符	运　算	示例或说明	优先顺序
算术	^	指数运算	2^3 结果为 8	1
	-	取负运算	-2 结果为负 2	2
	*、/	乘除运算	2*3 结果为 6	3
	\	整除运算	5/2 结果为 2	4
	Mod	取模运算	5 Mod 2 结果为 1	5
	+、-	加减运算	3+2 结果为 5	6
连接	&、+	字符串连接	"ab" & "cd" 结果为 abcd	7
比较	=	相等	3=3 结果为 True	8
	<>	不等于	3<>3 结果为 False	8
	<	小于	3<2 结果为 False	8
	>	大于	3>2 结果为 True	8
	<=	小于等于	2<=3 结果为 True	8
	>=	大于等于	2>=3 结果为 False	8

（续表）

运算类型	运算符	运算	示例或说明	优先顺序
逻辑	Not	非	由真变假，由假变真	9
	And	与	两个表达式同时为真，则值为真，否则为假	10
	Or	或	两个表达式中有一个值为真，则为真，否则为假	11
	Xor	异或	两个表达式同时为真或为假，则值为假，否则为真	12
	Eqr	等价	两个表达式同时为真或同时为假，则值为真，否则为假	13
	Imp	蕴含	当第一个表达式为真，且第二个表达式为假，则值为假，否则为真	14

8.5.6 内置函数

函数就是一个能完成一定功能的执行代码段。从用户使用角度来看，函数分为两种：第一种是系统内置函数，即库函数。这是由编译系统提供的，用户不必自己定义这些函数，可以直接使用它们；第二种是用户自己定义的函数，用以解决用户的专门需要。

VBA 提供了丰富的系统内置函数，可在程序代码中直接调用。

这些内置函数按处理功能可分为数学函数、字符串函数、日期函数、类型转换函数和交互函数等，表 8-13 列出了 VBA 中的一些常用函数。

表 8-13 VBA 中的常用函数

函数类型	函数名称	功能	示例
数学	Sin(N)	返回正弦值	Sin(0)结果为 0
	Cos(N)	返回正弦值	Cos(0)结果为 1
	Tan(N)	返回正切值	Tan(0)结果为 0
	Atn(N)	返回反正切值	Atn(1)结果为 0.785398…
	Exp(N)	返回 e 的乘幂	Exp(0)结果为 1
	Log(N)	返回自然对数	Log(10)结果为 2.302585…
	Sqr(N)	返回数值的平方根	Sqr(16)结果为 4
	Rnd[(N)]	返回一个 0~1 随机数	Rnd 结果为 0~1 的随机数
	Abs(N)	返回绝对值	Abs(-25)结果为 25
	Sgn(N)	返回数值的正负号	Sgn(-3.6)、Sgn(0)和 Sgn(3.6) 结果分别为-1、0 和 1
	Int(N)	返回数值的整数部分	Int(3.98)结果为 3
字符串	StrComp(C1,C2)	比较 C1 和 C2 大小，返回-1,0,1	StrComp("abc","ac")结果为-1 StrComp("abc","abc")结果为 0
	Lcase(C)	将字符串中的字符转换为小写	Lcase("Abc")结果为 abc
	Ucase()	将字符串中的字符转换为大写	Ucase("Abc")结果为 ABC
	Space(N)	返回 N 个空格组成的字符串	Len(Space(4))结果为 4
	String(N,C)	返回 N 个 C 首字符组成的字符串	String(3, "ABC")结果为 AAA
	Len(C)	返回字符串中字符的个数	Len("About")结果为 5
	Instr(N,C1,C2)	C1 中从 N 位开始找 C2，找到返回位置，否则返回 0	Instr(2, "abcde","cd") 结果为 3 Instr(4, "abcde","cd")结果为 0
	Left(C,N)	从字符串左起返回指定数目的字符	Left("About",2)结果为 Ab"

（续表）

函数类型	函数名称	功　　能	示　　例
字符串	Right(C,N)	从字符串右起返回指定数目的字符	Right("About",3)结果为 out
	LTrim(C)	清除字符串左边的空格	LTrim("About")结果为 About
	RTrim(C)	清除字符串右边的空格	RTrim("About")结果为 About
	Trim(C)	清除字符串左、右侧的空格	Trim("This is a book") 结果为 This is a book
	Mid(C,N1,N2)	从 N1 位向右取 N2 位	Mid("abcdef",2,3)结果为 bcd
	Asc(C)	返回字符串中第一个字符的 ASCII 码	Asc("ABC")结果为 65
字符串	Chr(N)	返回与指定 ASCII 对应的字符	Chr(65)结果为 A
	Str(N)	返回数值的字符串表示	Str(1234)结果为 1234
	Val(C)	返回包含在字符串中的数值	Val("1234")结果为 1234
日期	Date[()]	返回系统的当前日期	Date 结果为 2013/2/18
	Time[()]	返回系统的当前时间	Time 结果为 21:58:28
	Now[()]	返回系统的当前日期和时间	Now 结果为 2013/2/18 16:21:57
	Day(D)	返回表示月的第几天	Day(#2/18/2013#)结果为 18
	Month(D)	返回月份 1～12	Month(#2/18/2013#)结果为 2
	Year(D)	返回年号	Year(#2/18/2013#)结果为 2013
类型转换	CBool(X)	转换为布尔型	CBool(0)结果为 False CBool(4)结果为 True
	CCur(X)	转换为货币型	CCur(23)结果为 23
	CDate(X)	转换为日期型	CDate(92345)结果为 2152-10-29
	CDbl(X)	转换为双精度类型	CDbl(23.6)结果为 23.6
	CInt(X)	转换为整数类型	CInt(23.6)结果为 24

在 VBA 编程中，除了要用到表 8-13 所列的函数外，还经常要使用两个与用户直接交互的交互函数：MsgBox 函数和 InputBox 函数。它们分别可打开消息对话框和输入对话框，用来显示信息和输入数据。

1．MsgBox 函数

MsgBox 函数可打开一个消息对话框，显示有关信息，并返回用户所选按钮的整数值，作为程序继续执行的依据。

其格式为：

MsgBox(prompt[,buttons][,title])

其中：

prompt 是一个字符串，用来指定消息框中显示的信息。

buttons 是一些 VB 符号常数或相应数值的"+"号的组合，用来指定消息框中显示的按钮、图标和默认按钮等。例如 4+32+256 或 VbYesNo + VbQuestion + vbDefaultButton2 均表示消息框具有"是"和"否"两个按钮，框内显示问号图标，并且第二个按钮为默认按钮。

表 8-14 MsgBox 函数按钮、图标设置

范围	常数	相应数值	功能
按钮种类	VbOKOnly	0	仅有"确定"按钮
	VbOKCancel	1	"确定"和"取消"按钮
	VbAbortRetryIgore	2	"终止"、"重试"和"忽略"按钮
	VbYesNoCancel	3	"是"、"否"和"取消"按钮
	VbYesNo	4	"是"和"否"按钮
	VbRetryCancel	5	"重试"和"取消"按钮
图标	VbCritical	16	"停止"图标
	VbQuestion	32	问号图标
	VbExclamation	48	惊叹号图标
	VbInformation	64	(i)信息图标
默认按钮	vbDefaultButton1	0	第一个按钮
	vbDefaultButton2	256	第二个按钮
	vbDefaultButton3	512	第三个按钮

Title 是一个字符串，用来指定消息框的标题。如果缺省该参数，则将应用程序名作为消息框的标题。

MsgBox 函数的返回值是一个数值，用户将根据操作时按下的按钮来获得相应的返回值。

表 8-15 MsgBox 返回值表

常　数	相应数值	按下按钮	常　数	相应数值	按下按钮
vbOk	1	确定	vbIgnore	5	忽略
vbCancel	2	取消	vbYes	6	是
vbAbort	3	放弃	vbNo	7	否
vbRetry	4	重试			

例如，下列调用 MsgBox 函数的语句可打开如图 8-23 所示的消息框：

a=Msgbox("是否要删除？",vbYesNo+vbexclamation, "确认")

当在消息框中单击"是"按钮后，a 得到返回值 vbYes(6)，单击"否"按钮后，得到返回值 vbNo(7)。

如果不需要消息框的返回值时，MsgBox 函数可像 Sub 过程那样调用，例如：

Msgbox "是否要删除？",vbYesNo+vbexclamation, "确认"

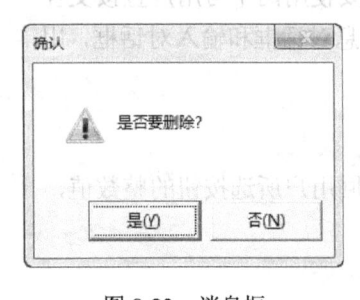

图 8-23 消息框

2. InputBox 函数

InputBox 函数可打开一个输入对话框，提示用户输入信息，并返回用户在输入框所输入的字符串。

其格式为：

InputBox(prompt[,title][,default])

其中：

prompt 和 title 这两个参数的作用与 MsgBox 函数中相应的参数作用相同。

default 是一个字符串，用来指定显示在文本输入框中的缺省值。如果省略该参数，则文本输入框中的缺省信息为空。

例如，下列调用 InputBox 函数的语句可打开如图 8-24 所示的输入框：

a=InputBox("请输入你的姓名","输入框")

当在输入框中单击"确定"按钮后，输入的字符串被赋给予变量 a。

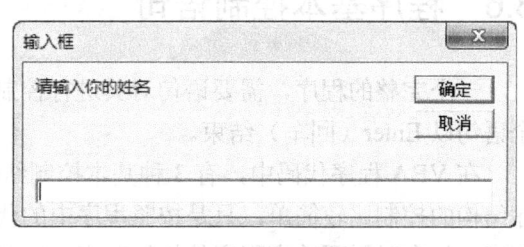

图 8-24 输入框

8.5.7 表达式

VBA 中的表达式是由常量、变量、运算符、函数和圆括号组成的有意义的式子。

根据表达式结果的数据类型，可把表达式分为数值表达式、字符表达式和逻辑表达式（即布尔表达式）等。

在计算表达式时，各部分计算将按一定的顺序处理，称为运算符的优先顺序。其原则如下：

（1）优先顺序从高到低排列为：函数→算术运算符→连接运算符→比较运算符→逻辑运算符。所有比较运算符的优先顺序都相同，按在表达式中出现的顺序从左到右处理。

（2）当加法和减法同时出现在表达式中时，按从左到右顺序计算。同样，当乘法和除法同时出现在表达式中时，也按从左到右顺序计算。

（3）可以用括号改变优先顺序，括号内表达式的运算优先计算。

【例 8-11】创建下列过程，学习表达式的使用。

```
Sub Test8_11()
    Dim a As Integer
    Const PI = 3.14159265
    a = 2
    Debug.Print Sin(72 * PI / 180) * a
    Debug.Print "How" & " are you"
    Debug.Print (a > 0) And (a Mod 2 = 0)
End Sub
```

过程运行结果如图 8-25 所示。

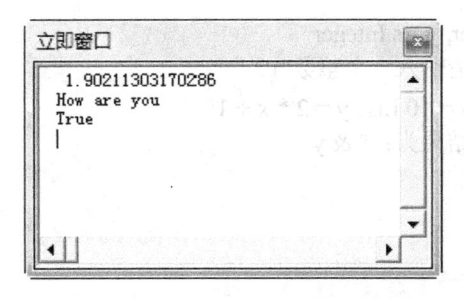

图 8-25 过程 Test 8_11 的运行结果

8.6 程序基本控制语句

一个完整的程序,需要语句对其进行控制。VBA 中的语句是执行具体操作的指令,每个语句以 Enter(回车)结束。

在 VBA 程序代码中,有 3 种基本控制结构,即:顺序结构、分支结构和循环结构。顺序结构的控制比较简单,只是按照程序中的代码顺序依次执行,例 8-11 就是一个顺序结构程序。但有时需要改变程序的执行顺序,有些程序段需要反复地被执行。在 VBA 中,可以使用分支控制语句和循环控制语句来有效地控制程序的走向。

8.6.1 分支结构

分支结构的执行是依据一定的条件选择执行路径,而不是严格按照语句出现的物理顺序。在 VBA 中,使用 If 语句或 Select Case 语句构成分支结构,根据条件是否成立来决定代码的执行流向。

If 语句分为单行格式和块格式两种格式。单行 If 仅能设计两分支的流程,块 If 和 Select Case 语句则可实现多分支。

1. 单行 If 语句

单行 If 语句的格式为:

If 条件 Then 语句块 1 [Else 语句块 2]

执行规则为:条件是一个逻辑表达式,语句块表示一组语句,方括号内的内容表示可选。当条件为真时(在 VBA 中,数值为零表示假,数值为非零表示真),执行语句块 1 然后执行下一个语句;当条件为假时,执行语句块 2,然后执行下一个语句。

【例 8-12】设计一个过程,如果 Sheet1 工作表中 A1 单元格的内容为 "q",则退出 Excel。

```
Sub Test8_12()
    If Sheet1.Range("A1").Value = "q" Then Application.Quit
End Sub
```

【例 8-13】设计一个过程,计算下列分段函数:

$$Y = \begin{cases} 10 & X \le 0 \\ 2X+1 & X > 0 \end{cases}$$

```
Sub Test8_13 ()
    Dim x As Integer, y As Integer
    x = InputBox("请输入一个整数")
    If x <= 0 Then y = 10 Else y = 2 * x + 1
    MsgBox "计算结果为:" & y
End Sub
```

2. 块 If 语句

块 If 语句的格式为:

If 条件 1 Then

        语句块 1
    [ElseIf 条件 2 Then
        语句块 2
    …"
    Else
        语句块 n+1]
    End If
执行规则为：如果条件 1 为真，则执行语句块 1，执行完后，跳出块 If 语句；如果条件 2 为真，则执行语句块 2，执行完后，跳出块 If 语句……依次类推；如果所有的条件都没有满足，则执行语句块 n+1。

【例 8-14】设计一个过程，判断 A1 单元格中是否有内容。

    Sub Test8_14()
        If Cells(1, 1).Value = "" Then
            MsgBox "A1 单元格中无内容"
        Else
            MsgBox "A1 单元格中有内容"
        End If
    End Sub

【例 8-15】设计一个过程，先通过键盘输入 3 个整数，然后求出其中的最大数。

    Sub Test8_15()
        Dim a As Integer, b As Integer, c As Integer, Max As Integer
        a = InputBox("请输入第一个整数")
        b = InputBox("请输入第二个整数")
        c = InputBox("请输入第三个整数")
        If a >= b And a >= c Then
            Max = a
        ElseIf b >= a And b >= c Then
            Max = b
        Else
            Max = c
        End If
        MsgBox "最大数为：" & Max
    End Sub

3．Select Case 语句

Select Case 语句是一个多路分支语句，其格式为：

    Select Case 表达式
    [Case 表达式列表 1
        [语句块 1]]
    [Case 表达式列表 2
        [语句块 2]]
    …
    [Case 表达式列表 n

          [语句块 n]]
     [Case Else
          [语句块 n+1]]
     End Select

其中,"表达式列表"可以是单个数值,可以是"Is 表达式"形式,也可以是"数值 To 数值"形式。

执行规则为:先计算表达式的值,然后根据表达式的数值依次与表达式列表 1,表达式列表 2…表达式列表 n 相比较,如果发现某表达式列表 n 与表达式相匹配,则不再比较下面的表达式列表,执行语句块 n,然后跳出 Select Case 语句;如果所有的表达式列表与表达式不匹配,则执行语句块 n+1,然后跳出 select Case 语句。

【例 8-16】设计一个过程,对 A1 单元格中的学生成绩进行等级评定,成绩与级别的对应关系为:

     >=90   优秀
     >=80   良好
     >=60   合格
     <60   不合格
     Sub Test8_16()
          Dim strLevel As String
          If Range("A1").Value = "" Then
               MsgBox "A1 单元格没有输入数字。"
               Exit Sub   '退出程序
          End If
          Select Case Range("A1").Value
               Case Is >= 90
                    strLevel = "优秀"
               Case 80 To 89
                    strLevel = "良好"
               Case 60 To 79
                    strLevel = "合格"
                Case Else
                    strLevel = "不合格"
          End Select
          MsgBox "成绩" & Marks & "对应的级别为:" & strLevel
     End Sub

8.6.2 循环结构

循环结构也称重复结构,是指程序代码在执行过程中,其中的某段代码需要被重复执行。循环结构可以减少源程序重复书写的工作量,用来描述重复执行某段算法的问题,这是程序设计中最能发挥计算机特长的程序结构 。

在 VBA 中,主要使用 For 语句和 Do 语句来构成循环结构。

1. For…Next 语句

For…Next 语句是 VBA 中常用的循环控制语句,通常用于循环次数确定的情况,其格式为：

  For 循环变量=初值 To 终值 [Step 步长值]
   [语句块]
  Next"

其中，语句块是循环执行的语句组，也是循环体；步长值的缺省值为 1。

执行规则为：

（1）将"初值"赋给"循环"变量。

（2）判断"循环变量"的值是否大于（如果步长值为负数则是小于）"终值"，如果是，则跳出循环，否则执行（3）。

（3）执行语句块。

（4）将"循环变量"加上"步长值"，并赋给予"循环变量"，跳转到(2)。

【例 8-17】设计一个过程，计算 S=1+2+3+…+100。

```
Sub Test8_17()
    Dim i As Integer, iSum As Integer
    iSum = 0
    For i = 1 To 100
        iSum = iSum + i
    Next
    MsgBox "1+2+3+…+100=" & iSum
End Sub
```

【例 8-18】设计一个过程，求 A1:A10 区域中的最小值。

```
Sub Test8_18()
    Dim i As Integer
    Dim iMin As Integer
    iMin = Range("A1").Value
    For i = 2 To 10
        If Range("A" & i).Value < iMin Then
            iMin = Range("A" & i).Value
        End If
    Next
    MsgBox "最小值为：" & iMin
End Sub
```

  2．For Each…Next 语句

若要对某集合中的每一个对象或数组中的每一个元素，重复执行一组语句时，应该使用 For Each…Next 循环语句。该循环不需要计数器变量，循环次数由集合中的对象数或数组中的元素数决定。For Each…Next 语句经常用于遍历一个集合。

For Each …Next 语句格式为：

For Each 对象变量 In 对象集合
 [语句块]
Next [对象变量]

执行规则为：开始执行时，先把对象集合中的第一个对象或数组中的第一个元素赋给对象变量，执行完一次循环后，将第二个对象或元素赋给对象变量，执行第二次循环……，直至遍历集合中的全部对象或数组中的全部元素。

【例 8-19】 设计一个过程，检查选定区域中每一个单元格的值，如果单元格为负值，那么将该单元格的填充色设置为红色。

```
Sub Test8_19()
    Dim rngCell As Range
    For Each rngCell In Selection
        If rngCell.Value < 0 Then rngCell.Interior.ColorIndex = 3
    Next
End Sub
```

rngCell r 为单元格对象变量，Selection 为选定区域中单元格集合。

【例 8-20】 设计一个过程，删除工作薄中所有空白工作表。

```
Sub Test8_20()
    Dim ws As Worksheet
    For Each ws In Worksheets
        If Application.WorksheetFunction.CountA(ws.Cells) = 0 Then
            Application.DisplayAlerts = False
            ws.Delete
            Application.DisplayAlerts = True
        End If
    Next ws
End Sub
```

Application.DisplayAlerts = False 表示在程序运行过程中不显示警告信息。
Application 表示当前的 Excel 运行的程序。
WorksheetFunction 表示调用当前 Excel 程序里的公式。
后面出现的 CountA 就是 Excel 里的默认公式。
CountA 函数功能是返回参数列表中非空值的单元格个数。

3．While…Wend 语句

While…Wend 语句经常用于循环次数不确定，或者控制循环的变量的变化情况比较复杂的情况，其格式为：

While 条件
　　[语句块]
Wend

执行规则为：
（1）计算条件表达式值
（2）如果条件为真，则执行（3），如果为假，则执行 Wend 后的语句。
（3）执行语句块。
（4）跳转到(1)。

【例 8-21】 设计一个过程，计算 10!。

```
Sub Test8_21()
    Dim t, n As Long
    t = 1
    n = 1
    While t <= 5
        n = n * t
        t = t + 1
    Wend
    MsgBox "10!= " & n
End Sub
```

4．Do 语句

与 While…Wend 语句类似，Do 也常用于循环次数不确定的情况，Do 语句共有四种格式。

（1）Do While…Loop

其格式为：

Do While 条件

    [语句块]

Loop

（2）Do Until…Loop

其格式为：

Do Until 条件

    [语句块]

Loop

（3）Do…Loop While

其格式为：

Do

    [语句块]

Loop While 条件

（4）Do…Loop Until

其格式为：

Do

    [语句块]

Loop Until 条件

执行规则 1 为：While 表示当条件为真时，继续执行循环体；当条件为假时，跳出循环体，执行 Do..Loop 语句的下一语句。Until 则相反，当条件为真时跳出循环，执行 Do..Loop 语句的下一语句。

执行规则 2 为：当条件放在语句块之前时，表示在第一次进入循环体时先检测循环条件，如果不符合，则不执行循环体；当条件放在最后时，表示先执行一次循环体，然后再检测循环条件。

【例 8-22】设计一个过程，按下列公式求自然对数的近似值，直到最后一项的值小于 10^{-6}

为止。

$$e = 1 + \frac{1}{1!} + \frac{1}{2!} + \frac{1}{3!} + ... + \frac{1}{N!}$$

```
Sub Test8_22()
    Dim fSum As Single, fItem As Single
    Dim i As Integer
    fSum = 1
    fItem = 1
    i = 0
    Do While 1 / fItem >= 0.000001
        fSum = fSum + 1 / fItem
        i = i + 1
        fItem = fItem * i
    Loop
    MsgBox "e 近似值为: " & fSum
End Sub
```

8.6.3 其他语句

上面介绍了 VBA 中的分支控制语句和循环控制语句，下面再介绍一些在 VBA 程序设计中常用的其他语句。

1．With 语句

在 VBA 编写程序过程中，如果需要设置一个对象的多个属性时，一般可以用"对象.属性=属性值"的形式去设置该对象的属性。但这样做时，指定对象会在程序中连续出现多次，而 With 语句恰好能解决这个问题，让对象在语句中只出现一次。

其格式为：

With 对象
    .属性 1=属性值
    .属性 2=属性值
    …
    .属性 N=属性值
End With

【例 8-23】设计一个过程，将单元格 A1 的字体设置为：宋体，字体为 14 号、粗体，字体颜色为红色。

不使用 With 语句的代码如下：

```
Sub Test8_23()
    Range("A1").Font.Name = "宋体"
    Range("A1").Font.Size = 14
    Range("A1").Font.ColorIndex = 3
    Range("A1").Font.Bold = True
End Sub
```

Range("C4")：单元格 C4 的表示方法；Font.Name：字体名称；Font.Size：字体大小；Font.ColorIndex：字体颜色；Font.Bold：是否为粗体。

使用 With 语句的代码如下：

```
Sub Test8_23()
    With Range("A1").Font
        .Name = "宋体"
        .Size = 14
        .ColorIndex = 3
        .Bold = True
    End With
End Sub
```

使用 With 语句可为同一个对象的不同属性指定程序代码内容，且可以省略对象名称，实现简化代码。

2．注释语句

在 VBA 中，注释语句为非执行语句，是为增加代码的可读性而添加的注释。

注释语句可以通过使用 Rem 语句或在语句后加单引号来实现。

【例 8-24】 设计一个过程，给 A1 至 A7 单元格上 7 种颜色。

```
Sub Test8_24()
    Rem 设置 A1:A7 单元格不同颜色
    Dim k As Integer                    '定义循环变量
    For k = 1 To 7                       '循环语句，执行 7 次
        Range("A" & k).Select            '选定单元
        Selection.Interior.ColorIndex = k '给选定的单元格标色
    Next
End Sub
```

3．End 语句

End 语句提供了一种强迫中止程序的方法。VBA 程序正常结束应该卸载所有的窗体。只要没有其他程序引用该程序公共类模块创建的对象并无代码执行，程序将立即关闭。

其格式为：

End

【例 8-25】 编写一个宏程序，当用户窗体载入时，如果用户输入错误密码时，则使用 **End** 语句结束程序执行。

```
Private Sub UserForm_Initialize()
    Dim strPassword, strPword As String
    strPassword = "shanghai"
    strPword = InputBox("Type in your password")
    If strPword <> strPassword Then
        MsgBox "Sorry, incorrect password"
        End
    End If
```

End Sub
　4．连写和断行

在 VBA 程序中，如果在一行中写几个语句，则语句间需要用":"来分隔。例如：
x=1:y=2

有时候一个语句太长，需要分几行书写，此时要用到空格加下划线。例如：
　　MsgBox "Welcome to Shanghai" & _
　　　　"I am a student" & _
　　　　"Where are you From"

8.7　过程与函数

过程是构成程序的逻辑模块，通常能完成一个相对独立的功能。利用过程能使程序结构模块化，以便程序的开发、调试和维护。在 VBA 中有 3 种过程：Sub 过程、Function 过程和 Property 过程。这里主要介绍前面 2 种过程，其中 Sub 过程不返回值，Function 过程返回一个值。

8.7.1　过程

Sub 过程，也称为子过程，是实现某一特定功能的代码段。它或者由程序调用，或者由事件触发，没有返回值。

　1．Sub 语句

Sub 语句的格式为：
　　[Private|Public][Static]Sub 子过程名([形式参数表])
　　　[语句块]
　　End Sub

子过程以 Sub 开头，以 End Sub 结束；可选项 Private 和 Public 表示过程的有效范围，Private 表示模块级子过程，限于当前模块中有效；Public 表示全局级子过程，其有效范围是整个应用程序。缺省情况下，所有模块中的子过程为 Public（全局的），也就是在整个应用程序中可随处调用它们。

Static(可选)表示子过程中声明的过程级的局部变量都是静态变量，即这些变量的值在整个程序运行期间都被保留着。

　2．过程参数

在 VBA 中，过程可以带参数，也可以不带参数。

不带参数的过程称作为无参过程，但在书写必须保留空括号。例如：Sub Ex()。

带参数的过程称作为有参过程，在定义过程时，必须给出参数，这些参数称为形式参数。例如：Sub Ex(Name As String,Age As Integer)，这里定义了两个形参。在调用过程时，调用语句中的参数称作为实际参数，实参给形参赋值。

　3．过程调用

Sub 过程的调用方法有两种：

(1) 使用 Call 语句，其格式为：
Call 子过程名（[实际参数表]）
(2) 直接使用过程名，其格式为：
子过程名（[实际参数表]）

【例 8-26】设计一个过程，把三个整数按从小到大的顺序进行排序，并将排序结果显示出来。

```
Public Sub Sort(a As Integer, b As Integer, c As Integer)
    Dim Temp As Integer
    If a > b Then
        Temp = a: a = b: b = Temp
    End If
    If a > c Then
        Temp = a: a = c: c = Temp
    End If
    If b > c Then
        Temp = b: b = c: c = Temp
    End If
    MsgBox "a=" & a & " b=" & b & " c=" & c
End Sub
Sub Test8_26()
    Dim x As Integer, y As Integer, z As Integer
    x = InputBox("请输入第一个整数")
    y = InputBox("请输入第二个整数")
    z = InputBox("请输入第三个整数")
    Call Sort(x, y, z)
End Sub
```

4．VBA 过程的参数传递

(1) 参数的按值传递和按地址传递

在 VBA 中，根据过程定义中形式参数声明的方式不同，主调过程中的实在参数向被调过程的形式参数进行参数传递的方式也不相同，通常有按值传递和按地址传递两种。

在过程定义中，如果用 ByVal 说明形式参数，则在调用该过程中，参数的传递方式为按值传递。

【例 8-27】设计一个过程，交换两个变量中的内容，要求用按值传递方式进行形式参数的定义。

```
Private Sub Exchange1(ByVal a As Integer, ByVal b As Integer)
    Dim t As Integer
    t = a: a = b: b = t
End Sub
Sub Test8_27()
    Dim x As Integer, y As Integer
    x = 5: y = 9
```

· 301 ·

```
Call Exchange1(x, y)
MsgBox "x=" & x & " y=" & y
End Sub
```

过程运行结果如图 8-26 所示。

所谓按值传递是指过程被调用时，首先为形式参数分配存储单元，然后把从调用语句取得的实在参数复制到所分配的存储单元中。也就是说，按值传递时，形式参数是复制调用语句的实在参数的副本，过程中对形式参数所作的变动，在返回后并不影响主调过程中的实在参数。

在过程定义中，如果用 ByRef 说明形式参数，则在调用该过程中，参数的传递方式为按地址传递。

图 8-26　过程 Test8_27 运行结果

【例 8-28】设计一个过程，交换两个变量中的内容，要求用按地址传递方式进行形式参数的定义。

```
Private Sub Exchange2(ByRef a As Integer, ByRef b As Integer)
    Dim t As Integer
    t = a: a = b: b = t
End Sub
Sub Test8_28()
    Dim x As Integer, y As Integer
    x = 5: y = 9
    Call Exchange2(x, y)
    MsgBox "x=" & x & " y=" & y
End Sub
```

过程运行结果如图 8-27 所示。

与按值传递不同的是，按地址传递时，调用过程并没有为形式参数创建存储单元，形式参数使用主调过程的实在参数的地址去访问实际变量。也就是说，按地址传递时，过程中的形式参数就使用对应实在参数的存储单元，所以，过程中对形式参数所作的修改，在返回后会影响到主调过程中的实在参数。

在 VBA 中，缺省的参数传递方式是按地址传递，以下两种过程头的写法是等价的。

图 8-27　过程 Test8_28 运行结果

```
Private Sub Exchange(ByRef A As Integer,ByRef B As Integer)
Private Sub Exchange(A As Integer, B As Integer)
```

（2）数组参数传递

在 VBA 编程中，经常需要把一个数组作为参数传递给过程。在 VBA 中，数组作为参数一般按地址传递。

【例 8-29】设计一个过程，求一个数组元素的平均值。

```
Sub Average(a() As Single, ByVal n As Integer, Aver As Single)
    Dim i As Integer, fSum As Single
    fSum = 0
    For i = 1 To n
```

```
                fSum = fSum + a(i)
            Next
            Aver = fSum / n
        End Sub
        Sub Test8_29()
            Dim x(10) As Single, fAverage As Single, i As Integer
            For i = 1 To 10
                x(i) = i
            Next
            Call Average(x, 10, fAverage)
            MsgBox "数组 X 的平均数为：" & fAverage
        End Sub
```

8.7.2 自定义函数

在 VBA 编程中，除了可以使用系统提供的内部函数以外，用户还可以自己定义函数过程。函数过程是一个特殊的过程，它可以向调用它的过程返回一个值。

1．Function 过程的定义

Function 函数过程的格式为：

[Private|Public][Static]Function 函数名([形式参数表]) [As 数据类型]
    [语句块]
    函数名=表达式
    [语句块]
End Sub

Private、Public、Static 的含义与 Sub 类似，[As 数据类型]说明函数返回值的数据类型。通常，在定义函数的函数体中，应该至少有一行"函数名=表达式"的语句，其作用是通过函数名来返回函数值。

2．Function 过程的调用

调用 Function 过程的方法和数学中使用函数的方法类似，即在表达式中可以通过使用函数名，并在其后用圆括号给出相应的参数表来调用一个 Function 过程。

【例 8-30】 建立一个求 n 阶乘的 Function 过程。

```
        Function Factorial(ByVal n As Integer) As Long
            Dim i As Integer, t As Long
            t = 1
            For i = 1 To n
                t = t * i
            Next
            Factorial = t
        End Function
        Sub Test8_30()
            MsgBox "5!= " & Factorial(5) & " 6!= " & Factorial(6)
        End Sub
```

8.7.3 变量的作用范围

一个变量被定义后并不一定在程序的任何位置上都可以被使用，它们的使用有一个有效范围，这就是变量的作用域。在 VBA 中，根据变量的不同作用域，可以把变量分为不同的级别：过程级别、私有模块级别和公共模块级别。

1．定义过程级变量

在一个过程内部定义的变量属于过程级（也称局部变量），仅可在此过程中使用。前面例子中声明的变量都是过程级变量。其变量声明语句通常放在过程体的开始处。

在过程中用 Dim 定义的变量仅在程序运行期间存在，用 Static 定义的变量则在整个应用程序运行期间都存在，可用来保留变量的值。

2．定义私有模块级变量

如果用 Dim 或 Private 语句放置在模块顶部的声明部分，则所声明的变量属于私有模块级，私有模块级变量只对该变量所在的整个模块有效。私有模块级的 Dim 和 Private 语句作用范围相同，但是使用 Private 有助于阅读和理解。

【例 8-31】修改例 8-30，使用私有模块级变量来代替函数参数，在不同模块中传递数据。

```
Private n As Integer         '声明 N 为私有模块级变量
Function Factorial() As Long
    Dim i As Integer, t As Long
    t = 1
    For i = 1 To n
        t = t * i
    Next
    Factorial = t
End Function
Sub Test8_31()
    n = 5
    MsgBox "5!= " & Factorial()
    n = 6
    MsgBox "6!= " & Factorial()
End Sub
```

3．定义公共模块级变量

如果将 Public 语句放置在模块的声明部分，则所声明的变量属于公共模块级（也称全局变量），可在工程所有的过程中使用。

8.7.4 调试 VBA 程序

用户在编程过程中，往往会遇到由于自己编写的程序存在着这样或那样的错误，而需要正确快速地把程序中的错误找出来这样的问题，这就是程序调试所要解决的问题。

在 VBA 中，程序错误大致可分为两类：语法错误和逻辑错误。

语法错误主要是指未按规定的语法规则书写程序。例如，命令中的关键字输入有误、变量未声明，数据类型不匹配等。

逻辑错误指程序没有按用户希望的方式执行，或程序的运行结果不正确等。

可以通过两种途径来找出程序中的错误。一种是通过阅读程序来找出程序中的错误，这种方法称作为静态检查。另一种是动态检查，即通过执行程序来考察结果是否与设计要求相符。下面将介绍一些动态检查的常用方法。

1．设置断点

断点是应用程序代码中的一个位置点，该点是当调试时打算中断应用程序正常执行的位置。在 VBA 中，设置断点的方法有 3 种：

（1）使用边界标识条

在代码窗口中，单击语句左边的边界标识符，使之出现黑点，这就代表设置断点，如图 8-28 所示，当程序执行断点位置时，程序会中止执行，用户可以在本地窗口中观察到各变量的值及属性，以使了解程序的执行情况，从而能帮助用户分析出程序中的错误。再次单击该黑点，则取消该断点的设定。

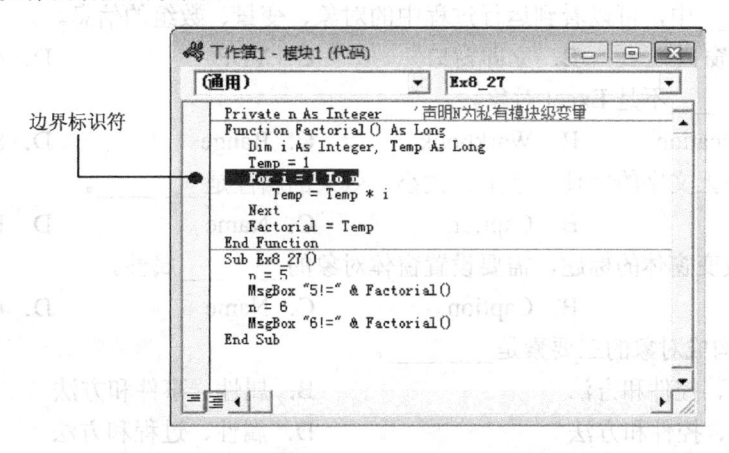

图 8-28　设置断点

（2）使用调试菜单

在代码窗口中，先将光标放在选定的语句上，然后在"调试"菜单中选择"切换断点"命令。当再次选择"切换断点"命令时，该断点的设定被取消。

（3）使用工具栏

在代码窗口中，先将光标放在选定的语句上，然后单击调试工具栏中的"切换断点"按钮 。再次单击该按钮，则取消该断点的设定。

2．单步跟踪

当程序运行到断点处停止运行后，如果需要继续往下一步一步运行，则可以使用跟踪功能。单击调试工具栏中的"逐语句"按钮 ，使程序运行到下一行，这样就可以逐步检查程序的运行情况，直到找到问题为止。当不想跟踪一个程序运行时，可单击调试工具栏中的"跳出"按钮 ，退出跟踪状态，运行当前过程中剩余的代码。

习 题

一、单选题

1. 以下关于宏与 VBA 的说法中，正确的是_____。
   A. 宏实际上就是一个简单的 VBA 的 Sub 过程，它保存在模块中
   B. 宏实际上就是一个简单的 VBA 的 Sub 过程，它保存在窗体中
   C. VBA 开发的程序是独立的可执行文件
   D. 录制宏的过程，实际上就是将一系列操作过程记录下来并由系统自动转换为 C 语句

2. VBA 语言的开发环境的英文简称为_____。
   A. VBC　　　　　B. VBE　　　　　C. VBF　　　　　D. VBP

3. _____列出了各种库中的对象，以及每一对象的方法和属性。
   A. 本地窗口　　　B. 立即窗口　　　C. 对象浏览器　　D. 代码窗口

4. 在_____中，可以看到运行过程中的对象、变量、数组的信息。
   A. 本地窗口　　　B. 立即窗口　　　C. VBF　　　　　D. 代码窗口

5. 以下_____不是 Excel 对象。
   A. Application　　B. Workbook　　　C. Range　　　　D. Sheet

6. 决定控件上文字的字体、字形、大小、效果的属性是_____。
   A. Text　　　　　B. Caption　　　　C. Name　　　　D. Font

7. 如果要改变窗体的标题，需要设置窗体对象的_____属性。
   A. Text　　　　　B. Caption　　　　C. Name　　　　D. Font

8. VBA 中构成对象的三要素是_____。
   A. 过程、控件和方法　　　　　　　B. 属性、事件和方法
   C. 窗体、控件和方法　　　　　　　D. 属性、过程和方法

9. 命令按钮能响应的事件是_____。
   A. Click　　　　　B. Load　　　　　C. Scroll　　　　D. Tick

10. 在 VBA 程序设计中，当双击窗体上的某个控件时，所打开的窗口是_____。
    A. 工程资源管理器窗口　　　　　　B. 工具箱
    C. 代码窗口　　　　　　　　　　　D. 属性窗口

11. _____事件发生在加载窗体之后、显示窗体之前。
    A. Click　　　　　B. Load　　　　　C. DblClick　　　D. Initialize

12. 下列控件中，既可用于输入文本，又可用于显示文本的是_____。
    A. Label 控件　　B. TextBox 控件　　C. Timer 控件　　D. Button 控件

13. 下面属于合法的变量名的是_____。
    A. If　　　　　　B. 5x　　　　　　C. Integer　　　　D. a_2

14. VBA 中定义符号常量的关键字是_____。
    A. Const　　　　B. Public　　　　　C. Private　　　　D. Dim

15. VBA 的逻辑值进行数据运算时，False 值被当作_____。
    A．1   B．-1   C．0   D．5
16. VBA 表达式"4*5 MoD 16/4*(1+2)"的运算结果是_____。
    A．1   B．8   C．10   D．–1
17. 运算符"&"是_____运算。
    A．逻辑   B．关系   C．字符串连接 D．算术
18. 下列逻辑表达式中，能正确表示条件"a 和 b 都是偶数"的是_____。
    A．a Mod 2 = 1 Or b Mod 2 = 1   B．a Mod 2 = 0 Or b Mod 2 = 0
    C．a Mod 2 = 1 And b Mod 2 = 1   D．a Mod 2 = 0 And a Mod 2 = 0
19. 循环语句 For i =1 to 10 Step 2 的执行次数是_____。
    A．3   B．4   C．5   D．6
20. 在子过程定义中表示参数传递形式为传值的关键字是_____。
    A．ByVal   B．ByRef   C．Dim   D．Const
21. VBA 中用实参 m 和 n 调用函数过程 Area(a,b)的正确形式是_____。
    A．Area(a,b)   B．Area m,n   C．Area(m,n)   D．Call Area m,n

二、多选题

1. 下列变量名中符合 VBA 命名规则的是_____。
   A．For   B．a3   C．3a   D．m.txt
2. _____属于 VBA 表达式组成要素。
   A．变量   B．常量   C．运算符   D．函数
3. 以下_____是宏记录器存有局限性。
   A．录制的宏无判断或循环能力
   B．人机交互能力差，即用户无法输入，计算机无法给出提示
   C．无法显示对话框和自定义窗口
   D．录制的宏中无注释语句
4. 属性就是对象固定的特征，以下_____是 Range 对象的属性。
   A．Setfocus   B．Select   C．Value   D．Font
5. 以下_____是命令按钮能响应的事件。
   A．Click   B．Load   C．DblClick   D．Initialize
6. 方法就是要执行的动作，用于完成一定的操作，以下_____是窗体对象的方法。
   A．Setfocus   B．Show   C．Hide   D．Initialize
7. 事件是指发生在对象上的一件事情，即能够被对象识别和响应的动作，以下_____是命令按钮对象能够识别和响应的事件。
   A．Click   B．DblClick   C．Name   D．Initialize
8. 窗体的属性决定了窗体的外观与操作，以下_____是窗体对象的属性。
   A．Caption   B．Name   C．Visible   D．Initialize
9. 以下_____是 VBA 中的系统常量。
   A．True   B．False   C．Empty   D．Null

10. 以下_____语句能够将变量 a，b 定义成整型变量。
   A．Const a,b as Integer   B．Dim a, b As Integer
   C．Dim a%, b&   D．Dim a As Integer, b%

三、填空题

1. VBA 程序的开发环境的英文缩写是_____。
2. VBA 是一种面向_____的程序设计语言。
3. 打开 VBE 窗口的最常用方法是按 Alt+_____快捷键。
4. 在 VBE 窗口_____中可以找出各种库中的对象，以及每一对象的方法和属性。
5. _____对象处于 Excel 对象层次结构的顶层，表示 Excel 自身的运行环境。
6. Range 对象的_____属性可以在单元格中输入公式和取得单元格公式。
7. 在 Excel 中，_____方法表示打开窗体。
8. _____事件发生在加载窗体之后、显示窗体之前。
9. 使用_____关键字声明的变量称为静态变量，静态变量的值在整个代码运行期间都能保留。
10. Integer 数据类型所能表示的整数范围比 Long 数据类型_____（小或大）。
11. 若有一数组定义：dim x(4) as integer，则该数组有_____个元素。
12. 表达式："12"+"34"的结果为_____。
13. 表达式：34\10 的结果为_____。
14. VBA 中的字符串连接符号有"+"和"_____"。
15. 在 VBA 程序代码中，有 3 种基本控制结构，即：顺序结构、分支结构和_____结构。
16. 在 VBA 程序代码中，_____语句提供了一种强迫中止程序的方法。
17. 在 Sub 过程定义中。若要通过形参将结果返回给实参，则应使用_____关键字来修饰形参。
18. 如果将_____语句放置在模块的声明部分，则所声明的变量属于公共模块级（也称全局变量），可在工程所有的过程中使用。

四、简答题

1. 为什么要学习 VBA？VBA 与 VB 是否等价？
2. VBE 窗口中的工程资源管理器、对象属性窗口、代码窗口、立即窗口、本地窗口、对象浏览器、监视窗口的功能是什么？
3. 对象、事件、属性、方法的相互关系是什么？试举例说明？
4. 写出下列 Dim 语句所声明变量的类型：Dim A%, B&, C!。
5. 什么是变体型变量？怎样声明该类型的变量？
6. 写出下列各表达式的值。
   （1）Int(35.6)/20
   （2）16/4-2^5*b/4 Mod 6\3
   （3）"good" + "　" & " morning"
   （4）（5>3) And (5 Mod 2)
7. "逐语句"命令按钮在 VBE 窗口中的什么工具栏中？

第 9 章　专业图表制作工具软件 Visio

随着计算机技术的发展，越来越多的人使用数字化、电子化的信息来提高工作效率，数字化图形也随之成为一种越来越重要的传达信息的有效方式，但是绘制专业水准的数字化图形对于没有学过绘图艺术的人来讲是比较困难的。Visio 软件的出现解决了这一难题。Visio 面向需要绘制专业水准的图形而又缺乏绘图基础的人群，它具有丰富的模板、模具库，能够辅助用户将难以理解的复杂文本和表格转换为清晰直观的 Visio 图形，从而有助于用户实现轻松的可视化、分析和交流复杂信息。

9.1　Visio 概述

Visio 是一种矢量绘图软件，它利用强大的模板（Template）、模具（Stencil）与形状（Shape）等图形素材，来实现各种图表、流程图和结构图的绘制功能。

1990 年左右，美国 Visio 公司开始研发 Visio 系列产品，至 1999 年，Visio 已经发展成为办公领域最著名的图形制作软件。1999 年，微软并购了 Visio，并把 Visio 同 Word、Excel、Access、PowerPoint 等软件一起列为 Microsoft Office 办公软件套件中的重要组件，并随 Office 软件版本一并更新。

本书针对 Visio 2010 版本进行讲解，该版本与 Office 2010 采用统一的界面风格，并同时发布了 32 位和 64 位双版本。

Visio 为各专门学科设计了一系列模板和模具，可满足不同领域用户的多种不同的绘图需要，因而广泛应用于软件设计、项目管理、企业管理、建筑设计、电子设计、机械设计等领域：

（1）软件设计：用户可以使用 Visio 先设计出软件的系统结构，然后以流程图的样式进行具体的模块设计，从而实现软件设计的整体过程。

（2）项目管理：用户可以使用"时间线"、"甘特图"、"PERT（项目评估与评审技术）图"等来设计项目管理的流程，提高项目管理效率。Visio 可以辅助用户制作项目进度、工作计划、学习计划等项目管理的模型。

（3）企业管理：用户可以使用 Visio 制作组织结构图，生产流图等企业模型或流程图，从而快速展示企业的结构体系，同时可以使企业财务清晰，资本结构更加合理。

（4）建筑设计：建筑设计行业是使用 Visio 软件最频繁的行业，用户可以利用 Visio 软件来设计楼层平面图、楼盘宣传图、房屋装修图等图表。

（5）电子设计：在制作电子产品之前，用户可以先利用 Visio 来制作电子产品的结构模型，然后再进行 PCB 电路板的设计。

（6）机械设计：Visio 软件也可以应用于机械制图领域，制作出像 AutoCAD 一样精确的机械图。

（7）网络通信：运用 Visio 可以制作有关通信方面的图表。

（8）科研管理：用户可以使用 Visio 来制作科研活动审核、检查或业绩考核的流程图。

9.2 模板和模具

Visio 为各专门学科设计了一系列美观时尚的模板和模具，可满足不同领域用户的多种不同的绘图需要。Visio 丰富的模板和模具素材能快速提高用户的绘图效率。

9.2.1 模板

模板是 Visio 针对各类特定的绘图任务而组织起来的一系列主控图形的集合。Visio 为用户提供了包括流程图、网络图、工程图、数据库模型图和软件图等多类模板，这些模板可用于可视化业务流程、跟踪项目和资源、绘制组织结构图、映射网络、绘制建筑地图以及优化系统等绘图任务。

模板是一种专用类型的 Visio 绘图文件，每一个模板都由模具、绘图页的设置信息、主题样式等组成，适合于某个特定类型的绘图。图 9-1 为新建 Visio 文件并选择"地图和平面布置图"模板类别时程序所列出的模板。其中的"家居规划"模板包含了墙壁、家具、家电、柜子等模具，并且还有适当的网格大小和标尺度量单位，用户可以使用这个模板快速地绘制出标准的家居规划图。

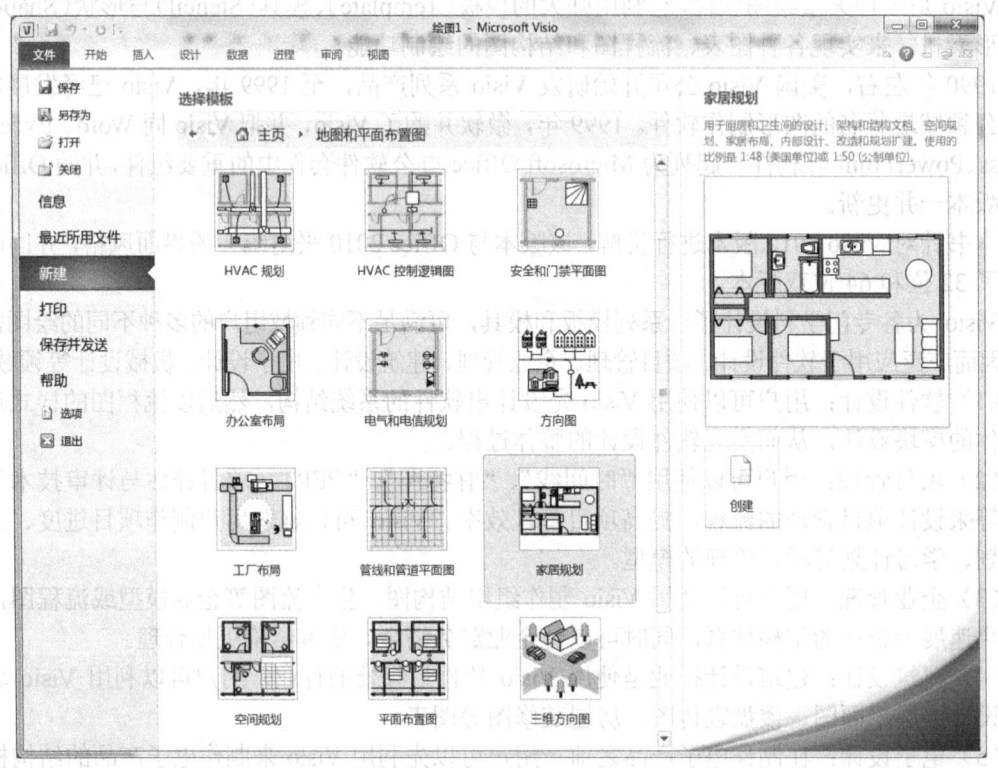

图 9-1 Visio "地图和平面布置图"模板类别中的模板

9.2.2 模具

模具是指创建特定种类图表所需的图形元素的集合。在使用 Visio 创建了基于某模板的绘图文档后，Visio 将自动打开与该模板适配的模具，并将其显示到"形状"窗格中。

例如，新建 Visio 文件并选择"流程图"模板类别中的"基本流程图"模板创建绘图文档后，即在"形状"窗格中打开了包括许多相关形状的"基本流程图形状"模具，如图 9-2 所示。

"基本流程图形状"模具包含了常见的流程图形状，在 Visio 的编辑界面中，可以直接拖曳模具中所包含的形状到绘图页中，来生成相应的图形。

9.3 Visio 的基本操作

在 Visio 绘图文档中，形状是构成结构图和流程图的基本元素，本节将在 Visio 启动操作的基础上着重介绍形状的概念，以及如何绘制和连接形状从而绘制出各种图形。

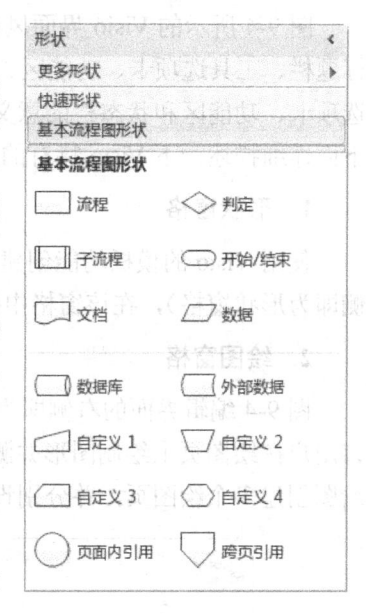

图 9-2 "基本流程图形状"模具

9.3.1 Visio 的启动

在 Windows 系统中，单击"开始"菜单，选择"所有程序|Microsoft Office|Microsoft Visio 2010"命令，即可打开 Visio 2010 程序，启动后的初始界面如图 9-3 所示。在该界面中，可先选择需要的模板，再单击右边的"创建"按钮即可建立新的 Visio 文件并且进入编辑状态，如图 9-4 所示。

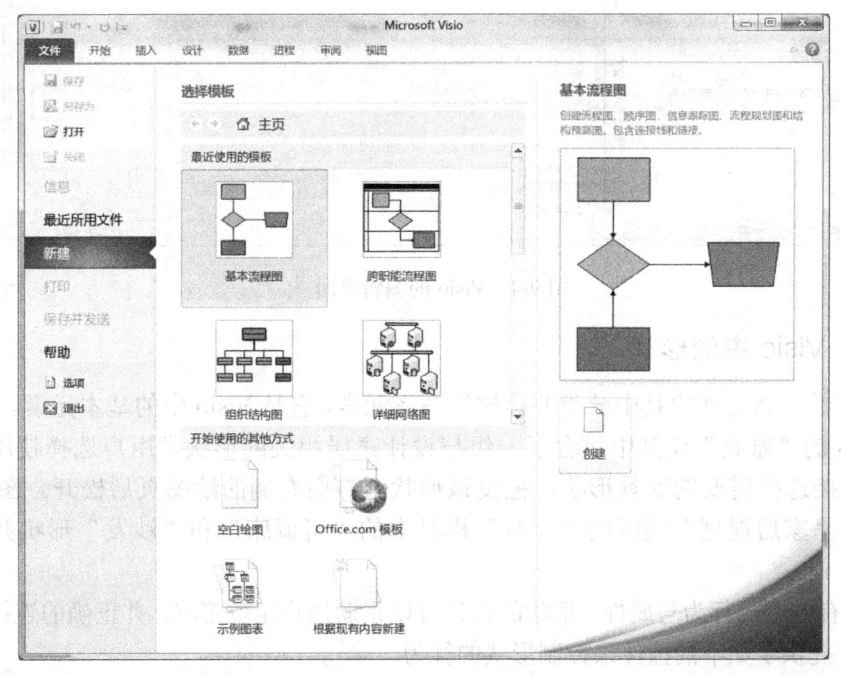

图 9-3 Visio 2010 启动后的初始界面

图 9-4 所示的 Visio 界面风格与 Office 2010 系列 Word、Excel 等软件的风格类似，包括标题栏、工具选项卡、功能区、形状窗格、绘图窗格和状态栏 6 个部分。其中标题栏、工具选项卡、功能区和状态栏的意义和用法与 Office 2010 系列其他软件相同，这里不再赘述。下面详细描述一下 Visio 特有的形状窗格和绘图窗格。

1．形状窗格

使用 Visio 的模板功能创建 Visio 绘图之后，会自动打开形状窗格（图 9-4 编辑界面的左侧即为形状窗格），在该窗格中提供了相关的各种模具组供用户选择。

2．绘图窗格

图 9-4 编辑界面的右侧即为绘图窗格。绘图窗格包括标尺、绘图页以及网格等工具，允许用户在绘图页上绘制图形并测量尺寸，同时还采用了页标签的功能允许用户为一个 Visio 绘图创建多个绘图页，并分别设置每个绘图页的名称。

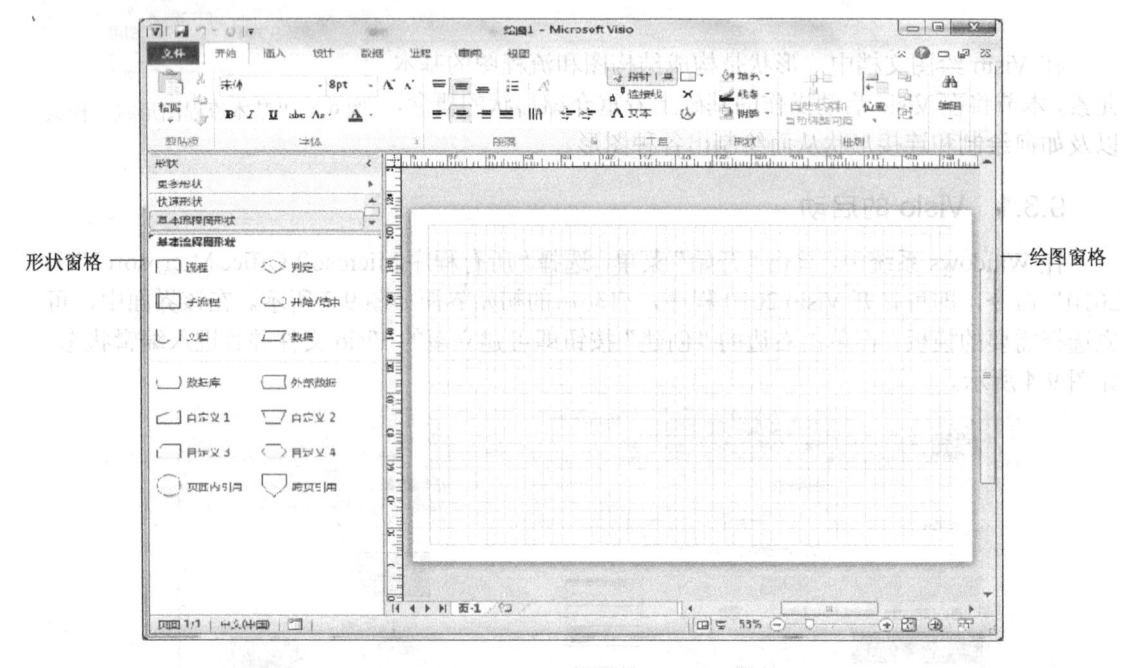

图 9-4　Visio 的编辑界面

9.3.2　Visio 中的形状

Visio 中的形状是在模具中分类并存储的图形元素，它是 Visio 中的基本元素。如图 9-5 所示，Visio 的"家具"模具中包含了一组与设计家居相关的形状供用户选择使用，在绘图时可以直接选择需要的家具形状，拖曳该形状至界面右侧的绘图页后松开。图 9-6 所示为选择了"家居规划"模版的"家具"模具中的"可调床"和"沙发"形状并拖曳到绘图页中。

形状具有内置的行为与属性。形状的行为可以帮助用户定位形状，并正确的连接到其他形状。Visio 提供了如下的控件来控制形状的行为。

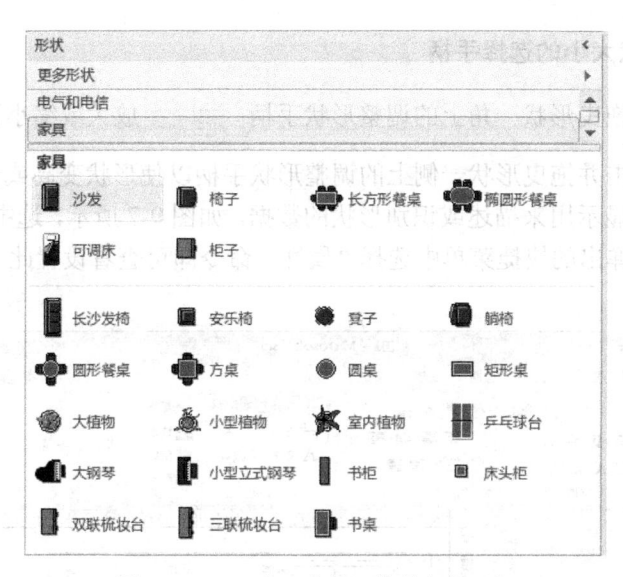

第 9 章 专业图表制作工具软件 Visio

图 9-5 Visio 中 "家具" 模具中的形状

1．旋转手柄

如图 9-6 所示，位于 "可调床" 形状上方的圆形手柄称为旋转手柄。将旋转手柄向右或向左拖曳即可旋转形状。

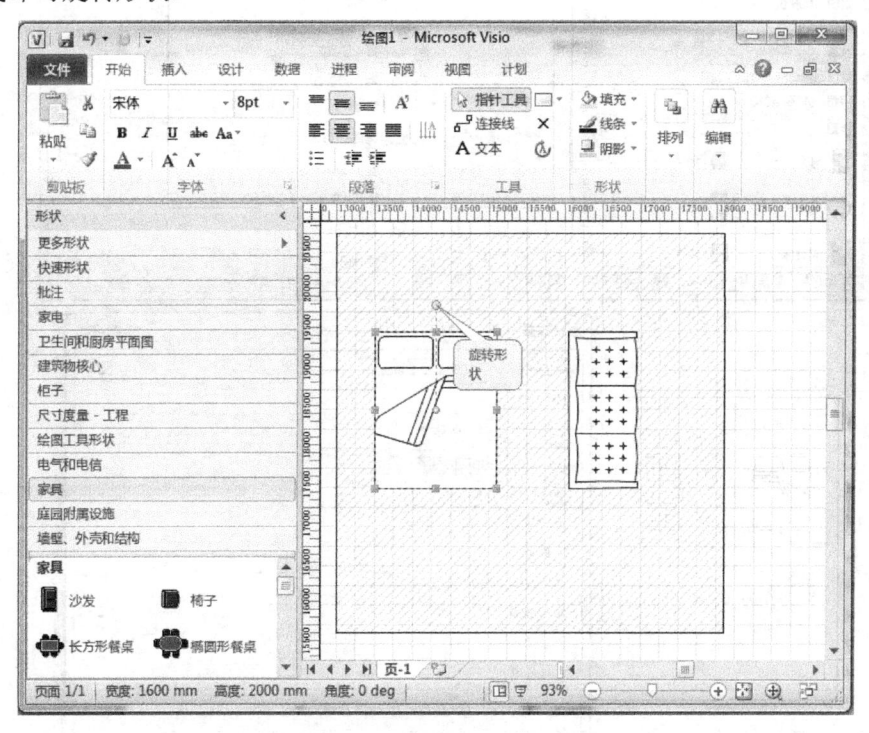

图 9-6 形状的行为控制

2．自动连接功能的蓝色连接箭头

借助于形状四周的蓝色连接箭头 ，可以轻松地将形状相互连接起来，自动连接形状的具体操作请参见本章 3.5 节 "形状的连接" 一节中的描述。

3．用于调整形状大小的选择手柄

用户可以单击并拖曳形状一角上的调整形状手柄 放大或缩小该形状，而不更改它的比例；也可以单击并拖曳形状一侧上的调整形状手柄以使形状变高或变宽。

形状的属性主要显示用来描述或识别形状的数据。如图9-7所示，选中"可调床"形状，然后在其上右击，在弹出的快捷菜单中选择"属性"命令即可查看设置此"可调床"形状的具体属性。

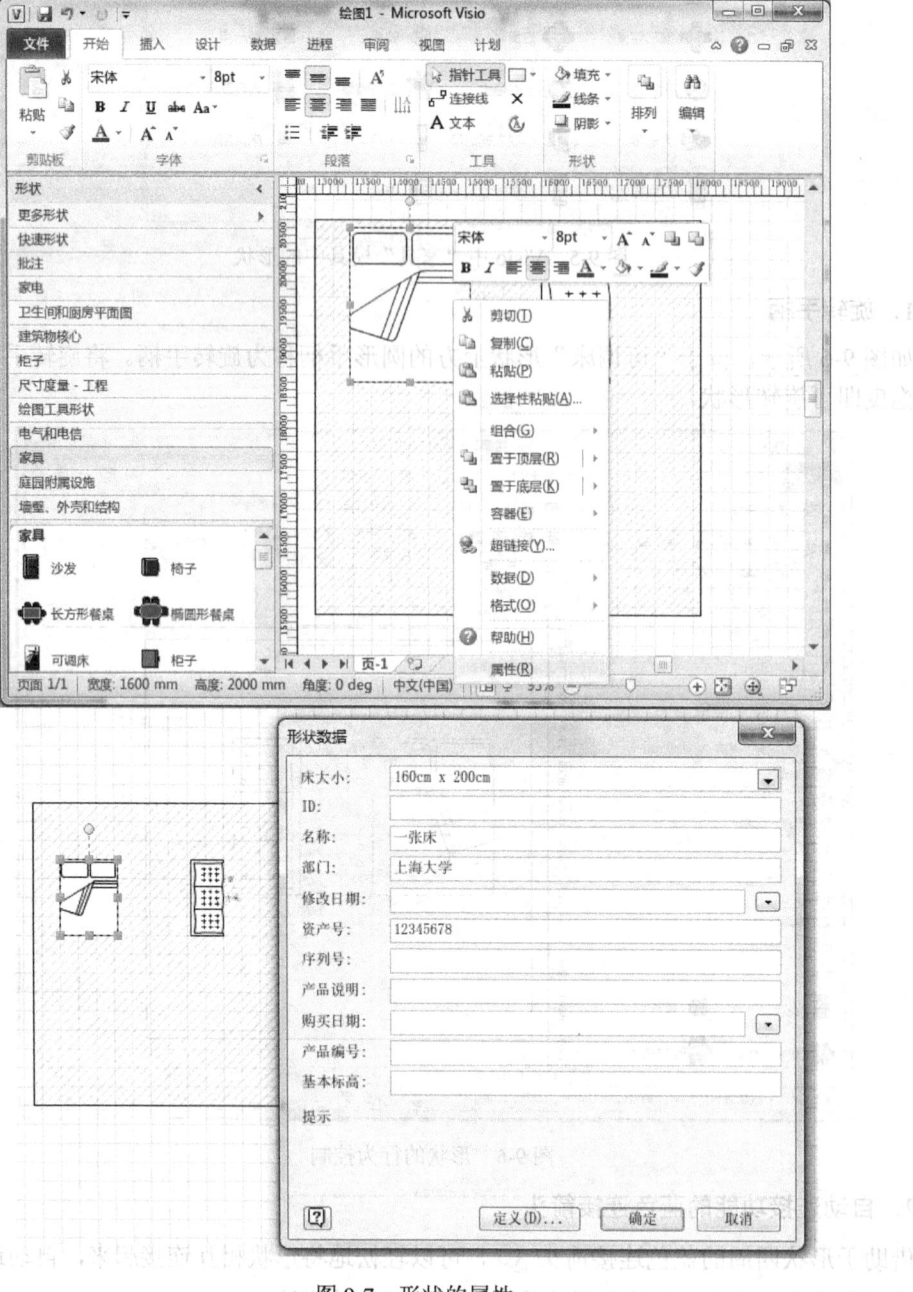

图 9-7 形状的属性

9.3.3 绘制形状

虽然 Visio 软件已经包含了丰富且符合行业规范的模板、模具、形状素材，但仍有可能不满足用户的各种各样的需求，此时用户可以使用 Visio 中的绘图工具绘制出各种基本形状，并在此基础上组合、连接出更为复杂的图形。

【例 9-1】绘制如图 9-10 所示的笑脸图标，其操作步骤如下：

（1）启动 Visio 后，选择任意模板创建一个绘图文档，或者直接创建一个空白绘图文档，然后在 Visio 的"形状"窗格中，单击"更多形状"命令，选择"常规"模板中的"基本形状"模具，则在"形状"窗格里打开了"基本形状"模具。

（2）用鼠标选择"圆形"并拖曳到右侧的编辑区域，进行脸型绘制，然后再用圆形工具绘制眼睛，如图 9-8 所示。

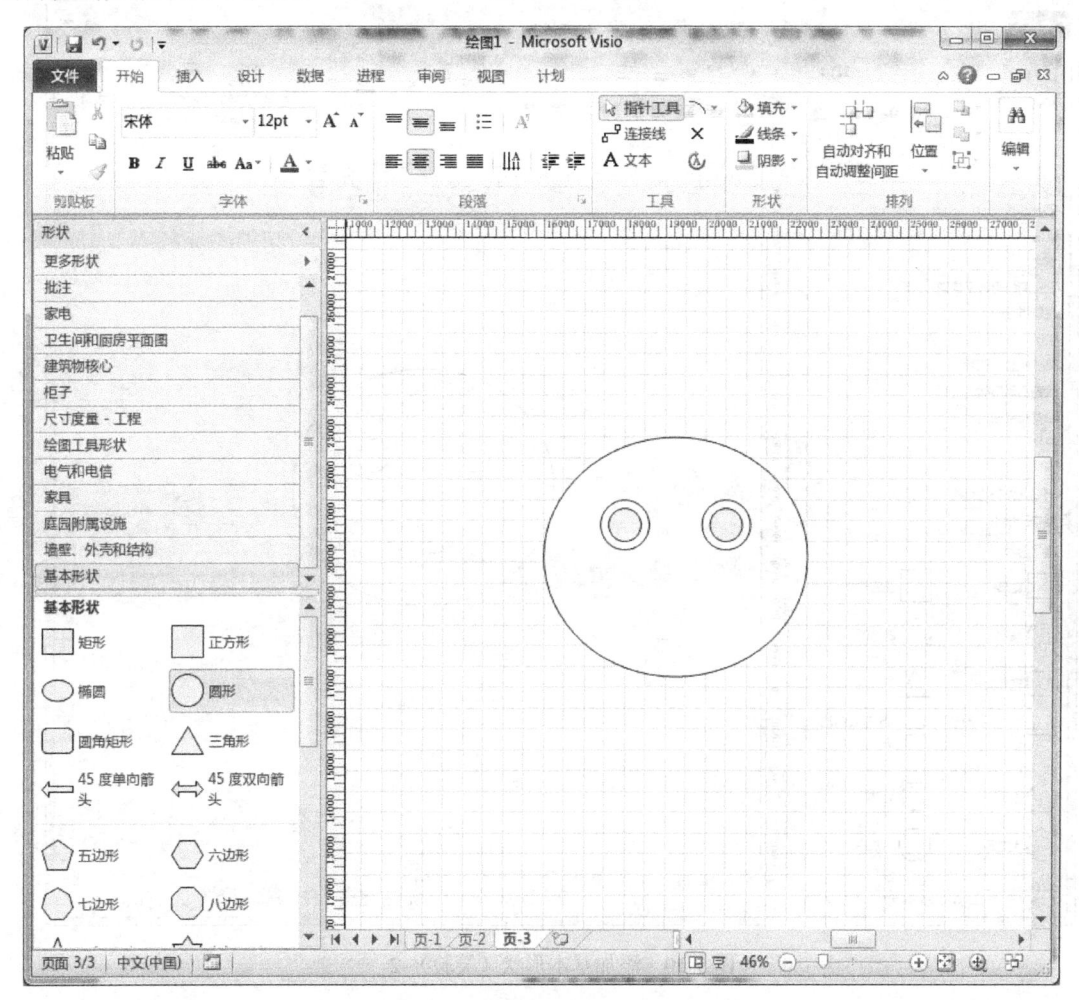

图 9-8 添加基本形状（笑脸）-1

（3）在 Visio"开始"选项卡的"工具"组中，单击"矩形"按钮旁边的下拉箭头，选择其中的"弧形"工具，如图 9-9 所示，在眼睛的下方绘制嘴巴，完成笑脸图标的绘制，如图 9-10 所示。

• 315 •

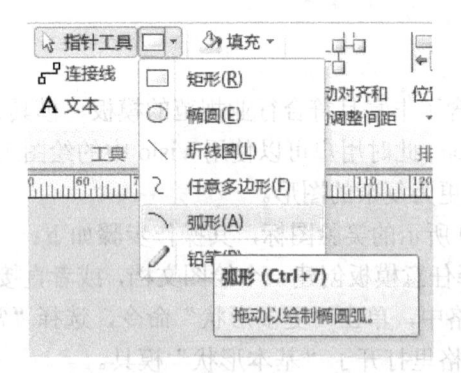

图 9-9 选择"弧形"绘制图形

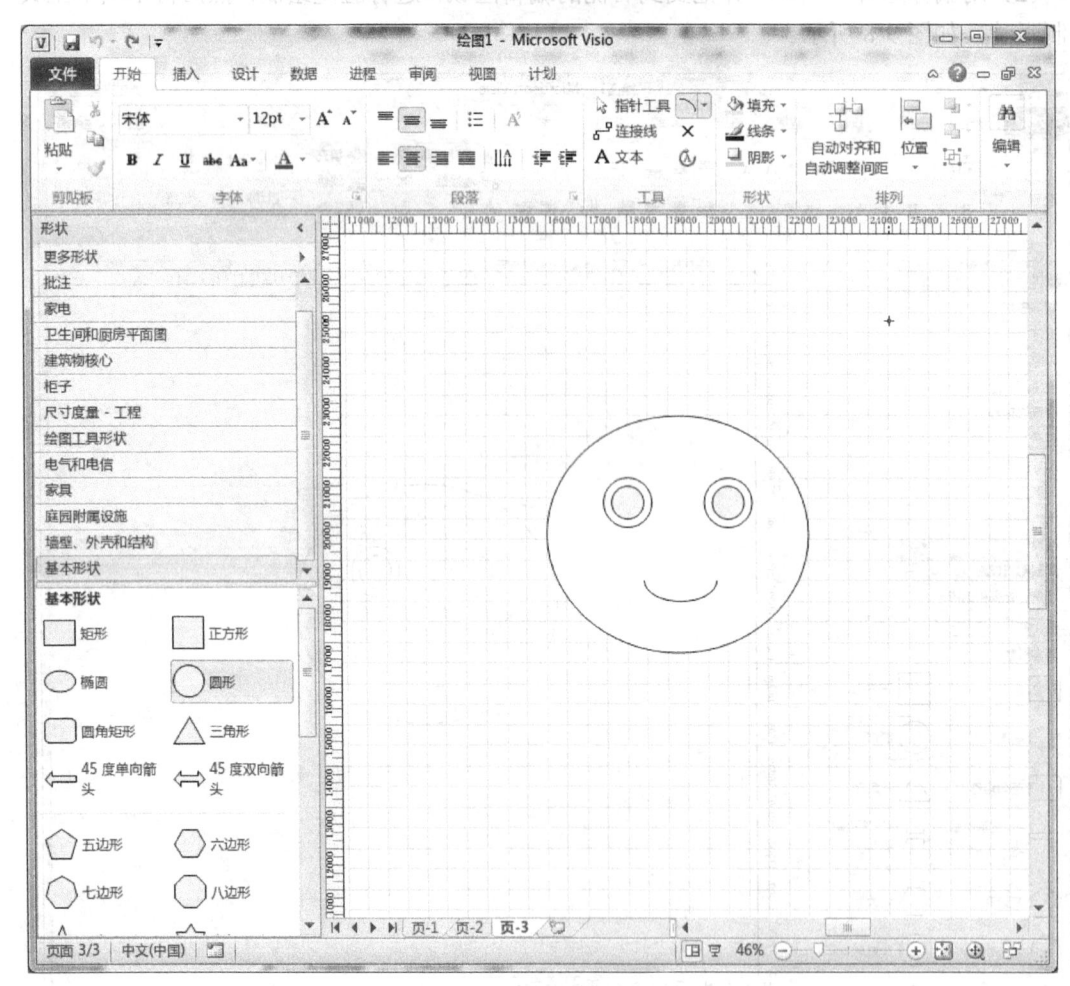

图 9-10 添加基本形状（笑脸）-2

9.3.4 选择形状

在 Visio 中添加形状后，往往需要对形状的位置进行调整，这时首先需要选中形状。如只需选择单个形状，则只需要使用鼠标左键单击该形状，当其周围出现醒目的边框时，即表示该形状已被选中（见图 9-11 所示），此时按住鼠标左键即可拖曳该形状至合适的位置。

· 316 ·

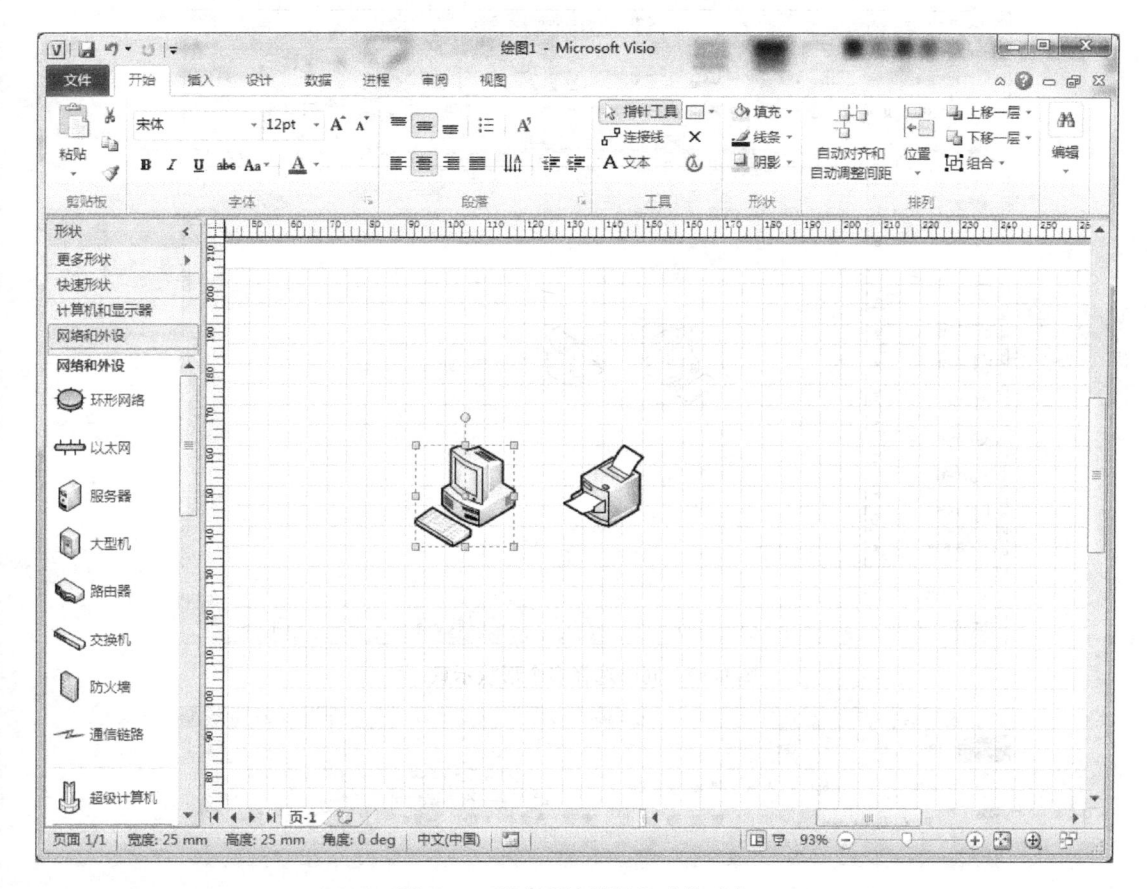

第9章 专业图表制作工具软件 Visio

图 9-11 选中"计算机"形状示意

当需要同时选择多个形状时,可在选中第一个形状后,按住键盘上的 **Ctrl** 键,再继续使用鼠标左键选择下一个形状,当所需选择的多个形状周围出现边框时,即表示这些形状已经被同时选中了,如图 9-12 所示。

9.3.5 形状的连接

在 Visio 中添加基本形状后,往往需要在形状之间绘制连接线,用以描述形状之间的关系,用户可以通过连接线工具来完成这一任务。

首先,用户需要选择连接线工具,具体方法是在 Visio "开始"选项卡的"工具"组中单击"连接线"按钮,使其处于高亮状态(见图 9-13);然后用户就可以使用自动连接功能或手绘连接线的方法来连接形状。

Visio 提供了自动连接功能,用户可以利用这一功能将形状与其四周的形状进行连接。如图 9-14 所示,单击"连接线"按钮后,将鼠标移动到"计算机"形状上,可以发现"计算机"形状的四周将显示四个三角形箭头,这四个三角形箭头可作为连接线的端点来自动连接形状。将鼠标移动到"计算机"形状右侧的箭头单击,即可发现已出现一条连接线,这是 Visio 自动生成的连接线,此连接线将"计算机"形状与它右侧最近的"打印机"形状自动连接起来。

· 317 ·

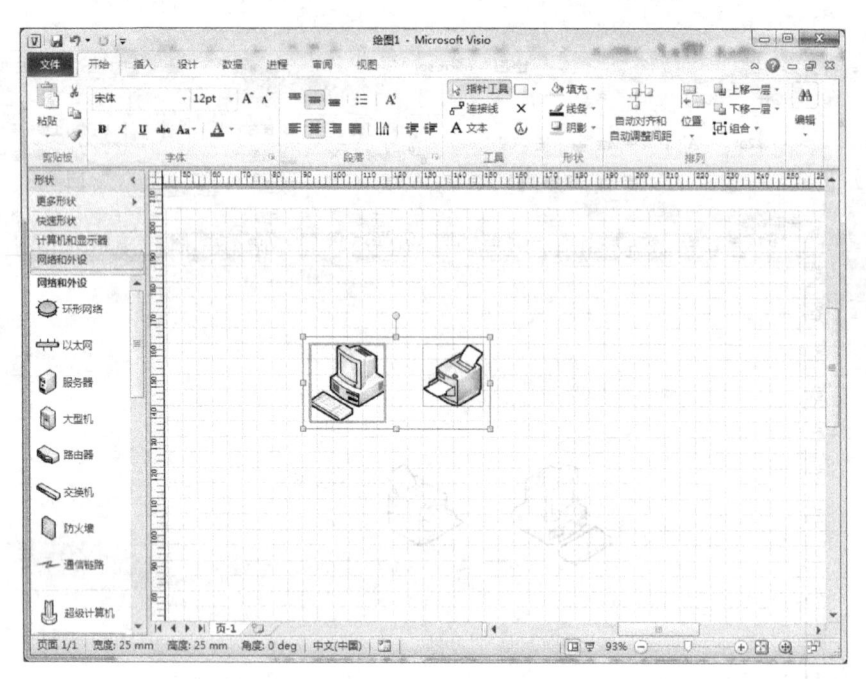

图 9-12 同时选择多个形状示意

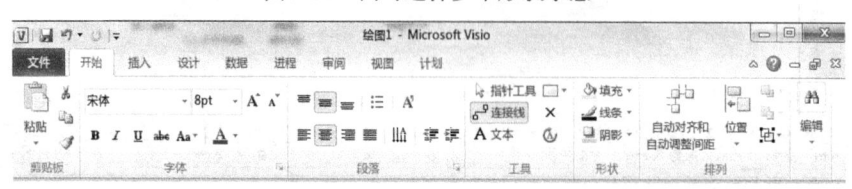

图 9-13 在工具栏中点击"连接线"按钮开始连接形状

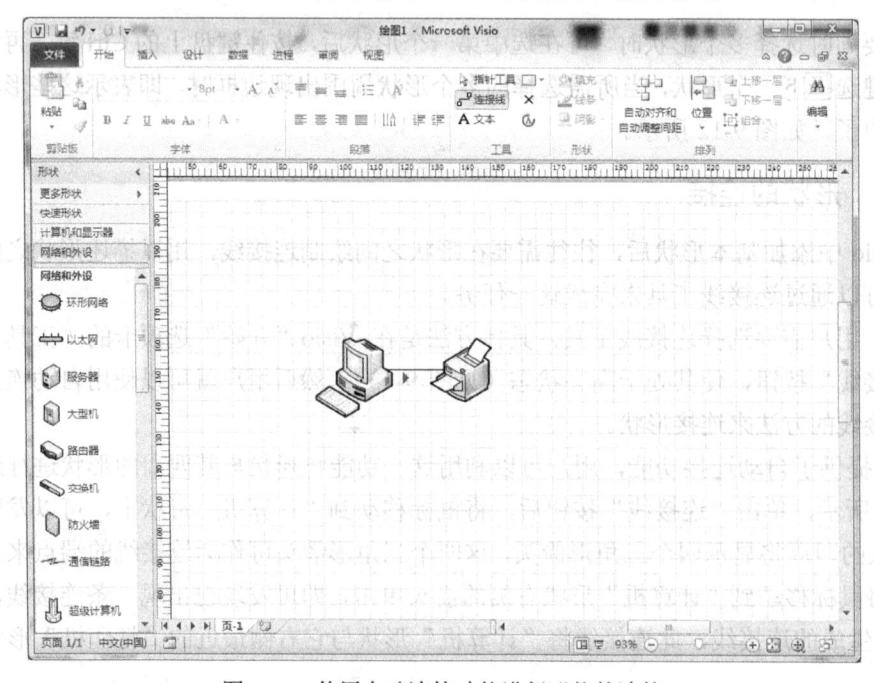

图 9-14 使用自动连接功能进行形状的连接

除了使用 Visio 的自动连接功能，用户还可以手绘连接线，更自由更方便的连接形状。具体方法是在"开始"选项卡的"工具"组中单击"连接线"按钮，当鼠标光标滑过源形状的中心时，按住鼠标向目标形状的中心拖曳，即可绘制出连接线，如图 9-15 所示。

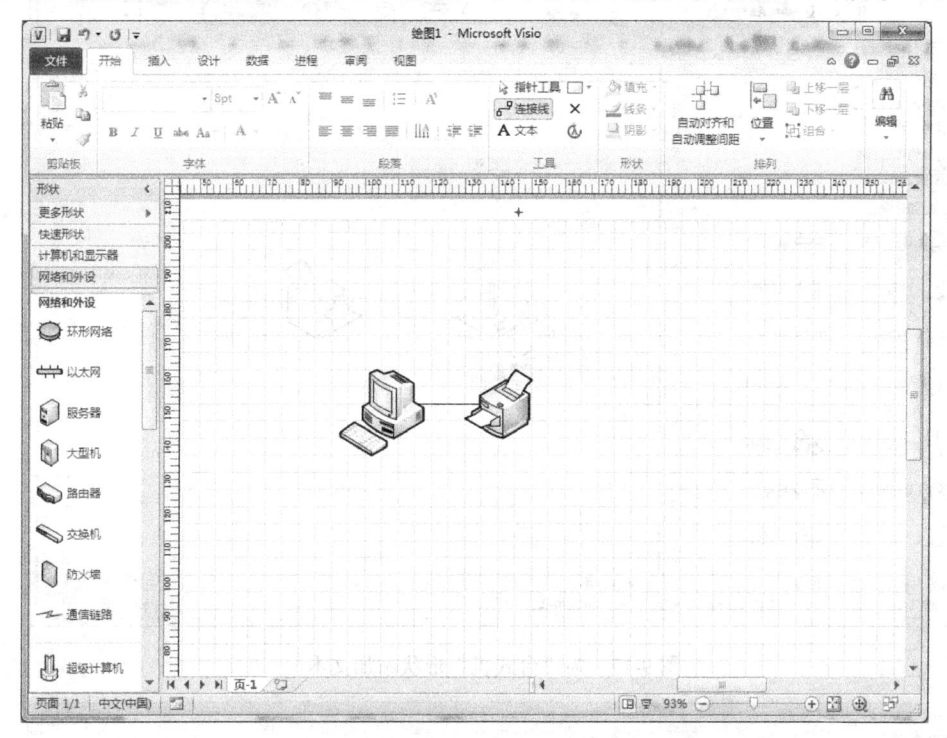

图 9-15　使用连接线工具手绘连接线连接形状

9.4　Visio 中的文本编辑

在 Visio 中可以为形状添加说明文本，也可以在绘图页面中添加说明文本，本节将介绍在 Visio 中添加及编辑文本的方法。

9.4.1　为形状添加说明文本

Visio 中不仅可以添加形状，还可为形状添加说明文本。以图 9-18 为例，如需为"台式机"形状添加说明文字，首先需在"开始"选项卡的"工具"组中单击"指针工具"按钮，使其处于高亮状态（见图 9-16），之后只需双击需要添加文字的"台式机"形状，即可进入形状的文本编辑状态，在文本编辑框中输入文字（见图 9-17）后，在任意空白处单击鼠标即可退出编辑状态（见图 9-18）。

图 9-16　为形状添加文本前先确认"指针工具"按钮处于高亮状态

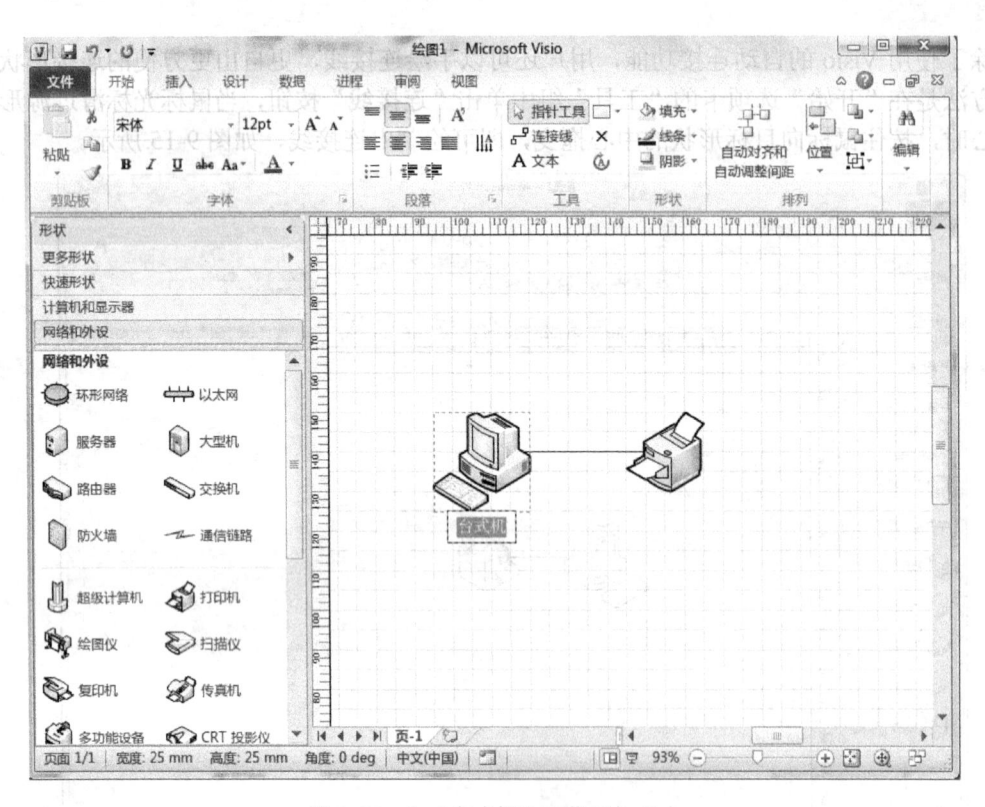

图 9-17 为"台式机"形状添加文本

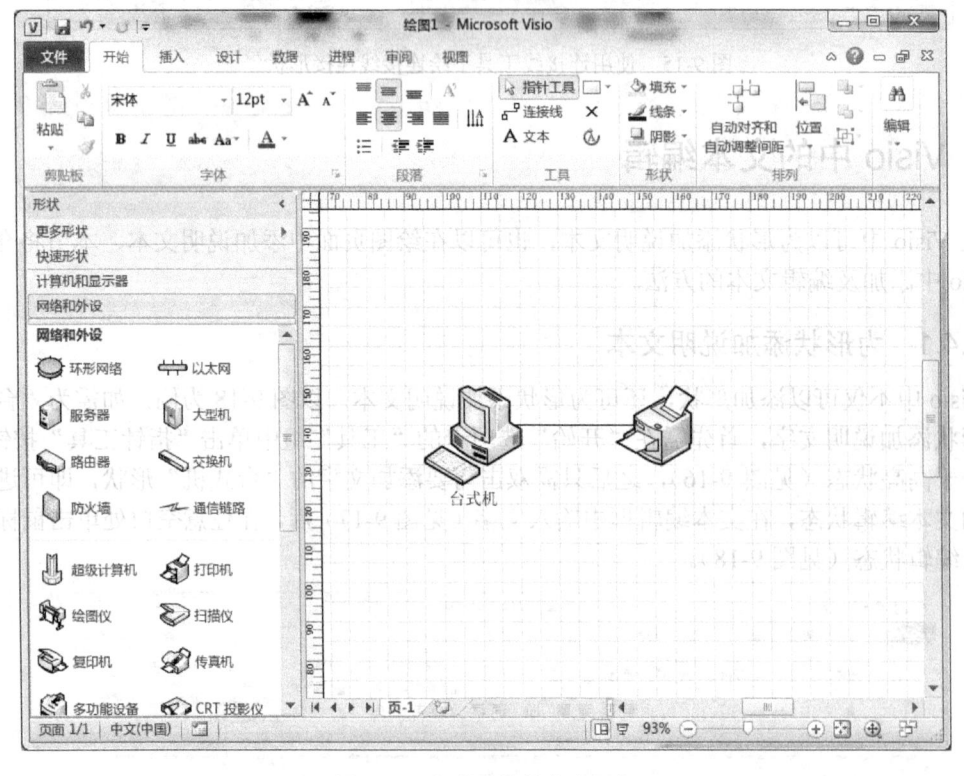

图 9-18 完成形状的文本添加

9.4.2 在页面中添加文本

除了为形状添加文本之外，还可以在 Visio 页面的任意位置添加文本。在"开始"选项卡的"工具"组中，单击"文本"按钮，使其处于高亮状态（见图 9-19），然后选择绘图页面中的待添加文字处单击鼠标，即可进入文本编辑状态（见图 9-20），添加文字后，在工具栏中重新选择"指针工具"按钮，即可退出文本编辑状态。

图 9-19　按下文本按钮

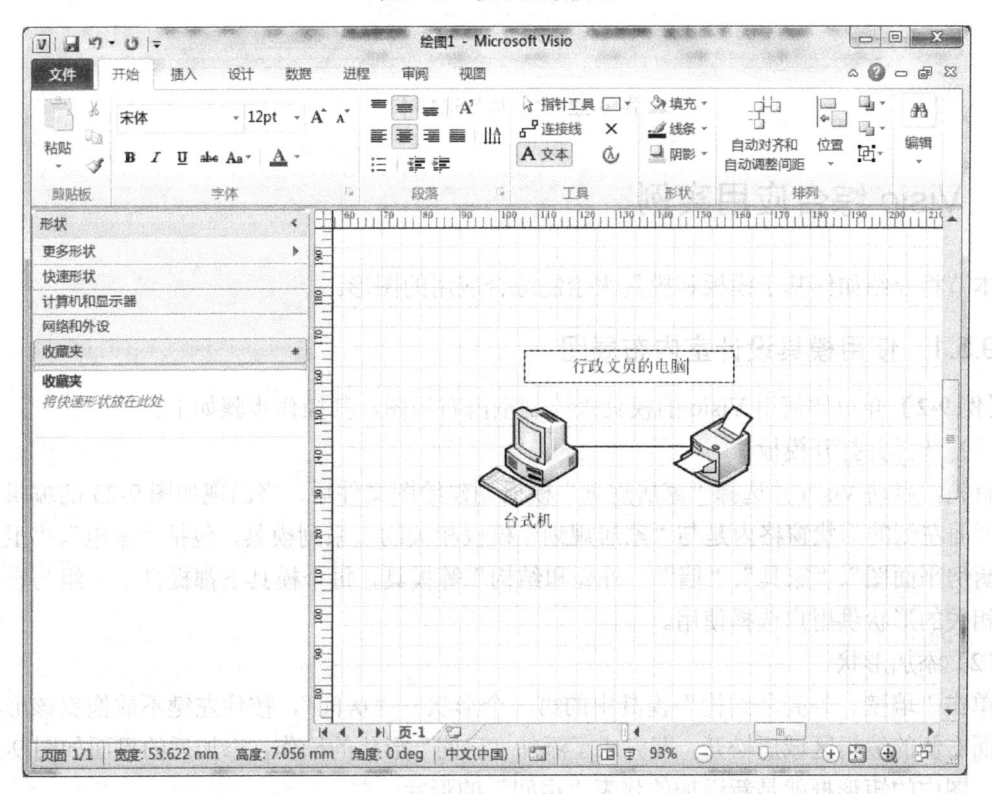

图 9-20　在页面中添加文字

9.4.3 设置文本格式

在形状和页面中添加文本后，还可以对文本进行格式设置，使其更符合实际需求。首先选中需设置格式的文本，在"开始"选项卡的"字体"组中（见图 9-21），可选择合适的字体、字号、颜色等属性，如需进一步设置，还可单击"开始"选项卡"字体"组的"显示字体对话框"按钮，打开字体属性对话框，进行更为详细的设置（见图 9-22）。

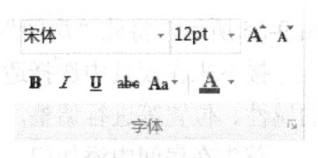

图 9-21　字体设置工具栏

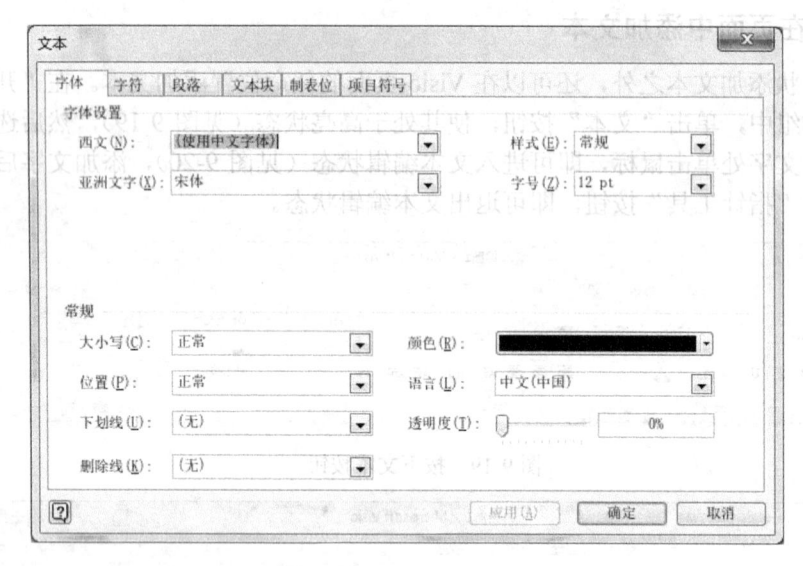

图 9-22 "字体"选项卡

9.5 Visio 综合应用实例

本节将介绍如何基于模板和模具来绘制综合应用的图形。

9.5.1 使用模具设计室内布局图

【例 9-2】介绍如何用 Visio 的模具来绘制室内布局图,其操作步骤如下:
(1) 选择并打开模板

首先,启动 Visio 并选择"家居规划"模板创建绘图文件后,将出现如图 9-23 的编辑界面,界面左侧的形状窗格内是与"家居规划"模板相关的一系列模具,包括"家电"、"卫生间和厨房平面图"、"家具"、"墙壁、外壳和结构"等模具,每个模具下都提供了一组与设计家居相关的形状供用户选择使用。

(2) 添加形状

单击"墙壁、外壳和结构"模具中的第一个形状——"房间",按住左键不放拖曳该形状至界面右侧的编辑区域后松开,即完成了添加"房间"形状的操作,添加后的界面如图 9-24 所示,图中的矩形框就是新添加的代表"房间"的形状。

(3) 设置形状的属性

接着可以设置房间的大小。如对于图中的形状"房间",选中后右击,在弹出的菜单中选择"属性"命令,即可打开设置属性对话框,对房间的宽度和高度作进一步的设置。如图 9-25 所示,将此"房间"的"宽度"设为 4m,"长度"设为 3.75m,面积为 15m^2。

接下来在模具中选择适当的代表家具的形状,添加到图 9-24 的房间中,并对这些形状的属性、位置等进行调整,即可完成最终符合设计要求的室内布局图。具体步骤如下:

首先在房间中添加门、窗。从"墙壁、外壳和结构"模具中将"门"形状拖到"房间"形状的墙壁上某个位置处,当用户释放鼠标时,门将自动连接到"房间"的墙壁上。

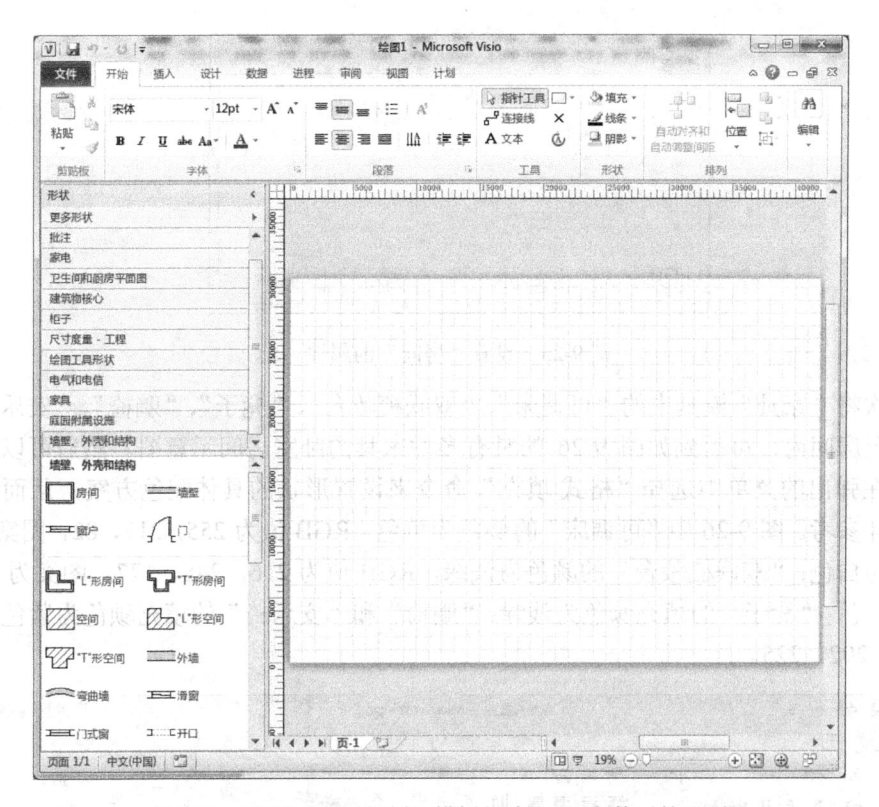

图 9-23　使用"家居规划"模板新建 Visio 文件后的界面

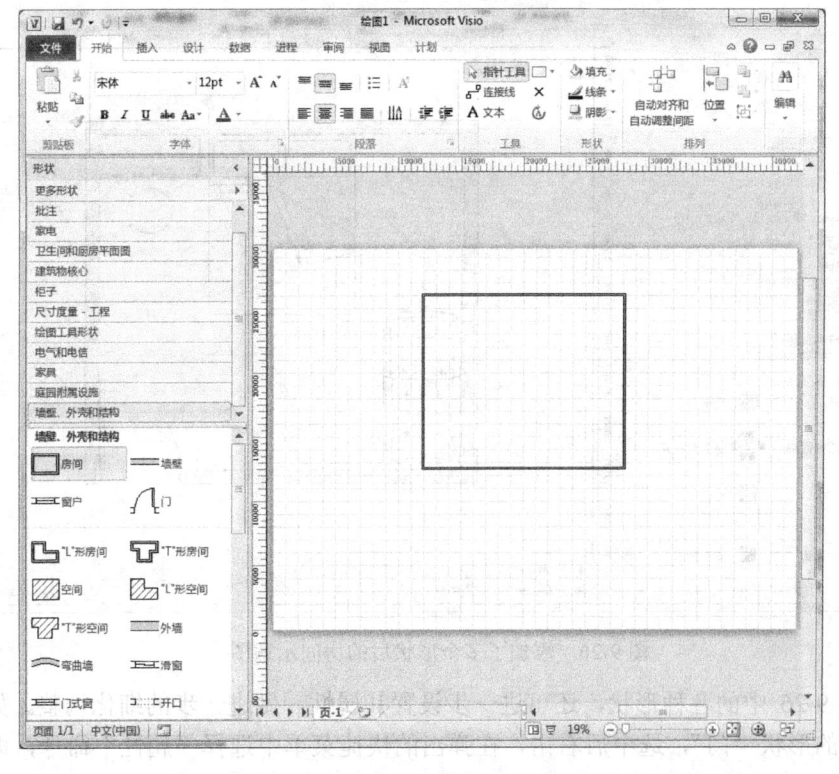

图 9-24　添加"房间"后的界面

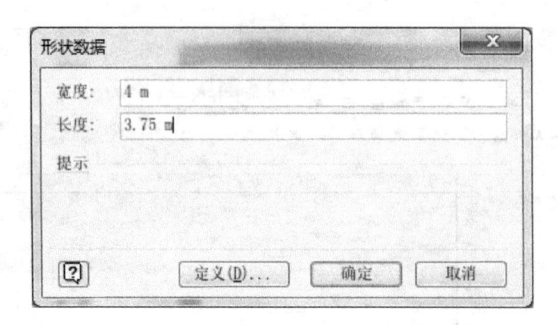

图 9-25　设置"房间"的属性

再依次将"家具"模具中的"可调床"、"双联梳妆台"、"凳子"、"躺椅"、"安乐椅"等形状添加至房间内，可得到如图 9-26 的具有多种家具的卧室房间示意图。然后可以选中形状右击，在弹出的菜单中选择"格式|填充"命令来设置形状的具体配色方案，从而为家居装修做设计参考。图 9-26 中"可调床"的颜色为黄色，RGB 值为 255，217，82，图案为 03，图案颜色为白色；"双联梳妆台"的颜色为浅绿，RGB 值为 216，248，177，图案为 29，图案颜色为白色；"凳子"的填充颜色为浅绿；"躺椅"和"安乐椅"的填充颜色为紫色，RGB 值为 226，202，225。

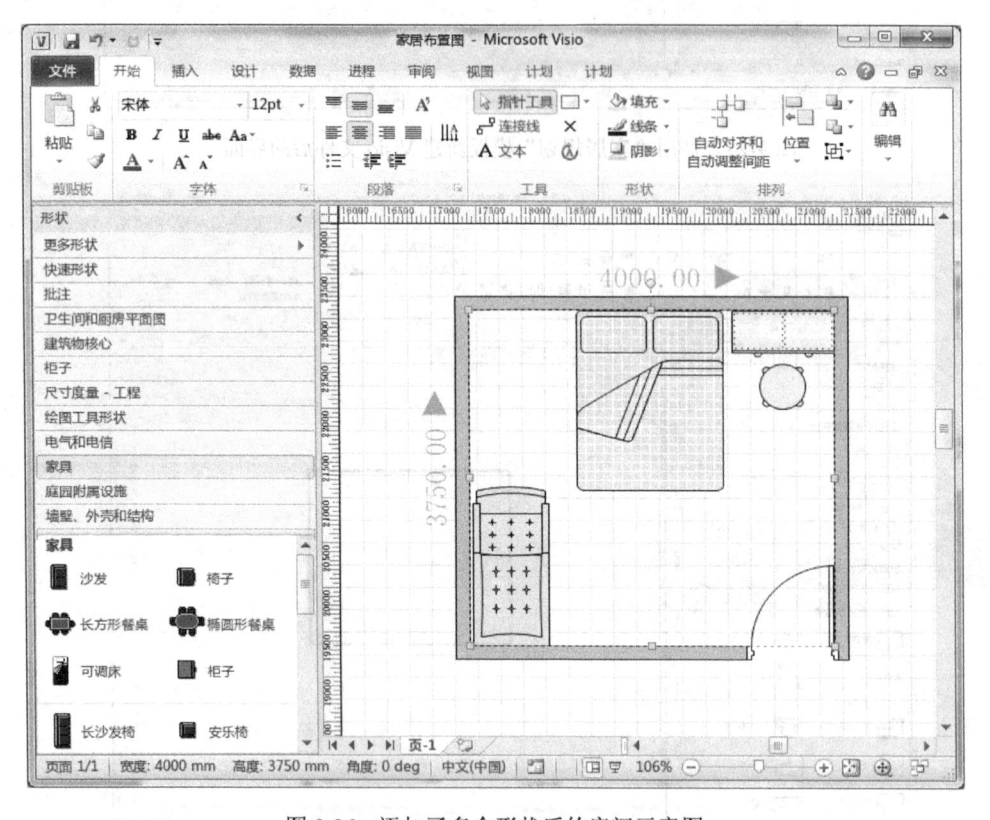

图 9-26　添加了多个形状后的房间示意图

对于图 9-26 中的各种形状，还可进一步设置其属性，做进一步的细化调整。如对于房间中右下角的形状"门"，选中后右击，在弹出的快捷菜单中选择"属性"命令，即可打开设置属性对话框，对门的属性作进一步的设置。

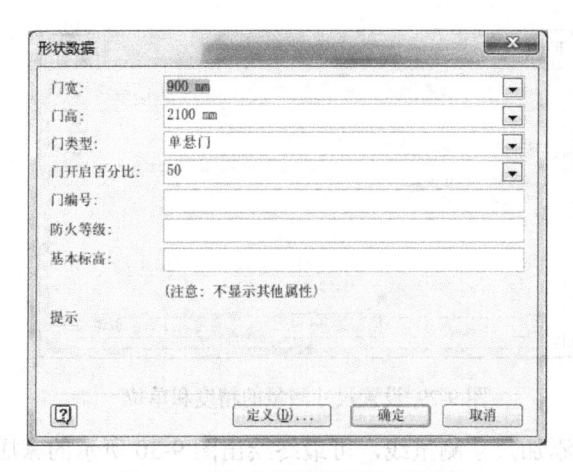

图 9-27 "门"的设置属性对话框

（4）测量尺寸

为给工程实施提供设计参考，Visio 还有精细的尺寸度量功能。例如，如想在图 9-26 的基础上绘制出尺寸度量，可选择"尺寸度量—工程"模具的"水平基准线"或"垂直基准线"拖入右侧的编辑界面，再把基准线的两端分别定位到待测量两端的图形或参考线上，Visio 就会自动绘制出"尺寸测量线"并测量出尺寸，如图 9-28 所示。

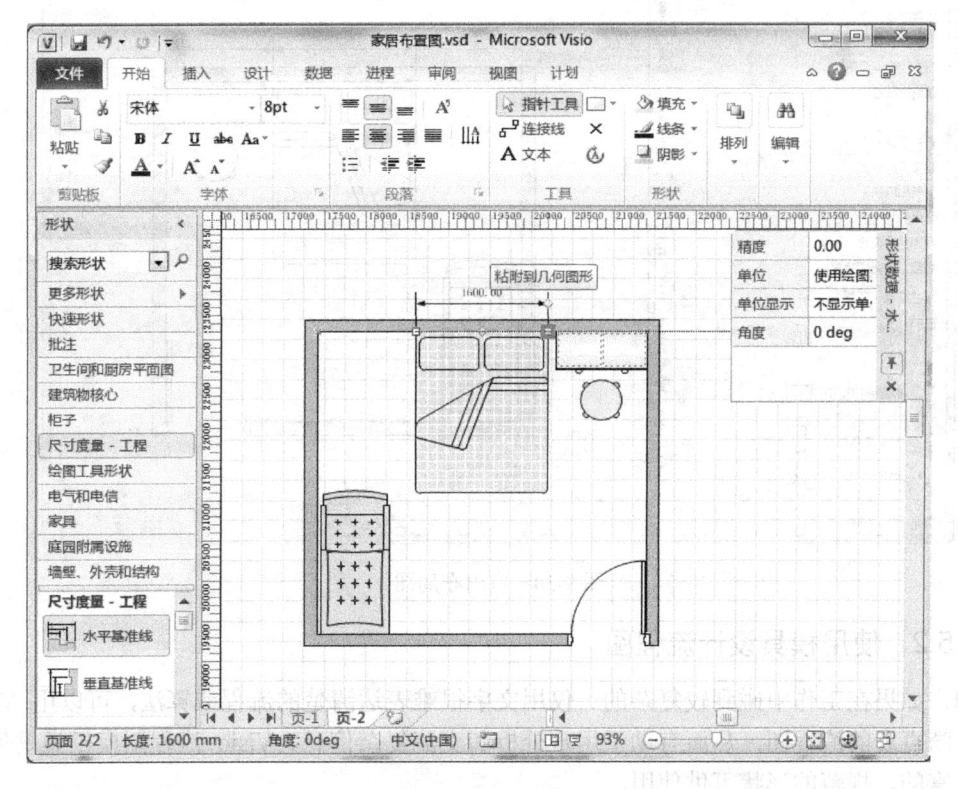

图 9-28 尺寸测量

用户可以右击所绘的"尺寸测量线"形状，在弹出的快捷菜单中选择"精度和单位"命令，对尺寸测量做更具体的设置，图 9-29 所示为设置测量线的单位是"米"，精度是"0.0"。

· 325 ·

图 9-29 设置尺寸测量的精度和单位

依据上述方法依次添加尺寸测量线，可最终绘出图 9-30 所示的家居布置图。

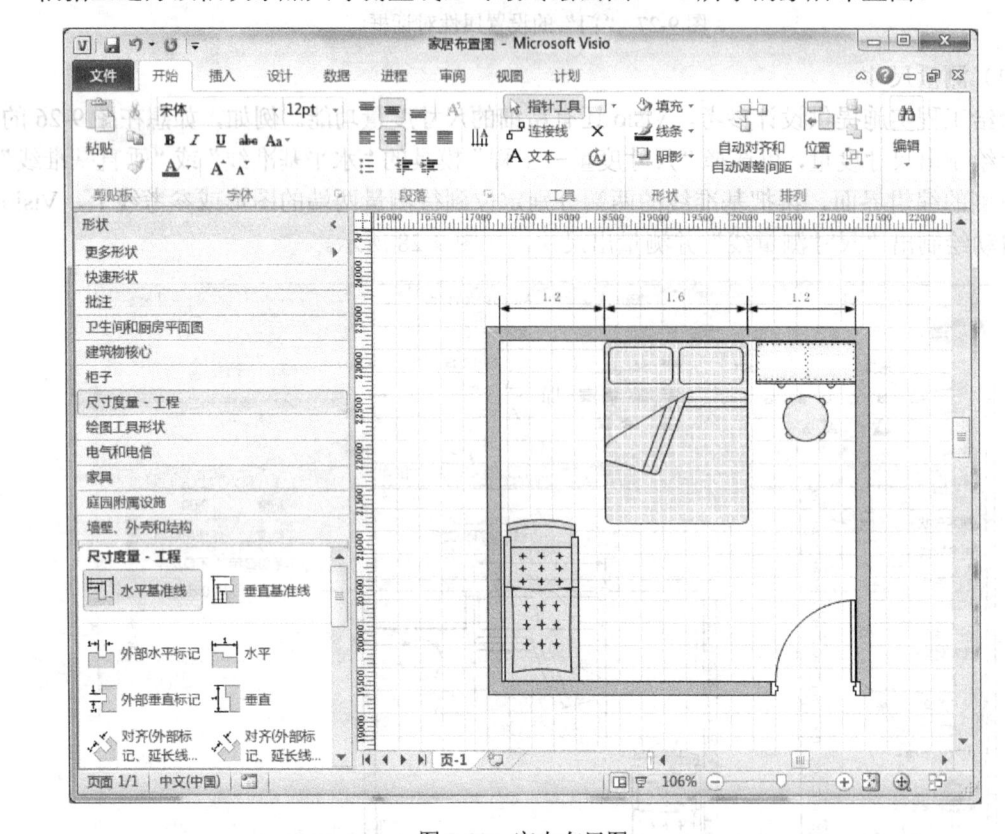

图 9-30 室内布局图

9.5.2 使用模具设计流程图

用户如果在工作中碰到较复杂的、仅用文字很难表达清楚的流程或算法，可以用 Visio 绘出清晰直观的流程图，从而有助于用户分析和交流复杂信息。Visio 流程图模板类里包含很多丰富的、规范的形状可供使用。

【例 9-3】程序设计中经常会碰到类似这样的一个问题，如输入一个百分制成绩，输出对应的等级。90 分及以上对应 A 等级，80 分及以上对应 B 等级，70 分及以上对应 C 等级，60 分及以上对应 D 等级，其他对应 E 等级，即不及格。如需描述清楚此问题的算法，最直观的方法是绘制流程图，其操作步骤如下：

（1）选择并打开模板

启动 Visio 后，在"模板类别"下，选择"流程图"模板类别，然后在"流程图"模板类别中，选择"基本流程图"模板，再单击右边的"创建"按钮即可建立新的 Visio 文件并且进入编辑状态，如图 9-31 所示。

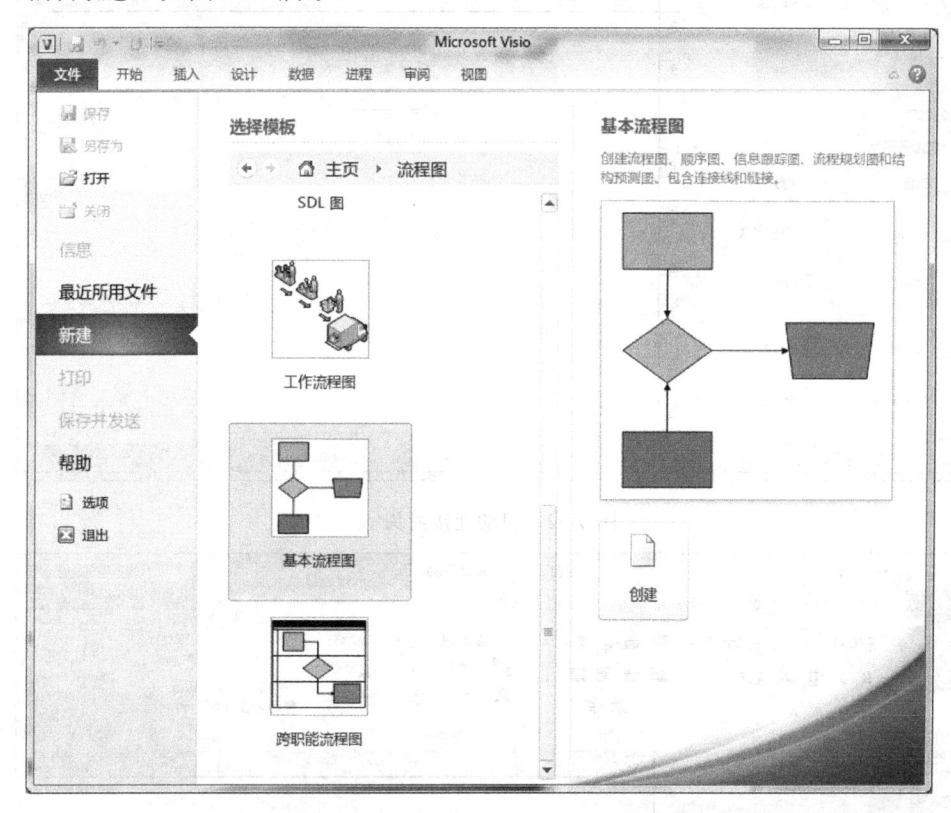

图 9-31　使用"基本流程图"模板新建 Visio 文件的界面

随着"基本流程图"模板的打开，也打开了包括许多相关形状的"基本流程图形状"模具，如图 9-2 所示。

（2）拖曳并连接形状

将"开始/结束"形状从"基本流程图形状"模具拖至绘图页上，然后松开鼠标按钮。将指针放在形状上，显示出如图 9-32 所示的上下左右四个方向的蓝色箭头。

将指针移到"开始/结束"形状下方的蓝色箭头上，此时将会显示一个浮动工具栏，该工具栏包含"基本流程图形状"模具顶部的一些形状。单击正方形的"流程"形状，"流程"形状即会添加到绘图中，并自动连接到"开始/结束"形状，如图 9-33 所示。如果要添加的形状未出现在浮动工具栏上，则可以将所需的新形状从左侧的"形状"窗口直接拖放到蓝色箭头上。新形状即会自动连接到原来的形状上。

（3）向形状添加文本

如图 9-34 所示，双击相应的形状并输入文本。输入完毕后，单击绘图页的空白区域或按 Esc 键退出文本编辑模式。

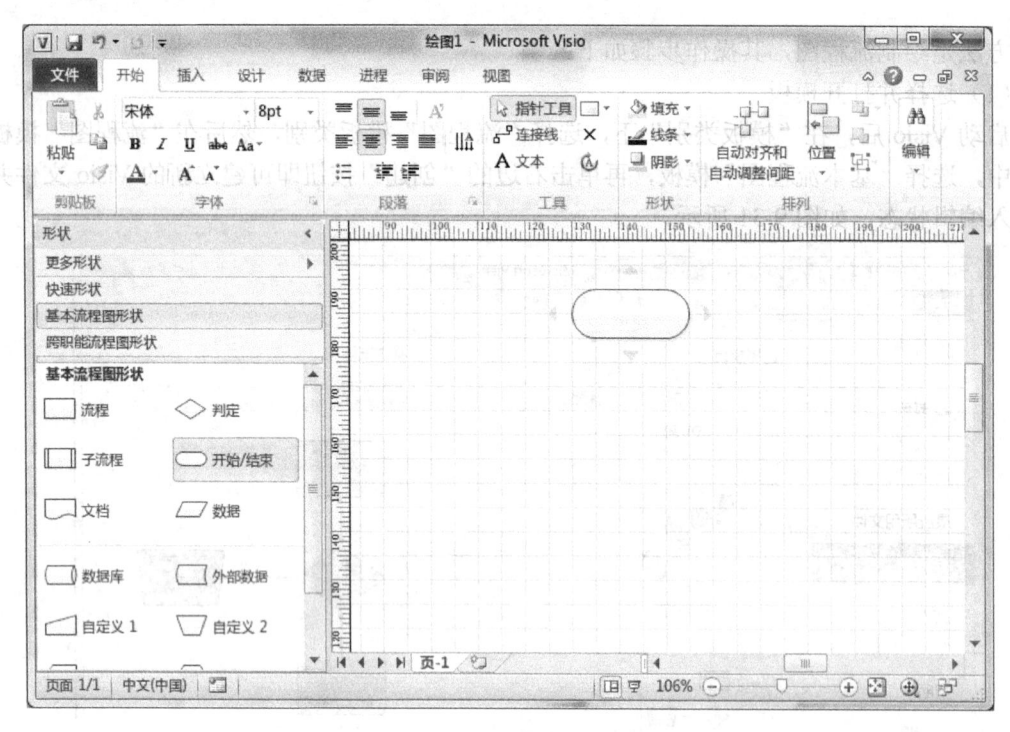

图 9-32　自动连接箭头

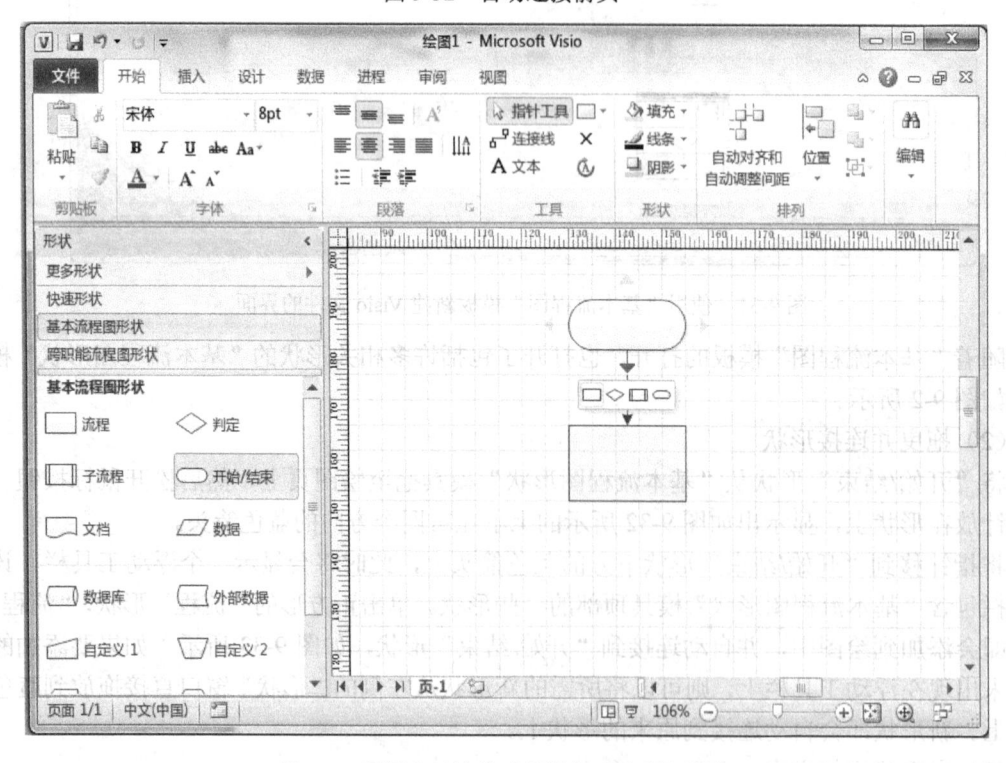

图 9-33　利用自动连接功能添加"流程"形状

按上述方法逐步添加此算法流程图所需的形状和说明文字，最终绘出如图 9-35 所示的流程图。相比用文字或用程序代码描述算法，此流程图一目了然，清晰准确。

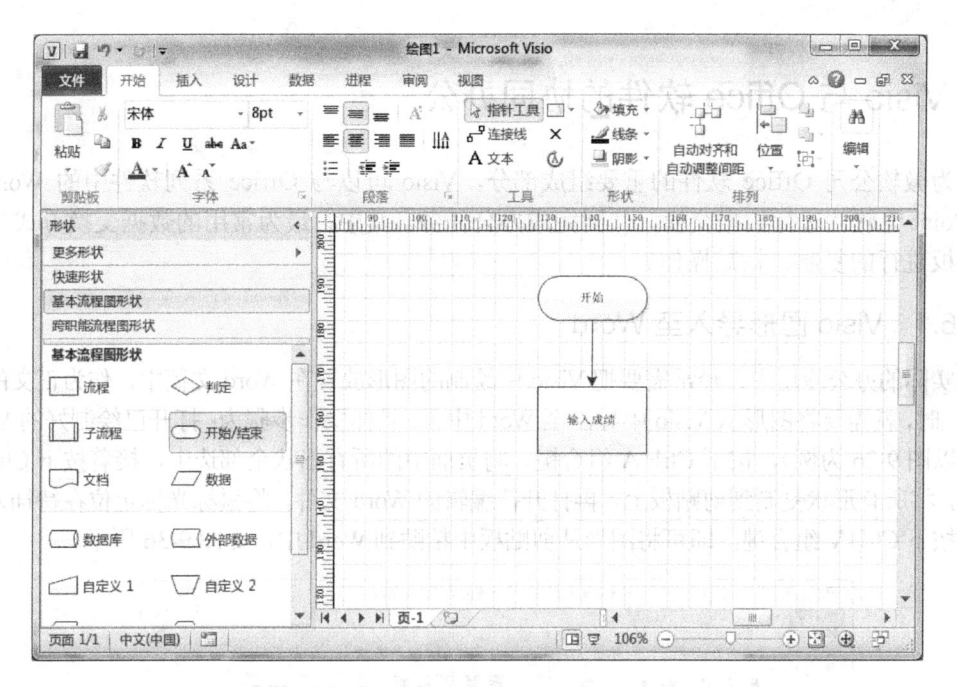

第 9 章 专业图表制作工具软件 Visio

图 9-34 在流程图形状中添加文本

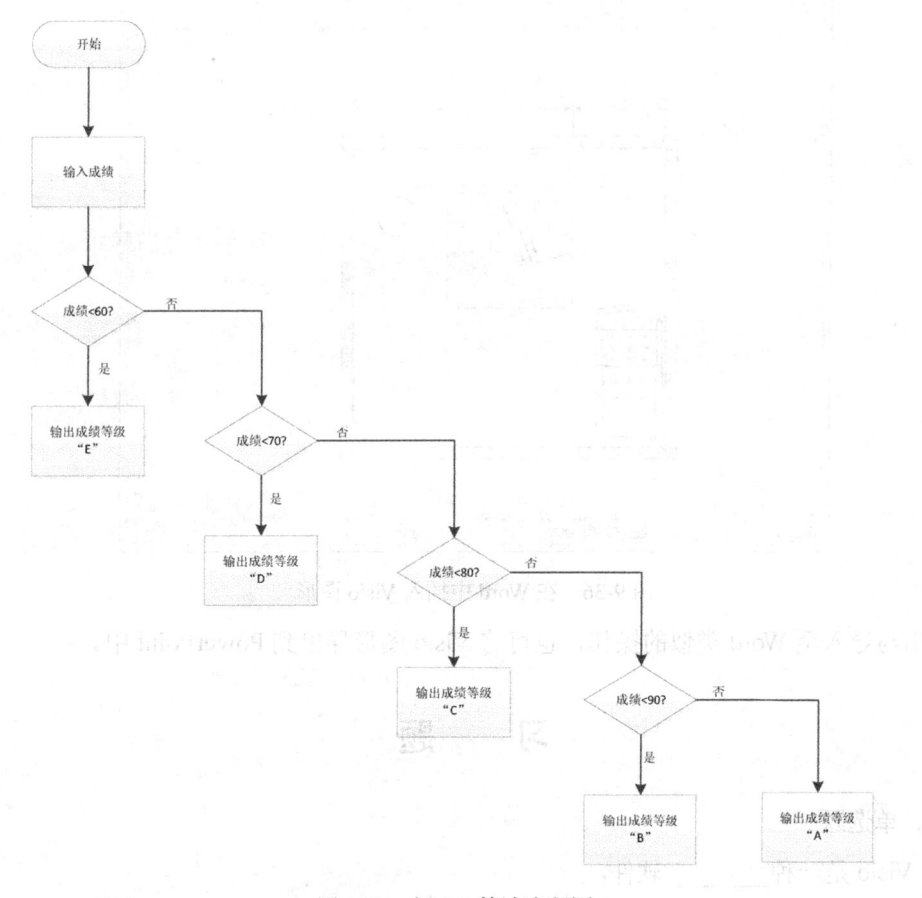

图 9-35 例 9-3 算法流程图

• 329 •

9.6　Visio 与 Office 软件的协同办公

作为微软公司 Office 软件的重要组成部分，Visio 可以与 Office 系列软件中的 Word、PowerPoint 等软件进行数据交换，共同完成办公任务。其中，最为常用的数据交换方式是通过剪贴板进行的复制、粘贴操作。

9.6.1　Visio 图形导入至 Word

在实际的办公应用中，经常需要把 Visio 中绘制的图形放置在 Word 文稿中，作为正文的一部分，此时，就需要将图形从 Visio 中导出至 Word 中去。具体操作步骤为：打开已绘制好的 Visio 文件（以图 9-26 为例），按下 Ctrl+A 组合键，将页面中的所有形状全部选中，接着按下 Ctrl+C 组合键，将所有形状复制到剪贴板上，再打开待编辑的 Word 文件，将鼠标光标定位在待插入位置后，按下 Ctrl+V 组合键，即可将图形从剪贴板中粘贴到 Word 中，如图 9-36 所示。

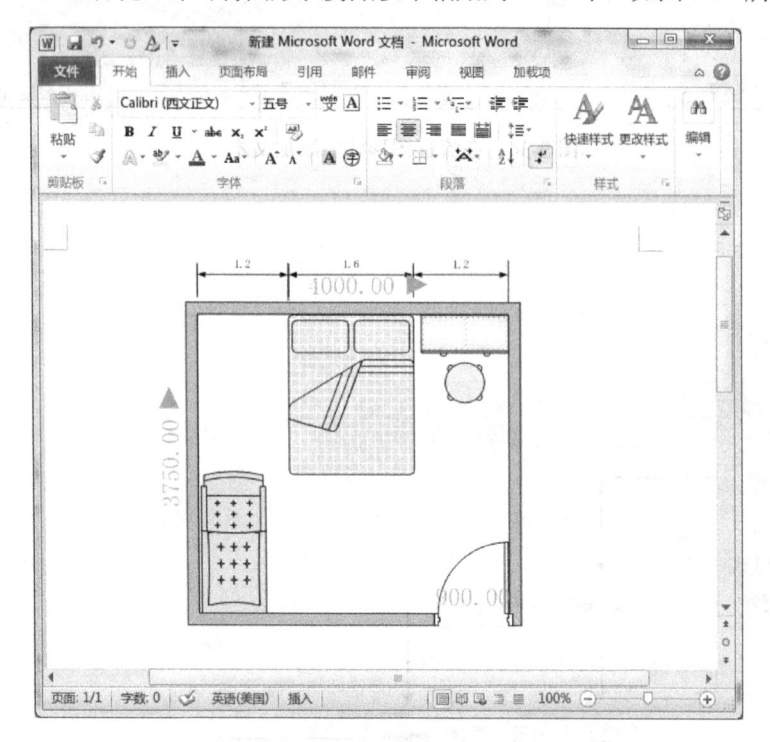

图 9-36　在 Word 中插入 Visio 图形

利用与导入至 Word 类似的操作，也可将 Visio 图形导出到 PowerPoint 中。

习　题

一、单选题

1. Visio 是一种_____软件。
　　A．文字编辑　　　　B．表格编辑　　　　C．数据处理　　　　D．图形化处理

2. Visio 图形默认的扩展名为_____。
   A．doc   B．txt   C．xls   D．vsd
3. 使用 Visio 绘制图形时使用的基本形状可以在_____中选择。
   A．模具   B．菜单   C．工具栏   D．绘图页
4. 用鼠标左键选中第一个形状后，可以按住_____键，再继续使用鼠标左键来同时选中多个形状。
   A．Space   B．Ctrl   C．Tab   D．Alt
5. 可以通过_____来旋转形状。
   A．自动连接箭头   B．旋转手柄   C．右键   D．直接拖曳

二、多选题

1. 以下_____可以作为 Visio 的图形素材。
   A．模板   B．模具   C．形状   D．字典
2. Visio 的应用领域有_____。
   A．软件设计   B．项目管理   C．企业管理   D．建筑设计
3. 以下_____是 Visio 为用户提供的模板。
   A．流程图   B．网络图   C．散点图   D．工程图
4. 以下_____是 Visio "家居规划"模板中的模具。
   A．家具   B．家电   C．墙壁   D．眼镜
5. 以下_____控件用来控制形状的行为。
   A．旋转手柄   B．文本框   C．单选按钮   D．自动连接箭头

三、填空题

1. 启动 Visio，首先会显示选择_____界面。
2. 在 Visio 绘图文档中，_____是构成结构图和流程图的基本元素。
3. Visio 中默认有_____个绘图页。
4. 拖曳_____能调整形状的大小。
5. 打开已绘制好的 Visio 文件，按下_____组合键，将页面中的所有形状全部选中，接着按下_____组合键，将所有形状复制到剪贴板上，再打开待编辑的 Word 文件，将鼠标光标定位在待插入位置后，按下_____组合键，即可将图形从剪贴板中粘贴到 Word 中。

四、简答题

1. 一个 Visio 绘图中可以创建多个绘图页吗？绘图页的名称可以自己更改吗？
2. 形状添加后如何通过旋转来改变其方向？
3. 如何能让多个形状同时移动？
4. 如何给形状添加说明文本？
5. 使用模板和模具创建 Visio 绘图的一般步骤是什么？

附录 A 实　　验

实验 1　操作系统与网络-Windows 应用基础

1. 实验目的

（1）掌握桌面常规显示设置。
（2）掌握 Windows 资源管理器和计算机窗口的基本操作。
（3）熟练掌握开始菜单和任务栏的设置方法。
（4）熟练掌握文件和文件夹操作方法。
（5）掌握常用磁盘维护工具。
（6）掌握常用附件工具。
（7）了解帮助系统的使用方法。

2. 实验内容

（1）桌面显示设置

① 将当前桌面主题设置为"中国"Aero 主题，在此主题下，桌面背景设置为主题中的 CN-wp5.jpg 图片；并设置屏幕保护程序为"变幻线"，等待时间 3 分钟。

② 去除桌面图标查看方式中的"自动排列图标"，将"回收站"图标拖动到桌面右上角，自定义 C 盘中回收站空间大小为 500MB。

③ 在桌面上添加"时钟"小工具，将默认时钟改成第 5 种向日葵样式，为时钟取名为 sunflower 并显示秒针。

④ 在桌面上添加系统图标"用户的文件"，查看桌面变化。

⑤ 将当前设置好的桌面利用画图工具以 Exp1-1.png 为文件名保存。

（2）自定义任务栏和开始菜单

① 在"自定义开始菜单"对话框中，将"控制面板"链接更改成"显示为菜单"。
② 将附件中的"记事本"添加到开始菜单的"固定程序"列表，并将它锁定到任务栏中。
③ 设置任务栏位置在"顶部"，并使用"使用 Aero Peek 预览桌面"。
④ 展开开始菜单，利用画图工具将开始菜单和任务栏截图以 Exp1-2.png 为文件名保存。

（3）文件和文件夹操作

① 在 E:\下分别建立名为 exe 和 tools 两个新文件夹。
② 在 C:\Windows\System32 文件夹中搜索文件名开头两个字母为 ms，扩展名为 exe 的

所有文件，并将这些文件复制到 E:\exe。

③ 将 E:\exe 文件夹中的文件 msconfig.exe 和 mspaint.exe 移动到 E:\tools。

④ 删除 E:\exe 文件夹下的文件 msinfo32.exe。

⑤ 将 E:\tools 文件夹图标设置成 。

⑥ 打开"文件夹和搜索选项"对话框，选中"显示隐藏的文件、文件夹和驱动器"以及"隐藏已知文件类型的扩展名"选项。

⑦ 利用 Windows 自带的压缩工具将 E:\exe 文件夹压缩成 exe.zip 文件，将该文件复制到 E:\tools 文件夹中。

⑧ 设置 E:\tools\msconfig.exe 文件属性为隐藏。

⑨ 将 E:\tools 文件夹重命名为 E:\工具。

⑩ 为 E:\工具文件夹下的文件 mspaint.exe 在 e:\exe 目录下建立快捷方式，为附件中的"命令提示行"工具在桌面建立快捷方式。

（4）利用磁盘碎片整理工具对 C 盘进行碎片整理，并制定计划：每月 30 日下午 5 点对 C 盘进行碎片整理。

（5）打开"写字板"，利用"截图工具"，将写字板窗口中"主页"选项卡下的功能选项组截图以 Exp1-3.png 为文件名保存。

（6）将 Windows 中有关"设置无线网络"的帮助信息利用写字板以 Exp1-4.rtf 为文件名保存。

实验 2　操作系统与网络-网络基本应用

1．实验目的

（1）了解计算机中网络 IP 地址的配置方法。

（2）掌握浏览器 IE 及搜索引擎的使用方法。

（3）掌握申请免费邮箱，了解收发邮件工具 FoxMail 的使用方法。

（4）了解 FTP 工具 FileZilla 的使用方法。

2．实验内容

（1）利用 ipconfig 网络命令，查看本机网络适配器 MAC 地址和 IP 地址等信息。将包含这些信息的窗口利用截图工具截图，以 Exp2-1.jpg 为文件名保存。

（2）查看本机 IP 地址、网关地址和 DNS 配置，将包含这些信息的窗口利用截图工具截图，以 Exp2-2.jpg 为文件名保存。

（3）设置 IE10.0，使菜单栏、收藏夹栏、命令栏和状态栏全部显示。

（4）设置 IE 默认进入主页为：www.baidu.com，IE 安全级别为"高"。

（5）在百度中搜索有关"计算思维"方面的信息，打开"计算思维百度百科"网页，将该网页以 Exp2-3.mht 为文件名保存，并将其中的人物照片利用截图工具截图，以 Exp2-4.jpg 为文件名保存。

（6）打开百度主页：www.baidu.com，在百度中继续搜索"在 Excel 中通过出生日期计算年龄"的帮助信息，查看搜索内容，并利用写字板将帮助信息以 Exp2-5.rtf 为文件名保存。

（7）打开网页 www.google.com.hk，单击上方"Gmail"按钮，以自己的姓名全拼申请 gmail 邮箱，如果不成功，可在姓名后加上适当后缀后如 zhangsan123 等重新申请直至成功。

（8）进入网站：http://www.onlinedown.net/，下载工具软件 FoxMail 并安装，在 FoxMail 中添加刚刚创建的邮箱账户，利用该邮箱给朋友写邮件。

（9）进入网站：http://www.onlinedown.net/，搜索并下载 FileZilla 工具并安装，选择常用 ftp 服务器模拟上传和下载操作。

实验 3 Word 应用-基本操作和排版

1．实验目的

（1）熟悉 Word 的启动和退出。
（2）熟悉 Word 窗口的组成。
（3）熟练掌握创建和保存文档的方法。
（4）熟练掌握编辑文档的方法。
（5）熟练掌握文字和段落格式等的设置方法。

2．实验内容

打开素材 Exp3-1.docx 文件，按以下要求对文档进行操作。

（1）文档排版

① 设置标题为：居中、华文行楷、二号字；"蓝色，强调文字颜色 1"填充效果；"蓝色，强调文字颜色 1"内部阴影；"水绿色，18pt 发光，强调文字颜色 5"发光效果。

② 第 1、2 段设置首行缩进 2 个字符，第 1 段设置：行间距为 18 磅，首字下沉，下沉 3 行，距正文 0.3 厘米，下沉字体为幼圆。

③ 第 2 段段前和段后各空 0.5 行，1.5 倍行间距；文字颜色为水绿色，强调文字颜色 5，深色 25%，楷体，小四号字，加粗；添加段落上、下空 2.25 磅，水绿色，强调文字颜色 5 的边框；添加水绿色，强调文字颜色 5，淡色 80%底纹颜色，水绿色，强调文字颜色 5，淡色 40%浅色下斜线底纹图案。

④ 第 3、4、5 段设置首行缩进 2 个字符，并给 3、4、5 段添加如实验图 3-1 所示的项目符号，项目符号设置为：Wingdings 字体、四号字，水绿色，强调文字颜色 5，淡色 40%颜色。

⑤ 将第 6 段文字转换为繁体字，添加水绿色，强调文字颜色 5 的竖排文字文本框，并为文本框添加外部居中偏移阴影的形状效果。

⑥ 将第 7 段设置首行缩进 2 个字符，分三栏显示，带分隔线，第 1、2 栏栏宽分别为 8、12 字符，栏间距为 2 个字符。

（2）绘制一枚红色公章，如实验图 3-2 所示，将公章的各个对象组合在一起，从而使公章里的内容能一起移动。

（3）编辑证书，设置纸型为 32 开，纸张方向为横向，加艺术形页面边框，如实验图 3-3 所示。

上海大学

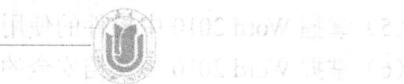

关于
单击此处输入通知名称
的通知

<u>接收通知单位名称</u>

　　单击此处输入通知正文。

<u>　通知单位名称　</u>
2013 年 7 月 12 日

上海大学　　地址：上海市宝山区上大路99号　　邮编：200444

实验图 10-1

期末考试成绩单

学号	姓名	语文	数学	英语	物理	化学	总分
12120002	韩二	78	93	88	87	82	428

期末考试成绩单

学号	姓名	语文	数学	英语	物理	化学	总分
12120006	唐六	81	87	82	90	94	434

期末考试成绩单

学号	姓名	语文	数学	英语	物理	化学	总分
12120007	刘七	75	80	93	78	84	410

期末考试成绩单

学号	姓名	语文	数学	英语	物理	化学	总分
12120009	宋九	91	85	90	96	92	454

期末考试成绩单

学号	姓名	语文	数学	英语	物理	化学	总分
12120010	黄十	73	81	88	65	76	383

实验图 10-2

（5）掌握 Word 2010 中控件的使用。

（6）掌握 Word 2010 中文档安全的设置方法。

2．实验内容

（1）参照例 5-10 案例，在 Word 2010 中新建一个文件名为 Exp10-1.docx 的文档，内容自选。

（2）在 Word 2010 中新建一个启用宏的文档 Exp10-2.docm，在文档中录制宏名为"MacroEx"的宏，要求该宏满足以下功能和要求：

① 将宏保存在文件 Exp10-2.docm 中。

② MacroEx 宏的功能为：输入符号"【】"，将光标移至方括号内，等待用户输入文本。

③ 为 MacroEx 宏添加宏按钮到"自我定义"选项卡的"文本"组。

④ 为 MacroEx 指定快捷键为"Ctrl+/"。

（3）在 Word 2010 中新建一个启用宏的文档 Exp10-3.docm，在文档中创建一个宏，该宏的功能是将"计算器"添加到 Word 中。

提示：

① 在"开发工具"选项卡的"代码"组中单击"宏"按钮，在打开的"宏"对话框中的"宏名"文本框中输入宏的名称"Calculator"，在"宏的位置"下拉列表中选择当前文档 Exp10-3.docm，然后单击"创建"按钮。

② 在打开的 VBE 代码编辑窗口中，系统会自动创建 Sub Calculator()过程，在过程中输入代码 *Shell ("Calc.exe")*

③ 为 Calculator 宏添加宏按钮到"自我定义"选项卡的"工具"组。

④ 为 Calculator 指定快捷键为"Ctrl+\"。

（4）在 Word 2010 中新建一个空白文档，将其保存为文件名为 Exp10-4.dotx 的模板文件，在文档中进行如下内容设置，结果如实验图 10-1 所示。

提示：

① 进行页眉页脚设置。

② 编辑文档内容，其中"单击此处输入通知名称"、"接收通知单位名称"、"单击此处输入通知正文"、"通知单位名称"均为域。（域类别：文档自动化；域名：MacroButton；宏名：DoFieldClick）

③ 落款日期要求为"日期和时间"域类别中的"CreateDate"域。

（5）以素材成绩表.xlsx 为数据源，成绩单.docx 为主文档，进行邮件合并，生成所有女同学的成绩单，保存在文件 Exp10-5-女成绩单.docx 中。结果如实验图 10-2 所示。

（6）使用 Word 2010 控件，制作如实验图 10-3 所示的"大学生调查表"，保存在文件 Exp10-6.docx 中。

（7）在实验（1）所完成的 Exp10-1.docx 文档中进行如下操作：

① 为文档添加打开密码。

② 为文档添加限制编辑，在"编辑限制"列表中选择"修订"选项，然后启动强制保护。

③ 编辑结果保存在文件 Exp10-7.docx 中。

③ 依次为艺术字和苹果图案添加楔入动画效果，并设置艺术字从上一动画之后开始播放动画效果；设置苹果图案与上一动画同时播放动画效果。

④ 根据自己的喜好为演示文稿中的其他对象添加动画效果，也可以利用动画刷复制已设置完成的动画效果。

（13）在第三张幻灯片的右下角插入"后退或前一项"动作按钮，将其链接到第一张幻灯片。在第五张幻灯片中，将左上角的图片链接到"http://www.shu.edu.cn"网页。

（14）为所有的幻灯片添加"覆盖"的切换效果，并设置切换持续时间为 1.25 秒。

（15）在演示文稿最后插入两张幻灯片，根据自己的喜好输入内容、格式自拟。

（16）为演示文稿中的幻灯片设置循环放映方式，直到按 Esc 键结束放映。并从头录制幻灯片演示，用于以后放映时自动播放。

（17）在幻灯片浏览视图中查看最后效果，如实验图 9-1 所示。并保存演示文稿。

实验图 9-1　演示文稿最后效果

（18）将演示文稿另存为 PowerPoint 放映文件 Exp9-1.ppsx，并播放该文件。

实验 10　Word 高级应用

1．实验目的

（1）掌握 Word 2010 中长文档的编辑技巧。

（2）掌握 Word 2010 中录制宏的方法。

（3）掌握 Word 2010 中模板文件的使用。

（4）掌握 Word 2010 中邮件合并的方法。

放在 A14 开始的单元格中。条件区域建立在 K2 开始的区域。
（5）按分科意见进行分类汇总，统计各类学生的人数。
（6）将编辑好的文件保存。

实验 9　PowerPoint 应用-综合实验

1．实验目的
（1）掌握演示文稿的创建和编辑的基本操作方法。
（2）掌握主题、背景、图片的应用。
（3）掌握幻灯片版式、母版的使用方法。
（4）掌握幻灯片中多媒体对象的应用。
（5）掌握创建超链接的方法。
（6）掌握幻灯片中对象的动画效果设置方法。
（7）掌握幻灯片切换效果的设置方法。
（8）掌握幻灯片放映方式的设置方法。

2．实验内容
（1）新建一个名为 Exp9-1.pptx 的空白演示文稿。
（2）将 power1.pptx 演示文稿中的所有幻灯片插入到新创建的 Exp9-1.pptx 演示文稿中。
（3）删除第一张幻灯片。交换第二和第三张幻灯片的顺序。
（4）为所有幻灯片应用"气流"主题效果，并更改该主题的颜色为"华丽"。
（5）修改幻灯片母版标题样式的项目符号颜色为深红色，修改母版第一级文本样式：项目符号颜色为"淡紫，背景 2，深色 75%"、字号为 28 号、加粗。
（6）在所有幻灯片的右下角位置添加页脚"梦想……"，并在左下角添加幻灯片编号，并且标题幻灯片不显示编号，并设置第二张幻灯片的编号为 1。
（7）调整最后一张幻灯片中标题占位符的位置。设置左侧英文字格式为"填充-紫色，强调文字颜色 2，粗糙棱台"，大小为 36 号。
（8）将第一张幻灯片的版式修改为"标题幻灯片"。
（9）在第一张幻灯片中插入 wing.gif 图片，适当调整图片的大小、位置和角度（30^0）。设置图片格式："颜色"为"紫色，强调文字颜色 2 浅色"、"亮度和对比度"为"亮度：+40% 对比度：+20%"、并添加"向上偏移"的外部阴影。
（10）在第一张幻灯片中插入音频文件 music.mp3，并设置该音频文件跨幻灯片播放和放映时隐藏音频图标。
（11）在第二张幻灯片上插入艺术字"被上帝咬了一口的苹果"，艺术字样式为"渐变填充-灰色，轮廓-灰色"，"文本效果"为"圆形"，最后调整艺术字大小和位置。
（12）在第二张幻灯片中设置动画效果。
① 设置右上角文字动画效果：翻转式由远及近、从上一动画之后开始播放动画效果。
② 设置左上角的图片动画效果：自左侧擦除、持续时间为 1 秒、从上一动画之后开始播放动画效果。并利用"动画刷"将该图片上的动画效果应用到该幻灯片的其他图片上。

(1) 在 Sheet1 工作表的 A14：I27 区域建立簇状柱形图表。
(2) 将物理数据系列以折线图表示。
(3) 设置图表布局样式为"布局 9"，并按样张输入标题。
(4) 将数值轴的主要刻度单位设为固定值 40。
(4) 设置图表区"小纸屑"图案填充，圆角边框。
(5) 将编辑好的文件保存。

实验 8　Excel 应用-基本数据管理

1．实验目的

(1) 掌握数据的排序方法。
(2) 掌握数据的筛选方法。
(3) 掌握数据的分类汇总方法。

2．实验内容

打开实验 7 创建的 Exp7-1.xlsx 文件，将此文件另存为 Exp8-1.xlsx，然后按以下要求进行操作。操作结果如实验图 8-1 所示。

实验图 8-1　Excel 样张

(1) 复制 Sheet1 工作表，并将复制的工作表重命名为：基本数据管理。
(2) 将基本数据管理工作表中的图表删除。
(3) 对分科意见按"全能生、理科生、文科生"的次序进行排序。
(4) 用高级筛选筛选出总分大于 360，或者数理总分不小于 180 的学生，将筛选结果存

实验图 6-1　Excel 样张

（1）使用自动求和按钮计算总分，用插入函数按钮计算平均分。

（2）用 IF 函数统计分科意见。统计规则如下：总分>360 的学生，分科意见为"全能生"；数理总分>=180 的学生，分科意见为"理科生"；其他情况，分科意见为"文科生"。

（3）设置标题格式：黑体、18、加粗，并在 A1：I1 区域跨列居中。

（4）设置行高为 15（标题除外）。

（5）格式化表格的边框线和数值显示。

（6）将 C3：F12 区域定义区域名为 mark。

（7）利用条件格式将 mark 区域小于 60 的数值设置：红色、加粗。

（8）将编辑好的文件以原名保存。

实验 7　Excel 应用-图表

1．实验目的

（1）掌握创建图表的方法。

（2）掌握图表的编辑方法。

（3）掌握图表的格式化操作。

2．实验内容

打开实验 6 创建的 Exp6-1.xlsx 文件，将此文件另存为 Exp7-1.xlsx，然后按以下要求进行操作。操作结果如实验图 7-1 所示。

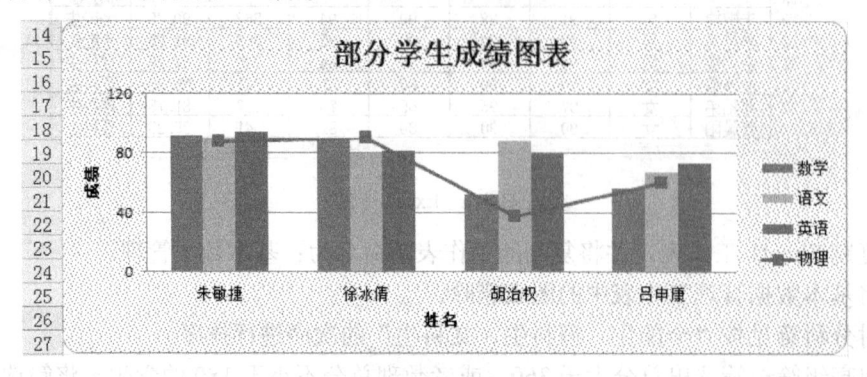

实验图 7-1　图表样张

（8）将编辑好的文件以原名保存。

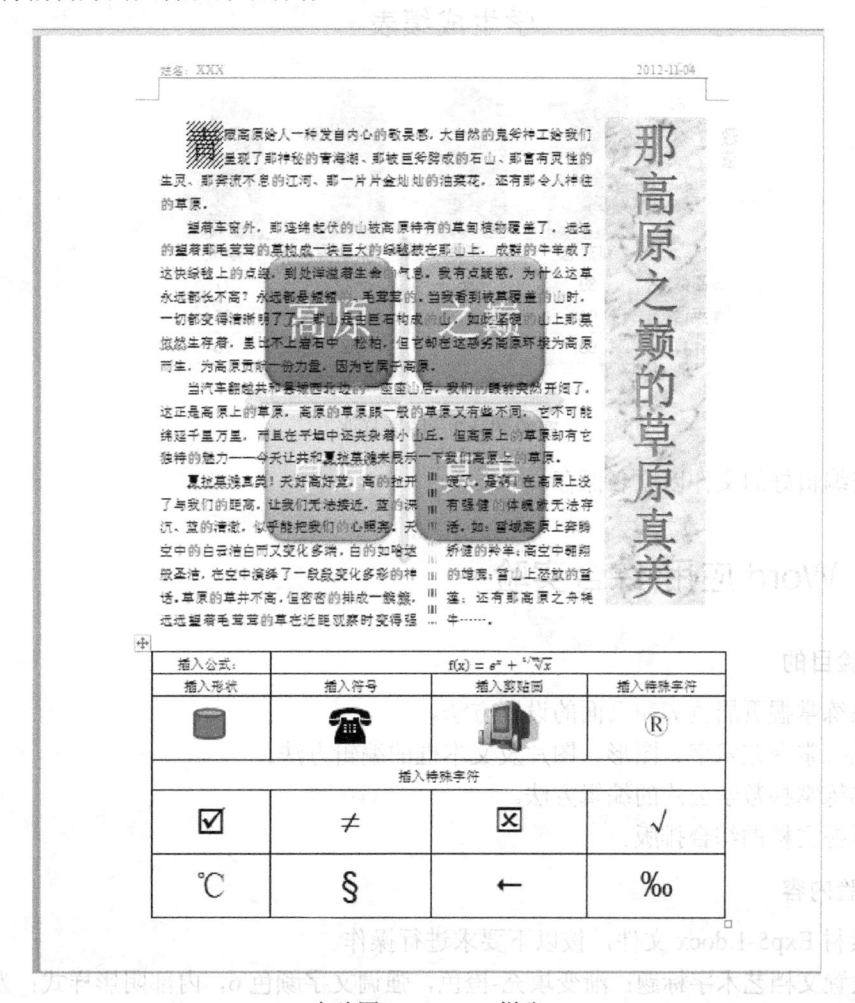

实验图 5-1　Word 样张

实验 6　Excel 应用-基本操作

1．实验目的

（1）掌握文件的创建、保存等基本操作。
（2）掌握数据输入。
（3）掌握公式和函数的使用。
（4）掌握数据格式化操作。
（5）掌握条件格式的使用。
（6）掌握区域名的定义和使用。

2．实验内容

打开素材 Exp6-1.xlsx 文件，按以下要求进行操作。操作结果如实验图 6-1 所示。

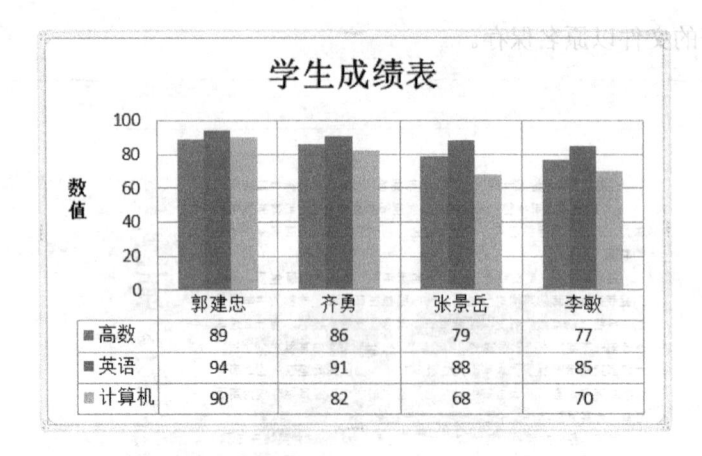

实验图 4-2　图表样张

（6）将编辑好的文件以原名保存。

实验 5　Word 应用-综合实验

1．实验目的

（1）熟练掌握页眉页脚和页面的设置方法。
（2）熟练掌握艺术字、图形、图片及文本框的编辑方法。
（3）熟练掌握数学公式的编辑方法。
（4）掌握文档的综合排版。

2．实验内容

打开素材 Exp5-1.docx 文件，按以下要求进行操作。

（1）设置文档艺术字标题：渐变填充-橙色，强调文字颜色 6，内部阴影样式；为标题填充"白色大理石"纹理效果；并将艺术字垂直放置。（混排效果与实验图 5-1 大致相同）。

（2）将全文中除标题以外的所有"的"设置成：蓝色、加粗。

（3）将文档中所有段落首行缩进 2 个字符，行距设置为 1.1 倍，给文档第 1 段落设置首字下沉两行，并设浅色上斜线图案样式底纹。

（4）将最后一段分成等宽 2 栏。栏间加分隔线：圆点、6 磅、三线复合类型，"彩虹出岫"预设颜色的渐变线线条。

（5）按 Word 样张给文档添加页眉：小四号、加粗，（请用考生本人姓名替代样张中的 XXX），并在右侧插入日期。

（6）按 Word 样张在文档中插入表格，表格中的内容为：公式（字号大小均设为二号）、形状（圆柱形）、office 剪贴画（宽高：2，3 厘米）、符号及特殊字符（字号大小均设为一号），并设置单元格中内容水平垂直居中。

（7）按 Word 样张在文档中插入"网格矩阵"的 SmartArt 图形，并设置颜色为：彩色范围-强调文字颜色 5-6，SmartArt 样式为：强烈效果；并将其置于文字下方，位置如实验图 5-1 所示。

（4）将编辑好的文件以原名保存。

实验 4　Word 应用-表格制作

1．实验目的

（1）熟练掌握创建表格及合并与拆分单元格的方法。
（2）熟练掌握表格的插入与删除等常用操作。
（3）熟练掌握调整与修饰表格的方法及技巧。
（4）熟悉表格的排序与计算。

2．实验内容

（1）新建一个名为 Exp4-1.docx 的文档。
（2）在文档中输入以下内容：
，高数，英语，计算机，物理（注意：高数前的逗号不能少）
郭建忠，89，94，90，92
李敏，77，85，70，73
张景岳，79，88，68，71
齐勇，86，91，82，85
（3）按如下要求完成如实验图 4-1 的表格。
① 将以上文字转换成 5 行 5 列的表格。
② 在表格的最右侧插入列"总分"，用公式计算出各科成绩的总分。
③ 为表格排序，按总分降序排列。
④ 在表格最后插入一行，如实验图 4-1 所示，用公式计算出总计值，最后一行文字加粗。
⑤ 按实验图 4-1 所示设置表格的边框和底纹，外部框 2.25 磅，内边框 1.5 磅；内边框和底纹颜色为深蓝，文字 2，淡色 60%。
⑥ 表格各列列宽 2.5 厘米，第 1 行行高 1.2。表格文字水平垂直居中。
⑦ 在表格上方插入题注"学生成绩表 1"，题注文字为华文琥珀，小二号字，文字效果渐变填充-蓝色，强调文字颜色 1。
⑧ 给表格添加斜线表头，如实验图 4-1 所示。

学生成绩表 1

科目 姓名	高数	英语	计算机	物理	总分
郭建忠	89	94	90	92	365
齐勇	86	91	82	85	344
张景岳	79	88	68	71	306
李敏	77	85	70	73	305
总计					**1320**

实验图 4-1　表格样张

（5）利用表格数据制作图表，如实验图 4-2 所示。

塞上明珠——银川

银川是宁夏回族自治区的中心,自古有塞上明珠之称,银川历史文化悠久,有丰富的旅游资源,在哪里不仅可以领略西北的自然风景,还能探寻古老的文化历史,较出名的景点有西夏王陵、横城堡、贺兰山岩画、海宝塔寺、银川镇北堡西部影视城、三关口明长城等。

> 西夏王陵,是西夏的皇家陵园,位于贺兰山东麓,市内有公交车可前往。占地53平方公里,有九座陪陵,253座陪葬墓,是国内现存最大、最完整的帝陵之一,景区内现在建成了西夏博物馆、西夏史话艺术馆、西夏碑林等景点。

❀ 银川鸣翠湖生态旅游区,位于银川市东侧,总面积大约7平方公里,这里风光绮丽,百鸟成行,既有江南的秀丽,又有塞外的大气。

❀ 横城堡,位于银川黄河大桥附近,原来是明代的一座兵营,已有很久的历史,城内的遗迹记录了当时的故事及历史。

❀ 贺兰山岩画,距银川市有六十公里,景区有千余幅岩画,是我们了解当时文化、经济、历史等的珍贵资料,也是艺术珍品。

| 海宝塔寺,位于兴庆区,寺内绿树环绕,房屋错落 | 有致,更有著名的北塔(又称海宝塔),塔高54米,有9层11级楼阁,是砖式结构, | 已有很久的历史,每年农历七月十五,都会举办孟兰庙会。 | 三关口明长城区,距银川市40公里,这里的三关口南关长城、北关长城和关外的长城残址可以让我们领略长城下的西北风光。 |

实验图 3-1

实验图 3-2 公章样张

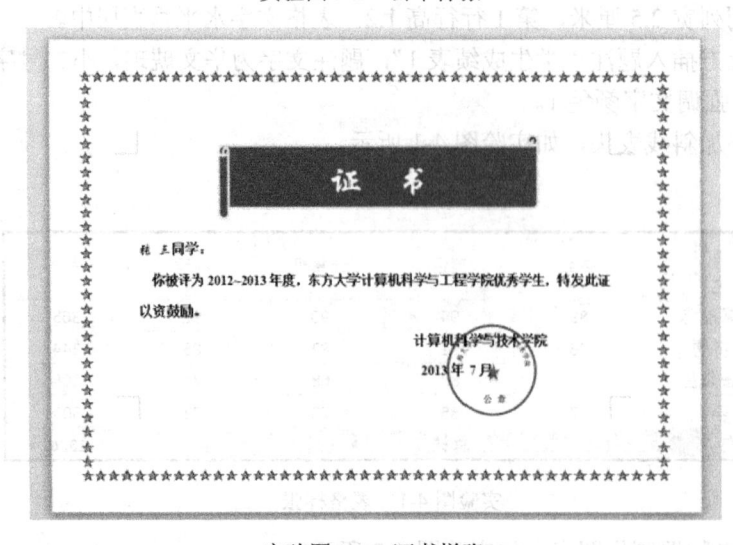

实验图 3-3 证书样张

实验图 10-3

实验 11　Excel 高级应用-可调图形的制作

1．实验目的

（1）熟悉可调图形的制作过程。
（2）掌握控件的添加和控件参数的设置。
（3）掌握控件和图形之间的关联设置。
（4）掌握简单的宏应用。

2．实验内容

某公司生产一种产品，其固定成本为 2700 元，单位固定成本为 0.15 元/件，单价为 0.25～0.4 元/件，销量为 0～40000 之间，要求制作一幅利润随单价和销量变化的可调图形，可调值为单价，结果如实验图 11-3 所示。

（1）打开素材文件 Exp11-1.xlsx 的 Sheet1，单元格 C5 为单价变动值（取单元格 D5 的 100 分之一，这是由于控件可调值的步长必须是正整数），

其中公式：销售收益=单价*销量

总成本=固定成本+单位变动成本*销量

利润=销售收益-总成本

有关单元格中输入的具体公式如实验图 11-1 所示。

	A	B	C	D	E	F	G	H
1	产品利润表							
2			金额单位为元		销量	销售收益	总成本	利润
3	固定成本	F		2700	0	=$C$5*E3	=$C$3+$C$4*E3	=F3-G3
4	单位变动成本	v		0.15	10000	=$C$5*E4	=$C$3+$C$4*E4	=F3-G4
5	单价	p	=D5/100	25	20000	=$C$5*E5	=$C$3+$C$4*E5	=F3-G5
6	销量	Q		34000	30000	=$C$5*E6	=$C$3+$C$4*E6	=F3-G6
7	销售收益	R	=C5*C6		40000	=$C$5*E7	=$C$3+$C$4*E7	=F3-G7
8	总成本	C	=C3+C4*C6					
9	利润	π	=C7-C8					

实验图 11-1　在表中输入公式

（2）为区域 E2:H7 建立散点图。如实验图 11-3 所示。
（3）添加"数值调节按钮"，并设置参数如实验图 11-2 所示。
（4）添加两个文本框，一个文本框中输入文字"单价="，另一个文本框在编辑栏中输入"=$C$5"，效果如实验图 11-3 所示。

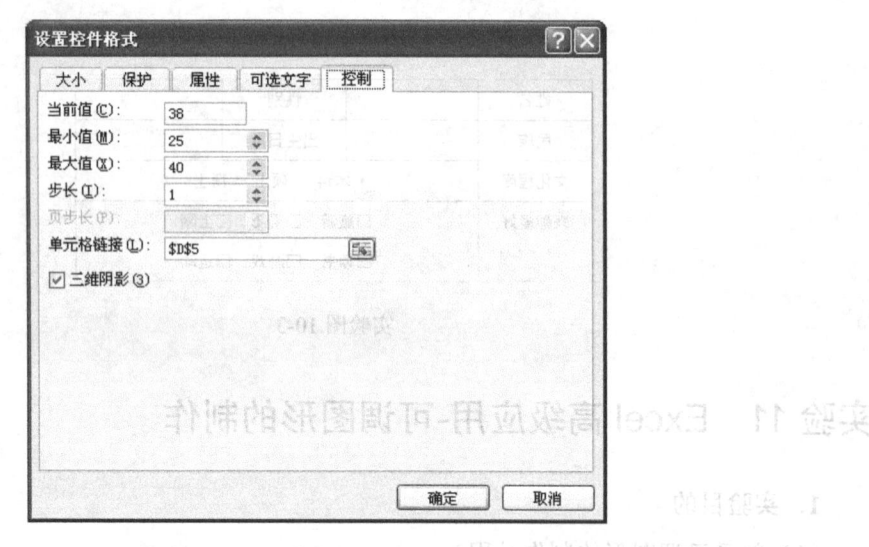

实验图 11-2 "数值调节按钮"参数

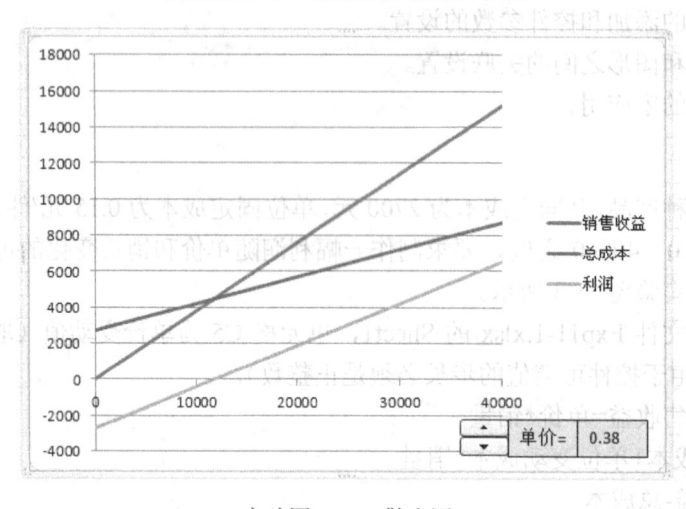

实验图 11-3 散点图

（5）添加两个宏，一个宏使标题"产品利润表"字体变为红色、隶书、16 磅，另一个宏使标题字体变为蓝色、华文新魏、16 磅。

（6）添加两个按钮，按钮上的文字分别为"红色"和"蓝色"，并将按钮与相应的宏关联。

（7）将编辑好的文件以原名保存。

实验 12　Excel 高级应用-数据的管理

1．实验目的

（1）熟练掌握数据透视表的建立方法。

（2）掌握单变量的求解方法。

（3）掌握模拟运算表的建立方法。

（4）掌握规划求解方法。

2．实验内容

（1）打开素材文件 Exp12-1.xlsx 中 sheet1，在 A18 单元格开始的区域中生成数据透视表，统计出每个职工在各个工程上的工作时间，结果如实验图 12-1 所示。

求和项:工作小时	工程编号				
员工	125	200	300	400	总计
罗晨		6	14	7	27
沈学明		7.5	6		13.5
徐海东	18				18
杨柳青	6.5		6		12.5
张文强		6.5		7	13.5
总计	24.5	20	26	14	84.5

实验图 12-1　数据透视表

（2）运用单变量求解在 Sheet2 的 A3 单元格中存放方程"$3x^3 - 2x^2 + 5x = 20$"的解。

（3）应用双变量模拟运算在 Sheet3 的 A3 开始区域建立一张九九乘法表。

（4）计算中心每年总经费为 200 万元，其中职工工资为 100 万元，其他开支为：奖金、办公经费、杂费。

在 Sheet4 的 A1 开始区域创建如实验图 12-2 所示的数据表，运用规划求解方法填写经费分配表，计算出奖金、办公经费和杂费的具体数值。奖金的取值范围为：10～50、办公经费为 10～30、杂费为：>=10。

提示：目标数据为：总经费，可变数据项为：工资、奖金、办公经费和杂费，这些可变数据项都有约束条件。

（5）将编辑好的文件以原名保存。

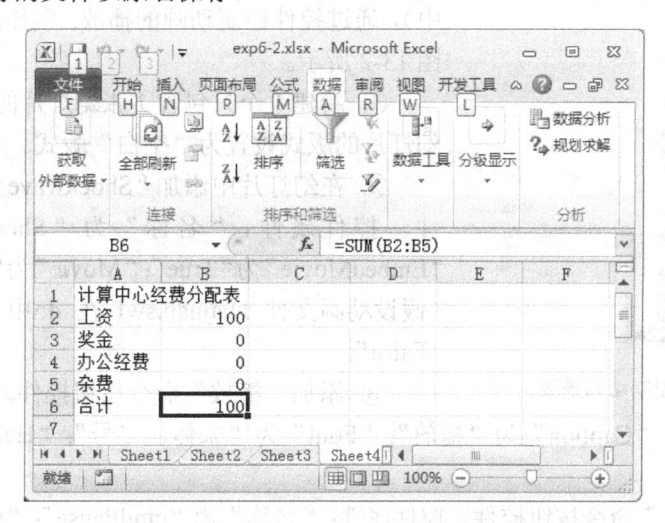

实验图 12-2　规划求解法解方程组的结果

实验 13　演示文稿高级应用

1．实验目的

（1）掌握在演示文稿中创建宏的方法。

(2) 掌握在演示文稿中使用控件的方法。

2．实验内容

(1) 创建一个名为 Exp13-1.pptm 的演示文稿文件，在其中创建名为"RandEffect"的宏，功能为使幻灯片每隔 6 秒随机切换，切换时长 2 秒。

① 启动软件 PowerPoint，新建 1 个演示文稿。

② 在演示文稿中新建 4 张幻灯片，内容自定。

③ 创建宏，宏名为"RandEffect"，代码如实验图 13-1 所示。

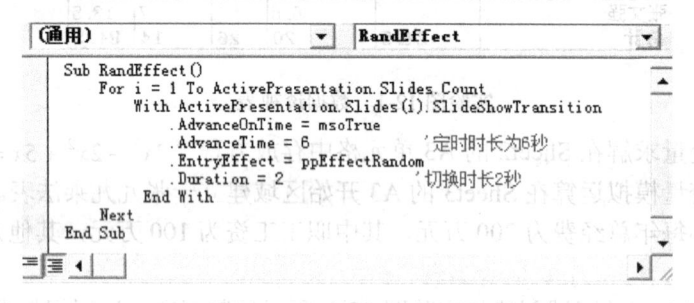

```
Sub RandEffect()
    For i = 1 To ActivePresentation.Slides.Count
        With ActivePresentation.Slides(i).SlideShowTransition
            .AdvanceOnTime = msoTrue
            .AdvanceTime = 6              '定时时长为6秒
            .EntryEffect = ppEffectRandom
            .Duration = 2                 '切换时长2秒
        End With
    Next
End Sub
```

实验图 13-1　宏"RandEffect"对应的代码

④ 运行宏，然后播放幻灯片，注意观察幻灯片间的切换。

⑤ 将编辑好的文件进行保存。

(2) 创建一个名为 Exp13-2.pptm 的演示文稿文件，使用控件在幻灯片中插入 Flash 动画文件"huajuan.swf"（动画文件在"实验素材"文件夹中），通过控件控制动画的播放。制作的幻灯片如实验图 13-2 所示。

① 新建 1 个只包含 1 张幻灯片的空演示文稿，将幻灯片的版式设置为"空白"版式。

② 在幻灯片中添加"Shockwave Flash Object"控件。控件属性："名称"为"ShockwaveFlash1"；"EmbedMovie"为"True"；"Movie"为"d:\huajuan.swf"（假设动画文件 huajuan.swf 在 d:\中）；"Playing"为"False"。

实验图 13-2　控制动画播放

③ 添加"播放"命令按钮控件。控件属性："名称"为"cmdPlay"；"Caption"为"播放"；"Font"为"宋体、二号"；"Height"为"60"；"Width"为 100。

④ 添加"暂停"命令按钮控件。控件属性："名称"为"cmdPause"；"Caption"为"暂停"；"Font"为"宋体、二号"；"Height"为"60"；"Width"为 100。

⑤ 为"播放"命令按钮控件添加代码。

```
Private Sub cmdPlay_Click()
    ShockwaveFlash1.Play
End Sub
```

⑥ 为"暂停"命令按钮控件添加代码。

```
Private Sub cmdPause_Click()
    ShockwaveFlash1.StopPlay
End Sub
```

⑦ 播放幻灯片，单击命令按钮控制动画播放。

⑧ 将编辑好的文件保存。

（3）创建一个名为 Exp13-3.pptm 的演示文稿文件，在幻灯片中制作单项选择题。幻灯片中的内容如实验图 13-3 所示，第 4 个选项"伦敦"是正确答案。

单项选择题
下列哪座城市是英国首都？
◦A 巴黎　◦B 东京　◦C 柏林　◦D 伦敦

实验图 13-3　幻灯片中的单项选择题

① 新建 1 个演示文稿，在幻灯片中输入文字，字体为宋体、28 磅、粗体。

② 在 4 个选项前添加选项按钮控件，按照实验表 13-1 设置控件属性。

实验表 13-1　控件属性

名　称	AutoSize	BackColor	Caption	Font	ForeColor
OptionButton1	True	&H00FFFFFF&	A	黑体、粗体、一号	&H00C00000&
OptionButton2	True	&H00FFFFFF&	B	黑体、粗体、一号	&H00C00000&
OptionButton3	True	&H00FFFFFF&	C	黑体、粗体、一号	&H00C00000&
OptionButton4	True	&H00FFFFFF&	D	黑体、粗体、一号	&H00C00000&

③ 分别为 4 个选项按钮控件添加代码，如实验图 13-4 所示。

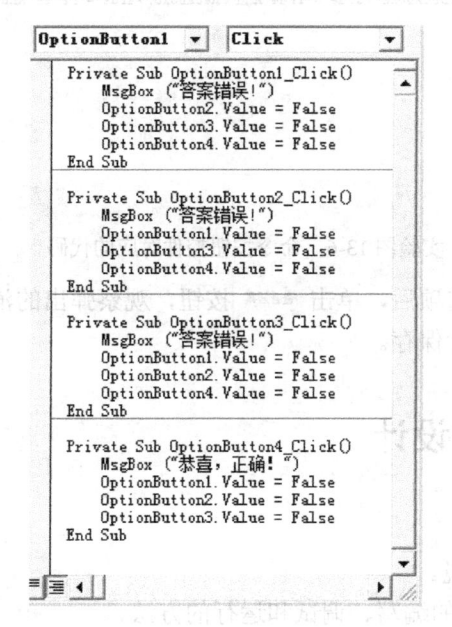

```
Private Sub OptionButton1_Click()
    MsgBox ("答案错误!")
    OptionButton2.Value = False
    OptionButton3.Value = False
    OptionButton4.Value = False
End Sub

Private Sub OptionButton2_Click()
    MsgBox ("答案错误!")
    OptionButton1.Value = False
    OptionButton3.Value = False
    OptionButton4.Value = False
End Sub

Private Sub OptionButton3_Click()
    MsgBox ("答案错误!")
    OptionButton1.Value = False
    OptionButton2.Value = False
    OptionButton4.Value = False
End Sub

Private Sub OptionButton4_Click()
    MsgBox ("恭喜，正确!")
    OptionButton1.Value = False
    OptionButton2.Value = False
    OptionButton3.Value = False
End Sub
```

实验图 13-4　幻灯片中 4 个选项按钮控件对应的代码

④ 播放幻灯片，选择不同的选项，观察弹出的消息框。

⑤ 将编辑好的文件保存。

（4）创建一个名为 Exp13-4.pptm 的演示文稿文件，在幻灯片中制作多项选择题。幻灯片中的内容如实验图 13-5 所示，正确答案为同时选中 A、B 两个选项。

① 新建 1 个演示文稿，在幻灯片中输入文字，字体为宋体、28 磅、粗体。

② 在 4 个选项前添加复选框控件，按照实验表 13-2 设置控件属性。

多项选择题
下列哪些国家位于非洲？

　A 埃及　　B 南非　　C 美国　　D 印度

查看答案

实验图 13-5　幻灯片中的多项选择题

实验表 13-2　控件属性

名称	AutoSize	BackColor	Caption	Font	ForeColor	Value
CheckBox1	True	&H00FFFFFF&	A	黑体、粗体、一号	&H00C00000&	False
CheckBox2	True	&H00FFFFFF&	B	黑体、粗体、一号	&H00C00000&	False
CheckBox3	True	&H00FFFFFF&	C	黑体、粗体、一号	&H00C00000&	False
CheckBox4	True	&H00FFFFFF&	D	黑体、粗体、一号	&H00C00000&	False

③ 添加命令按钮控件 查看答案 ，控件属性："名称"为"cmdAnswer"；"Caption"为"查看答案"；"Font"为"宋体、三号"。为命令按钮控件 查看答案 添加代码，如实验图 13-6 所示。

```
Private Sub cmdAnswer_Click()
    If CheckBox1.Value = True And CheckBox2.Value = True And CheckBox3.Value = False And CheckBox4.Value = False Then
        MsgBox ("回答正确！")
    Else
        MsgBox ("回答错误！")
        CheckBox1.Value = False
        CheckBox2.Value = False
        CheckBox3.Value = False
        CheckBox4.Value = False
    End If
End Sub
```

实验图 13-6　命令按钮控件对应的代码

④ 放映幻灯片，选择选项后，单击 查看答案 按钮，观察弹出的消息框。

⑤ 将编辑好的文件进行保存。

实验 14　VBA 程序设计

1．实验目的

（1）熟悉 VBA 编程环境。

（2）掌握顺序结构程序的编写、调试和运行的方法。

（3）掌握分支结构程序的编写、调试和运行的方法。

（4）掌握循环结构程序的编写、调试和运行的方法。

（5）掌握函数的定义和调用方法。

（6）了解面向对象的程序设计方法。

2．实验内容

（1）熟悉 VBA 编程环境

① 创建一个名为 Exp14-1.xlsm 的工作簿文件，在其中创建名为"实验"的模块，输入如下代码；单击系统工具栏中的"运行子过程/用户窗体"按钮，运行该模块中的代码，在 Excel 主界面中观察运行结果。

```
Sub Test14_1()
    Dim i As Integer
    For i = 1 To 5
        Cells(1, i) = i
    Next
End Sub
```

② 单击调试工具栏中的"逐语句"按钮，单步跟踪程序的执行。

③ 在语句 For i = 1 To 5 前设置断点，单步执行该程序，在本地窗口中，观察循环变量变化情况。

④ 保存文件，文件名为 Exp14-1.xlsm。

（2）顺序结构程序的编写

在 Exp14-1.xlsm 工作簿的"实验"模块中创建名为"Test14_2()"的过程，该过程的任务是：将当前单元格（ActiveCell）中的内容设置为：红色、黑体、20磅、加粗。

（3）分支结构程序的编写

① 在 Exp14-1.xlsm 工作簿的"实验"模块中创建名为"Test14_3()"的过程，该过程的任务是：如果 A1 单元格中是的值大于或等于 0，则 C1 单元格的中的值为 A1+B1；否则 C1 单元格中的值为 A1-B1（提示，使用 Formula 属性可以在单元格中输入公式，如：Range("C1").Formula = "=A1+B1"）。

② 在 Exp14-1.xlsm 工作簿的"实验"模块中创建名为"Test14_4()"的过程，该过程的任务是：通过键盘输入 3 个整数，求出其中的最小数，用 MsgBox 函数输出结果。

（4）循环结构程序的编写

① 在 Exp14-1.xlsm 工作簿的"实验"模块中创建名为"Test14_5()"的过程，该过程的任务是：计算所选工作表区域中单元格的最小值，用 MsgBox 函数输出结果。

② 在 Exp14-1.xlsm 工作簿的"实验"模块中创建名为"Test14_6()"的过程，该过程的任务是：先利用随机函数产生 10 个二位正整数，然后将这 10 个数按从小到大的顺序进行排序，并将排序结果显示出来，用 MsgBox 函数输出结果。

（5）函数的定义和调用方法

① 在 Exp14-1.xlsm 工作簿的"实验"模块中创建名为"Test14_7()"的过程，该过程的任务是：先从键盘输入三个整数，然后调用过程 Sort()，由过程 Sort()将这三个数从大到小进行排序，用 MsgBox 函数输出结果。

② 在 Exp14-1.xlsm 工作簿的"实验"模块中创建名为 FactorialFunction 过程：求 n 阶乘。并在该模块中创建"Test14_8()"的过程，调用 FactorialFunction 过程：计算 3!+4!+5!，用 MsgBox 函数输出结果。

（6）在 Exp14-1.xlsm 工作簿中，创建一个能进行四则运算的计算器，窗体名称为"Calculator"，运行界面如实验图 14-1 所示。

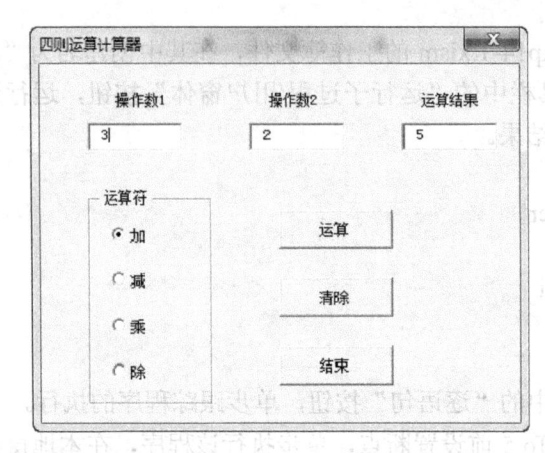

实验图 14-1 四则运算计算器

上述窗体中各对象的名称及属性如实验表 14-1 所示。

实验表 14-1

对　　象	名　　称	属　　性	属 性 值
标签	Lable1	Caption	操作数 1
标签	Lable2	Caption	操作数 2
标签	Lable3	Caption	操作结果
文本框	txtOperator1		
文本框	txtOperator2		
文本框	txtResult		
框架	Frame1	Caption	运算符
单选按钮	optAdd	Caption	加
单选按钮	optSub	Caption	减
单选按钮	optMulti	Caption	乘
单选按钮	optDiv	Caption	除
命令按钮	cmdOperator	Caption	运算
命令按钮	cmdClear	Caption	清除
命令按钮	cmdEnd	Caption	结束

窗体及命令按钮的相关事件代码为：

```
Private Sub UserForm_Initialize()
    Calculator.Caption = "四则运算计算器"
    txtOperator1.SetFocus
    txtResult.Locked = True
End Sub

Private Sub cmdOperator_Click()
    If optAdd.Value = True Then
        txtResult.Text = Val(txtOperator1.Text) + Val(txtOperator2.Text)
    End If
    If optSub.Value = True Then
```

```
                txtResult.Text = Val(txtOperator1.Text) - Val(txtOperator2.Text)
            End If
            If optMulti.Value = True Then
                txtResult.Text = Val(txtOperator1.Text) * Val(txtOperator2.Text)
            End If
            If optDiv.Value = True Then
                If txtOperator2.Text = 0 Then
                    txtOperator2.SetFocus
                Else
                    txtResult.Text = Val(txtOperator1.Text) / Val(txtOperator2.Text)
                End If
            End If
            txtOperator1.SetFocus
        End Sub

        Private Sub cmdClear_Click()
            txtOperator1.Text = ""
            txtOperator2.Text = ""
            txtResult.Text = ""
            txtOperator1.SetFocus
        End Sub

        Private Sub cmdEnd_Click()
            End
        End Sub
```

实验 15　Visio 应用-使用模具绘制网络拓扑图

1．实验目的

（1）熟悉 Visio 绘图环境。
（2）掌握利用模板创建绘图文件的方法。
（3）掌握通过模具绘制形状的方法。
（4）掌握连接形状的方法。
（5）掌握为形状添加说明文本的方法。

2．实验内容

创建一个名为 Exp15-1.vsd 的绘图文件，使用 Visio "网络"模板类别里的"基本网络图"模板，绘制出如实验图 15-1 所示的网络拓扑图。

（1）启动 Visio，选择"网络"模板类别里的"基本网络图"模板创建新的绘图文件，随模板会打开"网络和外设"、"计算机和显示器"等模具。
（2）在"网络和外设"模具中依次选择路由器、服务器、交换机、用户等形状，拖动至绘图页。

（3）在"计算机和显示器"模具中依次选择 PC、平板电脑等形状，拖动至绘图页。

（4）按照实验图 15-1 连接各形状。

（5）为各形状添加适当的说明文字。

（6）将编辑好的文件进行保存。

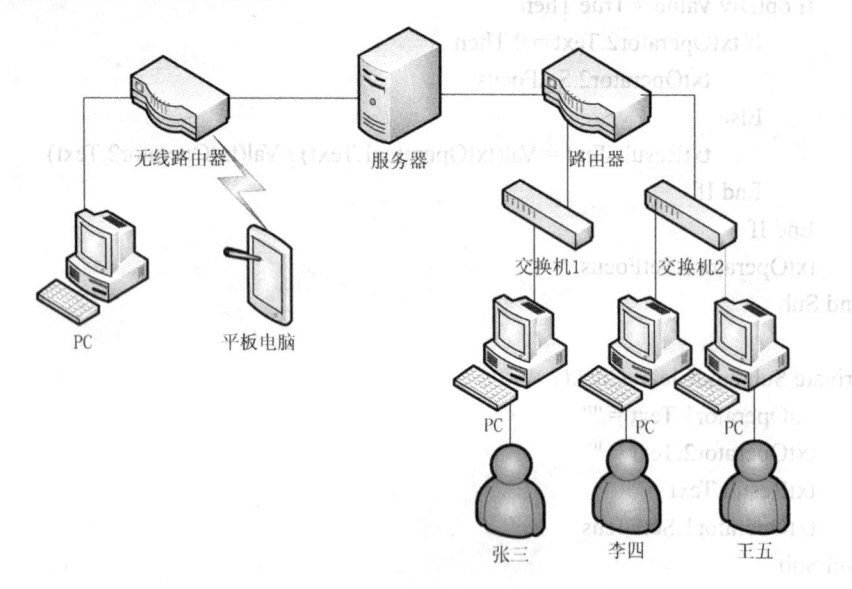

实验图 15-1　网络拓扑图示例

实验 16　Visio 应用-使用模具绘制组织结构图

1．实验目的

（1）熟悉 Visio 绘图环境。

（2）掌握利用模板创建绘图文件的方法。

（3）掌握通过模具绘制形状的方法。

（4）掌握连接形状的方法。

（5）掌握为形状添加说明文本的方法。

2．实验内容

创建一个名为 Exp5-2.vsd 的绘图文件，使用 Visio "商务"模板类别里的"组织结构图"模板，绘制出如实验图 16-1 所示的公司组织结构图。

（1）启动 Visio，选择"商务"模板类别里的"组织结构图"模板创建新的绘图文件，随模板会打开"组织结构图"形状等模具。

（2）在"组织结构图"模具中依次选择经理、职位、员工、空缺等形状，拖动至绘图页。

（3）在"组织结构图"模具中选择"小组框架"形状，拖动至绘图页，将产品部和营销部各自框成小组。

（4）按照实验图 16-1 连接各形状。
（5）为各形状添加适当的说明文字。
（6）将编辑好的文件进行保存。

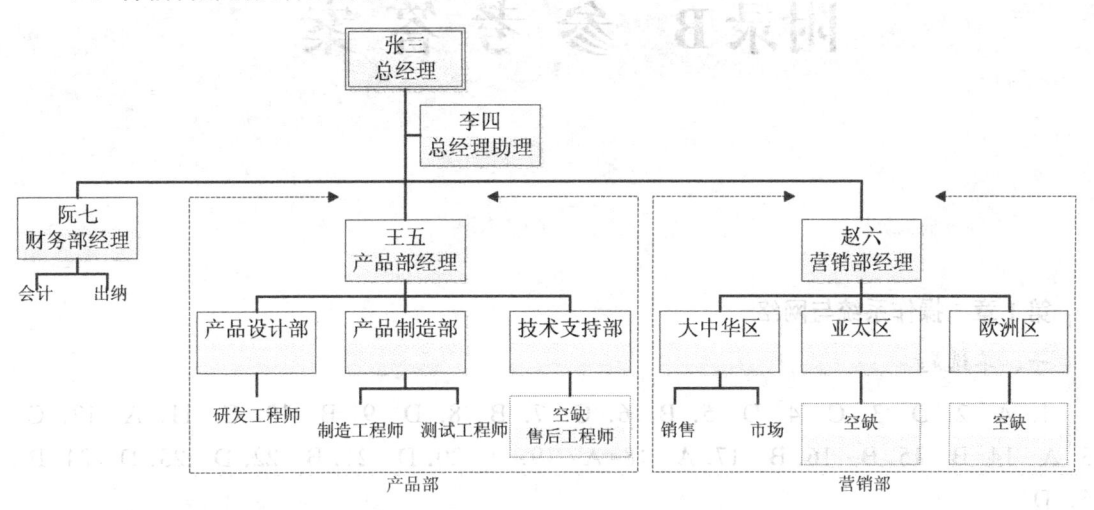

实验图 16-1　公司组织结构图示例

附录 B 参 考 答 案

第 1 章　操作系统与网络

一、单选题

1．A　2．D　3．C　4．D　5．B　6．C　7．B　8．D　9．B　10．C　11．A　12．C　13．A　14．B　15．D　16．B　17．A　18．A　19．D　20．D　21．B　22．D　23．D　24．B　25．D

二、多选题

1．ACD　2．ABC　3．ABCD　4．ABC　5．ABC　6．BCD　7．AC　8．AB　9．BD　10．BCD

三、填空题

1．细节　2．快捷菜单　3．任务栏　4．Aero Peek　5．程序　6．扩展名　7．隐藏　8．lnk　9．Install.exe　10．非即插即用型硬件　11．设备管理器　12．写字板　13．全屏幕截图　14．HTML　15．浏览器　16．搜索引擎　17．主机域名　18．4　19．DNS　20．破坏性

第 2 章　文字处理软件 Word 2010

一、单选题

1．A　2．A　3．D　4．B　5．C　6．A　7．B　8．C　9．B　10．D　11．A　12．A　13．C　14．B　15．B　16．B　17．D　18．C　19．C　20．B　21．B　22．C　23．B　24．D　25．C　26．B　27．B　28．D　29．C　30．B　31．A　32．D　33．B　34．B　35．A　36．D　37．C　38．C　39．D　40．C　41．D　42．D　43．A　44．C　45．B　46．D　47．D　48．C　49．D

二、多选题

1．ABCD　2．AB　3．ACD　4．ABC　5．ABCD　6．ABD　7．ACD　8．ABD　9．BD　10．ABCD　11．BCD　12．ABCD　13．AC　14．BCD

三、填空题

1．页面视图　2．水平　3．段落标记　4．函数名称（引用范围）　5．分隔符　6．63　7．为新表格记忆此尺寸

第 3 章 电子表格软件 Excel 2010

一、单选题

1．D 2．B 3．C 4．B 5．D 6．B 7．C 8．D 9．C 10．C 11．B 12．B 13．D 14．A 15．A 16．C 17．D 18．B 19．A 20．D 21．A 22．C 23．B 24．B 25．C 26．C 27．C 28．B 29．D 30．B

二、多选题

1．ABD 2．ABCD 3．AB 4．ABC 5．ABC 6．BCD 7．BC 8．CD 9．ABCD 10．ABCD

三、填空题

1．工作簿 2．3 3．当前或活动 4．AA39 5．填充 6．编辑自定义列表 7．批注 8．1 9．插入函数 10．=COUNT(A1:D5) 11．=$B4+F$2 12．=SUM(mark) 13．Delete 14．自动换行 15．000.00 16．Ctrl 17．数据系列 18．图例 19．顶端标题行 20．嵌入 21．或、OR 22．列 23．排序 24．- 25．全部删除

第 4 章 文稿演示软件 PowerPoint 2010

一、单选题

1．B 2．B 3．A 4．D 5．B 6．C 7．A 8．A 9．C 10．D 11．D 12．D 13．B 14．D 15．A 16．C 17．B 18．C 19．B 20．A

二、多选题

1．ABC 2．ACD 3．ABC 4．AC 5．ABCD 6．AC 7．ABCD 8．BC 9．AC 10．AC 11．AD 12．ABCD 13．ABCD 14．AB 15．BCD 16．ABC 17．ABC 18．ABC 19．ABD 20．ABCD

三、填空题

1．potx 2．图像 3．幻灯片浏览 4．幻灯片放映 5．9 6．演示文稿中包含幻灯片 7．动画刷 8．幻灯片版式 9．母版 10．标题区 11．主题 12．占位符 13．跨幻灯片播放 14．放映时隐藏 15．标牌框架 16．细微型 17．无 18．设置放映方式 19．页面设置 20．保存并发送

第 5 章 Word 高级应用案例

一、单选题

1．C 2．A 3．B 4．C 5．A 6．A 7．C 8．B 9．B 10．D 11．B 12．A 13．C

二、多选题

1．CD 2．ABCD 3．AC 4．ABCD 5．ABCD 6．ABC 7．ACD

三、填空题

1．多级列表 2．题注 3．3 4．修订 5．开发工具 6．Shift+F9

第 6 章 Excel 高级应用案例

一、单选题

1．B 2．D 3．C 4．D 5．B 6．C 7．C 8．B 9．D 10．B

二、多选题

1．ABC 2．ACD 3．BCD 4．ACD 5．BCD

三、填空题

1．普通图形 2．指令 3．VBA 4．单变量求解 5．规划求解 6．双变量运算表

第 7 章 PowerPoint 高级应用案例

一、单选题

1．C 2．A 3．B 4．A 5．B 6．A 7．B 8．D 9．C 10．A 11．B 12．A 13．D 14．B 15．D 16．A

二、多选题

1．AB 2．BCD 3．ABC 4．ABD 5．ABCD

三、填空题

1．11 2．单项 3．多项 4．宏 5．属性

第 8 章 VBA 程序设计概述

一、单选题

1．A 2．B 3．C 4．A 5．D 6．C 7．B 8．D 9．A 10．C 11．D 12．B 13．D 14．A 15．C 16．A 17．C 18．D 19．C 20．A 21．C

二、多选题

1．B 2．ABCD 3．ABC 4．CD 5．AC 6．ABC 7．AB 8．ABC 9．ABCD 10．CD

三、填空题

1．VBE 2．对象 3．F11 4．对象浏览器 5．Application 6．Formula 7．Show 8．Initialize 9．Static 10．小 11．5 12．"1234" 13．3 14．& 15．循环 16．End 17．ByRef 18．Public

第 9 章 专业图表制作工具软件 Visio

一、单选题

1．D 2．D 3．A 4．B 5．B

二、多选题

1．ABC 2．ABCD 3．ABD 4．ABC 5．AD

三、填空题

1．模板 2．形状 3．1 4．选择手柄 5．Ctrl+A Ctrl+C Ctrl+V